数字媒体技术应用

（第2版）

万　忠　沈大林　主　编

王爱赪　曾　昊　副主编

電子工業出版社

Publishing House of Electronics Industry

北京·BEIJING

内 容 简 介

数字媒体的应用越来越广泛，在当前“大数据”和云计算时代，数字媒体技术尤其显得重要。本书深入浅出地介绍了数字媒体的基本知识，包括如何应用各种软件进行数字媒体的采集和格式转换，以及加工处理文字、图像、图形、动画、音频和视频数字媒体的方法。

本书讲解了中文版“红蜻蜓抓图精灵”、SnagIt、“录屏大师”、PhotoImpact 10.0、GIF Animator 5、Ulead COOL 3D Studio 1.0、FairStars Audio Converter、“音频编辑专家 8.0”和“绘声绘影 X5”等软件的使用方法和使用技巧。

本书具有起点低、跨度大、循序渐进、通俗易懂的特点，可以作为中等职业技术学校数字媒体技术应用专业的基础教程，或培训学校的培训教材，还可以作为计算机爱好者的自学用书。

图书在版编目（CIP）数据

数字媒体技术应用 / 万忠，沈大林主编. —2 版. —北京：电子工业出版社，2022.6

ISBN 978-7-121-43741-0

Ⅰ. ①数… Ⅱ. ①万… ②沈… Ⅲ. ①数字技术—多媒体技术—教材 Ⅳ. ①TP37

中国版本图书馆 CIP 数据核字（2022）第 101807 号

责任编辑：郑小燕　　文字编辑：康　霞
印　　刷：三河市双峰印刷装订有限公司
装　　订：三河市双峰印刷装订有限公司
出版发行：电子工业出版社
　　　　　北京市海淀区万寿路 173 信箱　邮编　100036
开　　本：880×1 230　1/16　印张：18.75　字数：435 千字
版　　次：2017 年 7 月第 1 版
　　　　　2022 年 6 月第 2 版
印　　次：2024 年12月第 7 次印刷
定　　价：49.80 元

凡所购买电子工业出版社图书有缺损问题，请向购买书店调换。若书店售缺，请与本社发行部联系，联系及邮购电话：（010）88254888，88258888。

质量投诉请发邮件至 zlts@phei.com.cn，盗版侵权举报请发邮件至 dbqq@phei.com.cn。

本书咨询联系方式：（010）88254550，zhengxy@phei.com.cn。

前言 | PREFACE

数字媒体是以二进制数的形式获取、记录、处理和传播过程的信息载体，这些信息载体包括二进制数字化的文字、图像、图形、动画、音频和视频影像等信息。数字媒体的应用越来越广泛，在当前“大数据”和云计算时代，数字媒体技术尤其显得重要。

本书围绕数字媒体和数字媒体技术这一主题，深入浅出地介绍了数字媒体和数字媒体技术的一些基本知识，包括如何应用各种软件进行数字媒体的采集和格式转换，以及加工处理文字、图像、图形、动画、音频和视频数字媒体的基本操作方法及操作技巧等。

本书分为 9 章。第 1 章和第 2 章分别介绍数字媒体技术和数字媒体基础知识；第 3 章介绍使用录音机软件录音和音频编辑的方法、使用“红蜻蜓抓图精灵”软件和汉化 SnagIt 软件截图的方法，以及使用“录屏大师”软件和汉化 SnagIt 软件录屏等方法；第 4 章和第 5 章分别介绍中文 PhotoImpact 10.0 的基本使用方法和 10 个案例的制作方法；第 6 章介绍中文 GIF Animator 5 的基本使用方法和 5 个案例的制作方法，以及中文 Ulead COOL 3D Studio 1.0 的基本使用方法和 6 个案例的制作方法；第 7 章介绍使用 FairStars Audio Converter 软件进行音频文件格式转换的方法，以及使用音频编辑专家 8.0 软件进行音频文件格式转换和音频文件简单编辑的方法；使用视频编辑专家 8.0 和狸窝全能视频转换器软件进行视频文件格式转换和视频文件简单编辑的方法；第 8 章和第 9 章分别介绍使用“绘声绘影 X5”软件创建和编辑视频文件的基本方法，以及 5 个案例的制作方法和制作技巧。

本书具有起点低、跨度大、循序渐进、通俗易懂的特点，可以使读者在学习时不但知其然，还能知其所以然，不但能够快速入门，而且可以达到较高的水平。

本书由万忠、沈大林担任主编，由王爱赪、曾昊担任副主编。

由于作者水平有限，加上编著、出版时间仓促，书中难免有疏漏和不妥之处，恳请广大读者批评指正。

作　者

CONTENTS | 目录

数字媒体技术概述

本章主要介绍数字媒体技术的概念和基本特征、数字媒体技术的应用方向和发展，以及数字媒体的关键技术和数字媒体数据压缩技术；简要介绍数字媒体的应用设备类型、功能和分类等。

1.1 数字媒体和数字媒体技术简介

1.1.1 数字媒体

1．数字媒体的定义

数字媒体（Digital Media）是以二进制数的形式获取、记录、处理和传播过程的信息载体，这些信息载体包括二进制数字化的文字、图像、图形、动画、音频和视频影像等。任何信息在计算机中存储和传播时都可以分解为一系列二进制数“0”和“1”的排列组合。因此，通过计算机存储、处理和传播的信息媒体称为数字媒体。

用计算机记录和传播的信息媒体有一个共同特点，即信息的最小单元——比特（bit）。比特只是一种存在的状态，如开或关、高或低、真或假，可以统一表示为“0”或“1”。比特可以用来表现文字、图像、动画、影视、语音和音乐等信息，这些信息的融合被称为数字媒体。过去熟悉的媒体几乎都是以模拟的方式进行存储和传播，而数字媒体却是以比特的形式通过计算机进行存储、处理和传播。交互性能的实现在模拟域中是相当困难的，而在数字域中却容易得多。因此，具有计算机的“人机交互作用”是数字媒体的一个显著特点。

2．数字媒体的分类

（1）按时间属性分类，数字媒体可以分为静止媒体和连续媒体。静止媒体（Still Media）是指内容不会随着时间而变化的数字媒体，如文本和图片；而连续媒体（Continues Media）是指内容随着时间而变化的数字媒体，如音频、视频和虚拟图像等。

（2）按来源属性分类，数字媒体可以分为自然媒体和合成媒体。自然媒体（Natural Media）是指客观世界存在的景物和声音等，经过电子设备进行数字化和编码处理后得到的数字媒体，如数码相机拍的照片、数字摄像机拍的影像和电影、录音机录制的 MP3 等格式的数字音频。合成媒体（Synthetic Media）是指以计算机为工具，采用特定符号、语言或算法生成（合成）的文本、声音、音乐、图形、图像、动画和视频等，如用图像绘制软件绘制的图形和图像、用文字处理软件创建的文档、用音乐制作软件制作的音乐、用动画制作软件制作的动画、用视频制作软件制作的视频等。

（3）按组成元素分类，数字媒体可以分为单一媒体和多媒体。单一媒体（Single Media）是指由单一信息载体组成的媒体；多媒体（Multimedia）是指由多种信息载体组成的媒体，是包含各种表现形式和传递方式的各种媒体。通常所说的数字媒体就是指多媒体。

多媒体译自英文“Multimedia”，它是由 Multiple 和 Media 构成的复合词。Multiple 的中文含义是“多样的”，Media 是 Medium 的复数形式，其中文含义是“媒体”。

3．媒体的五大类

媒体是指信息传递和存储的最基本的技术、手段和工具，也可以说媒体是信息的存在形式和表现形式，是承载信息的载体。按照国际电信联盟（ITU）电信标准部（TSS）的 ITU-TI.347 建议，定义了媒体有以下五大类。

（1）感觉媒体（Perception Medium）：是指能够直接作用于人的感觉器官（听觉、视觉、味觉、嗅觉和触觉），并使人产生直接感觉的媒体。

人类感知信息的第一个途径是视觉，人们从外部世界获取信息的 70%～80%是通过视觉获得的；第二个途径是听觉，人们从外部世界获取信息的 10%左右是通过听觉获得的；第三个途径是嗅觉、味觉和触觉，人们通过嗅觉、味觉和触觉获取的信息量约占总获取量的 10%。目前，计算机可以处理文字、图形、图像、动画和视频等视觉媒体与声音、语言、音乐等听觉媒体，触觉媒体也可以由计算机识别和处理。

（2）表示媒体（Representation Medium）：是指为了传播感觉媒体而人为研究和创建的媒体，它以编码的形式反映不同的感觉媒体。它的目的是更有效地将感觉媒体从一个地方传播到另一个地方，以便于对其进行加工、处理和应用。例如，日常生活中的条形码和电报码，在计算机中使用的文本编码、声音编码、图像编码、动画和视频编码等。

感觉媒体和体现这些感觉媒体的表示媒体统称为逻辑媒体。

（3）表现媒体（Presentation Medium）：是指将感觉媒体输入计算机中或通过计算机展示感觉媒体的物理设备，即获取和显示感觉媒体信息的计算机输入和输出设备。例如，显示器、打印机、音箱等输出设备，键盘、鼠标、话筒、扫描仪、数码相机、摄像机等输入设备。

（4）存储媒体（Storage Medium）：也称为实物媒体，是指存储、传输、显示媒体数据的物理设备，如软盘、硬盘、磁带、光盘、内存和闪存等。

（5）传输媒体（Transmission Medium）：是指将表示媒体从一个地方传播到另一个地方的物理设备，即传输数据的物理设备，如电缆、光纤、无线电波的发送与接收设备等。

在使用计算机的过程中，人们首先通过表现媒体的输入设备将感觉媒体转换为表示媒体，再存放在存储媒体中，计算机将存储媒体中的表示媒体进行加工处理，然后通过表现媒体的输出设备将表示媒体还原成感觉媒体反馈给用户。可以看出，五种媒体的核心是表示媒体，所以通常将表示媒体称为媒体。因此，可以认为多媒体就是多样化的表示媒体。

ITU 对多媒体含义的表述是：使用计算机交互式综合技术和数字通信网技术处理的多种表示媒体，使多种信息建立逻辑连接，集成一个交互系统。

4．流媒体的定义

流媒体是指采用流式传输的方式在 Internet（因特网）或 Intranet（企业网，在组织内部使用 Internet 技术实现通信和信息访问的网络）播放的媒体格式，如音频、视频或多媒体文件。

流媒体可以边下载边播放，只是在开始时有些延迟，这与平面媒体不同。流媒体最大的特点在于互动性，这也是互联网最具吸引力的地方。流媒体在播放前并不是将整个文件都下载后再播放，而是将开始的部分内容下载后存入内存，再在计算机中对数据包进行缓存，最后将媒体数据正确地输出。

实现流媒体的关键技术就是流式传输，流式传输的特点主要是将整个音频、视频和三维媒体等多媒体文件经过特定的压缩方式生成一个个压缩包，由视频服务器向用户计算机连续、实时传送。

在采用流式传输方式的系统中，用户不必像采用下载方式那样等到整个文件全部下载完毕再进行播放，只需经过几秒或几十秒的启动延时即可在用户的计算机上利用解压设备对压缩的 A/V、3D 等多媒体文件进行解压后播放。此时多媒体文件的剩余部分将在后台服务器内继续下载。与非流式传输的单纯下载方式相比，流式传输方式不仅使启动延时大幅度缩短，减少用户等待的时间，而且对系统缓存容量的需求也大大降低。

1.1.2　数字媒体技术的概念和基本特征

1．数字媒体技术的概念

数字媒体技术是指通过现代计算和通信手段，把文字、音频、图形、图像、动画和视频等多媒体信息进行数字化采集、压缩/解压缩、编辑、存储等加工处理，再以单独或合成方式表现出来，使抽象的信息变成可感知、可管理和交互的一体化技术。数字媒体技术是以计算机技术、存储技术、显示技术、信息处理技术、通信技术、网络技术、流媒体技术、云计算和云服务技术、人机交互技术、多媒体和多种应用综合的技术为基础，通过设计规划和运用计算机进行艺术设计和融合而发展起来的新技术，如数字视听、动漫、网络资源共享和娱乐、手机通信和娱乐等。数字媒体的表现形式更复杂，更具视觉冲击力，更具有互动特性。

数字媒体技术主要研究与数字媒体信息的获取、处理、存储、传播、管理、安全、输出等相关的理论、方法、技术与系统。数字媒体技术是计算机技术、通信技术和信息处理技术等各类信息技术的综合应用技术，其核心技术是数字信息的获取、存储、处理、管理、安全保证、传输和输出技术等。其他的数字媒体技术还包括在这些关键技术基础上综合的技术，如基于数字传输技术和数字压缩处理技术广泛应用于数字媒体网络传输的流媒体技术，基于计算机图形技术广泛应用于数字娱乐产业的计算机动画技术，以及基于人机交互、计算机图形和显示等技术且广泛应用于娱乐、广播、展示与教育等领域的虚拟现实技术等。

2．数字媒体技术的基本特征

（1）数字化：传统媒体信息基本上是模拟信号，而数字媒体技术处理的都是二进制数字信息，这正是信息能够集成的基础。数字媒体数据具有数量大、差别大、类型多、输入输出设备复杂等特点。

（2）多样性：多媒体技术的多样性是指多媒体种类的多样化。多媒体的多样化使计算机所能处理的信息空间扩展和放大，不再局限于数值、文本，而是广泛采用图像、图形、视频、音频等信息形式来表达思想，使人类的思维表达不再局限于线性的、单调的、狭小的范围内，而有了更充分、更自由的空间，即计算机变得更加人性化。多媒体就是要把计算机处理的信息多样化（或称多维化），使之在信息交互过程中有更加广阔和更加自由的空间。

（3）交互性：多媒体技术的交互性是指人们可以介入到各种媒体的加工、处理过程中，从而使用户更有效地控制和应用各种媒体信息。交互性可以增加对媒体信息的注意和理解，延长信息保留的时间。电视机有图像、声音和文字显示，但观众只能被动收看，因此，人与电视节目之间的关系是非交互式的。交互式工作是计算机固有的特点，人们可以使用键盘、鼠标、触摸屏、话筒等设备，通过计算机程序去控制各种媒体的播放。人与计算机之间，人驾驭多媒体，人是主动者而多媒体是被动者，并且人机交互的操作具有人性化和亲和性。

交互性一旦被赋予了多媒体信息空间，便会带来巨大作用。从数据库中检索出某人的照片、声音及其文字材料，只是对多媒体交互性的初级应用；通过交互特征使用户介入信息过程中（不仅仅是提取信息），则为中级应用；人们在一个与信息环境一体化的虚拟信息空间中遨游时，才达到了交互应用的高级阶段。这就是虚拟现实（Virtual Reality，VR），也是当今多媒体研究中的热点之一。

（4）集成性：集成性是指不同的媒体信息有机地结合到一起，形成一个完整的整体。这种集成性主要表现在以下两个方面，即多种信息媒体的集成和处理这些媒体设备的集成。

① 多种信息媒体的集成：各种信息媒体应该成为一体，而不应分离，尽可能地实现多通道输入、多媒体信息的统一存储与组织、多媒体信息合成、多通道输出等。总之，不应再像早期那样，只是使用单一的形态进行获取和理解信息，而应更加看重媒体之间的关系及其所蕴涵的大量信息。

② 处理这些媒体设备的集成：多媒体的各种设备应该成为一体。对于硬件来说，应该具有能够处理多媒体信息的高速及并行的 CPU 系统，大容量的存储、适合多媒体多通道的输入/输出外设、宽带的通信网络接口；对于软件来说，应该有集成一体化的多媒体操作系统、适用于多媒体信息管理和使用的软件系统及创作工具、高效的各类应用软件等。这些还要在网络的支持下，集成并构造出支持广泛应用的信息系统。

（5）实时性：音频与视频信息都是与时间有关的媒体信息，在对它们进行加工、处理、存储和播放时，需要考虑时间因素，应保证它们的连续性。这就对存取数据的速度、压缩和解压缩的速度、播放速度提出很高要求。

（6）网络性：充分利用网络，使得多媒体信息的传递基本不受时间和空间的限制，充分共享多媒体信息。

1.1.3 数字媒体技术的应用方向和发展

1. 数字媒体技术的应用方向

数字媒体技术的应用越来越广泛，其应用方向主要有以下几个方面。

（1）教育：在现代教育方面，越来越多地将多媒体技术应用到教育教学软件中，这些软件使用大量的图形、图像、动画、视频和音频，并且具有很好的交互性。计算机辅助教学（CAI）和培训软件允许个人以适合自己的速度学习，并且可用逼真的图像表现所需信息。

（2）娱乐：这可能是多媒体技术应用最多的一个领域。目前，大多数游戏用到了动画、实时三维图形、视频播放、预录声音或生成声音等多媒体技术。

（3）视频制作：这是另一种对数字媒体技术需求较多的应用，其要用到视频捕获，图像压缩、解压缩，图像编辑和转换等特殊技术。此外，还有音频同步、添加字幕和图形重叠等多媒体技术。

（4）信息咨询：可以利用多媒体技术建立无人值班的信息亭，用户自己操作、询问，即可获得帮助。信息咨询常用于机场、银行、旅游胜地等地方。

（5）虚拟现实技术：它可以用来模拟复杂动作和仿真，利用计算机和其他相关设备将人们带入一个美妙的虚拟世界。虚拟现实技术在驾驶训练、产品介绍、人体医学研究等许多方面已广泛应用。

（6）远程传输：多媒体技术在 Internet 上的应用，是其最成功的表现之一。不难想象，如果 Internet 只能传送字符，就不会受到这么多人的青睐。

2．数字媒体技术的发展

1964 年，SRI 公司发明了鼠标器，使计算机的输入操作方式产生了变革，为 20 世纪 70 年代的图形用户界面（GUI）等图形处理软件的诞生与应用起到了支撑作用。自 20 世纪 80 年代以来，很多公司在研制开发多媒体计算机技术，致力于研究将声音、图形和图像作为新的信息媒体输入/输出计算机，这使得计算机的应用更为直观、简单。

1982 年，Philips 和 Sony 公司联合推出数字激光唱盘 CD-DA。

1984 年，Apple 公司推出被誉为世界上最早的多媒体个人计算机（MPC）Macintosh。它的组成部分包括主机、多媒体插板、CD-ROM 驱动器，以及图像输入/输出设备等。率先采用位映射和图符技术来处理图形，运用超级卡使高保真音响和动态图像处理功能融入计算机，运用了窗口、菜单、面向对象和超文本技术，首先引入位图（Bitmap）的概念来描述和处理图形及图像，并使用由窗口（Window）和图标（Icon）构筑图形用户界面（GUI）。

1985 年，Commodore 公司推出多媒体计算机系统 Amiga，后来形成系列产品。Philips 和 Sony 公司又联合推出可读光盘系统（CD-ROM）。CD-ROM 盘片的直径为 12cm，容量为 650MB，可存储 3 亿个汉字，相当于 15 万张 A4 纸的存储量。之后，它们又联合推出可读光盘交互系统（CD-I），同时公布了一种新的 CD-ROM 存储格式，后来国际标准化组织（ISO）采纳该格式作为 CD-ROM 标准。用户可通过 CD-ROM 驱动器来播放光盘中的内容。

1989 年，Creative Labs 公司在世界上率先推出支持数字化录音、放音功能的 PC 音效卡（号称“声霸卡”）和 PC 视频卡。在 PC 上加接视频卡就可以存储、定格、处理和播放影视节目，在图像上叠加图形或文字，调节色度、亮度和对比度，可以使之与录像机、摄像机、有线电视机、激光视盘等设备相连，还可以将图像画面存储到硬盘中。目前市场上还有多种视频输出卡。

1990 年，Microsoft 公司和多家厂商联合成立了多媒体计算机市场联盟，制定了著名的 MPC 标准。1991 年，多媒体计算机市场联盟制定了多媒体 PC 的基本标准 MPC-1。1992 年，“活动图像编码专家组”正式公布 MPEG-1 标准。1993 年，多媒体计算机市场联盟又推出 MPC-2 标准。1995 年 6 月，多媒体个人计算机工作组公布了 MPC-3 标准。

MPC 标准只是为当时的计算机能够保证音视频兼容性制定的最低软硬件标准，随着多媒体技术的不断发展，与通信技术、网络技术、电视技术和手机技术融合，不断有厂商开发出新的音频、视频、图形图像软硬件产品，并合作提出更高的技术标准。比如，Intel 联合 NEC、NXP 半导体、惠普、微软、德州仪器等公司，成立 USB 标准化组织（USB Implementers Forum，USB-IF）负责的 USB3.0/3.1/3.2 规范。日立、松下、飞利浦、索尼、汤姆逊、东芝和 Silicon Image 七家公司联合组成 HDMI 组织负责的 HDMI 规范。国际标准化组织也在积极地统一和推广一些新的多媒体技术标准，比如，H.264 是国际标准化组织（ISO）和国际电信联盟（ITU）共同提出的继 MPEG4 之后的新一代数字视频压缩格式。H.264 是 ITU-T 的 VCEG（视频编码专家组）和 ISO/IEC 的 MPEG（活动图像编码专家组）的联合视频组（JVT：joint video team）开发的一个数字视频编码标准。

数字媒体技术包括用数字化技术生成、制作、管理、传播、运营和消费的文化产品及服务，具有高增值、强辐射、低消耗、广就业、软渗透的属性。“文化为体，科技为媒”是数字媒体技术的精髓。目前，数字媒体技术正向三个方向发展：一是计算机系统本身的多媒体化；二是数字媒体技术与视频点播、智能化家电、网络通信和手机通信等技术相结合，使数字媒体技术进入教育、咨询、娱乐、企业管理和办公自动化等领域；三是数字媒体技术与控制技术相互渗透，进入工业自动化及测控等领域。

随着信息技术和其他技术的不断发展，以数字媒体技术、网络技术和文化产业等相融合而产生技术包罗万象、产业链漫长、高附加值和低消耗的数字媒体产业。数字媒体产业在世界各地迅猛发展并得到高度重视，各主要国家和地区纷纷制定了支持数字媒技术体发展的相关政策和发展规划，都把大力推进数字媒体技术和产业作为经济持续发展的重要战略。

在我国，数字媒体技术及产业同样得到了各级领导部门的高度关注和支持，并成为目前市场投资和开发的热点方向。国家“863 计划”的软硬件技术主题专家组组织相关力量，深入研究了数字媒体技术和产业化发展的概念、内涵、体系架构，广泛调研了数字媒体国内外技术产业发展现状与趋势，仔细分析了我国数字媒体技术产业化发展的瓶颈问题，提出我国数字媒体技术未来五年发展的战略、目标和方向，尽快攻克数字媒体产业化发展中的技术瓶颈。同时，国家“863 计划”支持网络游戏引擎、协同式动画制作、三维运动捕捉、人机交互等关键技术的研发及动漫网游公共服务平台的建设，分别在北京、上海、湖南长沙和四川成都建设了四个国家级数字媒体技术产业化基地，对数字媒体产业积聚效应的形成和数字媒体技术的发展起到了重要的示范和引领作用。

在当前“大数据”时代，数字媒体技术尤其显得重要。“大数据”是由数量巨大、结构复杂、类型众多的数据构成的数据集合，是基于云计算的数据处理与应用模式，通过对数据的整合共享、交叉复用形成的智力资源和知识服务能力。

1.2 数字媒体的关键技术

1.2.1 数字媒体技术概述

数字媒体应用涉及许多相关技术，其主要内容有以下几个方面。

1．数据压缩技术

数据压缩技术包括算法和实现视频及音频压缩的国际标准、专用芯片和其他硬件与软件等。数据压缩技术的发展，使得实时传输大容量图像、音频和视频数据成为可能。一幅分辨率为 640 像素×480 像素的彩色图像，数据量约为 7.37Mb/帧（(640×480）像素×3 基色/像素×8b/基色＝7.3728Mb)，如果是视频（运动图像），要以每秒 30 帧的速度播放，则视频信号的传输速度为 221.2Mb/s。如果存放于 650MB 的光盘中，则只能播放 23s，由此可见，视频数字信号数据量大和要求传输速度快。对于音频信号，若达到电话声音质量，则每秒采样数据 8b/样本，若达到高保真（Hi-Fi）立体声（如 CD 唱盘），则每秒采样数据 44.1KB，若量化为 16b 两通道立体声，则 650MB 的光盘只能存放 1 小时的数据（44.1kHz×16b/样本×2 声道＝1.4Mb/s)，其传输速度为 1.4Mb/s。可见，数据压缩技术是多媒体计算机走向实用化的关键。视频和音频信号不仅因其数据量大而需要较大的存储空间，还要求传输速度快，如对于总线传输速率为 150Kb/s 的 IBM PC 或其兼容机，处理上述视频信号时必须将数据压缩到原大小的 1/200，否则无法实现。因此，视频、音频信号的数据压缩与解压缩是多媒体的关键技术。

2．网络技术

因特网（Internet）是一个通过网络设备把世界各国计算机相互连接在一起的计算机网络，人们将其看成信息高速公路的起点。人们可以通过连入国际互联网，尽情享用其提供的服务和信息资源。因特网上已经开发了很多应用，归纳起来可分成两类：一类是以文本为主的数据通信，包括文件传输、电子邮件、远程登录、网络新闻和电子商务等；另一类是以图像、声音和电视为主的通信，通常把上述两类内容称为多媒体网络技术。

万维网（WWW）亦称 Web，是在互联网上运行的全球性分布式信息系统。它的主要特点是将互联网上的现有资源全部通过超级链接互联起来，用户能在互联网上查找到已经建立的 Web 服务器的一切站点及其提供的超文本、超媒体资源文档，这些文档中包括文本、图像、声音、动画、视频等数据类型。

3．数据媒体存储技术

数据媒体存储技术包括多媒体数据库技术和海量数据存储技术。多媒体数据库的特点是数据类型复杂、信息量大，光盘、U 盘、移动硬盘和云存储技术的发展，极大地带动了多媒体数据库技术及大容量数据存储技术的进步。此外，数据媒体中的声音和视频图像都是与时间有关的信息，在很多场合要求实时处理（压缩、传输、解压缩），同时多媒体数据的查询、编辑、显示和演播等都对多媒体数据库技术提出了更高的要求。

4．多媒体计算机专用芯片技术

大规模集成电路的发展，使得多媒体计算机的运算速度和内存容量大幅度提高。多媒体计算机专用芯片一般分为两种类型：一种是具有固定功能的芯片；另一种是可编程的处理器。具有固定功能的芯片主要适用于系统较低取样速率、低数据率、多条件操作、处理复杂的多算法任务，能够快速实现对信号的采集、变换、滤波、估值、增强、压缩、识别等，以得到符合需要的信号形式。主要厂商有 TI、ADI、ESS 等公司。可编程的处理器比较复杂，它不仅需要快速、实时地完成视频和音频信息的压缩和解压缩，还要完成图像的特技效果（如淡入淡出、马赛克、改变比例等）、图像处理（图形的生成和绘制）、音频信息处理（滤波和抑制噪声）等。比如，华为海思的 Hi3510 就是一款基于 H.264 BP 算法的视频压缩芯片，该芯片具备强大的视频处理功能，可实现 DVD 画质的实时编码，确保画面的清晰度和实时性。低码率的 H.264 编码技术极大地减小了网络存储空间，并通过集成 DES/3DES 加解密硬件引擎确保网络安全。

5．输入/输出技术

多媒体输入/输出技术涉及各种媒体外设及相关接口技术，具体包括媒体转换技术、媒体识别技术、媒体理解技术和媒体综合技术。

（1）媒体转换技术：指改变媒体的表现形式，如当前广泛使用的视频卡、音频卡都属于媒体转换设备。

（2）媒体识别技术：指对信息进行一对一的映像过程。例如，语音识别是将语音映像为一串字、词或句子；触摸屏则根据触摸屏上的位置识别其操作要求。

（3）媒体理解技术：指对信息进行更进一步地分析处理和理解，如自然语言理解、图像理解、模式识别等。

（4）媒体综合技术：指把低维信息表示映像成高维模式空间的过程，如语音合成器可以把语音的内部表示综合为声音输出。

6．多媒体系统软件技术

多媒体系统软件技术主要包括多媒体操作系统、多媒体数据库管理技术。当前的操作系统包括了对多媒体的支持，可以方便地利用媒体控制接口（MCI）和底层应用程序接口（API）进行应用开发，而不必关心物理设备的驱动程序。

7．云计算和云存储技术

云计算（Cloud Computing）是分布式计算技术的一种，其基本概念是通过互联网将庞大的计算处理程序自动拆分成无数个较小的子程序，再由多部服务器组成的庞大系统通过搜寻、分析计算之后将处理结果返回给用户。通过这项技术，网络服务提供者可以在数秒内处理数以千万计的信息，从而达到和超级计算机相同效能的服务。

最简单的云计算技术在网络服务中已经随处可见，如搜寻引擎、网络信箱等，使用者只要输入简单的指令，就可以获得大量信息。未来手机、GPS 等设备都可以通过云计算技术开发出更多的应用服务。

云存储是在云计算概念上延伸和发展出来的一个新概念，是指通过集群应用、网格技术或分布式文件系统等功能，将网络中各种不同类型的存储设备通过应用软件集合起来协同工作，共同对外提供数据存储和访问功能的一个系统。当云计算系统运算和处理的核心是大量数据的存储和管理时，云计算系统中就需要配置大量存储设备，则云计算系统就转变成一个云存储系统，所以云存储是一个以数据存储和管理为核心的云计算系统。

8．移动通信技术

移动通信是移动体之间或移动体与固定体之间的通信，通信双方有一方或两方处于运动中，移动体可以是人，也可以是汽车、火车、轮船等在移动状态中的物体。采用的频段遍及低频、中频、高频、甚高频和特高频。目前的移动通信已经由第三代移动通信系统（3G）、第四代移动通信系统（4G）发展到第五代移动通信系统（5G）。

第三代移动通信系统最基本的特征是智能信号处理技术，支持语音和多媒体数据通信，其可以提供前两代产品不能提供的各种宽带信息业务，如高速数据、慢速图像与电视图像等。第四代移动通信系统集第三代移动通信系统与 WLAN 于一身，能够传输高质量的视频图像，图像的质量与高清晰度电视不相上下。与第四代移动通信系统相比，第五代移动通信系统具备高速率、短时延、广链接的特点。

目前移动通信使用最常见的设备是手机和平板电脑，它们使用的芯片（TD 终端芯片）主要由台积电、高通、三星、展讯、联芯、联发科、Marvell 等厂家生产。

1.2.2　数字媒体数据压缩技术

1．数字媒体数据压缩技术概述

虽然声音和图像信息数字化后都需要进行压缩处理，但其中问题最为突出的是图像信息的压缩，特别是视频图像信息的压缩。

在光盘技术和多媒体计算机技术中，图像的采集、存储、显示、传输均涉及大容量存储技术和大容量高速传输技术。例如，一幅 A4 图（210mm×297mm）的彩色照片，如果用分辨率为 12 点/mm 的扫描仪采样，像素用 24 位彩色信号表示，则其数据量约为 26 兆字节[一幅 A4 图的像素数：（210×12）×（297×12）＝2520 点×3564 点＝8,981,280 像素；8981280 像素×3/1024/1024＝25.6956481933594MB]。对于一张 650MB 的光盘来说，占用的空间实在太大。

从数据传输率来看，目前计算机的传输率与彩色视频图像要求的传输率相差几十倍甚至上百倍。

图像存在大量的冗余可以进行压缩，压缩可以分为两种类型：一种是不失真的压缩，另一种是失真的压缩。不失真的压缩固然受到欢迎，但其研究应用的难度较大。根据“特征选取”学说，一种好的特征选取方法有可能比一般的数据压缩方法更加适用。失真的压缩技术正是基于这一认识，以丢弃一部分信息为代价，保留最主要、最本质的信息。

数据的压缩可以看作一种变换，数据的恢复（解压缩）则被认为是一种反变换，这种变换的方法又称为编码技术。数据编码技术大致经历了两个发展阶段：1977—1984 年为基础理论研究阶段；1985—1995 年为实用化阶段。

2．JPEG 和 MPEG 压缩方式

目前，最流行的关于压缩编码的国际标准有彩色静止图像的压缩方式 JPEG、彩色运动图像的压缩方式 MPEG、电视电话/会议电视编码方式 H.261。

（1）JPEG 标准：JPEG 标准主要适用于压缩静止的彩色和单色多灰度的图像，一般用于彩色打印机、灰度和彩色扫描仪、部分型号传真机。JPEG 标准分为基本压缩系统、扩展系统（在基本系统上增加了算术编码、渐进构造等特性）和分层的渐进方法（通过滤波建立了一个分辨率逐渐降低的图像序列）。JPEG 标准采用混合编码方法，其基础是离散余弦变换（DCT）和霍夫曼变换，这是一种失真的有损压缩算法，即图像质量与压缩比有关，压缩比越大，图像质量损失越大。由于 JPEG 算法中要进行大量计算，因此，需要配备专用的快速 JPEG 信号处理器，以减小计算机 CPU 的负担。

（2）MPEG 标准：MPEG 的英文原意为“运动图像专家小组”。由于 ISO/IEC11172 压缩编程标准是由该运动图像专家小组于 1990 年制定的，因此将该标准称为 MPEG 标准。该标准又分为 MPEG-1，MPEG-2，MPEG-4 三个标准，其中 MPEG-1 用于普通电视，MPEG-2 用于数字电视，MPEG-4 为多媒体应用标准。MPEG 标准具体包含 MPEG 视频、MPEG 音频和 MPEG 系统（视频与音频同步）三部分。

MPEG 视频是标准的核心部分，它采用帧内和帧间相结合的压缩方法，以离散余弦变换（DCT）和运动补偿两项技术为基础，最终获得 100∶1 的数据压缩率（MPEG-1）。

MPEG 音频压缩算法则根据人耳的屏蔽滤波功能，利用“某些频率的音响在重放其他频率的音频时便听不到”特性，将那些人耳完全或基本上听不到的音频信号压缩，使音频信号的压缩比达到 8∶1 或更多，同时音质逼真。

MPEG 数据流包含系统层和压缩层数据。系统层含有定时信号、图像和声音的同步信息、多路分配等信息；压缩层包含经压缩后的实际图像和声音数据，该数据流传输率为 1.5Mb/s（MPEG-1）。

在实用化阶段，压缩技术在树形结构和词典的事前登录等方面有了新的进展；1989 年，工程师们制作出第一块压缩技术大规模集成电路芯片。

1.3 数字媒体的应用设备

1.3.1 MPC 标准和多媒体计算机系统的基本组成

1. MPC 标准

具有多媒体功能的计算机称为多媒体计算机，其中最广泛、最基本的是多媒体个人计算机（Multimedia Personal Computer，MPC）。多媒体计算机系统是一个由复杂的硬件系统和软件系统有机结合在一起的综合系统，它把音频、视频等媒体与计算机系统融合起来，并由计算机系统对各种媒体进行数字化处理。MPC 的最大特点是改善了人机接口界面，拓宽了计算机的应用领域。

1990 年，为了规范市场，由 Microsoft 和 IBM 等 14 家著名厂商组成了多媒体计算机市场联盟，进行多媒体标准的制定和管理。该联盟制定的标准就是著名的 MPC 标准。1991 年，多媒体计算机市场联盟制定了多媒体 PC 的基本标准 MPC-1，对多媒体 PC 及相应的多媒体硬件规定了必需的最低技术规格，要求所有使用 MPC 标志的多媒体产品都必须符合该标准的要求。随着计算机和多媒体产品性能的不断提高，多媒体计算机市场联盟（现已改名为多媒体 PC 工作组）根据多媒体技术的发展，先后在 1993 年和 1995 年公布了 MPC-2 和 MPC-3 两个级别的 MPC 标准。MPC 基本标准只界定 MPC 必备的下限功能与配置。目前各种计算机的多媒体性能都远远超过 MPC-3 标准，种类也非常多，有台式计算机、笔记本电脑、平板电脑、微型计算机、一体化计算机等，如图 1-3-1 所示。由于个人计算机技术发展非常快，很难再推出一个综合标准，满足一切多媒体数据的存储、传输和处理需求，因此，出现了各种独立的软硬件规范，如内存 DDR4/5 规范，视频接口 HDMI、DVI 规范，数据传输接口 USB3.0/3.1/3.2 规范，静态图像 HEIF 规范，视频压缩 H.264/H.265 规范等，从而保持计算机各个组成部分高性能和兼容性。

多媒体个人计算机主要由硬件系统和软件系统组成。

图 1-3-1 多媒体台式计算机、笔记本电脑和平板电脑

2. 多媒体计算机硬件系统

硬件系统是对构成计算机系统各种实体的总称，它是一些实实在在、看得见摸得着的机器部件。通常所看到的计算机，总会有一个机箱，里边有各式各样的电子元件，还有键盘、鼠标器、显示器和打印机等，这些都是计算机的硬件设备，它们是组成一个计算机的物质基础。

（1）计算机平台：把多媒体计算机系统中除多媒体功能所需的硬件设备之外的基本主机系统称为计算机平台，包括 CPU、内存，总线、显示系统、各种驱动器和输入/输出设备等。

多媒体涉及的数据量非常庞大，而多媒体信息表现出的生动性和实时性又要求计算机能迅速甚至实时地处理这些庞大的媒体数据，所以多媒体技术对计算机平台的要求很高。这包括高档次的 CPU、足够大的内存、快速的大容量存储设备，以及性能好的显示设备等。

输出设备中必须有高性能的显示部件，包括显示卡、显示内存和显示器，由于要快速显示 24 比特真彩色和分辨率较大的图像，因此需要高性能的显示部件。另外，除使用高效压缩技术之外，还必须使用高速总线，如 PCI、SCSI、USB 等。

微型计算机大多采用以总线为中心的计算机结构。所谓总线，是指计算机中传送信息的公共通路，实际上是一些通信导线。计算机中的所有部件都被连接在这个总线上。根据传送信息的不同，系统总线一般分为数据总线（DB）、地址总线（AB）和控制总线（CB）三类，如图 1-3-2 所示。

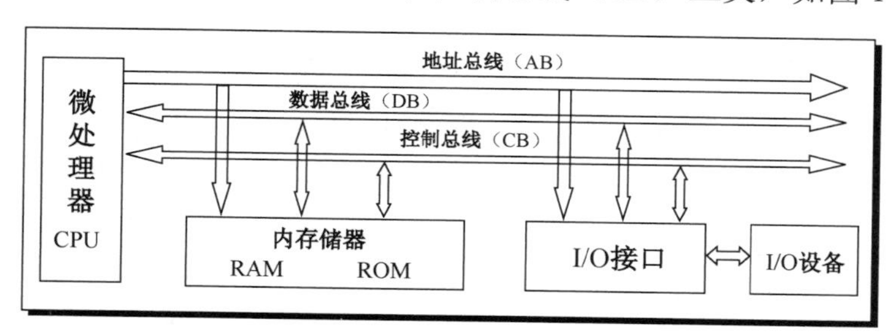

图 1-3-2　系统总线

（2）CD-ROM 或 DVD-ROM 驱动器：CD-ROM 驱动器是早期多媒体计算机的标准配置之一。它是大容量的数据存储设备，同时还是 CD、VCD 的播放器。目前，使用速率更高的 DVD-ROM 驱动器替代了 CD-ROM，甚至用 U 盘替代了 DVD-ROM 驱动器和光盘。

（3）多媒体接口卡：根据多媒体系统获取、编辑音频或视频的需要，多媒体接口卡插接在计算机上，以解决各种媒体数据的输入/输出问题。多媒体接口卡是建立制作和播放多媒体应用程序工作环境必不可少的硬件设备。常用的接口卡有声卡、语音卡（具有音频信号获取、压缩/解压缩、MIDI 合成等功能）、视频压缩卡（具有视频信号获取、压缩/解压缩等功能）、VGA/TV 转换卡、视频捕捉卡、视频播放卡等。

（4）多媒体外部设备：多媒体外部设备种类繁多，按功能可分为如下四类。

① 视频、音频输入设备，如摄像机、录像机、数码照相机、话筒、扫描仪等。

② 视频、音频输出设备，如电视机、投影仪、音响等。

③ 人机交互设备，如键盘、鼠标、触摸屏、显示器、打印机、光笔等。

④ 存储设备，如软盘、硬盘、磁带、U 盘、光盘等。

3．多媒体计算机软件系统

软件是指在计算机硬件基础上运行的程序及其相关的资料。程序是由一系列指令组成的，每条指令一般都能激发机器进行相应的操作。

（1）系统软件。多媒体系统软件是多媒体系统运行的环境基础。系统软件主要由多媒体操作系统组成。它的任务是控制多媒体硬件设备的使用，协调窗口软件环境的各项操作，拥有实时多任务处理能力，支持多媒体数据格式，可以综合使用各种媒体，具有灵活传输和处理多媒体数据的功能，如 Microsoft 公司的 Windows 等。

（2）创作软件。多媒体创作软件用于各种媒体的开发和创作。这些软件不仅具有多媒体编辑和播放功能，还可以将文本、图形、音频、图像和视频等多种媒体综合在一起，并赋予交互能力，如 Windows 环境下的“录音机”使用工具软件、多媒体创作平台软件 Flash、PowerPoint、Authorware

和 ToolBOOK 等。

（3）应用软件。多媒体应用软件是在多媒体创作平台上设计开发的面向应用领域的软件系统，如计算机辅助教学系统（CAI）、技术培训软件、有声像的电子出版物、视频会议系统、多媒体数据库系统等。多媒体应用软件是多媒体计算机赖以生存的物质基础，没有丰富的多媒体应用软件，多媒体市场就不会得到迅速发展。

1.3.2 数字媒体输入设备

1．键盘

键盘是最常用也是最主要的输入设备，通过键盘可以将英文字母、数字、标点符号等输入计算机中，从而向计算机发出指令、输入数据等。键盘的分类方法有很多种，简介如下。

（1）按键数分类。一般情况下，不同型号的键盘提供的按键数目不同。常用的键盘有 101 键、104 键等。为了便于记忆，按照功能的不同，人们把键盘划分成主键盘区、功能键盘区、编辑键盘区和数字键盘区，还有一个状态指示灯区，如图 1-3-3 所示。图中左边最大的区域为“主键盘区”，最上面的一个长条区域为“功能键盘区”，最右边的区域为“数字键盘区”，主键盘区和数字键盘区之间的区域为“编辑键盘区”。

近些年，又出现了多媒体键盘，其在传统键盘的基础上增加了不少常用快捷键和音量调节装置，并带有控制光盘驱动器键、上网键、收发 E-mail 键、声音调节键、打开浏览器软件键、启动多媒体播放器键等，只需一个特殊按键即可使计算机操作进一步简化。同时，在键盘外形上也做了重大调整，体现键盘的个性化。

（2）按功能分类。按功能的不同，可将键盘主要可分为以下 5 种。

① 标准键盘：标准键盘是市场上最常见的键盘，各厂商的标准键盘无论从尺寸、布局还是外形上来看，都大同小异，如图 1-3-4 所示。

② 人体工程学键盘：人体工程学键盘主要提供职业操作计算机的人使用，如图 1-3-5 所示。该键盘增加了底托，解决了长时间悬腕或塌腕的劳累问题，并将两手所控的键位向两旁分开一定角度，使两臂自然分开，从而达到省力的目的。目前这类键盘品种很多，有固定式、分体式和可调角度式，以适应不同操作者的各种姿势。

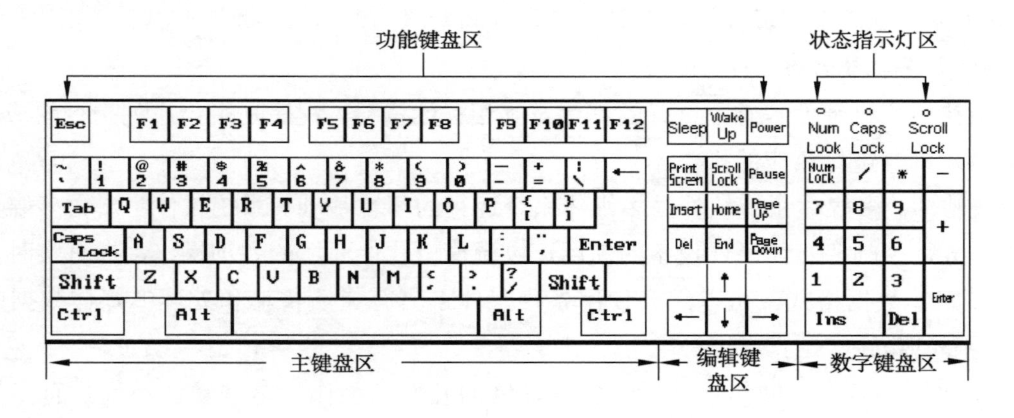

图 1-3-3 常用的键盘分布

图 1-3-4　标准键盘

图 1-3-5　人体工程学键盘

③ 多功能键盘：多功能键盘比标准键盘多加了一些功能键，用来完成一些快捷操作，如一键上网、开机、关机、播放 CD/VCD 的按键，话筒和音箱的插槽等，如图 1-3-6 所示。

④ 集成鼠标的键盘：这类键盘和笔记本电脑上的键盘很相似，在键盘上集成的鼠标多以轨迹球和压力感应板的形式出现，节省了桌面空间，如图 1-3-7 所示。

图 1-3-6　多功能键盘

图 1-3-7　集成鼠标的键盘

⑤ 手写键盘：手写键盘是键盘和手写板的结合产品，如图 1-3-8 所示。

（3）按接口类型分类。按接口类型的不同，可将键盘主要分为以下几种。

① PS/2 接口的键盘：大部分键盘属于此类，它与主板上的 PS/2 接口相连。

② USB 接口的键盘：作为一种新型的总线技术，USB（Universal Serial Bus，通用串行总线）已经被广泛应用于鼠标、键盘、打印机、扫描仪、Modem、音箱等各种设备。其传输速率远大于传统的并行口和串行口，设备安装简单且支持热插拔。

一旦有 USB 设备接入，就能够立即被计算机所识别，并装入所需要的驱动程序，并且不必重新启动系统就可立即投入使用。当不再需要某台设备时，可以随时将其拔除，并可再在该端口上插入另一台新的设备，这台新的设备同样能够立即得到确认并马上开始工作，所以 USB 接口越来越受到厂商和用户的喜爱。USB 接口的键盘功能与普通键盘完全一致，只是接口相连接的方式不同。

③ 无线键盘：无线键盘的外观与普通键盘没有太大区别，如图 1-3-9 所示。无线键盘没有连接线，可以完全脱离主机，其有效范围一般为 3m 左右。

图 1-3-8　手写键盘

图 1-3-9　无线键盘

2．鼠标

鼠标是一种快速定位器，其功能与键盘的光标键相似，是计算机图形界面交互的必用外部设备。

（1）按键数分类，可将鼠标分为以下 3 种。

① 两键鼠标。两键鼠标通常称为 MS 鼠标，如图 1-3-10 所示。

② 三键鼠标。三键鼠标也称为 PC 鼠标，如图 1-3-11 所示，与两键鼠标相比，多了一个中间键，使用中间键在某些特殊程序中能起到事半功倍的效果。

③ 多键鼠标。多键鼠标常带有滚轮和侧键，如图 1-3-12 所示，其使浏览网页、文档时上下翻页变得很方便。滚轮有横向、纵向之分。有一个滚轮的称为 3D 鼠标，有两个滚轮的称为 4D 鼠标。

图 1-3-10　两键鼠标

图 1-3-11　三键鼠标

图 1-3-12　多键鼠标

（2）按接口类型分类，可将鼠标分为以下 3 种。

① PS/2 接口的鼠标。PS/2 接口的鼠标是目前市场上的主流产品，其使用了一个六芯圆形接口，需要插接在主板上的一个 PS/2 端口中。

② USB 接口的鼠标。USB 接口的鼠标如图 1-3-13 所示，其功能与其他鼠标完全一致，只是接口相连接的方式不同。

③ 无线遥控式鼠标。无线遥控式鼠标没有连接线，其外形与普通鼠标没有太大区别，如图 1-3-14 所示。无线遥控式鼠标可分为红外无线型鼠标和电波无线型鼠标两种。红外无线型鼠标一定要对准红外线发射器后才可以活动自如，否则没有反应。

（3）按内部结构分类，可将鼠标分为以下 3 种。

① 机械式鼠标：在机械式鼠标的底部有一个胶质小滚球,当推动鼠标时,鼠标底部的胶质小球就会不断触动旁边的小滚轮，带动 X 轴方向滚轴滚动和 Y 轴方向滚轴滚动。在滚轴的末端有译码轮，译码轮附有金属导电片与电刷直接接触，鼠标的移动带动小球的滚动，通过摩擦作用使两个滚轴带动译码轮旋转，接触译码轮的电刷随即产生与二维空间位移相关的不同强度的脉冲信号。通过这种连锁效应，电脑才能运算出游标的正确位置。

由于电刷直接接触译码轮，且鼠标小球与桌面直接摩擦，因此精度有限，电刷和译码轮的磨损也较大，这直接影响机械式鼠标的寿命。目前，纯机械式鼠标已经很少见到了。

② 轨迹球鼠标：轨迹球鼠标也叫跟踪球鼠标，这种鼠标大多应用于笔记本电脑，外形看上去就像一个倒过来的机械式鼠标，如图 1-3-15 所示。该鼠标内部原理也与机械式鼠标有很多的类似之处。它的较大优点就在于使用时不用像机械式鼠标那样到处乱窜，节省了空间，减少使用者手腕的疲劳。相对一般鼠标，轨迹球（即跟踪球）由于其设计上的特点，有定位精确，不易晃动等优点，适合图形设计，3D 设计等。不过也由于这个设计上的特点，不太适合一般的游戏等应用。

图 1-3-13　USB 接口的鼠标

图 1-3-14　无线遥控式鼠标

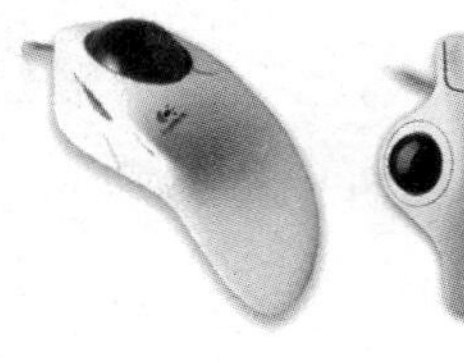

图 1-3-15　跟踪球鼠标

③ 光电式鼠标。光电式鼠标是目前的主流产品，其用发光二极管（LED）与光敏晶体管的组合来测量位移，因此光电式鼠标的精度极高。从正面来看，与机械式鼠标没有任何区别，但是从底面来看，光电式鼠标不带滚轮。目前这种鼠标比较流行。

3．其他输入设备

（1）数码照相机。数码照相机又名数字式相机，通称数码相机，英文全称为 Digital Camera，简称 DC，是一种集光学、机械、电子为一体化的产品。它利用电子传感器把光学影像转换成电子数据，集成影像信息转换、存储和传输等部件，具有数字化存取模式、与计算机交互处理和实时拍摄等特点。光线通过镜头或镜头组进入相机，然后通过成像元件转化为数字信号，数字信号再通过影像运算芯片储存在存储设备中。数码相机的电子传感器是一种光感应式电荷耦合器件（CCD）或互补性氧化金属半导体（CMOS）。

数码相机主要包括卡片相机（指外形小巧、机身相对较轻及超薄时尚的数码相机）和单反数码相机（指单镜头反光式数码相机）等。

单反数码相机和普通数码相机是完全不同的两个系统，它们的内部结构不一样，快门、镜头和感光材料的面积也不一样。单反数码相机的主要优点是快门速度高，单反数码相机的最快快门速度轻松达到 1/10000 秒左右，这是普通数码相机望尘莫及的。

几种数码相机如图 1-3-16 所示。

图 1-3-16　普通数码相机和单反数码相机

（2）数码摄像机。数码摄像机的英文全称为 Digital Video，简称 DV，如图 1-3-17 所示。数码摄像机按用途可分为广播级机型、专业级机型和消费级机型；按存储介质可分为磁带式、光盘式、硬盘式、存储卡式。数码摄像机的基本工作原理就是光—电—数字信号的转变与传输，即通过感光元件将光信号转变成电流，再通过模数转换器芯片将模拟电信号转变成数字信号，由专门的芯片进行处理和过滤后把得到的信息还原出来就是人们看到的动态画面。数码摄像机的感光元件主要有 CCD（电荷耦合）和 CMOS（互补金属氧化物导体）两种。

数码摄像头在多媒体计算机中应用得最广，它可以被认为是一个微型数码摄像机，通常将摄像头和话筒合成一体，或者在显示器内自带一个摄像头。笔记本电脑通常自带摄像头。

（3）话筒。话筒也称为麦克风，如图 1-3-18 所示。它通过声波作用到电声元件上产生电压，再转换为电能。话筒的电路简单，种类繁多，主要分为动圈式话筒和电容话筒。

动圈式话筒由振膜带动线圈振动，从而使在磁场中的线圈感应出电流。其特点是结构牢固，性能稳定，经久耐用，价格较低；频率特性良好，50～15000Hz 幅频特性曲线平坦；指向性好；无须直流工作电压，使用简便，噪声小。

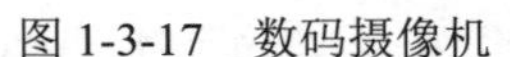
图 1-3-17　数码摄像机

图 1-3-18　话筒

电容话筒的振膜就是电容器的一个电极，当振膜振动时，振膜和固定的后极板间的距离跟着变化，就产生了可变电容量，这个可变电容量和话筒本身所带的前置放大器一起产生了信号电压。电容话筒的频率特性好，在音频范围内幅频特性曲线平坦，这一点优于动圈式话筒；无方向性；灵敏度高，噪声小，音色柔和；输出信号电平比较高，失真小，瞬态响应性能好，这是动圈式话筒所达不到的；工作特性不够稳定，低频段灵敏度随着使用时间的增加而下降，寿命比较短，工作时需要直流电源，故使用不方便。

另外，除有线话筒之外，还流行一种无线话筒。无线话筒的无线频率为 88～108MHz 调频波段，发射距离约 30m，接收的声音清晰悦耳，无杂波干扰，对本地调频电台也无影响。

（4）数码录音笔。数码录音笔也称为数码录音棒或数码录音机，是一种数字录音器，与传统录音机相比，数码录音笔是通过数字存储的方式来记录音频的，如图 1-3-19 所示。数码录音笔的造型并非以单纯的笔形为主，主要目的是携带方便，同时拥有多种功能，如激光笔、FM 调频、MP3 播放、声控录音、电话录音、定时录音、自动录音、外部转录、数码相机、移动存储、多种播放查找和文件编辑等功能。

声控录音功能就是无声音时录音笔处于待机状态，有声音时启动录音，延长了录音时间，最大限度地避免存储空间和电能的浪费。

电话录音功能则为电话采访及记事提供了方便。除此之外，还有分段录音及录音标记功能，对录音数据的管理效率较高，这也是很重要的。

MP3 播放功能就是将 MP3 文件存储到录音笔的内存中，再结合耳线或机体内置的音源，用户就可以像使用 MP3 那样听到自己喜欢的音乐。FM 调频功能即 FM 收音机功能。

电话录音功能是指可以通过专用的电话适配器，将数码录音笔与电话连接起来，从而可以十分方便地记录通话内容，并且录音效果良好，声音清晰，几乎没有什么噪声。

定时录音功能是指根据实际需要，预先设定好开始录音的时间，一旦满足条件，录音笔就自动开启录音。外部转录功能是指将数码录音笔与传统录音机相连接，将原先在磁带上的模拟信息转换成数字信息，也可以通过 USB 接口和计算机交换信息。

多种播放查找功能使音频的播放、定位、查找非常方便，可以实现循环播放、任意两点之间重复播放、自动搜索、定时放音等功能。通过这些功能，可以将数码录音笔作为一个复读机使用。编辑功能是指可以移动、复制、删除音频文件中的部分内容，还可以进行音频文件的拆分和合并，从而为文件的管理提供方便。

数码录音笔的音质效果比传统录音机要好。录音时间的长短与录音笔支持的声音文件存储规格有关。目前常见的有 LP（长时间录音）、SP（标准录音）、HQ（高质量录音）三种基本模式。除了这三种模式，还有一种 SHQ（超高保真录音）模式，不过这种模式的数码录音笔很少。标准录音时间是指在 SP 模式下录音笔内存支持的最长录音时间。

（5）扫描仪。扫描仪（Scanner）是一种高精度的光电一体化高科技产品，它是将各种形式的图像信息输入计算机的重要工具，如图 1-3-20 所示。扫描仪是继键盘和鼠标之后的第三代计算机输入设备，也是功能极强的一种输入设备。人们通常将扫描仪用于计算机图像的输入，从图片、照片、胶片到各类图纸、图形和各类文稿资料都可以用扫描仪输入计算机中，进而实现对这些图像形式信息的处理、管理、使用、存储和输出等。

图 1-3-19　数码录音笔

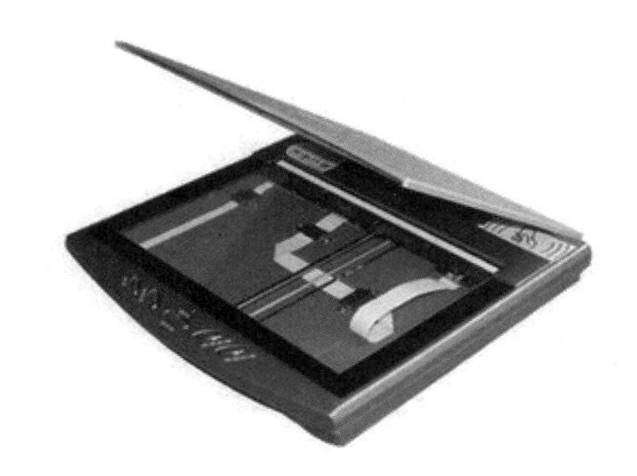

图 1-3-20　扫描仪

扫描仪有手持式（其优点是价格便宜、携带方便，但精度低、使用不方便，目前已较少使用）、平板式（目前使用较普遍）和滚筒式（可扫描较大的画面，主要用于工程设计）。扫描仪与计算机的接口主要有并行接口（EPP 接口和打印接口）、SCSI 接口和 USB 接口 3 种。扫描仪的主要性能指标简介如下。

① 分辨率：指扫描时每英寸获取的像素个数，单位为像素/秒。分辨率有水平分辨率和垂直分辨率。分辨率越高，扫描出的图像越清晰，但生成的文件也越大。常见扫描仪的分辨率为 600 像素×1200 像素和 1200 像素×2400 像素，分辨率为 2400 像素×4800 像素的扫描仪是发展方向。

② 灰度等级：指扫描时对图像的亮度从最黑到最白进行划分的等级。级数越高，图像的亮度变化范围越大，图像的层次越丰富。目前，扫描仪的灰度等级有 8b（有 $2^8=256$ 个灰度等级）、10b（有 $2^{10}=1024$ 个灰度等级）和 12b（有 $2^{12}=4096$ 个灰度等级）等。

③ 色彩数量：表示扫描仪在扫描时可以识别的最大色彩数目。通常用每个像素点颜色的位数来表示。例如，24 位可描述的最大色彩个数为 $2^{24}=16777216$，32 位可描述的最大色彩个数为 $2^{32}=4294967296$。色彩数量越大，图像色彩越丰富，但生成的文件也越大。

④ 扫描速度：主要决定于扫描仪的接口模式、扫描仪步进电机的速率和扫描仪设定的分辨率。分辨率越高，扫描速度越慢。一幅 A4 幅面、300 像素/秒分辨率的图像，需要扫描 30～60 秒。

⑤ 扫描幅面：指扫描仪可以扫描的画面的最大尺寸。常见扫描仪的扫描幅面有 A4、A4 加长和 A3 等。

（6）数码绘图板。数码绘图板的英文名称为 Graphics Tablet、Digitizer，中文名称为手写板、数位板或电绘板，如图 1-3-21 所示。它是一种使用电磁技术的计算机周边输入装置，其使用方式是以专用电磁笔在数码板表面的工作区上书写。电磁笔可以发出特定频率的电磁信号，数码板内部具有微控制器及二维天线阵列，微控制器依次扫描天线板的 X 轴及 Y 轴，然后根据信号的大小，计算出电磁笔的绝对坐标，并将每秒 100～200 组的坐标资料传送到计算机中。

（7）合成器。合成器（Musical Synthesizer）也称为电子合成器或电子音乐键盘等，如图 1-3-22

所示。它用来产生并修改正弦波形并叠加，然后通过声音产生器和扬声器发出特定的声音。泛音的合成决定声音音质。合成器就是将各种各样的盒式设备互相连接，最后统一连接到一个键盘上。当按下一个键盘按键时，一个包含振荡器的单元就会发出声音，另外一些盒式设备（如一个滤波器）便会控制这个声音的音色，一个放大器则会控制音量等。

目前，合成器已经不是一个人为合成音色的设备，它拥有大量的采样音色可供演奏使用，也拥有自己的音序器可以录制编辑音乐，还拥有可以与其他设备交换的信息。合成器是集音源、音序器、MIDI 键盘于一身的设备，只要拥有一台带音序器的合成器，就可以制作 MIDI 音乐等。

MIDI 键盘是可以输出 MIDI 信号的键盘，它自带很多 MIDI 信号控制功能。这种键盘不带任何音色，但是可以外接硬件音源或下载软件音源用 MIDI 键盘弹奏。

（8）手机。手机又名移动电话，如图 1-3-23 所示。1973 年 4 月，工程师“马丁·库帕”发明世界上第一部民用手机，“马丁·库帕”从此也被称为现代“手机之父”。手机经历了第一代模拟制式手机（1G，因为个头较大有“大哥大”的俗称），第二代 GSM、CDMA 等数字手机（2G），第三代手机（3G）时代，第四代手机（4G）时代，第五代手机（5G）时代的发展，第六代手机（6G）正在研制中。中国现在已成为第五代和第六代手机技术的领先者。

一般地讲，3G 手机是指将无线通信与国际互联网等多媒体通信结合的移动通信系统，它能够处理图像、音乐、视频流等多种媒体形式，提供包括网页浏览、电话会议、电子商务等多种信息服务。也就是说，在室内、室外和行车的环境中能够分别支持至少 2Mbps（兆比特/秒）、384Kbps（千比特/秒）及 144Kbps 的传输速度。4G 手机是能够传输高质量视频图像及图像传输质量与高清晰度电视不相上下的技术产品。4G 系统能够以 100Mbps 的速度下载，上传速度达到 20Mbps，并能够满足几乎所有用户对于无线服务的要求。

手机分为智能手机（Smartphone）和非智能手机（Feature phone，功能手机），一般智能手机的 CPU 性能比非智能手机好，智能手机的 CPU 主频较高，运行速度快，而非智能手机的 CPU 主频比较低，运行速度也比较慢，但是非智能手机比智能手机稳定，大多数非智能手机和智能手机一样使用英国 ARM 公司架构的 CPU。智能手机（Smartphone）像个人计算机一样，具有独立的操作系统，可以由用户自行安装第三方服务商提供的软件程序，通过该程序来提高手机的功能，并可以通过移动通信网络来实现接入无线网络。说通俗一点就是“掌上电脑+手机=智能手机”。融合 3C（Computer、Communication、Consumer）的智能手机必将成为未来手机发展的方向。

与 4G 网络相比，5G 网络具备高速率、短时延、广链接的特点。在高速率的 5G 时代，一些软件也会更新换代，应用都会在云端加载，所有的数据都在云端存储，5G 手机将不需要更大的内存来进行数据保存。5G 网络系统和 4G 网络系统相比主要有两大特点：一是网络速度大幅度提升；二是可以同时连接入网的设备更多。这两个特点都是现在很需要的。当处于人群密集的场所时，就会发现 4G 网络的网速变慢，这是由于 4G 网络同时允许接入的设备太少所致。在选购 5G 手机时，屏幕的分辨率显得尤为重要，对于 4G 手机，即使是顶级的机型，其屏幕的分辨率也只有 3K 水平，主流级的手机大约是 2K 或 2.5K 的分辨率。因为 5G 网速的大幅度提高，有越来越多的超高清视频节目或直播服务推出，这些视频产品的分辨率会达到 4K、6K、8K 甚至 10K，如果手机屏幕的分辨率只有 2K，那么即使收看的是 10K 的节目，也会降低到 2K 的水平播放，因为硬件条件的限制，不支持高分辨率的视频。

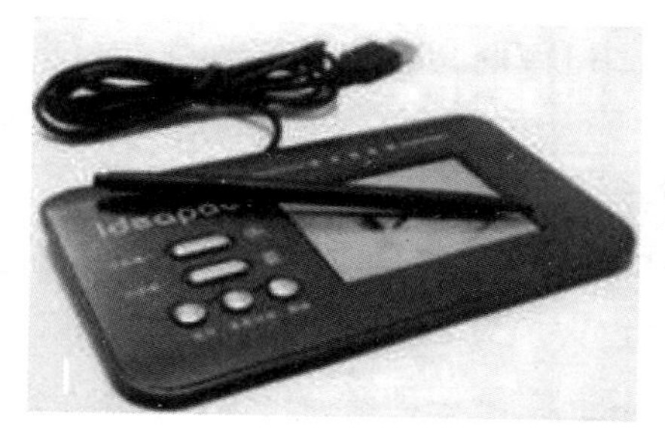

图 1-3-21 数码绘图板

图 1-3-22 合成器

图 1-3-23 手机

1.3.3 数字媒体存储设备

1．光盘和光盘驱动器

（1）光存储介质。光存储介质是一种可以通过光学的方法，读出（也可以写入）数据的存储介质。光存储介质利用坑点来记录信号，这些极为细微的坑点是利用激光光刻技术制成的。这些坑点的反射率不同，当光电检测器上的光强度变化时，即可辨别出存储数据（如 0 和 1）的不同。由于使用的光源目前基本上是激光光源，因此也称为激光存储介质。

光存储介质可以根据其外形和大小进行分类，如盘、带、卡等，其中最常见的是光盘。光盘是一种用激光技术进行高密度信息存储的载体，其信息存储密度比人们已经熟悉的录音带、录像带、计算机软磁盘、硬磁盘等载体要高得多。光盘具有记录密度高、存储容量大、存储成本低、保存时间长、介质可换、检查方便、携带灵活等优点。

（2）光盘结构。光盘主要由圆盘形玻璃或塑料基片及其上面所涂的适于光存储的记录介质组成。通常还在基片上预先刻有用来表示被记录数据物理地址的信息，如表示记录磁道的螺旋状沟槽和表示记录扇区的数字化信息等。以目前常见的磁光型可擦光盘为例，其剖面如图 1-3-24 所示。它所采用的是四层膜结构，基片为聚碳酸酯材料，镀膜是用蒸发和溅射的方法完成的。对于其他类型的光盘，其记录媒体的膜层结构和材料会因其工作原理的不同而有所不同。

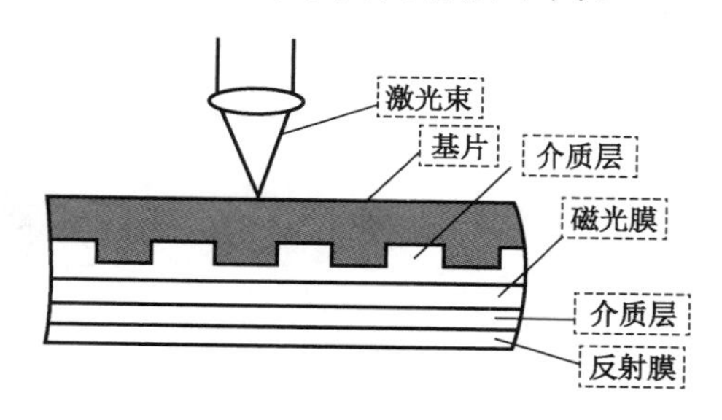

图 1-3-24 光盘剖面

（3）光盘的分类。CD 光盘有 CD-ROM（只读光盘）、CD-R（可写光盘，只能写入一次，以后不能再改写）和 CD-RW（可重复擦、写光盘）三种，目前市场上已经不存在。

DVD 光盘有 DVD-VIDEO（又可分为电影格式及个人计算机格式，用于观看电影和其他可视娱乐，总容量可达 17GB）、DVD-ROM（基本技术与 DVD-VIDEO 相同，但它包含与计算机兼容的文件格式，用于存储数据，容量是 4.7GB）、DVD-R、DVD+R（只能写一次，容量是 4.7GB）、DVD-RW、DVD+RW（采用顺序读、写存取）、DVD-RAM（可以用作虚拟硬盘，能随机存取）、DVD-AUDIO（比标准 CD 的保真度好一倍）、蓝光光盘等盘片。

（4）DVD光驱分类。目前市场上CD光驱已不存在。下面介绍DVD光驱的分类及特点。

① DVD光驱。DVD光驱是一种可以读取DVD碟片的光驱，除了兼容DVD-ROM、DVD-VIDEO、DVD-R等格式光盘外，对于CD光盘都能很好地支持。

② DVD刻录光驱。DVD刻录机有DVD+R、DVD-R、DVD+RW、DVD-RW和DVD-RAM。它的外观和普通光驱差不多，只是其前置面板上通常清楚地标识着写入、复写和读取三种速度。

③ COMBO光驱。“康宝”光驱是人们对COMBO光驱的俗称。它是一种融合了CD-ROM光驱、CD刻录机和DVD-ROM光驱的多功能光存储产品。用户可通过一台光盘驱动器进行多种应用，如读、一次或多次写入等，提高了数据传输速度，并且使用更加简便。

（5）蓝光光驱。蓝光光驱使用蓝色激光读取盘上的文件。因蓝光波长较短，故可以读取密度更高的光盘。普通光驱用的红光波长有650 nm，而蓝光有405 nm，所以蓝色激光实际上可以更精确，能够读写一个只有200 nm的点，相比之下，红色激光只能读写350 nm的点，所以同样的一张光盘，点多了，记录的信息也就更多。Blu-Ray Disk是蓝光光盘，是DVD下一代的标准之一。其采用传统的沟槽进行记录，通过更加先进的抖颤寻址实现对更大容量的存储与数据管理，目前已经达到100 GB。蓝光光盘的直径和普通光盘（CD）及数码光盘（DVD）的尺寸一样。蓝光光盘利用405 nm蓝色激光在单面单层光盘上可以录制、播放长达27GB的视频数据，比现有DVD的容量大5倍以上（DVD的容量一般为4.7GB），可以录制13小时普通电视节目或2小时高清晰度电视节目。蓝光光盘采用MPEG-2压缩技术。蓝光光驱可以兼容读取普通DVD和CD，但是普通光驱不能读取蓝光光盘。

另外，还有蓝光刻录光驱和蓝光COMBO，蓝光刻录光驱不但具有蓝光光驱读取BD的能力，还可以刻录BD；蓝光COMBO是融合CD-ROM光驱、CD刻录机、DVD-ROM光驱和蓝光刻录光驱的多功能光存储产品。

2．硬盘

硬盘主要由接口、控制电路和磁盘盘片等组成。按照用途的不同，硬盘可以分为台式计算机硬盘、笔记本硬盘、移动硬盘和固态硬盘，如图1-3-25所示；按照大小可以将硬盘分为160 GB、250 GB、320 GB、500 GB、640 GB、750 GB、1 TB、1.5 TB、2 TB、3 TB、4 TB和6 TB等；按照接口分类，目前硬盘主要有以下4种类型，各种类型的硬盘特性简介如下。

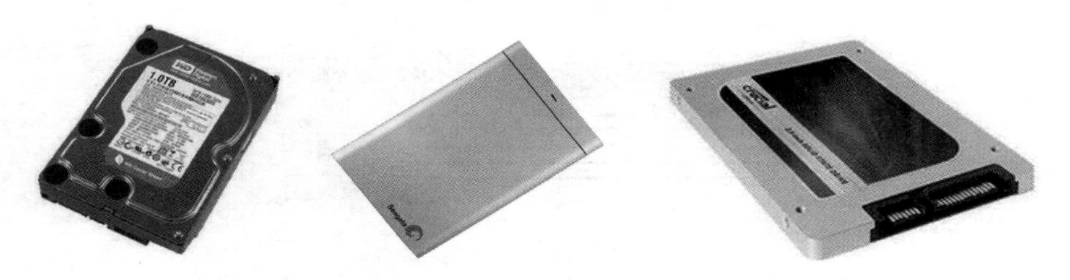

图1-3-25　台式计算机硬盘、移动硬盘和固态硬盘

（1）SATA（Serial ATA）。使用SATA接口的硬盘又称为串口硬盘，是目前PC应用最多的硬盘。SATA接口硬盘采用串行连接方式，它的总线使用嵌入式时钟信号，具有结构简单、支持热插拔、转速快、更强纠错能力和数据传输可靠等优点。

（2）SATA2。希捷在SATA的基础上加入NCQ本地命令阵列技术，并提高了磁盘速率。

（3）SAS（Serial Attached SCSI）。SAS和SATA硬盘相同，都采取序列式技术以获得高传输速率，可达到3Gbps。此外缩短了连接线，改善了系统内部空间等。

（4）e-SATA 接口是 SATA 接口的改进版，是一种全新的高速热插拔接口，其传输速率是 USB 2.0 接口的 2～4 倍。

3．U 盘

U 盘的全称为“USB 闪存盘”，英文名称为“USB flash disk”，如图 1-3-26 所示。它是一个 USB 接口的无须物理驱动器的微型高容量移动存储产品，可以通过 USB 接口与计算机连接，实现即插即用。U 盘的名称最早来源于朗科公司生产的一种新型存储设备“优盘”，使用 USB 接口进行连接。U 盘通过 USB 接口连接到计算机的主机后，其资料可以与计算机交换。由于朗科公司已进行专利注册，以后再生产的类似技术的设备不能再称为“优盘”，而改称谐音的“U 盘”，或者称为“闪存”。后来 U 盘这个名称因其简单易记而广为人知，并且两者也已经通用，故不再对它们进行区分。

一般的 U 盘容量有几 GB 到几十 GB，甚至几百 GB。U 盘最大的优点是小巧、便于携带、存储容量大、价格便宜、性能可靠；U 盘中无任何机械式装置，抗震性能极强，具有防潮、防磁、耐高低温等特性，安全可靠；U 盘的体积小，仅大拇指般大小，质量轻，一般在 15g 左右，特别适合随身携带。在近代操作系统（如 Linux、Mac OS X、UNIX 与 Windows 2000、Windows XP、Windows 7）中皆有内置支持。

图 1-3-26　U 盘

U 盘由外壳和机芯组成，机芯包括一块 PCB+USB 主控芯片+晶振+贴片电阻、电容+USB 接口+贴片 LED（不是所有 U 盘都有）+Flash（闪存）芯片。按材料分类，U 盘有 ABS 塑料、竹木、金属、皮套、硅胶、PVC 等类型；按风格分类，U 盘有卡片、笔形、迷你、卡通、商务、仿真等类型；按功能分类，U 盘有加密、杀毒、防水、智能等类型。对一些特殊外形的 PVC U 盘，有时会专门制作特定配套的外包装。生产 U 盘的厂商很多，如爱国者、金士顿、台电等。

USB 2.0 接口的最高数据传输速率为 480 Mbps，USB 3.0 支持全双工，新增了 5 个触点，4 条数据输出和输入线，供电标准为 900 mA，支持光纤传输，采用光纤后速度可达到 25Gbps。USB 3.0 兼容 USB 2.0 版本，可为不同设备提供不同的电源管理方案。USB 3.0 接口与 USB 2.0 接口相比，传输速度更快。

4．云存储 U 盘

云存储 U 盘就是将资料上传到网上的云存储客户端，然后可以随时对其进行修改和下载编辑，省去了传统存储携带不方便、存储数据量小的麻烦。国内提供云存储 U 盘的有联想云盘、百度云同步盘、腾讯微云、酷盘和 115 网云盘，以及南京云盘等。

1.3.4　多媒体输出设备

1．显示器

显示器（Monitor）又称监视器，是计算机必不可少的外部设备之一，用于显示或输出各种数据。

计算机的显示系统由显示器和显示适配器（Adapter）组成。显示适配器也称显示卡，简称显卡，由寄存器、视频存储器和控制电路三部分组成。显示卡插入主机板上的扩展槽内或制作在主机板内，用显示器连接线将显示器与显示卡连接起来。

根据显示屏幕的大小（以英寸为单位，1 英寸=2.54cm），通常有 14 英寸、15 英寸、17 英寸、19 英寸、21 英寸和 24 英寸等规格的显示器；按照显示色彩分类，可以将显示器分为单色显示器和彩色显示器，目前单色显示器已成为历史；按照显示器的显像管分类，可以将显示器分为以下 5 种。

（1）CRT 显示器。CRT 显示器是一种使用阴极射线管的显示器，阴极射线管主要由电子枪、偏转线圈、荫罩板、高压石墨电极、荧光屏和玻璃外壳六部分组成。目前这种显示器应用得很少。

（2）液晶显示器（LCD）。液晶显示器是一种采用液晶控制透光度技术来显示彩色图像的显示器。它的质量提高的关键是反应时间和可视角度。相比于 CRT 显示器，液晶显示器的特点如下。

① 刷新率不高，但图像很稳定，可以做到真正的完全平面。

② 大多采用数字方式传输数据和显示图像，不会产生显卡造成的色彩偏差或损失问题。

③ 完全没有辐射，即使长时间观看液晶显示器屏幕，也不会对眼睛造成太大伤害。

④ 体积小、能耗低，一台 17 英寸液晶显示器的耗电量大约相当于 17 英寸 CRT 显示器耗电量的 1/3。

⑤ 液晶显示器的图像质量仍不够完善；在色彩表现、饱和度、亮度、画面均匀度、可视角度等方面，液晶显示器比 CRT 显示器略差一些。

⑥ 液晶显示器的响应时间也比 CRT 显示器要长一些，当画面静止时这种差异不明显，一旦画面更新速度快而剧烈，画面就会因响应时间长而产生重影、脱尾等现象。

（3）等离子显示器。等离子显示器是采用了近几年来高速发展的等离子平面屏幕技术的新一代显示设备。等离子显示器的厚度薄、分辨率高、环保无辐射、占用空间小，可以作为家中壁挂电视使用，代表了未来计算机显示器的发展趋势；等离子显示器具有高亮度和高对比度，对比度达到 500：1，所以其色彩还原性非常好；等离子显示器的 RGB 发光栅格在平面中呈均匀分布，使图像即使在边缘也没有扭曲现象发生；等离子显示器具有齐全的输入接口；等离子显示器比传统的液晶显示器具有更高的技术优势，亮度高、色彩还原性好，灰度丰富，能够提供格外亮丽、均匀平滑的画面，对迅速变化的画面响应速度快等。

（4）LED 显示器。LED 是发光二极管的英文缩写。LED 显示器是一种通过控制半导体发光二极管的显示方式，来显示文字、图形、图像、动画、视频、录像信号等各种信息的显示屏幕。最初，LED 只是作为微型指示灯使用，随着大规模集成电路和计算机技术的不断进步，LED 显示器迅速崛起，近年来逐渐扩展到手机、电视和计算机显示器等领域。

市面上所谓的 LED 显示器，其实是“LED 背光液晶显示器”。现在流行的液晶显示器属于“CCFL 背光液晶显示器”，因此二者都是液晶显示器，只是背光源不一样而已。不要看到 LED 显示器就误认为是下一代技术显示器，其实技术最新的是 OLED。不含汞的 LED 面板将更加节能和环保，功耗只是普通 LED 的 60%。部分厂商使用“不含汞”的 LED 面板，如华硕的 MS 系列无汞 LED 背光面板就受到不少用户的青睐，在节能的同时也更加环保。

LED 显示器与 LCD 显示器相比，LED 显示器在色彩、亮度、可视角度、屏幕更新速度和功耗等方面都具有优势。相同大小的 LED 显示器与 LCD 显示器的功耗比约为 1：10，视角在 160° 以上，色彩更艳丽，亮度更高，屏幕更新速度更快。另外，LED 显示器比 LCD 显示器更薄、更清晰、寿命更长、更安全、更节能环保，LED 背光液晶显示器将会得到很好的发展。

（5）OLED 显示器。OLED 显示器是有机发光二极管（Organic Light-Emitting Diode）组成显示屏的显示器，它的产业化已经开始，其中单色、多色和彩色器件已经达到批量生产水平。OLED 和 LED 背光是完全不同的显示技术。OLED 是通过电流驱动有机薄膜本身来发光的，发的光可为红、绿、蓝、白等单色，同样可以达到全彩效果。所以说，OLED 是一种不同于 CRT、LCD、LED 和等离子技术的全新发光原理。OLED 显示器在色彩、亮度、可视角度、屏幕更新速度和功耗等方面都具有很大优势。

另外，投影仪也用来输出视频影像和图像等数字媒体信息，只是它的画面更大。

2．打印机

根据打印输出方式的不同，可将打印机分为串行式（LPM）、行式和页式（PPM）；根据打印原理的不同，可将打印机分为针式、字模式、喷墨、热敏、热转印式、激光、光墨、LED、LCS、荧光、电灼、磁、离子等。目前主流的打印机为针式、喷墨、激光三大类。

（1）针式打印机。针式打印机结构简单，技术成熟，消耗费用低，如图 1-3-27 所示。在票据打印方面有不可替代的地位，但是具有速度慢、噪声大、难以实现色彩打印等缺点。

（2）喷墨打印机。喷墨打印机整机价格低、工作噪声小，很容易实现色彩打印，是当前的主流打印机，如图 1-3-28 所示。缺点是打印速度相对较慢、耗材较为昂贵。

（3）激光打印机。激光打印机打印速度快、工作噪声小、打印成本低，如图 1-3-29 所示。缺点是整机价格较高、不能在短时间内普及、较难实现彩色打印。

图 1-3-27　针式打印机

图 1-3-28　喷墨打印机

图 1-3-29　激光打印机

3．音箱

音箱是将音频信号变换为声音的一种设备，如图 1-3-30 所示。音箱的作用就是，主机箱体或低音炮箱体内自带功率放大器，对音频信号进行放大处理后由音箱本身回放出声音。音箱的技术指标可分为放大器技术指标和音箱本身的技术指标，这两种技术指标有共同点也有不同点，还有一定的联系。放大器技术指标有输出功率、最大不失真连续功率、频响范围、信噪比和失真度等；音箱本身的技术指标有承载功率、频响范围、灵敏度和失真度等。

（1）输出功率：指该放大器负载可以获得的功率。输出功率在物理学上的定义是

$$P=UI \text{ 或 } P=U^2/R$$

图 1-3-30　音箱

式中，P 是输出功率；U 是电压；R 是电阻。

输出功率的单位为瓦特（W），简称瓦。输出功率越大，音箱的音量也越大。

（2）最大不失真连续功率（RNS）：在一定失真度条件下的输出功率。根据产品不同等级，失真度的取值有 1%、3%、5%和 10%等，通常取 10%。

音箱的功率还有平均功率和音乐功率，不常使用。普通放大器的功率越大，制造成本就越高。一般音箱放大器的 RNS 在 5W 左右即可。

（3）频响范围：18Hz～20kHz。音频信号就是这一范围内不同频率、不同波形和不同幅度的瞬变信号，因此，放大器要很好地完成音频信号的放大就必须拥有足够宽的工作频带。一般要求放大器的频带覆盖音频信号的带宽。通常把一个放大器在规定功率下，在频率的高、低端增益分别下降 0.707 倍时（-3dB）两点之间的频带宽度称为该放大器的频响范围。优质放大器的频响范围应该为 18Hz～20kHz。

频响范围分为放大器频响范围和音箱频响范围。一般要求音箱频响范围为 70Hz～10kHz（-3dB），要求较高时可为 50Hz～16kHz（-3dB）。

（4）信噪比：放大器的输出信号电压与同时输出的噪声电压之比。通常用英文字符 S/N 来表示，它的计量单位为分贝（dB）。信噪比越大，则表示混在信号里的噪声越小，声音回放的质量就越高，否则相反。音箱放大器的信噪比要求至少大于 70dB，最好大于 80dB。一般高保真放大器的信噪比要求大于或等于 90dB。

（5）失真度：用一个未经放大器放大的信号与经过放大器放大后的信号做比较，得出的差别就是失真度，其单位为百分比。失真有多种，如谐波失真、互调失真、相位失真等，通常所指的失真度为谐波失真。谐波失真是由放大器的非线性引起的，失真的结果是使放大器输出产生了原信号中没有的谐波分量，从而使声音失去了原有音色，严重时声音会发破、刺耳。音箱的谐波失真在标称额定功率时的失真度均为 10%，要求较高时一般应该在 1%以下。

失真度分为放大器失真度和音箱失真度。音箱失真度的定义与放大器失真度基本相同。不同的是放大器输入、输出的都是电信号，而音箱输入的是电信号，输出的是声波信号。因此音箱的失真度是指电信号转换的失真，声波的失真允许范围为 10%以内，一般人耳对 5%以内的失真不敏感。

（6）承载功率：指在允许音箱有一定失真度的条件下，所允许施加在音箱输入端信号的平均功率。

（7）灵敏度：指在经音箱输入端输入 1W/1kHz 信号时，在距音箱扬声器平面垂直中轴前方 1m 的地方所测得的声压级。灵敏度的单位为分贝（dB）。音箱的灵敏度越高，则对放大器的功率需求越小。普通音箱的灵敏度为 85～90dB。

思考与练习 1

一、填空题

1. 媒体有__________、__________、__________、__________和__________五大类。

2. 数字媒体技术的基本特性有________、______、_______、_________、______和________。
3. 数字媒体技术的应用方向有_______、_______、_______、_______、_______和______等方面。
4. 最流行的压缩编码国际标准有____________、____________和______________。
5. 计算机的系统总线一般分为____________、___________和______________三类。

二、简答题

1. 什么是媒体？什么是多媒体？什么是数字媒体？什么是流媒体？
2. 什么是数字媒体技术？数字媒体技术有哪些基本特征？
3. 简述显示器、硬盘、光盘驱动器、键盘、鼠标和打印机的种类。
4. 说明手机和数字媒体的关系，简要介绍手机展示各种数字媒体的方式和特点。

数字媒体基础知识

本章主要介绍文本、音频、图形与图像、动画与视频等多媒体素材的基础知识。

2.1 文本素材基础知识

2.1.1 文本的特点和文字的字体类型

1．文本的特点

文本是多媒体中应用最多的，文字表达可以做到清楚和准确，如叙述事情、逻辑推理、数学公式的表述等，只有用文字才可以表达得清楚、明了和准确。它主要有以下特点。

（1）字符编集，形式简单。文本是字母、数字、数字序号、数学和标点符号、注音符号、制表符号、特殊符号、图形符号和其他各种符号的集合，通常把这个集合称为字符集，有多种不同类型的字符集，不同的字符集所包含的字符也不一样，每个字符集对应的编码不同。字符编码有 ASCII 编码、EBCDIC 编码，汉字编码有 GB 编码、Unicode 编码和 BIG5 编码等。

（2）输入方便，处理容易。字符的输入可以有多种方式，操作都很方便。如果用键盘输入汉字，每分钟可以输入 100 多个汉字。由于每个字符对应一个或两个字节的二进制编码，因此计算机在进行文字处理时可以直接对字节进行处理，这样处理起来很容易。

（3）文件很小，存取快速。由于每个字符对应一个或两个字节的二进制数，因此生成的文本文件很小。因为计算机在进行文字处理时很容易，所以文本文件的存取速度很快。

（4）多种样式，表达准确。文本的样式有很多种，可设置文本的字体、大小、颜色、字形（正常、加粗、斜体、下画线、上标、下标等）、字间距、行间距和段间距等。

2．文字的字体类型

文字的字体类型包括点阵字体、矢量字体、组字体和描边字体，其中，组字体已基本被淘汰，点阵字体使用得也越来越少。点阵字体在早期计算机中使用得很多，它是由点构成的类似点阵图，优点是易于创建和存储，缺点是放大后有失真；矢量字体是用数学中的矢量函数记录的文字颜色和形状，在放大时不会产生失真，广泛用于印刷领域；组字体是采用拆卸组合的方法，将中文拆分成笔画（矢量笔画），再组合成不同的汉字，缺点是在构成汉字时会在笔画的交叉处产生“漏白”现象，严重影响文字的美观；描边字体的汉字采用描边的方法，即采用矢量函数完整地描绘出整个汉字。

在 Windows 环境中，有点阵字体和 TrueType 字体两种类型。点阵字体是采用点阵组成的字符，它在放大、缩小、旋转或打印时会产生失真，只在几种特定的尺寸时才产生很小的失真。TrueType 字体是矢量字体，它的每一个字符是通过存储在计算机中的指令绘制出来的。这种字符在放大、缩小和旋转时，一般在 4～128 个点阵之间都不会失真。在 Windows 的 Fonts 文件夹下有各种字体文件，如图 2-1-1 所示。

图中，图标为的是点阵字体，图标为或的是 TrueType 字体。双击图标，可显示相应字体的样式；双击或图标，可显示相应字体的样式。在图像处理软件中放大矢量字符，不会产生失真。目前，Windows 提供的字体很多，这些字体大部分属于矢量字体，可以使文本的表述更加生动和多样化。

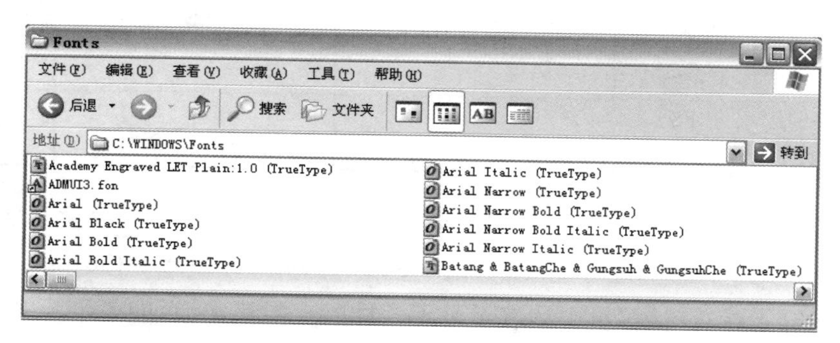

图 2-1-1 在 Windows 的 Fonts 文件夹下有各种字体文件

2.1.2 字符编码和汉字编码与汉字处理过程

1. 字符编码

计算机中的数据可以分为数值型数据与非数值型数据。其中，数值型数据就是常说的“数”（如整数、实数等），它们在计算机中是以二进制形式存放的，而非数值型数据与一般的“数”不同，通常不表示数值的大小，只表示字符，非数值型数据还包括各种控制符号和图形符号等信息，为了便于计算机识别与处理，它们在计算机中是用二进制形式来表示的，通常称为字符的二进制编码。计算机中常用的字符编码有 ASCII 编码（美国信息交换标准代码）和 EBCDIC 编码（扩展的 BCD 交换码），简介如下。

（1）ASCII 编码。目前，使用最多的字符集是 ASCII 码字符集（美国信息交换标准代码），它是由美国标准化委员会制定的。该编码被国际标准化组织采纳，作为国际通用的信息交换标准代码。ASCII 码有 7 位码和 8 位码两种版本。

国际的 7 位 ASCII 码（基础 ASCII 码）使用 7 位二进制数表示一个字符的编码，其范围为 $(0000000)_2$～$(1111111)_2$，即 0000000B～1111111B，共 2^7=128 个不同的编码，包括计算机处理信息常用的 26 个英文大写字母 A～Z、26 个英文小写字母 a～z、数字符号 0～9、算术与逻辑运算符号、标点符号等。在一个字节（8 位二进制数）中，ASCII 码用了 7 位，最高一位空闲，常用来作为奇偶校验位。另外，还有扩展的 ASCII 码，它用 8 位二进制数表示一个字符的编码，可表示 2^8=256 个不同的字符。用 ASCII 码表示的字符称为 ASCII 码字符，ASCII 码字符表如表 2-1-1 所示。

表 2-1-1　ASCII 码字符表

$b_7b_6b_5$ / $b_4b_3b_2b_1$	000	001	010	011	100	101	110	111
0000	NUL	DLE	空格	0	@	p		p
0001	SOH	DC1	!	1	A	Q	a	q
0010	STX	DC2	"	2	B	R	b	r
0011	ETX	DC3	#	3	C	S	c	s
0100	EOT	DC4	$	4	D	T	d	t
0101	ENQ	NAK	%	5	E	U	e	u
0110	ACK	SYN	&	6	F	V	f	v
0111	BEL	ETB	’	7	G	W	g	w
1000	BS	CAN	（	8	H	X	h	x
1001	HT	EM	）	9	I	Y	i	y
1010	LF	SUB	*	:	J	Z	j	z
1011	VT	ESC	+	;	K	[	k	{
1100	FF	FS	，	＜	L	\	l	|
1101	CR	GS	–	=	M	]	m	}

十进制数字字符的 ASCII 码与它们的二进制数值是有区别的。例如，十进制数值“8”的 7 位二进制数为$(0001000)_2$，而十进制数字字符“8”的 ASCII 码为$(0111000)_2=(38)_{16}=(56)_{10}$，由此可以看出，数值“8”与字符“8”在计算机中的表示是不一样的。数值“8”能表示数的大小，可以参与数值运算；而字符“8”是一个符号，不能参与数值运算。

（2）Unicode 编码。为了统一各种语言字符的表达方式，国际上又制定了国际统一编码，即 Unicode 编码。Unicode 码扩展自 ASCII 字符集，使用全 16 位字符集，在这种编码的字符集中，一个字符的编码占用 2 字节，一个字符集可以表示的字符比 ASCII 码字符集所表示的字符扩大了一倍。Unicode 编码的前 128 个字符就是 ASCII 码，后 128 个字符是扩展码，各个字符块基于同样的标准。

Unicode 编码能够表示世界上所有书写语言中可能用于计算机通信的字符、象形文字和其他符号。其中有希腊字母、西里尔文、亚美尼亚文、希伯来文等，而汉字、韩语、日语的象形文字占用从 0X3000 到 0X9FFF 的代码。Unicode 编码最初打算作为 ASCII 编码的补充，如果可能，最终将取而代之。Unicode 编码影响计算机工业的每个部分，但对操作系统和程序设计语言的影响也许最大。目前，在网络、Windows 系统和很多大型软件中得到应用。

（3）EBCDIC 编码。该编码是对 BCD 码的扩展，称为扩展 BCD 码。BCD 码又称“二-十进制编码”用二进制编码形式表示十进制数。BCD 码的编码方法很多，有 8421 码、2421 码和 5211 码等。最常用的是 8421 码，其方法是用 4 位二进制数表示 1 位十进制数，自左至右每一位对应的位权是 8、4、2、1。4 位二进制数有 0000～1111 共 16 种形态，而十进制数只有 0～9 共 10 个数码，BCD 码只取 0000～1001 共 10 种形态。由于 BCD 码中的 8421 码应用最广泛，因此通常说的 BCD 码就是 8421 码。

2．汉字编码

为使计算机可以处理汉字，也需要对汉字进行编码。计算机进行汉字处理的过程实际上是各种汉字编码间的转换过程。这些汉字编码有汉字信息交换码、汉字输入码、汉字内码、汉字字形码和汉字地址码等。

（1）汉字信息交换码，即汉字的字符集，是我国国家标准总局于 1981 年 5 月 1 日颁发的，全称为“信息交换用汉字编码字符集——基本集”，也称为汉字信息交换码或国家标准代码（简称国标码或 GB 码）。国标码规定，一个汉字的编码用两个字节表示。国标码的字符集共收集了 6763 个汉字和 682 个数字、序号、拉丁字母等图形符号。

汉字信息交换码是我国中文常用的汉字编码集，目前，中华人民共和国官方强制使用 GB 18030 标准，但旧版的计算机仍然使用 GB 2312。另外，新加坡也采用 GB 18030 标准。

根据汉字信息交换码，一个汉字的机内码也用两个字节存储。因为 ASCII 码是西文字符的机内码，为了不使汉字机内码与 ASCII 码发生混淆，就把汉字每个字节的最高位置为 1，作为汉字机内码。国标码规定，全部国标汉字及符号组成 94×94 矩阵，在该矩阵中，每一行称为一个“区”，每一列称为一个“位”。这样，就组成了 94 个区（01～94 区）、每个区内有 94 个位（01～94）的汉字字符集。区码和位码简单地组合在一起（两位区码居高位，两位位码居低位）就形成了“区位码”。区位码可以唯一确定某一个汉字或汉字符号，反之，一个汉字或汉字符号对应唯一的区位码，如汉字“啊”的区位码为“1601”（在 16 区的第 1 位）。所有汉字及符号的 94 个区划分为如下 4 组。

① 1～15 区为图形符号区，其中，1～9 区为标准符号区，10～15 区为自定义符号区。

② 16～55 区为一级常用汉字区，共有 3755 个汉字，该区的汉字按拼音排序。

③ 56～87 区为二级非常用汉字区，共有 3008 个汉字，该区的汉字按部首排序。

④ 88～94 区为用户自定义汉字区。

（2）BIG5 编码，也称为大五码，是繁体汉字的一种编码。我国台湾地区、澳门特别行政区和香港特别行政区等使用繁体字的地区均采用 BIG5 编码。它也采用两个字节来表示一个汉字的编码，理论上可以有 2^{16}=65536 个汉字，但实际只收录 5401 个常用汉字、7652 个次常用汉字和 408 个符号，共一万多个字，已能满足一般的文字要求。

3．汉字处理过程

为了使计算机可以处理汉字，需要对汉字进行编码。从汉字编码的角度看，计算机进行汉字处理的过程实际上是对各种汉字编码的转换过程。这些汉字编码有汉字输入码、汉字机内码、汉字地址码和汉字字形码（汉字输出码）等，如图 2-1-2 所示。这些汉字编码简介如下。

汉字输入码 → 国际码 → 汉字机内码 → 汉字地址码 → 汉字字形码

图 2-1-2 汉字的处理过程和汉字的几种编码

（1）汉字输入码：为使用户能够使用西文键盘输入汉字而编制的编码，也称为外码。目前，汉字主要是经标准键盘输入计算机的，所以汉字输入码都是由键盘上的字符或数字组合而成的。汉字输入码有许多种不同的编码方案，包括音码（以汉语拼音和数字组成的汉字编码，如全拼输入法的编码等，种类非常多，被大多数用户所采用）、形码（根据汉字的字形结构对汉字进行的编码，如五笔字型输入法的编码）、音形码（以拼音为主，辅以字形定义的汉字编码，如自然码输入法的编码）、数字码（直接输入固定位数的数字给汉字编码）等。同一汉字在不同编码方案中的编码通常是不同的。好的编码要求易学习、重码少、击键次数少、容易实现盲打等。

（2）汉字机内码，也称为汉字内码。汉字内码是从上述区位码的基础上演变而来的。它是在计算机内部进行存储、处理和传输所使用的汉字编码。无论用何种输入码，输入的汉字在机器内部都要转换成统一的汉字机内码，才能在机器内传输、处理。

区码和位码的范围为 01～94，如果直接作为机内码必将与基本 ASCII 码冲突。为了在计算机内部区分是汉字编码还是 ASCII 码，避免与基本 ASCII 码发生冲突，将汉字国际码每个字节的最高位由 0 改为 1（汉字内码的每个字节都大于 128）。

汉字的国标码和相应的机内码的关系如下（其中，H 表示为十六进制数）。

汉字机内码=汉字国标码+8080H

其中，8080H=$(8080)_{16}$=$(1000\ 0000\ 1000\ 0000)_2$。

（3）汉字地址码：指汉字库中存储的汉字字形编码的逻辑地址。在汉字库中，字形编码数据一般按照一定顺序连续存放在存储介质内。汉字地址码大多也是连续有序的，并且与汉字机内码间有着简单的对应关系，从而可以简化汉字机内码到汉字的转换。

当用某种汉字输入法将一个汉字输入计算机之后，汉字管理模块立即将它转换为两个字节的国标码，同时将国标码每个字节的最高位设置为“1”作为汉字的标志，将国标码转换成汉字机内码。然后，根据汉字机内码转换为汉字地址码，再根据汉字地址码在汉字库中找到对应的一个汉字图形码，最后根据汉字图形码输出汉字字形。

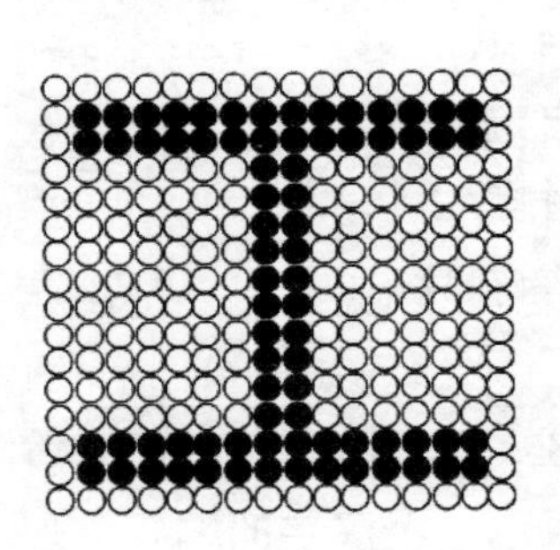
图 2-1-3　点阵汉字

（4）汉字字形码，也称为汉字输出码。汉字是一种象形文字，每一个汉字都是一个特定的图形，它可以用点阵来描述。例如，如果用 16×16 点阵来表示一个汉字（图 2-1-3），则该汉字图形由 16 行 16 列共 256 个点构成，这 256 个点需用 256 个二进制位来描述。约定当二进制位值为“1”表示对应点为黑，为“0”表示对应点为白。一个 16×16 点阵的汉字需要 2×16=32 个字节用于存放图形信息，这就构成一个汉字的图形码，所有汉字的图形码构成汉字字库。

4．文本的获取方法

（1）键盘输入法：这是一种很早就采用的文本输入方法，至今还是主要的输入方法。对于汉字的输入，主要采用键盘输入法。使用计算机输入汉字，需要对汉字进行编码，也就是根据汉字的某种规律将汉字用数字或英文字符编码。汉字有音、形和义三个要素。根据读音的编码称为音码，根据字形的编码称为形码，兼顾读音和字形的编码称为音形码或形音码。

目前，已有很多种汉字输入法，如“QQ 拼音”“谷歌拼音”“搜狗拼音”“手心”“五笔字型”“紫光拼音”“智能 ABC”和“微软拼音”等。

（2）手写输入法：这种输入法使用手写板（数码绘图板，如图 1-3-21 所示）进行文本输入。通过使用一种像笔一样的“输入笔”设备，在一块特殊的板上书写来输入文字。目前，手写输入法的识别率已经相当高。手写输入法使用的输入笔有两种：一种是与写字板相连的有线笔；另一种是无线笔。无线笔携带和使用均很方便，是手写输入笔的发展方向。

手写板有两种：一种是电阻式；另一种是感应式。电阻式写字板的成本低，但必须充分接触。感应式写字板分为有压感和无压感两种。有压感的感应式写字板可以感应到输入笔的压力大小，从而识别笔画的粗细和着色的浓淡，特别适用于绘画，是目前使用较好的手写输入设备。

（3）语音输入法：将要输入的文字内容用规范的读音朗读出来，通过话筒等输入设备输送到计算机中，计算机的语音识别系统对语音进行识别，并将语音转换为相应的文字，从而完成文字的输入。这种方法已经开始使用，但识别率还不高，对发音的准确性要求比较高。

（4）扫描仪输入法：将印刷品中的文字以图像的方式扫描到计算机中，再用光学识别器（OCR）软件将图像中的文字识别出来，并转换为文字格式的文件。目前，OCR 的英文识别率可达 90%以上，中文识别率可达 85%以上。

2.1.3 文本文件格式和常用软件的下载安装方法

1．文本文件格式

（1）TXT 格式。TXT 格式文件包含极少的格式信息。TXT 格式没有明确的定义，它通常指那些能够被系统终端或简单的文本编辑器接受的格式。Windows“附件”中提供了一个“记事本”软件，可以输入、编辑、浏览和打开 TXT 格式文件。其他任何可以读取文字的程序都能读取 TXT 格式的文本，因此，通常认为 TXT 格式文件是通用的、跨平台的。

（2）RTF 格式。RTF 是 Rich Text Format 的缩写，意思是多文本格式，它是一种类似 DOC 格式（Word 文档）的文件，有很好的兼容性，它是由微软公司开发的跨平台文档格式。大多数文字处理软件都能读取和保存 RTF 文档。使用 Windows“附件”中的“写字板”可以创建、打开和编辑 RTF 格式的文件。

RTF 文档的最大优点是具有通用兼容性；其缺点是文件一般相对较大，Word 等应用软件可能无法正常保存为 RTF 格式文件等。对普通用户而言，RTF 格式是一个很好的文件格式转换工具，用于在不同应用程序之间进行格式化文本文档的传送。

（3）DOC 和 DOCX 格式。DOC 格式文件是 Microsoft Office Word 2003 或之前版本的文件，DOCX 格式文件是 Microsoft Office Word 2007 或之后版本的文件。它们都是微软公司 Office 软件的专属格式，其档案可以容纳更多文字格式、脚本语言和图片等，但因为该格式属于封闭格式，因此其兼容性较低。

如果要在 Microsoft Office Word 2003 内打开 DOCX 格式文档，需要在网上下载 Microsoft Office Word 2007 兼容包，并安装该兼容包即可。

（4）WPS 格式。WPS 是英文 Word Processing System 的缩写，译为文字编辑系统，是金山软件公司开发的一款办公软件。它集编辑与打印为一体，具有丰富的全屏幕编辑功能，并且还提供了各种控制输出格式及打印功能，使打印出的文稿既美观又规范，基本能满足各界文字工作者编辑、打印各种文件的需要。WPS 格式是 WPS 软件独有的文档格式。

在 WPS 软件中打开 WPS 格式文档，可以再将其保存为 DOC 或 DOCX 格式的文档；在 WPS 软件中打开 DOC 或 DOCX 格式的文档，可以再保存为 WPS 格式的文档。

（5）ODF 格式。Open Office 是一款开源办公套件。Open Office 原是 Sun 公司的一套商业级 Office 软件 Star Office，经过 Sun 公司公开程序代码之后，正式命名为 Open Office 发展计划，以后由许多热心于自由软件的人士共同维持。Open Office 软件让大家在 Microsoft Office 以外还能有免费 Office 可以使用。Open Office 是个整合性的软件，里面包含许多工具，其功能绝对不比微软的 Microsoft Office 差，有功能强大的图表功能，也能编写网页，支持 XML，可以做出与 Microsoft Office 中 Word、Excel 和 PowerPoint 软件的文档格式相同的文档。

Open Office 是一套跨平台的办公软件套件，能在 Windows、Linux、MacOSX（X11）等操作系统上执行，与各个主要办公软件套件兼容。Open Office 是自由软件，任何人都可以免费下载、使用和推广它。

（6）PDF 格式。PDF 是英文 Portable Document Format 的简称，意思是“便携式文件格式”。PDF 是一个开放标准，它是由 Adobe Systems 用于与应用程序、操作系统、硬件无关的方式进行文件交换所发展出的文件格式。

Adobe Acrobat（分标准版和专业版）、Open Office、PDF 阅读精灵、PDF 转换通等大量软件都可以打开、阅读、创建和编辑 PDF 格式的文件。例如，PDF 转换通是一款强大的 PDF 文件转换软件，它可以将 PDF 格式文件转换为 Word、HTML 和 JPG 等多种格式文件，完美支持 Windows XP/2003/Vista/7，兼容 32 位和 64 位系统。界面简洁大方，操作容易上手，更重要的是它完全免费，可以随意分发或使用。

（7）RSS 格式。RSS（简易信息聚合）是一种消息来源格式规范，用于聚合经常发布更新数据的网站，如博客文章、新闻、音频或视频网站。RSS 文件包含全文或节录的文字，再加上用户订阅的数据和授权的数据。RSS 摘要可以借由 RSS 阅读器、Feed Reader 等软件来阅读，RSS 文件常用于更新频繁的网站。

2．常用软件的下载安装方法

（1）网络搜索软件并下载安装。文本编辑软件很多，其中大部分是免费的，可以在网上直接下载使用。可选择的网站有“PC6.com 下载站”“天空下载”“华军软件园”“绿盟软件”“西西软件园”“ZOL 软件下载”等。下面以“PC6.com 下载站”为例，介绍下载文本编辑软件的基本方法。

① 调出浏览器，例如，调出“360 安全浏览器”，在“地址栏”文本框内输入浏览器网址，按 Enter 键，即可进入相应的浏览器。

② 单击网页 LOGO 和“搜索”栏下边选项栏内的“软件下载”按钮，切换到“软件分类下载”页面，如图 2-1-4 所示。

③ 在“搜索”文本框内输入要搜索的软件名称，单击“搜索”按钮，如果列表框内有该软件，在列表框内选中该软件即可。

图 2-1-4 “软件分类下载”页面

④ 拖曳列表框的滑块，在列表框中可以选择要安装的文字处理软件，将鼠标指针移到“应用软件”栏内的“文字处理”选项处，如图 2-1-5 所示。

⑤ 单击“文字处理”选项，切换到“文字处理软件”页面，如图 2-1-6 所示，可以看到列表框内列出许多有关文本处理的软件名称、简介、等级和评分及点评条数等。

⑥ 可以在左下角“热门推荐”栏内选择需要的软件，也可以拖曳列表框的滑块，在列表框内选择要安装的文字处理软件，如选择“EditPlus（文本编辑器）”软件。

⑦ 单击“EditPlus（文本编辑器）”软件选项栏内的“安全下载”按钮，进行软件安装。

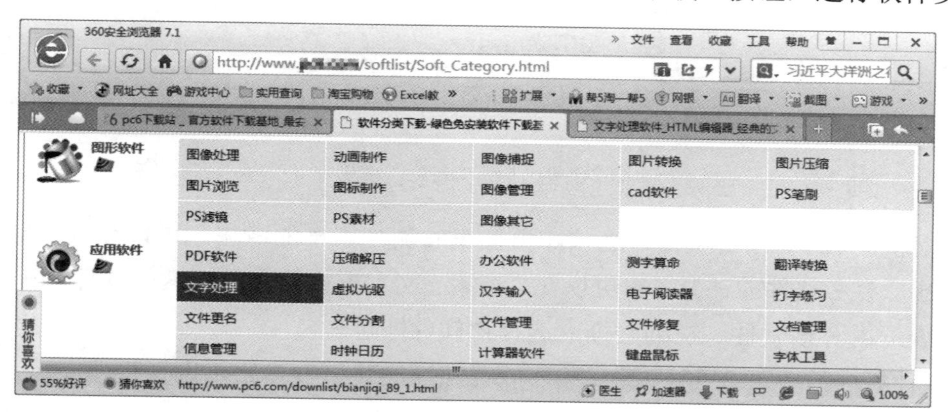

图 2-1-5 “软件分类下载”页面“应用软件”栏

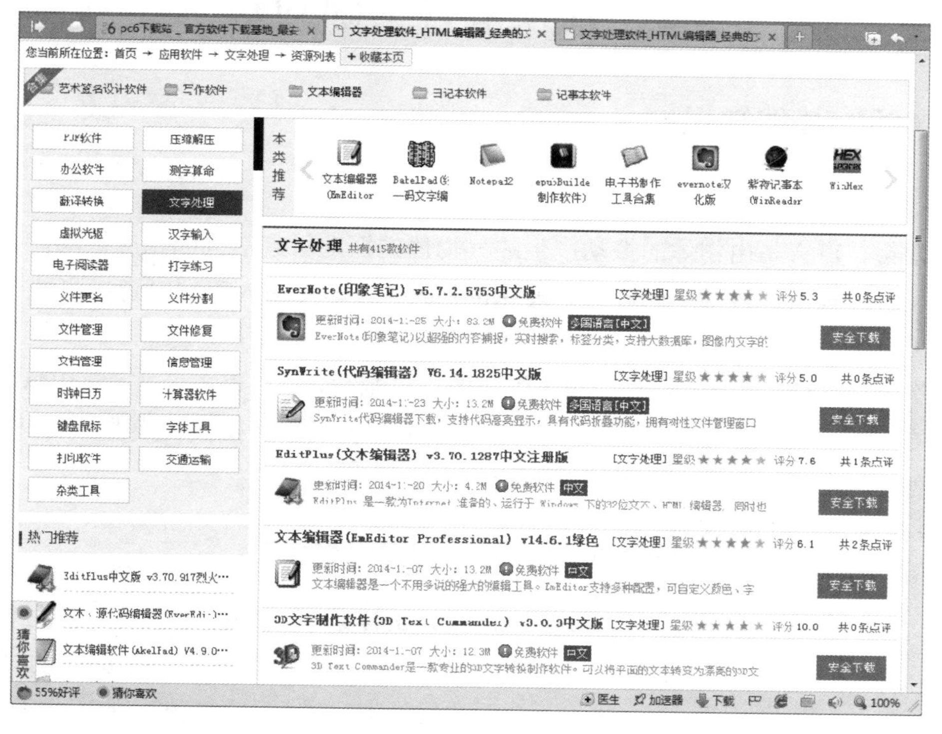

图 2-1-6 “文字处理软件”页面

（2）利用 360 软件管家下载安装软件，具体操作方法如下。

① 单击工具栏中的“软件管家”按钮，切换到“软件管家”窗口，再单击工具栏中的“软件大全”按钮，切换到“软件大全”选项卡，如图 2-1-7 所示。

图 2-1-7 “软件大全”选项卡

② 单击左侧栏内的“办公软件”选项，再拖曳右侧列表框的滑块，可以在列表框内选择要安装的办公软件，注意参考软件的评分。也可以在“搜索”文本框内输入要搜索的软件名称，单击“搜索”按钮，如果列表框内有该软件，在列表框内选择该软件即可。

③ 单击软件栏内的“下载”“一键安装”或“纯净安装”等按钮，进行软件安装。

2.2 音频素材基础知识

2.2.1 音频的基础知识

1．模拟音频和数字音频

（1）模拟音频。声音是由物体的振动产生的。物体的振动引起空气的相应振动，并向四周传播，当传到人耳时又引起耳膜的振动，通过听觉神经传到大脑，即可使人感到声音。这种声音的振动经过话筒的转换，可以形成声音波形的电信号，这就是模拟音频信号。

（2）数字音频。数字音频是由许多 0 和 1 组成的二进制数，可以以声音文件（WAV 或 MIDI 格式）的形式存储在磁盘中。例如，使用音频卡（声卡）的 A/D 转换器（模数转换器），将模拟音频信号进行采样和量化处理，即可获得相应的数字音频信号。

2．数字音频的要素

数字音频的质量与它的三个要素有关。三个要素及其含义如下。

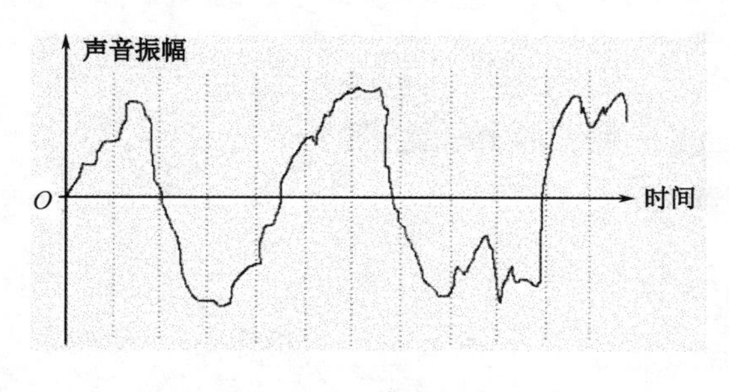

图 2-2-1 音频采样

（1）采样频率。采样就是指在将模拟音频转换为数字音频时，在时间轴上每隔一个固定的时间间隔对声音波形曲线的振幅进行一次取值，如图 2-2-1 所示。采样频率就是每秒钟抽取声音波形振幅值的次数，单位为 Hz。显然，采样频率越高，转换后的数字音频的音质和保真度越好，而生成的声音文件的字节数越大。目前常采用的标准采样频率有 12.025kHz、22.05 kHz 和 44.1kHz。

（2）量化位数。量化位数就是指在将模拟音频转换为数字音频时，采样获得的数值所使用的二进制位数。例如，量化位数为 16 时，采样的数值可以使用 2^{16}=65536 个不同的二进制数来表示。量化位数越高，转换后的数字音频的音质越好，声音的动态范围越大，但生成的声音文件的字节数越多。所谓声音的动态范围，就是重放后声音的最高值与最低值的差值。目前常采用的量化位数有 8 位、16 位和 32 位等。

（3）声道数。声道数就是指所使用的声音通道的个数。声道数可以是 1 或 2。当声道数为 1 时，表示是单声道，即声音有一路波形；当声道数为 2 时，表示是双声道，即声音有两路波形。双声道比单声道的声音更丰满优美，有立体感，但生成的声音文件的字节数更大。

三个要素不但影响数字音频的质量，而且决定了生成的数字音频文件的数据量。计算生成的数字音频文件数据量的公式为

WAV 格式的声音文件的字节数/秒=（采样频率×量化位数×声道数）/8

其中，采样频率的单位为 Hz，量化位数的单位为位；除以 8 是指一个字节为 8 位。例如，用 44.1kHz 的采样频率对模拟音频信号进行采样，采样点的量化位数为 32，录制 4 秒钟的双声道声音，获得的 WAV 格式的声音文件的字节数为（44100×32×2×4）/8=1411200。

2.2.2 音频卡

1．音频卡（声卡）的功能和分类

音频卡是计算机录制声音、处理声音和输出声音的专用功能卡。它的主要功能如下。

（1）录制声音。外部声源发出的声音可以通过话筒或线路传送到声音卡中。声音卡可以将它们进行采样、A/D 转换、压缩处理，得到压缩的数字音频信号，再通过计算机将数字音频信号以文件的形式存储到磁盘中。

（2）播放声音文件。播放声音文件时，调出声音文件，并将其进行解压缩，再经过 D/A 转换器（数模转换器）进行转换，获得模拟声音信号。然后，经过放大后由音频卡输出，再经过外接的功率放大器放大，推动扬声器发出声音。

（3）播放 CD 光盘。与 CD-ROM 光盘驱动器相连，可像 CD 机那样播放 CD 光盘中的歌曲。

（4）编辑与合成处理。可以对声音文件进行多种特殊效果的处理，如增加回音、倒波声音、淡入淡出、交换声道、声音移位（从左到右或从右到左）等。

（5）控制 MIDI 电子乐器。计算机可以通过声音卡控制多台带 MIDI 接口的电子乐器。

（6）语音识别。较高级的声音卡具有初级语音识别功能。

根据其采样的量化位数大小进行分类，音频卡可分为 8 位、16 位和 32 位。

2．音频卡与外部设备的连接

音频卡与外部设备的连接如图 2-2-2 所示。各接口的作用如下。

（1）CD-ROM 或 DVD-ROM 接口用来连接 DVD-ROM 驱动器。

（2）线路输入插孔用来连接具有线路输出的音频

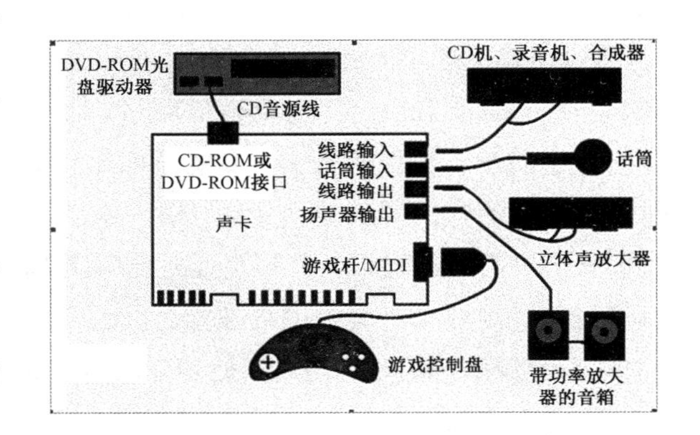

图 2-2-2 音频卡与外部设备的连接

设备，如 CD 机和录音机等。

（3）话筒输入插孔用来连接话筒。

（4）线路输出插孔用来连接具有线路输入的音频设备，如立体声放大器等。

（5）扬声器输出插孔用来连接耳机或具有功率放大电路的音箱。

（6）游戏杆/MIDI 接口用来连接游戏杆或 MIDI 电子音乐设备。可使用 MIDI 套件，同时连接游戏杆和 MIDI 设备。

2.2.3 数字音频的文件格式和编辑软件

数字音频文件的格式种类很多，有 WAV（波形）、MIDI、MP3、VOC、VOX、PCM、AIFF、MOD 和 CD 唱片等。在多媒体应用中主要使用下述数字音频文件。

1．数字音频文件的主要格式

（1）WAV 格式。WAV 格式是 Windows 中使用的标准数字音频文件，其扩展名为“.wav”。该数字音频文件保存的是模拟音频经声卡采样和数字化后的数字音频数据。WAV 波形的数字音频文件较大，实际使用中，常常需要将它进行压缩使用。

（2）MIDI 格式。MIDI 是 Musical Instrument Digital Interface（乐器数字化接口）的缩写。MIDI 是由世界主要乐器制造厂商建立起来的一个数字音乐国际标准，用来规定计算机音乐程序、电子合成器和其他电子设备之间交换信息和控制信号的方法，可以使不同厂家生产的电子音乐合成器互相发送和接收彼此的音乐数据。

MIDI 格式的数字音频文件记录的不是数字化后的声音波形数据，而是一系列描述乐曲的符号指令，这些符号指令表示音乐中的各种音符（包含按键、持续时间、通道号、音量和力度等信息）、定时和 16 个通道的乐器定义。因此，相同音乐的情况下，MIDI 格式文件比 WAV 格式文件要小得多。播放 MIDI 音乐时，根据 MIDI 文件中的指令进行播放。

在计算机中，可以使用 MIDI 音乐播放器进行播放，如使用 Windows 中的媒体播放器就可以播放 MIDI 音乐。

（3）CD 格式。CD 格式的音质较好，在大多数音频播放软件的“文件类型”下拉列表框中都可以看到“*.cda”格式，即 CD 音轨格式。标准 CD 格式的采样频率为 44.1kHz，速率为 88KB/s，量化位数为 16 位，近似无损压缩。CD 光盘可以在 CD 机中播放，也可以用计算机中的各种播放软件播放。如果光盘驱动器质量过关，并且 EAC 的参数设置得当，则 可以无损转换。

（4）MP3 格式。MP3 是 MPEG Layer3 的简称，它是经过高压缩比（可达 12：1）压缩后的数字音频文件。目前 Internet 上的音乐格式以 MP3 最为常见。虽然它是一种有损压缩，但是它的最大优势是以极小的声音失真换来了较高的压缩比。MP3 数字音频的音质与高保真 CD 音乐的音质相差很小，是目前非常流行的一种数字音频文件。因为 MP3 数字音频文件是高压缩比的数字音频文件，在播放时需要经过解压缩运算，所以为了达到好的播放效果，对计算机配置的要求比较高，目前购置的计算机都可以满足要求。美国网络技术公司已开发出了 MP4 数字音频格式，其压缩比可达 15：1。

（5）MPEG 格式。MPEG 是动态图像专家组的英文缩写。这个专家组始建于 1988 年，专门负责为 CD 建立视频和音频压缩标准。MPEG 音频文件是指 MPEG 标准中的声音部分，即 MPEG 音频层。MPEG 格式包括 MPEG-1、MPEG-2、MPEG-Layer3、MPEG-4。MPEG-4 标准是由国际动态图像专家组于 2000 年 10 月公布的一种面向多媒体应用的视频压缩标准。

（6）AU 和 AUDIO 格式文件。AU 格式文件是一种文件扩展名为.au 或有时为.snd 的计算机文件，AU 格式文件原先是 UNIX 操作系统下的一种较旧的数字音频格式文件，通常被描述为简单或基本格式，被各种早期个人计算机系统和网页使用，现在并不常用。由于早期 Internet 上的 Web 服务器主要是基于 UNIX 的，因此，AU 格式的文件在如今的 Internet 中还有使用的。

AUDIO 格式文件是一种数字音频格式。它是手机默认的音频文件，不可以删除的。

（7）AIFF 格式。这是 Apple 公司开发的一种音频文件格式，也是苹果计算机上的标准音频格式，属于 QuickTime 技术的一部分。其与 AU 格式和 WAV 格式非常像，在大多数音频编辑软件中都支持这几种常见的音乐格式。它的特点就是格式本身与数据的意义无关，因此受到 Microsoft 的青睐，并据此开发出 WAV 格式。AIFF 虽然是一种很优秀的文件格式，但由于它是苹果计算机上的格式，因此在普通 PC 平台上并没有流行。不过由于苹果计算机多用于多媒体制作行业，因此，几乎所有的音频编辑软件和播放软件都或多或少地支持 AIFF 格式。由于 AIFF 具有包容特性，因此它支持许多压缩技术。

（8）WMA（Windows Media Audio）格式。WMA 格式来自微软公司，音质强于 MP3 格式，其以减少数据流量但保持音质的方法来达到比 MP3 压缩率更高的目的。WMA 的压缩率一般可以达到 1：18 左右，其目标是在相同音质条件下文件体积可以变得更小。WMA 的另一个优点是内容提供商可以加入防复制保护，WMA 格式具有很强的保护性，可以限定播放机器、播放时间及播放次数，具有相当的版权保护能力，有利于防止盗版。另外，WMA 还支持音频流（Stream）技术，适合在网络上在线播放，不用像 MP3 那样需要安装额外的播放器，新版本的 Windows Media Player 7.0 增加了直接把 CD 光盘转换为 WMA 声音格式的功能。WMA 格式在录制时可以对音质进行调节，并且在微软的大规模推广下得到越来越多站点的大力支持，因此几乎所有的音频格式都感受到来自 WMA 格式的压力。

2．数字音频编辑软件简介

下面介绍的数字音频编辑软件都是国产中文版本或汉化版，应用平台有 Windows 7、Windows 10、Windows Server 2012 等。

（1）“音频编辑专家”软件。这是一款操作简单、功能强大的国产中文音频编辑软件，也是一款超级音频工具合集。该软件具有音频格式转换、音乐分割、音频合并、音频截取、音量调整、铃声制作等功能。

（2）“音频编辑大师”软件。这是一款功能强大的国产中文音频编辑工具。使用该软件可以对 WAV、MP3、MP2、MPEG、OGG、AVI、G721、G723、G726、VOX、RAM、PCM、WMA、CDA 等格式的音频文件进行处理，如剪贴、复制、粘贴、合并和混音等，对音频波形进行“反转”“扩音”“淡入”“淡出”“混响”“颤音”等特效处理，支持“槽带滤波器”“带通滤波器”“高通滤波器”“低通滤波器”“高频滤波器”“低通滤波器”“FFT 滤波器”进行滤波处理。

（3）“音频编辑”软件。这是一款功能强大的中文音频编辑工具，其功能与“音频编辑大师”软件基本一样。

（4）AVS Audio Editor。这是一款功能强大的高级全功能数码音频编辑工具，使用该软件可以录制音频，可以利用内置强大的音频编辑功能进行混音操作，还可以为录制的音乐增加多种不同的音频特效，还可以利用内置的压缩功能为制作好的音乐制作高品质的 MP3 文件。AVS Audio Editor 支持所有的音频文件格式，可以通过 PLug-In 无限扩充功能，还可以直接通过频率分析界面对录制的音乐进行分析和编辑操作。AVS Audio Editor 的最新汉化版本是 AVS Audio Editor 9。

（5）Cool Edit Pro。这是一款适合音频编辑从业者的非常出色的数字音乐编辑器和 MP3 制作软件，应用较广的汉化版本是 Cool Edit Pro 2.1。一些人将其形容为音频“绘画”软件，可以用声音来“绘制”歌曲的一部分、声音、音调、弦乐、颤音、噪声、低音、静音和电话信号等。这款软件还提供了放大、降低噪声、压缩、扩展、回声、失真、延迟等多种特效，可以同时处理多个文件，在几个文件中进行剪切、粘贴、合并、重叠声音操作。后被 Adobe 公司收购，更名为 Adobe Audition。

（6）Adobe Audition。这也是一款适合音频编辑从业者的专业音频编辑工具，其提供了音频混合、编辑、控制和效果处理功能。该软件支持 128 条音轨、多种音频特效和多种音频格式，可以很方便地对音频文件进行修改和合并，也可以轻松创建音乐。该软件支持跨平台和简体中文。目前的最新版本是 Adobe Audition CC 2021。

（7）Total Recorder Editor。这款软件可以录制所有通过声卡或其他软件播放的声音，然后编辑发布，轻松实现“录制、编辑、刻录”一体化服务。目前最新版本是 Total Recorder Editor V14。

（8）Cubase 软件。这是一款适合作曲、编曲从业者的专业级音乐创作软件，后来被 Yamaha 公司收购。其支持所有的 VST 效果插件和 VST 软音源，拥有强大的轨道编组和编辑、专业级别的自动控制功能，这一切使工作更加自由、方便、简单。该软件同时支持环绕声混音，全参数自动控制，是集音乐创作、音乐制作、音频录制、音频混音于一身的工作站软件系统。目前应用较广的汉化版本是 Cubase Pro 10 和 11。

2.3 图形与图像素材的基础知识

2.3.1 彩色的基本概念

1．彩色的三要素

（1）亮度：用字母 Y 表示，指彩色光作用于人眼时所引起人眼视觉的明亮程度。亮度与彩色光光线的强弱有关，并且与彩色光的波长有关。

（2）色调：表示彩色的颜色种类，即通常所说的红、橙、黄、绿、青、蓝、紫等。

（3）饱和度：表示颜色的深浅程度。对于同一色调的颜色，其饱和度越高，颜色越深，在某一色调的彩色光中掺入的白光越多，彩色的饱和度就越低。

2．三基色和混色

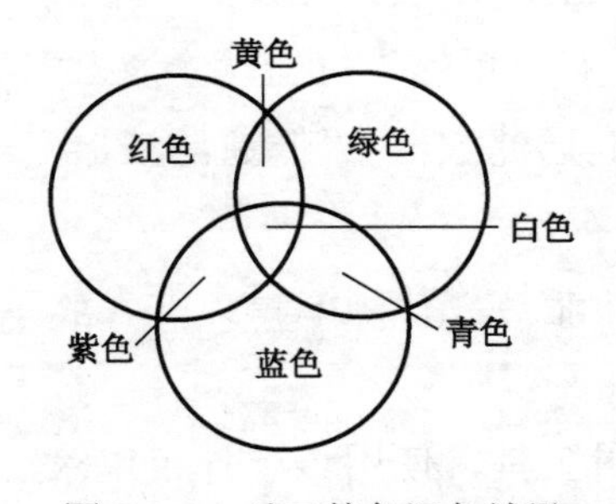

图 2-3-1　对三基色混色效果

将红、绿、蓝三束光投射在白色屏幕上的同一位置，不断改变三束光的强度比，即可看到各种颜色。由此可得出三基色原理：用 3 种不同颜色的光按一定比例混合可以得到自然界中绝大多数颜色。通常把具有这种特性的 3 种颜色称为三基色。彩色电视中使用的三基色就是红、绿、蓝三色。对三基色进行混色实验可得到如下结论：红+绿→黄，蓝+黄→白，绿+蓝→青，红+绿+蓝→白，黄+青+紫→白，如图 2-3-1 所示。通常把黄、青、紫 3 种颜色称为三基色的 3 个补色。

3．色域和色阶

（1）色域：一种模式的图像所能表达的颜色数目。例如，灰色模式的图像，每个像素用一个字节表示，则灰色模式的图像最多可以有 2^8=256 种颜色，其色域为 0～255。

① 对于 RGB 模式的图像，每个像素的颜色用红、绿、蓝 3 种基色按不同比例混合得到。如果一种基色用一个字节表示，则 RGB 模式的图像最多可以有 2^{24} 种颜色，其色域为 0～2^{24}−1。

② 对于 CMYK 模式的图像，每个像素的颜色由 4 种基色按不同比例混合得到。如果一种基色用一个字节表示，则 CMYK 模式的图像最多可以有 2^{32} 种颜色，其色域为 0～2^{32}−1。

（2）色阶：图像像素每一种颜色的亮度值。其有 2^8=256 个等级，范围为 0～255。其值越大，亮度越暗；其值越小，亮度越亮。色阶等级越多，图像的层次越丰富。

2.3.2　数字图像的分类

1．点阵图

点阵图也称位图，是由许多颜色不同、深浅不同的小圆点（像素）组成的。像素是组成图像的最小单位，许多像素构成一幅完整的图像。在一幅（也叫一帧）图像中，像素越小，数目越多，则图像越清晰。例如，每帧电视画面大约有 40 万个像素。当人眼观察由像素组成的画面时，为什么看不到像素的存在呢？这是因为人眼对细小物体的分辨力有限，当相邻两个像素对人眼所张的视角小于 1.5'时，人眼就无法分清两个像素点了。图 2-3-2（a）是一幅在 Windows 画图软件中打开的点阵图像，用放大镜放大后的点阵图像（部分）如图 2-3-2（b）所示。可以看出，放大后的点阵图像明显是由像素组成的。

点阵图的图像文件记录的是组成点阵图的各像素点的色度和亮度信息，颜色的种类越多，图像文件越大。通常，点阵图可以表现得更自然和更逼真，更接近于实际观察到的真实场景，但图像文件一般较大，在将其放大、缩小和旋转时，会产生失真。

（a）

（b）

图 2-3-2　点阵图像和放大后的点阵图像

2．矢量图

矢量图由点、线、矩形、多边形、圆和弧线等基本图元组成，这些几何图形均可以由数学公式计算后获得。矢量图的图形文件是绘制图形中各个图元的命令。显示矢量图时，需要用相应的软件读取这些命令，并将命令转换为组成图形的各个图元。由于矢量图是采用数学描述方式的图形，因此通常由它生成的图形文件相对比较小，并且图形颜色的多少与文件的大小基本无关。另外，在将其放大、缩小和旋转时，不会像点阵图那样产生失真。

2.3.3 图像的主要参数

1．分辨率

通常，“分辨率”表示每一个方向上的像素数量，如 640 像素×480 像素等，而在某些情况下，也可以同时表示“每英寸的像素数”（Pixels Per Inch，PPI）及图像的长度和宽度，如 75PPI 等。PPI 是图像分辨率所使用的单位，即在图像中每英寸所表达的像素数目。从输出设备的角度来看，图像的分辨率越高，所打印出来的图像也就越细致与精密。

DPI（Dot Per Inch）是打印分辨率使用的单位，意思是每英寸所表达的打印点数。像素的大小不是一个定值，要结合图片的尺寸来确定。如果图片的尺寸是 10 英寸×10 英寸，DPI 是 1/英寸，则这个图片上有 100 个像素。每个像素的尺寸就是 1 英寸×1 英寸。

（1）显示分辨率：指屏幕的最大显示区域内，水平与垂直方向上的像素个数。例如，1024 像素×768 像素的分辨率表示屏幕可以显示 768 行像素，每行有 1024 个像素，即 786432 个像素。屏幕显示的像素个数越多，图像越清晰逼真。显示分辨率不但与显示器和显示卡的质量有关，还与显示模式的设置有关。

（2）图像分辨率：指组成一帧图像的像素个数。例如，400 像素×300 像素的图像分辨率表示该幅图像由 300 行、每行 400 个像素组成。图像分辨率既反映了该图像的精细程度，又给出该图像的大小。如果图像分辨率大于显示分辨率，则图像只会显示其中的一部分。在显示分辨率一定的情况下，则图像分辨率越高，图像越清晰，图像的文件也就越大。

通常，用于显示的图像分辨率为 72PPI（像素/英寸）或以上，用于打印的图像分辨率为 100PPI（像素/英寸）或以上。

2．颜色深度

点阵图像中各像素的颜色信息是用若干二进制数据来描述的，二进制的位数就是点阵图像的颜色深度。颜色深度决定了图像中可以出现的颜色的最大个数。目前，颜色深度有 1、4、8、16、24 和 32 共 6 种。例如，颜色深度为 1 时，表示像素的颜色只有 1 位，可以表示两种颜色（黑色和白色）；颜色深度为 8 时，表示像素的颜色为 8 位，可以表示 2^8=256 种颜色；颜色深度为 24 时，表示像素的颜色为 24 位，可以表示 2^{24}=16777216 种颜色，用 3 个 8 位来分别表示 R、G、B 颜色，这种图像叫真彩色图像；颜色深度为 32 时，也是用 3 个 8 位来分别表示 R、G、B 颜色，用另一个 8 位来表示图像的其他属性（透明度等）。

颜色深度不但与显示器和显示卡的质量有关，还与显示设置有关。

3．颜色模式

（1）灰度（Grayscale）模式。该模式只有灰度色（图像的亮度），没有彩色。在灰度色图像中，每个像素都以 8 位或 16 位表示，取值范围为 0（黑色）～255（白色）。

（2）RGB 模式。该模式用红（R）、绿（G）、蓝（B）三基色来表示颜色。对于真彩色，R、G、B 三基色分别用 8 位二进制数来描述，共有 256 种。R、G、B 的取值范围为 0～255，可以表示的彩色数目为 256×256×256=16777216 种颜色。

（3）HSB 模式。该模式利用颜色的三要素来表示颜色，这种方式与人眼观察颜色的方式最接近，是一种定义颜色的直观方式。其中，H 表示色调（也叫色相，Hue）；S 表示饱和度（Saturation）；B 表示亮度（Brightness）。

（4）CMYK 模式。该模式是一种基于四色印刷的模式，是相减混色模式。其中，C 表示青色，M 表示品红色，Y 表示黄色，K 表示黑色。这也是一种最佳的打印模式。虽然 RGB 模式可以表示的颜色较多，但打印机与显示器不同，打印纸不能创建色彩光源，只能吸收一部分光线和反射一部分光线，其打印不出更多的颜色。CMYK 模式主要用于彩色打印和彩色印刷。

（5）Lab 模式。该模式由 3 个通道组成，即亮度，用 L 表示；a 通道包括的颜色从深绿色（低亮度值）到灰色（中亮度值），再到亮粉红色（高亮度值）；b 通道包括的颜色从亮蓝色（低亮度值）到灰色（中亮度值），再到焦黄色（高亮度值）。L 的取值范围为 0～100，a 和 b 的取值范围为-120～120。这种模式可产生明亮的颜色。Lab 模式可表示的颜色最多，且与光线和设备无关，而且处理速度与 RGB 模式一样快，是 CMYK 模式处理速度的数倍。

2.3.4 显示器的设置方法

1．Windows XP 下显示器的设置方法

（1）单击 Windows XP 桌面的“开始”按钮，再单击“设置”→“控制面板”菜单，调出“控制面板”对话框。单击“外观和主题”链接，调出“外观和主题”窗口。

（2）在“外观和主题”窗口中，单击“更改屏幕分辨率”链接，调出“显示属性”对话框的“设置”选项卡，如图 2-3-3 所示。

（3）在“屏幕分辨率”栏中，拖曳滑块，可以设置屏幕的分辨率。一般来说，15 像素寸的显示器使用 800 像素×600 像素；17 像素寸的显示器使用 1024 像素×768 像素；19 像素寸的显示器使用 1280 像素×1024 像素。

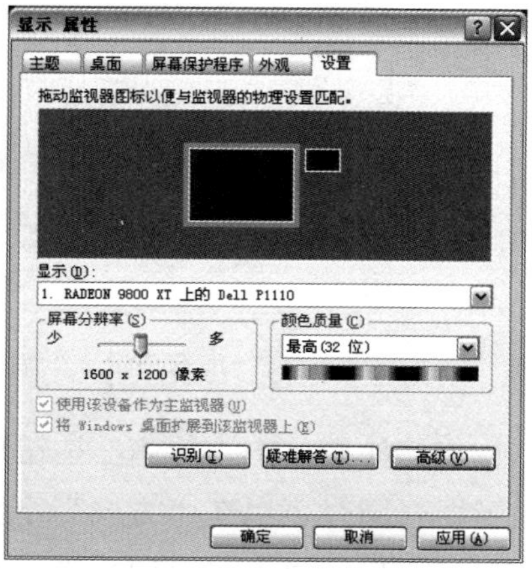

图 2-3-3 “设置”选项卡

（4）在“颜色质量”下拉列表框内可以选择一种颜色深度，即颜色的质量。例如，在“设置”选项卡中选择“最高（32 位）”选项作为颜色质量，如图 2-3-3 所示。

2．Windows 7 下显示器的设置方法

（1）右击计算机桌面空白处，调出“桌面”快捷菜单，单击该菜单内的“个性化”命令，调出“个性化”窗口。单击该窗口内左下角的“显示”选项，调出“显示”窗口，如图 2-3-4 所示。可以看到，左侧栏内列出有关显示设置的一些选项，单击这些选项，可切换到相应的窗口，提供相应的显示设置。该窗口内有 3 个单选按钮，用来选择屏幕显示文字和图标等的大小，设置后需进行注销操作才有效。

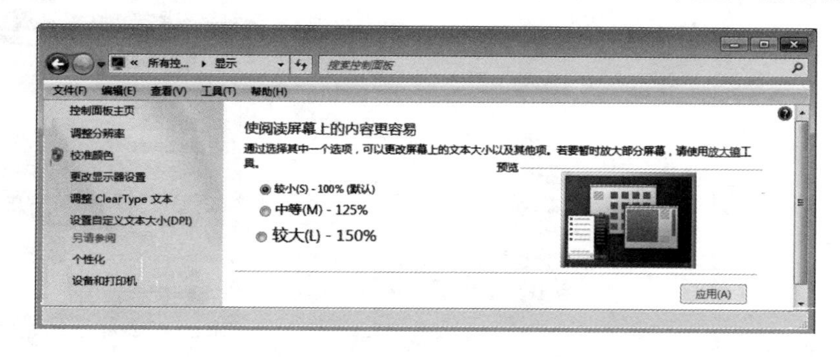

图 2-3-4 “显示”窗口

（2）单击“显示”窗口内左侧栏中的“调整分辨率”选项或“更改显示器设置”选项，切换到“屏幕分辨率”窗口，如图 2-3-5 所示。单击“检测”按钮，可以检测是否还有其他显示器，并显示检测结果。

（3）单击“分辨率”右侧的下三角按钮，显示其下拉面板，如图 2-3-6 所示。拖曳其内的滑块，可以调整显示的分辨率。在调整分辨率后，“应用”按钮变为有效，单击“应用”按钮，调出“显示设置”对话框，如图 2-3-7 所示。在该对话框中单击“保留更改”按钮，即可完成显示分辨率的修改；单击“还原”按钮或等待约 15 秒，即可自动取消设置，还原为原分辨率。

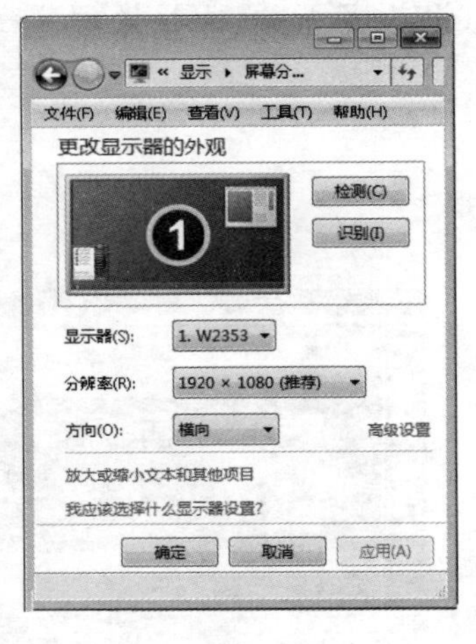

图 2-3-5 “屏幕分辨率”窗口

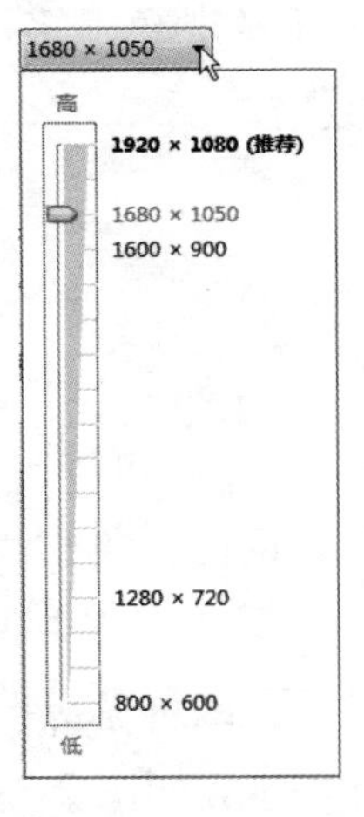

图 2-3-6 分辨率面板

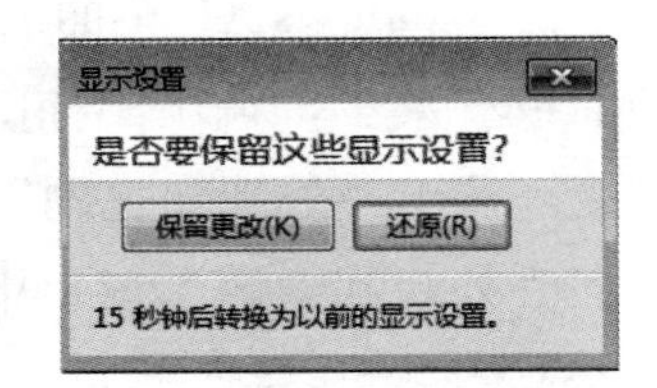

图 2-3-7 “显示设置”对话框

（4）如果单击“检测”按钮后检测到其他显示器，则可以在“显示器”下拉列表框中选择不同的显示器。同时可以在“方向”下拉列表框中选择显示器显示画面的方向。

（5）单击“高级设置”链接文字，调出监视器和显示卡“属性”对话框中的“适配器”选项卡，显示出显示器适配器（显卡）的类型等信息，如图 2-3-8 所示。单击该对话框内的“列出所有模式”按钮，调出“列出所有模式”对话框，如图 2-3-9 所示。在其内的列表框中选择一种显示器模式，单击“确定”按钮，完成显示器模式设置，退出该对话框。

（6）切换到“监视器”选项卡，如图 2-3-10 所示。在“屏幕刷新频率”下拉列表框中选择合适的刷新频率（有“59 赫兹”和“60 赫兹”两个选项），较高的屏幕刷新频率将减少屏幕上的闪烁；在“颜色”下拉列表框中选择一种合适的真彩色位数［有“增强色（32 位）”和“真彩色（64 位）”两个选项］。不同显示器两个下拉列表框中给出的选项不一样。

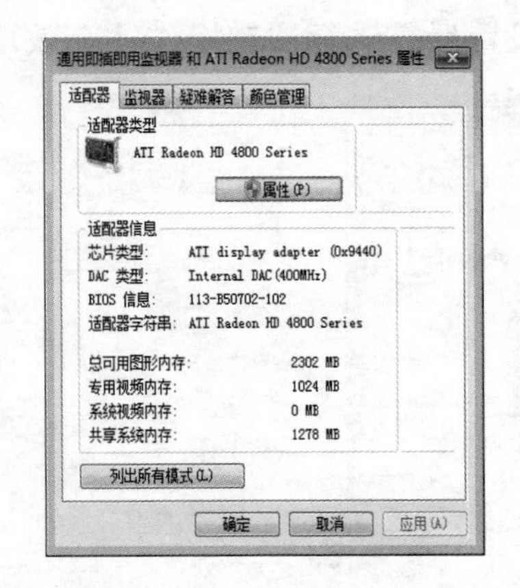

图 2-3-8 “适配器”选项卡

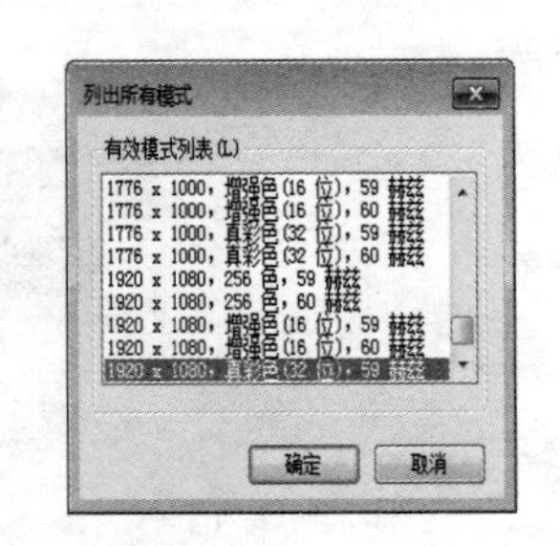

图 2-3-9 “列出所有模式”对话框

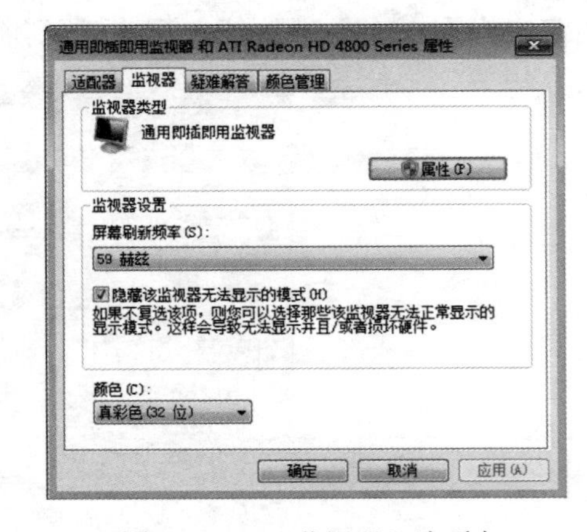

图 2-3-10 “监视器”选项卡

（7）“适配器”和“监视器”选项卡内都有一个“属性”按钮，单击该按钮后分别调出适配器和监视器的“属性”对话框，其内有“常规”“驱动程序”和“详细信息”选项卡（在适配器的“属性”对话框中还有“资源”选项卡）。

3．Windows 10 下显示器的设置方法

（1）右击桌面空白处，调出“桌面”快捷菜单，单击该菜单内的“显示设置”命令，调出“显示”窗口，如图 2-3-11 所示。可以看到，左边栏内列出有关显示设置的一些选项，单击这些选项，可切换到相应的窗口，提供相应的显示设置。

（2）单击“显示”窗口右侧“显示分辨率”下拉列表框，给出多种分辨率以供选择。单击“高级显示设置”，弹出“高级显示设置”窗口，在该窗口中给出了当前计算机和显示器的各项参数。

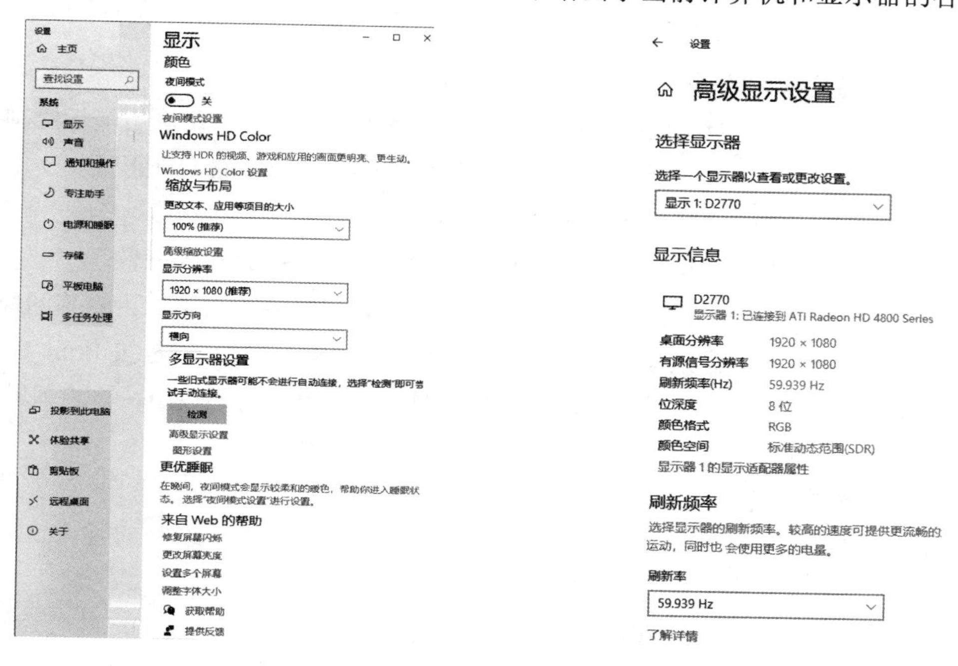

图 2-3-11 “显示”窗口　　　图 2-3-12 “高级显示设置”窗口

（3）单击“检测”按钮，则可以检测是否还有其他显示器，并显示出检测结果。

2.3.5 图形图像的文件格式和编辑软件

1．图形图像的文件格式

对于图形图像，由于记录内容和压缩方式的不同，其文件格式也不同。不同格式的图形图像文件有不同的产生背景、应用范围、特点和文件扩展名。

（1）BMP 格式：Windows 系统下的标准格式。利用 Windows 的画图软件可以将图像存储为 BMP 格式的图像文件。该格式结构较简单，每个文件只存放一幅图像。对于压缩的 BMP 格式的图像文件，其使用行编码方法进行压缩，压缩比适中，压缩和解压缩较快。另外，还有一种非压缩的 BMP 格式，这种 BMP 格式的图像文件适用于一般软件，但文件较大。

（2）GIF 格式：GompuServe 公司指定的图像格式，常用于网页。各种软件一般均支持该格式。它能将图像存储为背景透明的形式，可将多幅图像保存为一个图像文件，形成动画效果。

（3）JPG 格式：用 JPEG 压缩标准压缩的图像文件格式。JPEG 压缩是一种高效率的有损压缩，压

缩时可将人眼很难分辨的图像信息删除，使压缩比变大。这种格式的图像文件不适合放大后观看和制成印刷品。由于它的压缩比较大，文件较小，因此应用较广。

（4）TIF 格式：由 Aldus 和 Microsoft 公司联合开发，最初用于扫描仪和桌面出版业，是一种工业标准化格式，被许多图形图像软件支持。这种格式有压缩和非压缩两种，非压缩的 TIF 格式可独立于软件和硬件环境。

（5）PNG 格式：网络传输中的一种图像文件格式。在大多数情况下，它的压缩比大于 GIF 格式图像，利用 Alpha 通道可以调节图像的透明度，可提供 16 位灰度图像和 48 位真彩色图像。PNG 格式可取代 GIF 和 TIF 图像文件格式，但该格式的一个图像文件只可存储一幅图像。

（6）PDS 格式：Adobe Photoshop 图像处理软件的专用图像文件格式，可以将不同图层分别存储，从而便于图像的修改和制作各种图像的特殊效果。

2．图形图像素材的获取方法

（1）图形、图像均可以用相应的软件绘制而成。绘制图形、图像时，可以用鼠标绘制，也可以用光笔绘制。光笔是一种与特殊的写字板或显示屏配合使用的输入设备，它的外形像一支笔，通过电缆与计算机相连，可以像使用铅笔绘图那样绘制图形或图像。

（2）用数字照相机或摄像机采集画面，再用相应的软件将其转换为点阵图像。

（3）用图形扫描仪将杂志、画报或书籍中的图像扫描到计算机中，再存储为点阵图像。

（4）将计算机显示屏中的图像采集下来。采集的方法有两种：一种方法是按 Print Screen 键（或按 Alt+Print Screen 组合键），将屏幕图像（或当前窗口图像）放置到剪贴板中，再将剪贴板中的图像粘贴到需要的地方；另一种方法是使用抓图软件采集屏幕中的图像。

3．图形图像制作软件简介

点阵图像处理软件有 Ulead PhotoImpact 和 Photoshop。矢量图形绘制软件有 CorelDRAW、Adobe Illustrator 和 Fireworks 等。

（1）Ulead PhotoImpact 是一套操作简单的图像处理、网页绘图软件，是 Ulead 公司开发的产品。该软件提供了创新的双模式可视化界面，操作简单；提供了整体曝光、主题曝光、色偏、色彩饱和、焦距与美化皮肤六大模块，可以利用图像修容工具去除人物脸部的雀斑、黑痣、皱纹、瘢痕等；利用独特的智慧 HDR 工具，可以自动进行图像合成。自 Ulead PhotoImpact 10.0 版本以后，还拥有网页制作与绘图设计功能，可以轻松做出交互式网页，加工出多种 2D 与 3D 图像，制作影像范本、日历范本。

（2）Photoshop 是美国 Adobe 公司开发的产品。该软件在世界上具有很高的知名度，几乎所有计算机绘图人员都会使用。该软件也可以绘制矢量图形和制作简单的动画。

（3）光影魔术手是一款简便易用的照片美化软件，专门针对家庭数码相机拍照中的各种缺陷问题所设计。该软件具有多种人像美容、照片装饰等功能，拥有近 50 种一键特效功能。

（4）美图秀秀是一款国产免费图片处理软件，其操作比较简单。美图秀秀独有的图片特效、人像美容、可爱饰品、文字模板、智能边框、魔术场景、自由拼图、摇头娃娃等功能可以让用户在短时间内做出影楼级照片。美图秀秀还能做非主流闪图、非主流图片、QQ 表情、QQ 头像、QQ 空间图片等。美图秀秀已经通过 360 安全认证、中国优秀软件审核。

（5）Google Picasa。Picasa 原为独立收费的图像软件，其界面美观华丽，功能实用丰富，已经被 Google 收购，并改为免费软件，成为 Google 的一部分。Google Picasa 可以将数码相机内的图片传送到计算机中，可以编辑和管理图片、打印及共享图片、创建幻灯片等。

（6）CorelDRAW Graphics Suite 是加拿大 Corel 公司的平面设计软件，也是世界上最流行的矢量图形绘制软件之一。该软件具有矢量动画、页面设计、网站制作、点阵图像编辑处理和网页动画制作等多种功能。该软件套装更为专业设计师及绘图爱好者提供简报、彩页、手册、产品包装、标识、网页等。

（7）Adobe Illustrator 是美国 Adobe 公司的一款全球著名的矢量绘图和图片处理软件，在世界上拥有一定数量的用户。Adobe Illustrator 广泛应用于印刷出版、专业插画、多媒体图像处理和互联网页面的制作等，也可以为线稿提供较高的精度和控制，适合制作任何从小型设计到大型设计的复杂项目。

（8）Fireworks 是美国 Macromedia 公司开发的产品，是将矢量绘图和点阵图像处理合二为一的专业图形图像编辑设计软件，它可以轻松制作出十分动感的 GIF 动画，也可以轻易地完成大图切割、动态按钮、动态翻转图等，以及可以辅助网页编辑，降低网络图形设计的难度。2005 年，Adobe 公司收购了 Macromedia 公司。

2.4　动画与视频的基础知识

2.4.1　动画与视频的产生和电视制式

1．动画与视频的产生

人们认识到，只要将若干幅稍有变化的静止图像顺序地快速播放，并且每两幅图像出现的时间小于人眼视觉惰性时间（每秒传送 24 幅图像），人眼就会产生连续动作的感觉（动态图像），从而实现动画和视频效果。实践和理论证明，如果图像的传送速度不小于每秒传送 48 幅图像，则人眼就有不闪烁的活动图像的感觉；如果图像的传送速度比每秒传送 48 幅图像小，则人眼就会有明显的闪烁感。动画一般是由人们绘制的画面组成的，视频则是由摄像机摄制的画面组成的。动画和视频都可以产生 AVI、MOV 和 GIF 等格式的文件。

2．电视制式

电视制式就是一种电视的播放标准。不同的电视制式对电视信号的编码、解码、扫描频率和画面的分辨率均不相同。各种制式的电视机只能接收相应制式的电视信号。在计算机系统中，要求计算机处理的视频信号应与计算机相连接的视频设备的制式相同。

（1）普通彩色电视制式有以下三种。

① NTSC 制式：1953 年美国研制的一种彩色电视制式。NTSC 制式规定：每秒播放 25 帧画面，每帧图像有 526 行像素，场扫描频率为 60Hz，隔行扫描，屏幕的宽高比为 4∶3。

② PAL 制式：在 NTSC 制式的基础上于 1962 年由联邦德国研制的一种与黑白电视兼容的彩色电视制式。PAL 制式规定：每秒播放 25 帧画面，每帧图像有 625 行像素，场扫描频率为 50Hz，隔行扫描，屏幕的宽高比为 4∶3。

③ SECAM 制式：1965 年由法国研制的一种与黑白电视兼容的彩色电视制式。SECAM 制式规定：每秒播放 25 帧画面，每帧图像有 625 行像素，场扫描频率为 50Hz，隔行扫描，屏幕的宽高比为 4∶3。SECAM 制式采用的编码和解码方式与 PAL 制式完全不一样。

（2）高清晰度电视（High Definition Television ，HDTV）是继黑白电视、彩色电视后的新一代电视，它的图像质量优于 35mm 电影片的图像质量。按照 CCIR（ITU-R）的定义，高清晰度电视应是这样一个系统：一个具有正常视觉的观众在距该系统显示屏高度 3 倍位置所看到的图像质量应类似观看原始景物或表演时所得到的质量。

数字技术在 20 世纪 80 年代后已经成熟，并成为未来通信、传播领域的发展趋势，美国于 20 世纪 90 年代初直接研制出数字式 HDTV，从而使各国的研制方向立刻调整到数字 HDTV 上。中国也在 1998 年 6 月研制成功了第一台数字高清晰度功能样机，并于同年 9 月通过中央电视塔进行实况开录演示。在 1999 年国庆庆典上，中央电视台成功地进行了 HDTV 的现场直播。

目前，业界对高清晰度电视规定：传送的信号全部数字化，水平和垂直分辨率均大于 720 线逐行（720p）或 1080 线隔行（1080i）以上，屏幕的宽高比为 16∶9，音频输出为 5.1 声道（杜比数字格式），同时能兼容接收其他较低格式的信号并进行数字化处理重放。HDTV 有三种显示分辨率格式，分别是 720p（1280×720 逐行）、1080i（1920×1080 隔行）和 1080p（1920×1080 逐行），其中，p 代表英文单词 progressive（逐行），i 则是 interlaced（隔行）的意思。我国的 HDTV 标准还没有正式公布。

2.4.2 动画的分类和全屏幕视频与全运动视频

1. 动画的分类

（1）按照计算机处理动画的方式不同，可将动画分为造型动画和帧动画两种。它们的特点如下。

① 造型动画：对每一个活动物件的属性（位置、形状、大小和颜色等）分别进行动画设计，并用这些活动物件组成完整的动画画面。造型动画通常属于三维动画，计算机进行造型的动画处理比较复杂。

② 帧动画：由一帧帧图像组成。帧动画一般属于二维动画，通常有两种。一种是帧帧动画，即人工准备出一帧帧图像，再用计算机将它们按照一定的顺序组合在一起形成动画；另一种是关键帧动画，即用户用计算机制作两幅关键帧图像，它们的属性（位置、形状、大小和颜色等）不一样，然后由计算机通过插值计算自动生成两幅关键帧图像之间的所有过渡图像，从而形成动画。

（2）按照物件运动的方式不同，可将动画分为关键帧动画和算法动画两种。其中，算法动画采用计算机算法，对物件或模拟摄像机的运动进行控制，从而产生动画。

2. 全屏幕视频和全运动视频

视频可分为全屏幕视频和全运动视频。全屏幕视频是指现实的视频图像充满整个屏幕，其与显示分辨率有关。全运动视频是指以每秒 30 帧的速度刷新画面进行播放，从而可以消除闪烁感，使画面连贯。一些计算机是无法实现全屏幕视频和全运动视频的，其只能以每秒 15 帧的速度刷新画面进行播放，可以在屏幕上打开一个小窗口，进行全运动视频的播放。对于这些计算机，可以通过加入解压卡来提高刷新画面的速度。随着计算机的不断发展，全屏幕、全运动视频播放将成为现实。

2.4.3 数字视频的获取和视频卡的分类

1. 数字视频的获取

视频信号有两种，一种是模拟视频信号，另一种是数字视频信号。NTSC 制式、PAL 制式和 SECAM 制式的电视信号均是模拟视频信号，用普通摄像机摄制的视频信号也是模拟视频信号。HDTV 制式的电视信号是数字视频信号，用数字摄像机摄制的视频信号也是数字视频信号。

数字视频信号还可以通过对模拟视频信号进行数字化来获得。视频数字化是指在一定时间内以一定速度对模拟视频信号进行采样，再进行模数转换、色彩空间变换等处理，将模拟视频信号转换为相应的数字视频信号。转换后，存储在计算机中的数据是相当大的，需要将这些视频数据压缩后再进行保存。常用的压缩编码方法有无损压缩（也叫冗余压缩）和有损压缩（也叫熵压缩）。视频信号压缩通常采用 MPEG 压缩方法，压缩比可达 100：1 以上。

2．视频卡的分类

（1）视频采集卡。视频采集卡可以从模拟视频信号中实时或非实时地捕捉静态画面和动态画面，并将它们转换为数字图像或数字视频存储到计算机中。常用的视频采集卡有 Creative 公司的 Video Blaster 系列视频采集卡 RT300、Intel 公司的 ISVR Pro 视频采集卡等。

（2）视频输出卡。计算机的显示卡输出的视频信号不能直接输出到电视机中播放，也不能录制到录像机的磁带中。视频输出卡可以将计算机中的数字视频信号进行编码，获得 NTSC 制式或 PAL 制式的电视视频信号，再输出到电视机中播放或录制到录像机的磁带中。

（3）电视接收卡。电视接收卡有一个高频调谐器和一个电视接收天线，可以接收电视高频信号，并转换成数字视频信号，在计算机的显示器中播放电视节目。

（4）解压缩卡。解压缩卡可将 VCD 或 DVD 中的视频压缩 MPEG 文件进行硬件解压缩，还原成普通的数字视频，并进行播放，大多数解压缩卡还具有视频输出卡的功能。目前的计算机均可使用软解压的方法播放 VCD 或 DVD 中的视频压缩 MPEG 文件。

2.4.4 动画和视频的文件格式及编辑软件简介

1．动画文件格式简介

（1）GIF 格式。GIF 是 CompuServe 公司在 1987 年开发的图像文件格式，其将多幅图像保存为一个图像文件，从而形成动画。GIF 文件的数据是一种无损压缩格式，其压缩率为 50%左右，它不属于任何应用程序，目前，几乎所有相关软件都支持 GIF 格式。

（2）SWF 格式。SWF 格式是 Macromedia（现已被 Adobe 公司收购）公司的动画设计软件 Flash 的专用格式，是一种支持矢量和点阵图形的动画文件格式，被广泛应用于网页设计、动画制作等领域，通常也称为 Flash 文件。SWF 格式具有缩放不失真、文件体积小等特点，其采用了流媒体技术，可以一边下载一边播放。SWF 格式文件可以用 Adobe Flash Player 打开，但浏览器必须安装 Adobe Flash Player 插件。

（3）FLC/FLI（FLIC 文件）格式。该格式是 Autodesk 公司在其出品的 2D、3D 动画制作软件中采用的动画文件格式，FLIC 是对 FLC 和 FLI 的统称。在 Autodesk 公司出品的 Autodesk Animator 和 3D Studio 等动画制作软件，以及其他软件中均可以打开这种格式文件。

（4）MAX 格式。MAX 格式是 3DS Max 软件的文件格式，是一种三维动画。3DS Max 是制作建筑效果图和动画制作的专业工具。三维动画是在二维动画的基础上增加前后（纵深）的运动效果。

2．动画制作及编辑软件简介

（1）GIF 格式动态图片制作工具。该软件可以将 GIF、JPG、PNG、BMP 格式的多幅图片合成、制作成 GIF 格式动态图片，可以给屏幕录像并直接制作成 GIF 格式动态图片。

（2）Ulead GIF Animator。这是一款友立公司开发的动画 GIF 制作软件，内建的插件有许多现成的特效可以立即套用，可以将AVI文件转成动画GIF文件，并且还能将动画GIF图片最佳化，以及能将放在网页上的动画GIF图档“减肥”，以便让人能够更快速地浏览网页。

（3）Flash。Flash是美国Macromedia公司的产品，是二维动画制作工具。其不但可以制作“.swf”格式的动画，还可以制作“.swf”格式的图形。这种格式的文件很小，适用于制作网页。

（4）Ulead COOL 3D。Ulead COOL 3D是美国Ulead公司的产品，可以较容易地制作三维文字和图形动画。因其界面简洁、操作容易，已越来越受到广大用户的喜爱。

（5）3D Studio Max。3D Studio Max是美国Autodesk公司的产品，是三维绘图和动画制作工具中的佼佼者，被广泛应用于广告、装饰装潢、动画制作、建筑设计、多媒体设计、工业设计等立体设计领域，是目前国内外市场上使用最广泛、功能最完善的三维图形设计工具之一。

（6）Maya。Maya是Alias/Wavefront公司开发的多平台且具有非线性动画编辑功能的影视动画制作工具，是一个专业级的三维图像和动画制作工具。

3．视频文件格式简介

（1）AVI格式：由Microsoft公司开发，可以把视频和音频编码混合在一起储存。AVI在格式上的限制比较多，只能有一个视频轨道和一个音频轨道（现在有非标准插件可加入最多两个音频轨道），还可以有一些附加轨道，如文字等。AVI格式不提供任何控制功能。

（2）WMV格式：由Microsoft公司开发，是对一组数位视频编/解码格式的通称。

（3）MPEG格式：一个国际标准化组织（ISO）认可的媒体封装格式，受到大部分机器的支持。其储存方式多样，可以适应不同的应用环境。MPEG的控制功能丰富，可以有多个视频（角度）、音轨、字幕（位图字幕）等。MPEG的一个简化版本3GP/3G2还广泛应用于准3G手机上。

（4）DivX格式：由DivX Networks公司发明，类似于MP3的数字多媒体压缩技术。DivX可以把VHS格式的录像带文件压缩至原来的1%。其还允许在其他设备（如数字电视、蓝光播放器、PocketPC、数码相机、手机）上观看，对设备的要求不高。对于这种编码的视频，CPU只要是300MHz以上，再有64MB内存和一个8MB显存的显卡就可以流畅地播放了。采用DivX格式的文件很小，图像质量更好。

（5）DV（数字视频）格式：通常只用于数字格式捕获和存储视频的设备（如便携式摄像机）。DV格式有DV类型Ⅰ和DV类型Ⅱ两种AVI文件。

（6）MKV（Matroska）格式：是一种新的多媒体封装格式，可以把多种不同编码的视频及16条或以上不同格式的音频和不同字幕的语言封装到一个Matroska Media文档内，是一种开放源代码的多媒体封装格式，能提供非常好的交互功能，比MPEG方便、强大。

（7）RM/RMVB格式：Real Video或Real Media（RM）是由RealNetworks公司开发的，其通常只能容纳Real Video和Real Audio编码的媒体。它有一定的交互功能，允许编写脚本以控制播放。RM是可变比特率的RMVB格式，体积很小，因此受到网络下载者的欢迎。

（8）MOV（QuickTime）格式：由苹果公司开发，由于苹果电脑在专业图形领域的领先地位，QuickTime格式基本上成为电影制作行业的通用格式。其可储存的内容相当丰富，除视频、音频之外还可支持图片、文字（文本字幕）等。1998年2月11日，国际标准化组织（ISO）认可QuickTime格式作为MPEG-4标准的基础。

由于不同的播放器支持不同的视频文件格式，或者计算机中缺少相应格式的解码器，也或者一些外部播放装置（如手机、MP4等）只能播放固定的格式，所以就会出现视频无法播放的现象。在这种情况下就要使用格式转换器软件来弥补这一缺陷。

4．视频编辑软件简介

（1）AVS Video Editor。这是一款超强的视频编辑、媒体剪辑软件，可以将影片、图片、声音等素材合成为视频文件，并添加多达 300 个绚丽转场、过渡、字幕、场景效果。AVS Video Editor 集视频录制、编辑、特效、覆叠、字幕、音频与输出于一体，是一款简约而不简单的非线性编辑软件，几步简单的拖放操作就可以制作出专业效果的视频文件，另外，AVS Video Editor 的视频输出功能也异常强大，支持完全的自定义输出设置。

（2）Premiere。这是美国 Adobe System 公司推出的一款专业级数字视频编辑软件。其可以配合硬件进行视频的捕捉、编辑和输出，在普通计算机上，配以比较廉价的压缩卡或输出卡可以制作出专业级的视频作品和 MPEG 压缩影视作品。从 DV 到未经压缩的 HD，几乎可以获取和编辑任何格式，并输出录像带、DVD 和 Web 格式。较流行的中文版本有 Adobe Premiere Pro CS4 等。

（3）会声会影。这是 Ulead 公司推出的一款功能强大、操作简单的数字视频编辑软件，具有图像抓取和编辑功能，可以抓取转换 MV、DV、V8、TV 和实时记录抓取影视文件，并提供 100 多种编制功能与效果，可以导出多种常见的视频格式，甚至可以直接制作成 DVD 和 VCD 光盘。会声会影支持各类编码，包括音频编码和视频编码。

（4）Ulead MediaStudio Pro。这是 Ulead 公司推出的一套数字视频和音频处理软件。

思考与练习 2

一、填空题

1. 文本的特点有________、__________、__________和__________。
2. 彩色的三要素是________、________和________，三基色是_________、_________和________。
3. 分辨率可分为______________和____________两种。

二、简答题

1. 文字的字符编集有几种？分别是什么？它们有什么不同点？
2. MIDI 音乐与 WAV 声音有什么不同？MIDI 音乐的播放有哪几种方法？
3. 音频卡（声卡）的功能有哪些？有哪些接口？各接口的作用是什么？
4. 什么是色域？什么是色阶？
5. 三基色原理是什么？举例说明三基色原理。
6. 点阵图与矢量图有什么区别？常见的矢量图形和图像处理绘制软件有哪些？
7. 什么是颜色深度？请举例说明。

录音、抓图和录屏

3.1 使用录音机软件录音和音频编辑

3.1.1 使用 Windows 自带的录音机软件录音

1．录音的注意事项

（1）录音时，录音环境一定要安静，避免录入噪声。

（2）嘴离话筒的间距要适当，太近会录下喷气声；太远会使录制的声音过小。

（3）麦克风与音响之间应保持一定距离，以免产生失真或啸叫声。

（4）录制的声音格式为 WAV 格式，可以使用其他软件进行声音文件格式的转换。

2．使用 Windows XP 自带的录音机软件录音

“录音机”软件是 Windows XP 附件中一个很有用的制作和编辑音频文件的工具。使用该软件，通过麦克风把声音录制下来，生成音频文件并保存在硬盘中。在 Windows XP 中，使用 Media Player 软件可以播放音频文件。使用“录音机”软件录音的具体操作方法如下。

（1）将麦克风连接到计算机的声卡上，单击桌面中的“开始”按钮，调出“开始”菜单，选择该菜单中的“程序”→“附件”→“娱乐”→“录音机”命令，弹出“声音-录音机”对话框，如图 3-1-1（a）所示。

（2）单击“声音-录音机”对话框中的“录音”按钮●开始录音。此时，该对话框中的显示框内会显示出录制声音的波形，如图 3-1-1（b）所示。滑槽上的滑块会自动随着录音的进行而从左向右移动，“位置”显示框中会不断刷新显示录音的时间。

（3）采用这种方法录制声音最多可以录制 1 分钟。如果要录制更长时间的声音，则可以在录音自动停止后再单击“录音”按钮●开始继续录音。重复上述过程，可以录制很长时间的声音。

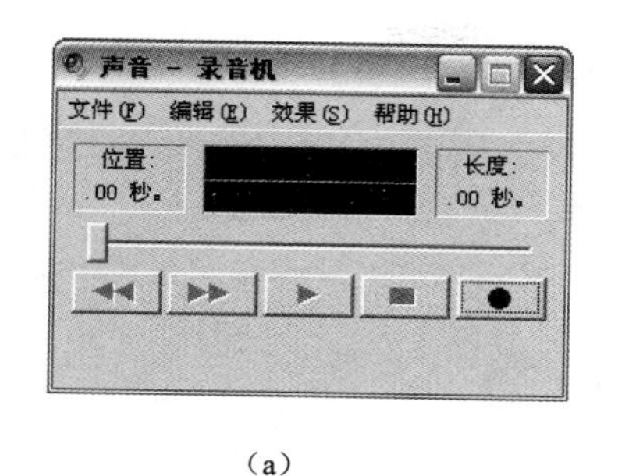

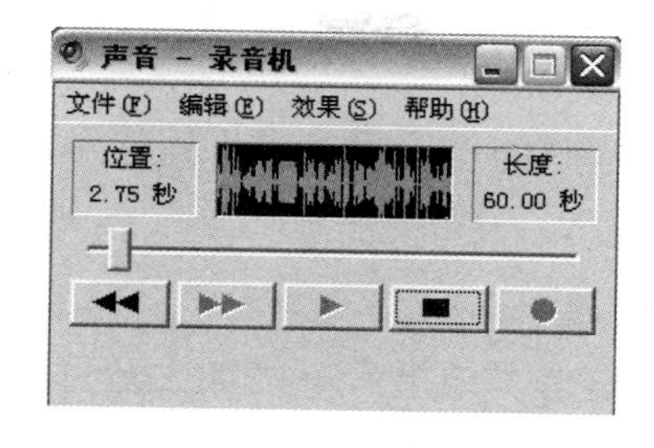

（a） （b）

图 3-1-1 “声音-录音机”对话框

（4）录音结束后，单击“停止”按钮■结束录音。此时，播放头会自动移到滑槽的最右边，此时“录音”按钮●变成有效状态。

（5）单击“播放”按钮▶可播放刚录制的声音。单击“移至首部”按钮◀◀，可将播放头移到最左边；单击“移至尾部”按钮▶▶，可将播放头移到最右边。

（6）执行“文件”→“另存为”命令，调出“另存为”对话框，可将录音保存。

3．使用 Windows 7 自带的录音软件录音

Windows 7 自带一个“录音机”软件，使用该软件，可以通过麦克风把声音录制下来，生成音频文件并保存在硬盘中。具体操作方法如下。

（1）单击桌面中的“开始”按钮，弹出“开始”菜单，选择该菜单中的“所有程序”→“附件”→“录音机”命令，调出“录音机”面板，如图 3-1-2（a）所示。

（2）单击“录音机”面板内的“开始录制”按钮●即可开始录制声音，这时的“开始录制”按钮变为“停止录制”按钮，如图 3-1-2（b）所示。

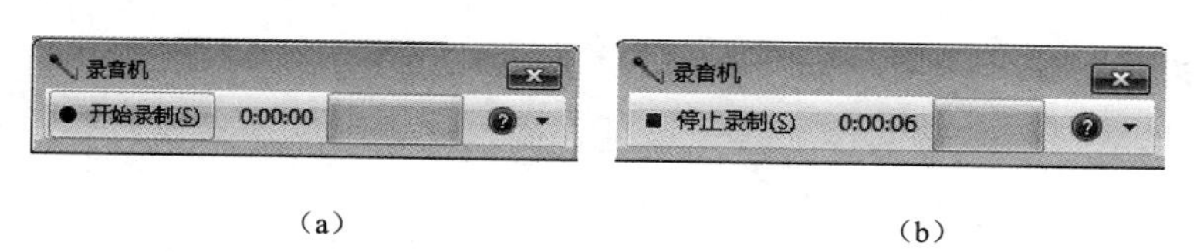

（a） （b）

图 3-1-2 “录音机”面板

（3）单击“停止录制”按钮■，弹出“另存为”对话框。在该对话框中，选择保存的文件夹，输入音频文件的名称（扩展名为“.wmv”），单击“保存”按钮，即可将录制的声音以指定的名称保存。

（4）如果要继续录制音频，则单击“取消”按钮，关闭“另存为”对话框，回到“录音机”面板，这时的按钮变为“继续录制”按钮。单击“继续录制”按钮，可继续录音。

3.1.2 音频文件的简单编辑

使用 Windows XP“录音机”软件进行声音文件的简单编辑，包括删除部分声音、对音频文件进行加速声音播放和添加回音等特效处理，以及在一个声音文件内插入或混入另一个声音文件，如将声音文件和音乐文件混合。具体操作方法如下。

1．删除部分声音

（1）在 Windows XP 的“录音机”软件中打开一个 WAV 格式的音频文件。

（2）用鼠标将“声音-录音机”对话框中的滑块拖曳到要删除声音的交界点处。

（3）选择该对话框中的“编辑”→“删除当前位置之前的内容”命令，即可将滑块（播放头）处之前的声音删除。

（4）选择该对话框中的“编辑”→“删除当前位置之后的内容”命令，即可将滑块（播放头）处之后的声音删除。

2．声音的特效处理

（1）加大音量：选择“效果”→“加大音量（按25%）”命令。

（2）降低音量：选择“效果”→“降低音量”命令。

（3）加快声音播放速度：选择“效果”→“加速（100%）”命令。

（4）减慢声音播放速度：选择“效果”→“减速”命令。

（5）添加回音：选择“效果”→“添加回音”命令。通常应执行多次。

（6）翻转播放声音：选择“效果”→“反转”命令。

3．插入另一个声音文件

插入声音文件是指从一个声音文件的某一点处，插入一段新的声音文件，原插入点后的声音自动向后移动。可以采用这种方法将两个声音文件前后连接在一起。

（1）选择“声音-录音机”对话框中的“文件”→“打开”命令，调出“打开”对话框。利用该对话框导入一个WAV声音文件（如“唐诗.wav”声音文件）。

（2）用鼠标将“声音-录音机”对话框中的滑块（播放头）拖曳到插入点处。

（3）选择该对话框中的“编辑”→“插入文件”命令，调出“插入文件”对话框。利用该对话框选择要插入的声音文件（如“音乐.wav”声音文件），单击“打开”按钮，将选中的声音文件插入到原有声音的插入点处，原插入点后的声音自动向后移动。

（4）选择“文件”→“另存为”命令，调出“另存为”对话框，将录音保存。

4．混入另一个声音文件

混入声音文件是指从一个声音文件的某一点处，插入一段新的声音文件，与原声音文件混音。利用这一功能可以将声音与音乐混合，产生背景音乐效果。

（1）选择“声音-录音机”对话框中的“文件”→“打开”命令，调出“打开”对话框。利用该对话框导入一个WAV声音文件。

（2）用鼠标将“声音-录音机”对话框中的滑块（播放头）拖曳到插入点处。

（3）选择“声音-录音机”对话框中的“编辑”→“与文件混音”命令，调出“混入文件”对话框。在“混入文件”对话框中选择要混入的声音文件，再单击“打开”按钮，即可将选中的声音文件混入到原有声音文件的插入点处。

（4）选择“文件”→“另存为”命令，调出“另存为”对话框，将录音保存。

5．粘贴插入另一个声音文件

粘贴插入声音文件是指从一个声音文件的某一点处，插入原声音文件，原插入点的声音自动向后移动，操作方法如下。

（1）选择“声音-录音机”对话框中的“文件”→“打开”命令，调出“打开”对话框。利用该对话框导入一个WAV声音文件。

（2）用鼠标将“声音-录音机”对话框中的滑块（播放头）拖曳到插入点处。

（3）选择“声音-录音机”对话框中的“编辑”→“复制”命令，将当前声音文件复制到剪贴板中。

（4）打开另外一个 WAV 声音文件，选择该对话框中的“编辑”→“粘贴插入”命令，即可将剪贴板中的声音文件插入到当前声音文件的插入点处。

（5）选择“文件”→“另存为”命令，调出“另存为”对话框，将录音保存。

6．粘贴混入另一个声音文件

粘贴混入声音文件是指从一个声音文件的某一点处混入原声音文件，操作方法如下。

（1）打开一个 WAV 格式的声音文件。

（2）用鼠标将“声音-录音机”对话框中的滑块（播放头）拖曳到插入点处。

（3）选择该对话框中的“编辑”→“复制”命令，将当前声音文件复制到剪贴板中。

（4）打开另外一个 WAV 格式的声音文件。

（5）选择该对话框中的“编辑”→“粘贴混入”命令，将剪贴板中的声音文件内容粘贴到滑块（播放头）所在的插入点处，与原来的声音混音。

3.1.3 设置声音属性

（1）选择如图 3-1-1 所示的“声音-录音机”对话框中的“文件”→“属性”命令，调出“声音的属性”对话框，如图 3-1-3 所示。在“声音的属性”对话框中的“选自”下拉列表框内选择声音的对象（录音格式、播放格式或全部格式）。单击“立即转换”按钮，调出“声音选定”对话框，如图 3-1-4 所示。

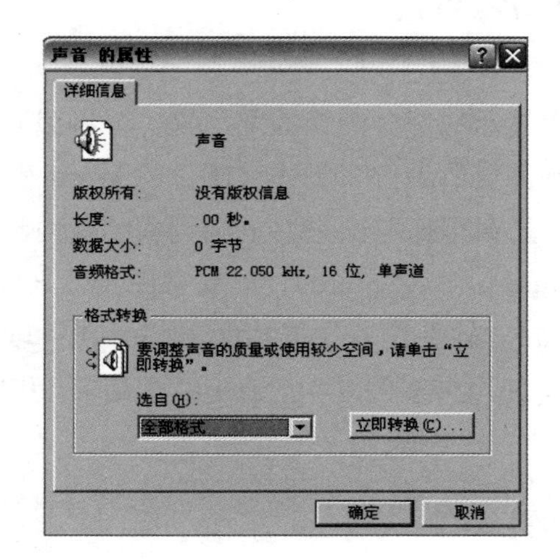

图 3-1-3 “声音的属性”对话框

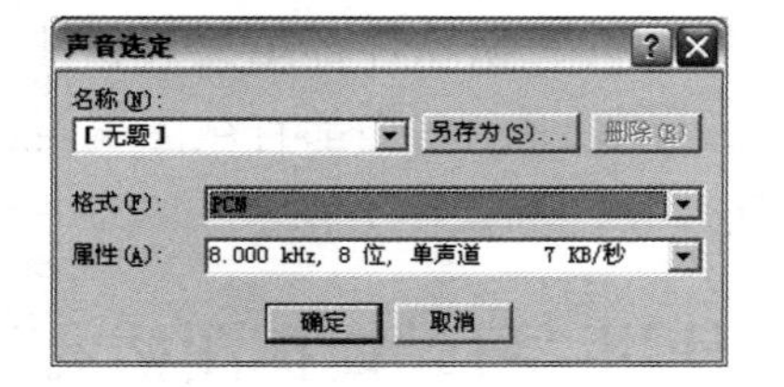

图 3-1-4 “声音选定”对话框

（2）在“声音选定”对话框中的“名称”下拉列表框内选择已有的一种设置。在“格式”下拉列表框内选择一种声音格式，在“属性”下拉列表框内选择一种声音属性。单击“另存为”按钮，调出“另存为”对话框，在该对话框的文本框内输入名称，再单击“确定”按钮。

如果要删除一种设置好的声音属性，可在“名称”下拉列表框内选择这种设置的名称，再单击“删除”按钮。

（3）选择 Windows“录音机”面板中的“编辑”→“音频属性”命令，调出“声音属性”对话框，如图 3-1-5 所示。利用该对话框可以进行声音属性的设置。

（4）调整麦克风音量：单击“录音”栏内的“音量”按钮，调出“录音控制”对话框，如图 3-1-6 所示。用鼠标拖曳滑块，即可调整各种音量和平衡。

图 3-1-5　“声音属性”对话框

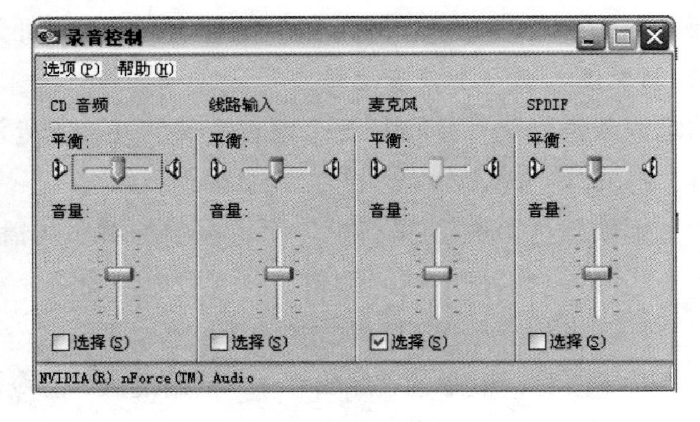

图 3-1-6　“录音控制”对话框

（5）如果要调整其他音量，则可以单击“声音属性”对话框内其他栏中的“音量”按钮，调出“录音控制”对话框。利用该对话框，按照上述方法进行音量调整。

（6）选择录音和播音设备：在“声音属性”对话框内各栏的“默认设备”列表框中，可以选择设备的名称。

3.2　截取屏幕图像

截取屏幕图像简称截图或抓图，指将计算机屏幕中显示的部分图像截取出来，再将截取出来的图像保存为某种图像文件，或复制到剪贴板内，再粘贴到需要的地方。制作有图像的 Word 和 PPT 等文档，以及制作多媒体课件时，常常需要将显示器中显示的图像抓取出来并复制到剪贴板内。常用的截取屏幕图像软件有“红蜻蜓抓图精灵”“FastStone Capture”（FSCapture）、屏幕截图工具（Greenshot）和“SnagIt”等。前三款软件都是免费软件，“FSCapture”软件还有录屏功能，“SnagIt”软件是功能强大的抓图和录屏软件，它们都有截图编辑器。在我国，使用较多的是“红蜻蜓抓图精灵”和“SnagIt”，本节介绍这两款软件的截图方法。

3.2.1　使用“红蜻蜓抓图精灵”软件截图

1．“红蜻蜓抓图精灵”软件的特点

“红蜻蜓抓图精灵”软件是一款免费的专业级屏幕截图软件，在我国使用率较高，最新版本是“红蜻蜓抓图精灵 2014 v2.25 build 1402”，可以在“PC6 下载”网站内下载。“红蜻蜓抓图精灵 2014 版”软件主要有以下特点。

（1）截图捕捉图像方式灵活，可以捕捉整个屏幕、活动窗口、选定区域、固定区域、选定控件及选定菜单等。

（2）截图图像的输出方式具有多样性，能输出到剪贴板、文件、画图和打印机等。

（3）新增加多显示器屏幕捕捉功能。多显示器环境下切换“输入”为“整个屏幕”时，将弹出屏幕选择菜单，可以设置捕捉任意一个主/副显示器的整个屏幕，还支持自动侦测捕捉主窗口所在的显示

器屏幕。

（4）修正了该软件原版本的一些 bug。在用户体验中心新增加用户福利专区，积分、特权等免费福利供用户领取。

（5）适用于 Windows XP 和 Windows 7、Windows 8 等操作系统，针对 Windows7/Windows8 操作系统，在“捕捉预览”窗口内，选择“工具”→“设置墙纸”命令，调出“设置墙纸”菜单，该菜单内新增了“适应”和“填充”两个命令，提供两种墙纸放置类型。

（6）在“红蜻蜓抓图精灵”网站“皮肤中心”提供了更多的精美图案，用来改变“红蜻蜓抓图精灵”软件的背景，优化网页捕捉功能，增强了打印页面设置等功能。

2．“红蜻蜓抓图精灵”软件的工作界面

（1）下载“红蜻蜓抓图精灵 2014 v2.25 build 1402”的压缩文件后，解压该文件，得到“RdfSnap.exe”的可执行文件 RdfSnap225_1402_Setup.exe。这是一个绿色软件，不用安装，可以直接执行该文件。右击该文档，调出它的快捷菜单，选择该菜单中的“发送到”→“桌面快捷方式”命令，在桌面创建一个“红蜻蜓抓图精灵 2014”软件的快捷方式，图标是一个红蜻蜓。

（2）双击“红蜻蜓抓图精灵”图标，调出“红蜻蜓抓图精灵 2014”软件的工作区（“实用工具”栏），如图 3-2-1（a）所示。下边有一行工具按钮，用来切换窗口的内容，如单击“高级”按钮，即可将“实用工具”栏切换到“高级”栏，如图 3-2-1（b）所示。选择菜单栏内的“选项”命令，调出“选项”菜单，选择其内的命令选项，也可以切换右下方栏内的内容。切换不同的选项，可以进行相应的软件参数设置。

（3）在图 3-2-1（a）所示的“实用工具”栏内提供了很多实用工具，单击其内的“屏幕取色”“记事本”等按钮，可以调出相应的 Windows 工具；在文本框内输入文字，单击其右边的按钮，可以调出相应窗口，完成相应操作。

图 3-2-1（b）所示的“高级”栏用来设置“红蜻蜓抓图精灵 2014”软件的默认参数。

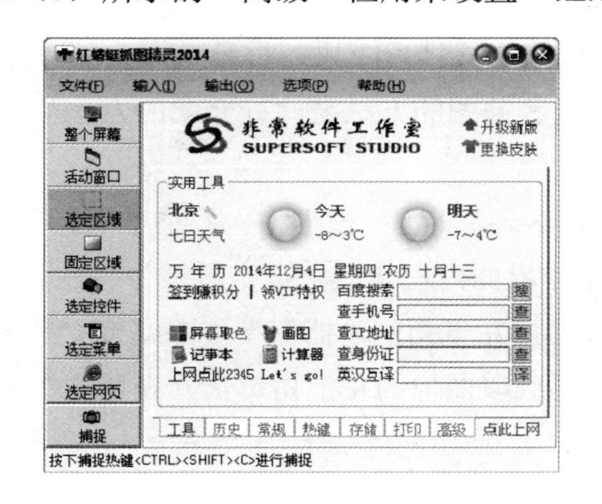

（a）

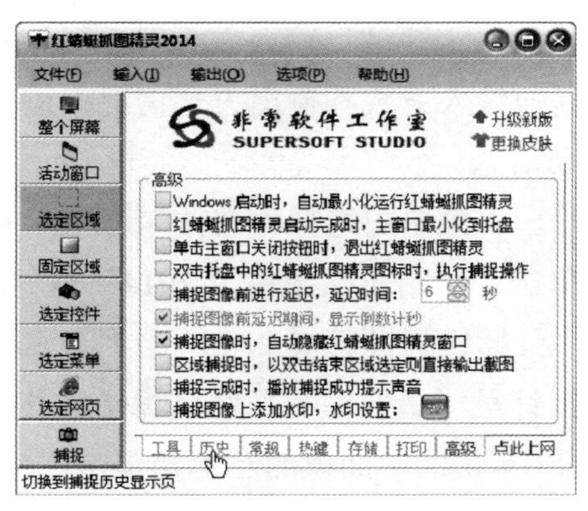

（b）

图 3-2-1 “红蜻蜓抓图精灵 2014”软件的工作界面

（4）工作区内左边一列按钮中上边的 6 个按钮用来确定屏幕捕捉的对象，单击其中一个按钮，即可设置相应的屏幕捕捉对象。单击“选定网页”按钮，可以调出“2345.com 网址导航”网站主页。单击“捕捉”按钮，即可开始捕捉指定的屏幕对象。

选择菜单栏内的“输入”命令，调出“输入”菜单，选择其内选项，也可以完成相应设置。选择其内的“包含光标”选项，该选项右边会显示一个对勾，表示截图时会将鼠标指针图像也截取出来。

（5）选择菜单栏内的“输出”命令，调出“输出”菜单，如图3-2-2所示。选择其内上边一栏内的选项，可以设置截图输出的位置；选择“预览窗口”选项，则表示会将截图输出到“红蜻蜓用户体验中心”窗口中。

（6）选择菜单栏内的“文件”命令，调出“文件”菜单。选择其内的“打开图像”命令，会调出“打开图像”对话框，默认文件夹就是保存上一次截图所在的文件夹。单击“文件”菜单内的“打开捕捉图像目录”命令，调出“资源管理器”窗口，默认目录是保存上一次截图所在的目录。选择“文件”菜单内的“最小化托盘”命令，可以将“红蜻蜓抓图精灵”软件移到Windows 7桌面下状态栏内的通知区域中。

（7）选择“文件”菜单内的“捕捉图像”命令或按Ctrl+Shift+C组合键，或者单击“红蜻蜓抓图精灵2014”软件工作界面内左下角的“捕捉”按钮，都可以开始捕捉图像。

（8）选择“帮助”命令，可以调出“红蜻蜓抓图精灵2014帮助”面板，如图3-2-3所示。利用该面板可以获得相应的帮助信息。

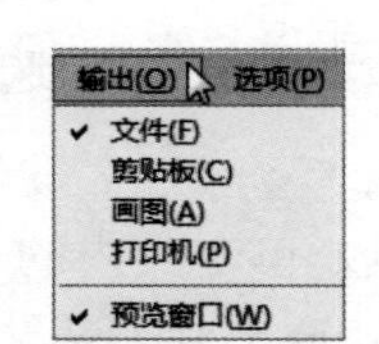

图3-2-2　“输出”菜单

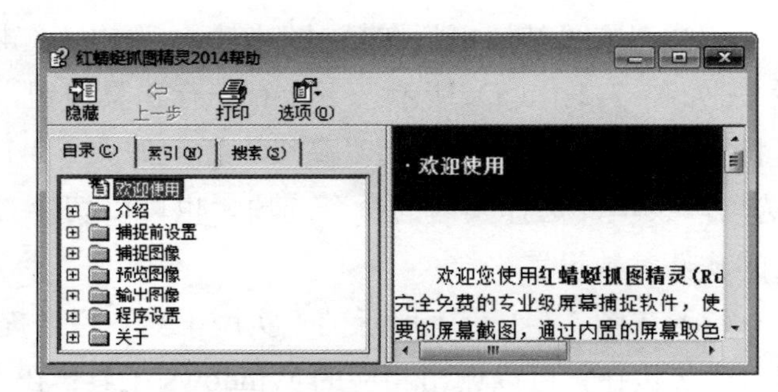

图3-2-3　“红蜻蜓抓图精灵2014帮助”面板

3．使用“红蜻蜓抓图精灵”软件截图的具体方法

下面以设置“选定区域”输入方式和“文件”输出方式情况下进行屏幕截图为例，介绍具体的操作方法。设置其他输入方式和输出方式情况下进行屏幕截图的方法与此处介绍的方法基本一样，可以参看相应的帮助信息。

（1）在“输出”菜单内选择“文件”选项，如图3-2-2所示；在“输入”菜单内选择“选定区域”选项，也可以单击“红蜻蜓抓图精灵2014”软件工作界面内左边的“选定区域”按钮。

（2）单击“红蜻蜓抓图精灵2014”软件工作界面内左下角的“捕捉”按钮或按Ctrl+Shift+C组合键，此时鼠标指针呈“十”字状，将鼠标指针移到要截取图像的左上角单击，在图3-2-3所示的“红蜻蜓抓图精灵2014帮助”面板的左上角单击。

（3）再将鼠标指针移到要截取图像的右下角单击，如“红蜻蜓抓图精灵2014帮助”面板的右下角单击，即可调出“红蜻蜓用户体验中心”窗口，同时显示出截取到的图像，此处为“红蜻蜓抓图精灵2014帮助”面板图像，如图3-2-4所示。

（4）使用左边“颜色”和“工具”栏内的工具来绘制、修改截取到的图像，使用左下角“属性：选区工具”栏内的工具可以在图像中创建不同大小和形状的选区，此时可以激活上边“工具”栏内的一些工具按钮，用来处理选区中的图像。

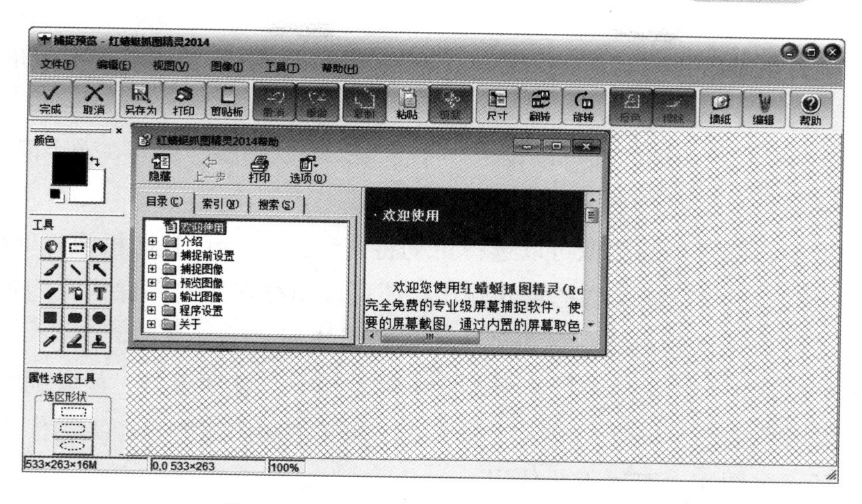

图 3-2-4 “红蜻蜓用户体验中心”窗口

（5）单击上边“工具”栏内的“编辑”按钮，调出“编辑”菜单，如图 3-2-5 所示。选择其内的“使用 Windows 画图编辑”命令，可以调出 Windows 的“画图”窗口，并在该窗口内显示出截取到的图像，利用“画图”软件加工该图像并保存。

（6）选择“编辑”菜单内的“设定外接图片编辑器”命令，调出“设定外接图片编辑器”对话框，如图 3-2-6 所示。单击“添加”按钮，利用该对话框可以设置截取图像保存的目录，设置外接图像处理软件可执行程序的路径和文件名称，如图 3-2-6 所示。

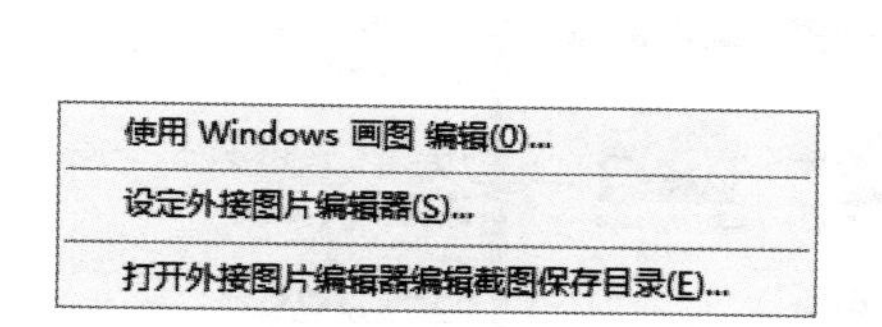

图 3-2-5 “编辑”菜单

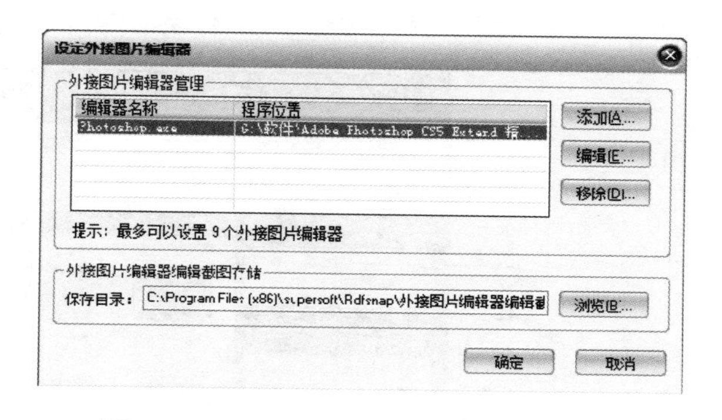

图 3-2-6 “设定外接图片编辑器”对话框

（7）单击“确定”按钮，关闭该对话框，在“编辑”菜单第 1 栏的下边添加设置的外接图片编辑软件的名称，再单击该名称即可调出设置的外接图片编辑软件。

（8）单击“红蜻蜓用户体验中心”窗口内左上角的“完成”按钮，即可调出“保存图像”对话框，默认前面设置的目录，利用该对话框可以将截取到的图像保存为图像文件。

3.2.2 使用汉化 SnagIt 软件截图

1. SnagIt 软件的特点

SnagIt 是一个很好的截取屏幕图像和录屏软件，基本能满足用户截取屏幕的所有要求，轻松地进行截图和录屏。SnagIt 具有以下 6 个特点。

（1）捕捉的种类多。SnagIt 软件具有“图像捕获”“文字捕获”“视频捕获”和“Web 捕获”4 种模式，在不同模式下可以捕获不同的对象。其不仅可以捕捉静止的图像，还能获得动态的图像和声音，也可以在选中的范围内只获取文本。另外，SnagIt 软件还可以录屏，将屏幕中显示的操作过程录制成视频。

（2）捕捉范围灵活。截图和录屏都可以设定一个区域，可以是整个屏幕、一个静止或活动的窗口、一个菜单等对象、用户自定义的一个区域（捕捉范围）或一个滚动页面。

（3）输出的类型多。截取到的图像可以选择自动将其送至 SnagIt 打印机或 Windows 剪贴板，可以直接用电子邮件发送，也可以以文件的形式输出，还可以将截取到的图像保存为各种格式的图像文件，将录屏保存为 AVI 格式的视频文件。另外，可以编辑成册。

（4）图像处理。SnagIt 软件还附带了一个图像编辑器和一个管理工具。截取到的图像可以在图像编辑器内进行修剪、颜色的简单处理、放大或缩小、添加文字和图案等，加工制作成漂亮且有特性的图像。网上还提供了许多图案，可以下载使用。

（5）可以自动扫描指定网址内的所有图片并将其下载，支持几乎所有常见的图片格式，也可以将整个网页保存为 Flash 或 PDF 格式，方便阅览。

（6）新版 SnagIt 软件还能嵌入 Word、PowerPoint 和 IE 浏览器等中。

目前 SnagIt 软件的最高版本为 SnagIt 11.0。本章介绍汉化的 SnagIt 10.0 软件的基本使用方法，其内容也适用于汉化的 SnagIt 9.0 和汉化的 SnagIt 11.0 软件。

2．SnagIt 软件的工作环境简介

调出汉化的 SnagIt 10.0 软件，即调出 SnagIt 10.0 软件的工作界面（简称 SnagIt 工作界面），如图 3-2-7 所示。下面简单介绍 SnagIt 工作界面的功能和特点。

图 3-2-7　汉化的 SnagIt 10.0 软件的工作界面

（1）单击该工作界面内右下角的“捕获模式”按钮，调出“捕获模式”菜单，如图 3-2-8 所示。选择“捕获”→“模式”命令，也可以调出类似图 3-2-8 所示的“捕获模式”菜单。选择该菜单内的“图像捕获”命令，可以切换到图像捕获模式状态；选择该菜单内的“文本捕获”命令，可以切换到文本捕获状态；选择该菜单内的“视频捕获”命令，可以切换到视频捕获状态；选择该菜单内的“Web 捕获”命令，可以切换到网络捕获状态。

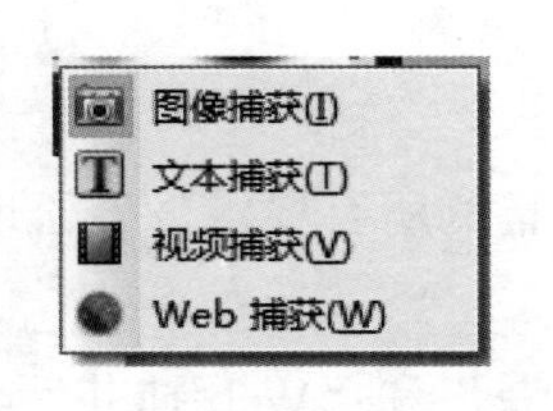

图 3-2-8　“捕获模式”菜单

（2）在 SnagIt 工作界面内右边“方案”栏的列表框中有一栏或更多栏，从上到下分别为“捕获”、“基本捕捉方案（来自版本 9）”和“其他捕捉方案（来自版本 9）”等，用来保存默认的几种捕捉方案和新设置的捕捉方案，拖曳列表框右边的滑块，可以显示不同栏内的各种捕捉方案按钮，后两栏如图 3-2-9 所示。在“方案”栏内，将鼠标指针移到按钮上，会显示一个文字显示框，其内显示该按钮对应捕捉方案的名称、捕获模式、输入和输出设置，以及是否包含鼠标指针等。单击其内的按钮，可以采用相应的捕捉方案。

（3）在“方案”栏的工具栏中，单击“方案列表视图”按钮，会在“方案”栏内以列表方式显示各捕捉方案，单击其内的按钮，可以展开该栏内的捕捉方案选项；单击其内的按钮，可以收起该栏内的捕捉方案选项，如图 3-2-10 所示。

图 3-2-9　“其他捕捉方案（来自版本 9）”栏

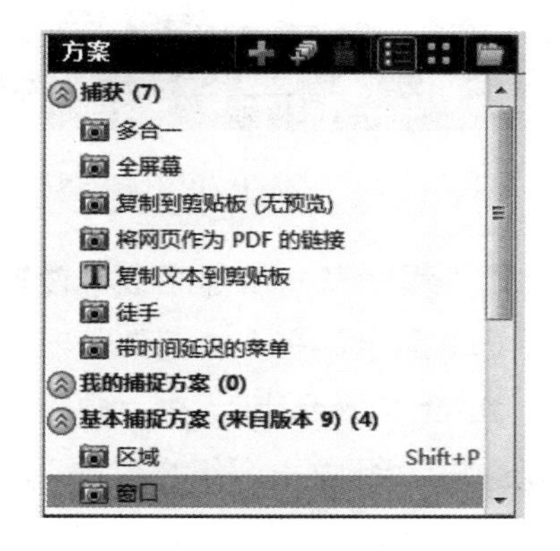

图 3-2-10　“方案”列表

（4）在“方案”栏的工具栏中，单击“方案缩略图视图”按钮，会在“方案”栏内以缩略图方式显示各捕捉方案。

（5）“相关任务”栏内提供了快速轻松访问的 5 个按钮，单击“转换图像”按钮，可以调出 SnagIt 自带的图像编辑器；单击“打开单击快捕”按钮，可以调出 SnagIt 自带的“OneClick”（一个单击）面板，单击该面板内的一个选项，可以采用这种方案的设置。“OneClick”面板会自动从画面的左边或上边移出画面；单击“设置 SnagIt 打印机”按钮，可以调出相应的对话框，用来安装 SnagIt 的打印机；单击“管理方案”按钮，可以调出“附件管理器”对话框，可以用该对话框添加外部附件。

（6）“快速启动”栏内提供了“SnagIt 编辑器”和“管理图像”按钮，单击“SnagIt 编辑器”按钮，可以调出 SnagIt 的图像编辑器，如图 3-2-11 所示。将鼠标指针移到“搜索面板”按钮，可以展开或收起搜索面板。在搜索面板内有 3 个标签，单击标签可以切换到相应的选项卡，以不同方式列出以前截图获得的图像。单击“日期”标签，切换到“日期”选项卡，如图 3-2-11 所示。单击按钮，可以展开其内的月、星期或日期；单击按钮，可以收起展开的月、星期或日期。单击其内月、星期或日期选项，即可在左边显示该日期内所有截图的图像缩略图。

（7）单击“快速启动”栏内的“管理图像”按钮，也可以调出 SnagIt 的图像编辑器，仅在搜索面板内自动切换到“文件夹”选项卡。

（8）单击工具栏内的“更改视图”按钮，收缩 SnagIt 工作界面，将主要工具放在工具栏内，然后将所有的命令放在菜单栏的 7 个主菜单中，使收缩的 SnagIt 工作界面具有 SnagIt 的所有功能。收缩的 SnagIt 工作界面占用的空间相对小很多。再单击收缩的 SnagIt 工作界面内的“更改视图”按钮，可以展开 SnagIt 的工作界面，回到原状态。

在收缩的 SnagIt 工作界面内，如图 3-2-12 所示，将鼠标指针移到工具栏的“工具”按钮上，会在下边的状态栏内显示相应的提示信息；将鼠标指针移到主菜单的命令上，也会在下边的状态栏内显示相应的提示信息。

图 3-2-11　SnagIt 的图像编辑器窗口

图 3-2-12　收缩的 SnagIt 工作界面

（9）选择“程序”→“程序参数设置”命令，调出“程序参数设置”对话框中的“热键”选项卡，如图 3-2-13（a）所示。在“热键”选项卡中可以进行 3 种热键的设置，主要是设置“全局捕获”热键，默认热键是 Print Screen 键。在“热键”选项卡下可以选择一个热键名称，设置热键，也可以选中一个或多个复选框，组成一个组合键作为热键。

在 SnagIt 工作界面内右边“方案”栏的列表框中，单击“基本捕捉方案（来自版本 9）”栏内的“区域”按钮，此时 SnagIt 工作界面内下边会显示“按 Shift+P 捕获”文字，表示按 Shift+P 组合键即可开始捕捉。选择其他方案后，在默认情况下，SnagIt 工作界面内下边会显示“按 Print Screen 捕获”文字，表示按 Print Screen 键即可开始捕捉。如果在图 3-2-13 所示“程序参数设置”对话框中的“热键”选项卡内，设置“全局捕获”的热键为 Ctrl+P 组合键，则默认的“按 Print Screen 捕获”文字会改为“按 Ctrl+P 捕获”，表示按 Ctrl+P 组合键可以开始按照选中的方案设置进行捕捉。此时，按 Shift+P 组合键，可以按照“区域”方案设置进行捕捉。

（10）单击“程序参数设置”对话框内的“程序选项”标签，切换到“程序选项”选项卡，如图 3-2-13（b）所示。利用该对话框中的“程序选项”选项卡可以进行 SnagIt 软件的很多重要设置。例如，取消选中“在捕获前隐藏 Snagit”复选框（默认是选中该复选框），可以在进行截图或录屏前自动将 SnagIt 工作界面隐藏。

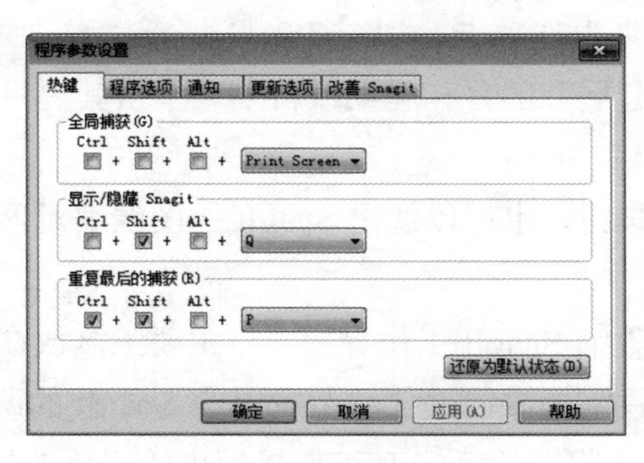

（a）“热键”选项卡

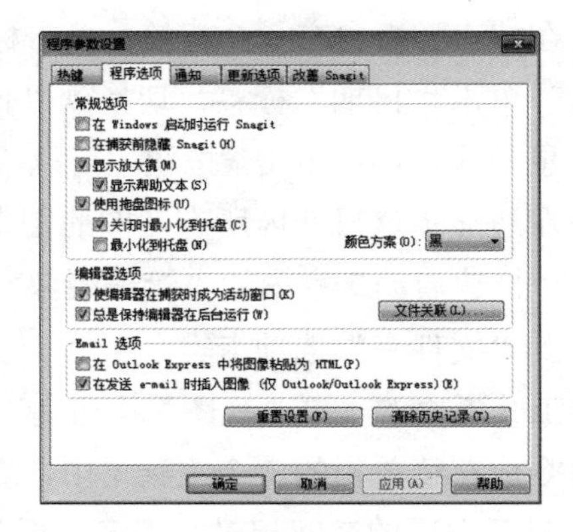

（b）“程序选项”选项卡

图 3-2-13　“程序参数设置”对话框

单击“确定”按钮，关闭“程序参数设置”对话框，完成设置。

3．截取窗口图像

SnagIt 软件的截图类型和方法很多，下面介绍截取 Flash CS6 软件工作界面窗口图像的方法。

（1）调出 Flash CS6 软件工作界面窗口。

（2）调出 SnagIt 工作界面，选择“查看”→“工具栏”命令，使 SnagIt 工作界面内显示出工具栏。单击工具栏内的“更改视图”按钮，收起 SnagIt 工作界面，如图 3-2-12 所示。

（3）在工具栏内，单击“图像捕获”按钮，设置采用截图模式。单击“在编辑器中预览”按钮，表示截图后的图像会在 SnagIt 软件自带的图像编辑器内显示。

（4）选择菜单栏内的“输入”命令，调出“输入”菜单，如图 3-2-14（a）所示，选择“输入”菜单中的“窗口”和“包含光标”选项。选择菜单栏内的“输出”命令，调出“输出”菜单，如图 3-2-14（b）所示，选择“输出”菜单中的“剪贴板”选项和“在编辑器中预览”选项。

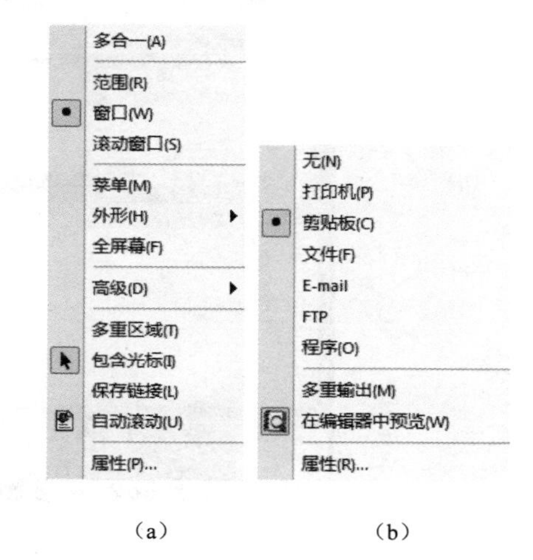

（a）　　（b）

图 3-2-14　“输入”和“输出”菜单

（5）选择“程序”→“程序参数设置”命令，调出“程序参数设置”对话框中的“热键”选项卡，如图 3-2-15 所示。在“全局捕获”栏内只选中“Shift”复选框，在下拉列表框中选中“P”字母，表示按 Shift+P 组合键即可开始截图，然后单击“确定”按钮。

（6）按 Shift+P 组合键或单击 SnagIt 工作界面内的“立即捕捉”按钮，将鼠标指针移到 Flash CS6 工作界面的上边缘处，当棕色矩形框将整个 Flash CS6 的工作界面框住时单击，即可调出 SnagIt 软件自带的图像编辑器，同时显示截取到的 Flash CS6 工作界面窗口图像，如图 3-2-16 所示。

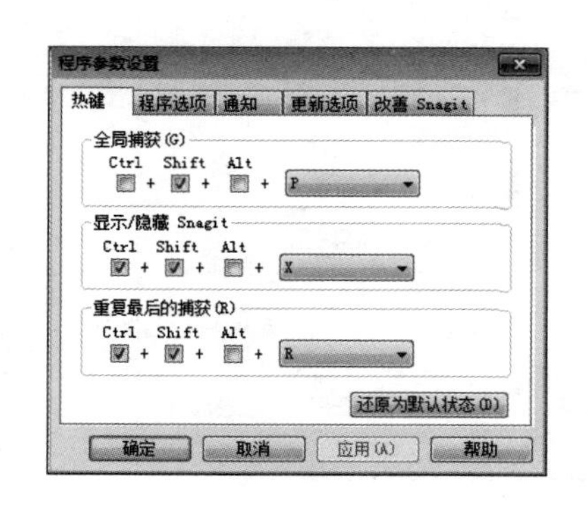

图 3-2-15　全局捕获的设置

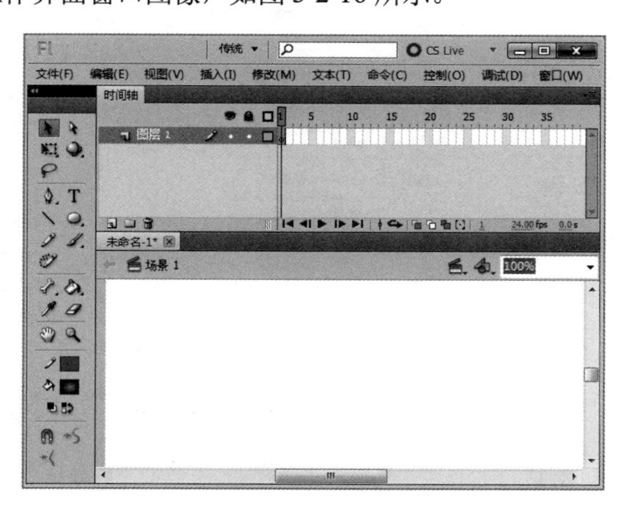

图 3-2-16　Flash CS6 的工作界面窗口

（7）按 Shift+P 组合键，鼠标指针呈“十”字状，从 Flash CS6 工作界面的左上角拖曳到 Flash CS6 工作界面的右下角，将整个 Flash CS6 的工作界面选中，即可调出 SnagIt 软件自带的图像编辑器，同时显示截取到的 Flash CS6 工作界面窗口图像，如图 3-2-17 所示。

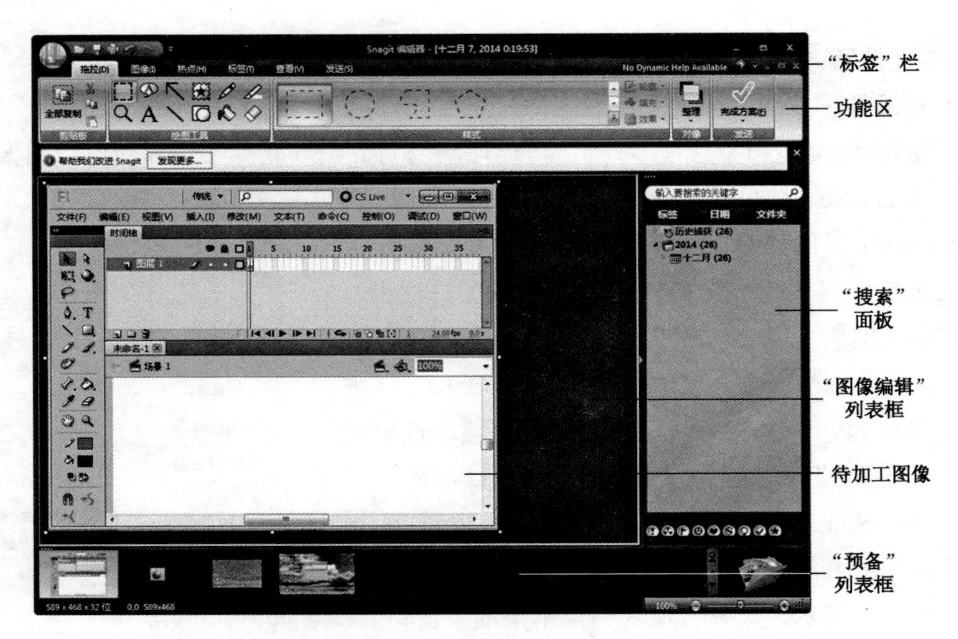

图 3-2-17　SnagIt 软件自带的图像编辑器内显示截取到的图像

（8）利用 SnagIt 软件自带的图像编辑器对截取到的 Flash CS6 工作界面窗口图像进行加工处理，添加文字和线条（具体参考下面的内容）。切换到“拖拉”选项卡，单击“剪贴板”组内的“全部复制”按钮，将图像复制到剪贴板内。切换到其他软件，如 Word，按 Ctrl+V 组合键，即可将剪贴板内的图像粘贴到光标处。另外，单击 SnagIt 工作界面左上角的按钮，调出其菜单，选择该菜单内的“另存为”命令，在弹出如图 3-2-18 所示的“另存为”对话框中选中要保存的文件夹，在“保存类型”中选中“JPG-JPEG 图像（*.jpg）”选项，再在“文件名”文本框中输入文件名“Flash 5 工作界面窗口.jpg”，最后单击“保存”按钮。

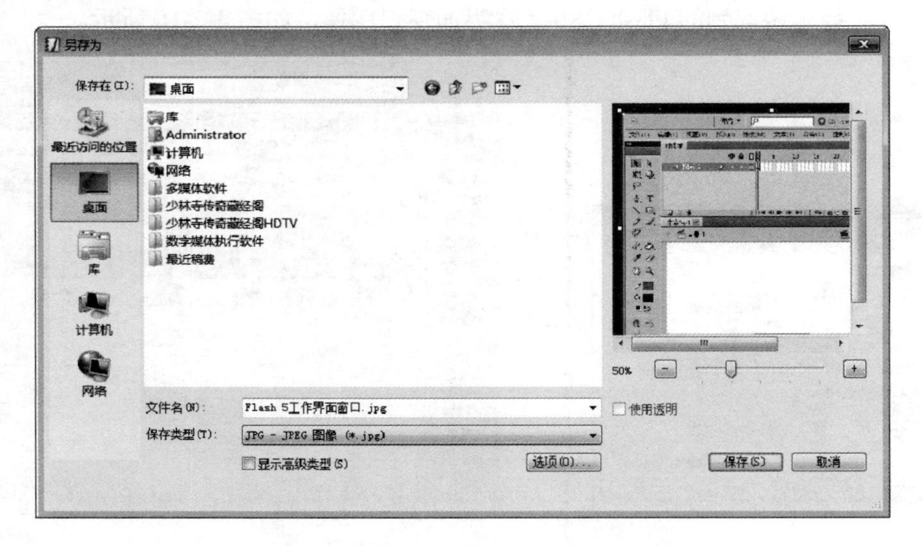

图 3-2-18　“另存为”对话框

4．使用 SnagIt 软件自带的图像编辑器编辑图像

SnagIt 软件自带的图像编辑器用来对截取到的图像或打开的外部图像进行简单的加工处理，对于一般的要求能够满足。操作方法介绍如下。

（1）在 SnagIt 软件图像编辑器内，单击下边“预备”列表框中要加工的图像，然后会在“图像编辑”列表框内显示出选中的图像。切换到“拖拉”选项卡，如图 3-2-17 所示。

（2）单击“绘图工具”组内的“选取”按钮，将鼠标指针移到图像右边缘中间方形控制柄处，当鼠标指针呈双箭头状时水平向右拖曳；将鼠标指针移到图像左边缘中间方形控制柄处，当鼠标指针呈双箭头状时水平向左拖曳。拖曳的结果是截取的图像两边增加，增宽部分为棋盘格，表示透明，用来输入文字。

（3）单击“绘图工具”组内的“填充”按钮，然后单击 “样式”组内最左边的“白色”图样，设置填充颜色为白色。单击棋盘格图像，将透明部分填充为白色。

（4）单击“绘图工具”组内的“文本”按钮，在右边的空白处拖曳，创建一个矩形文本框，同时调出文字设置的字体框，如图 3-2-19 所示。利用该字体框设置输入文字的字体、字号大小，是否加粗，排列、颜色是否要阴影和选择一种样式等。单击“样式”按钮，调出“样式”面板，如图 3-2-20 所示，选中其中的图案，即可应用该样式设置文字属性。

（5）按照图 3-2-19 所示，设置文字属性，再输入文字“标题栏”。可以按照相同的方法继续输入其他文字，也可以采用下述方法。

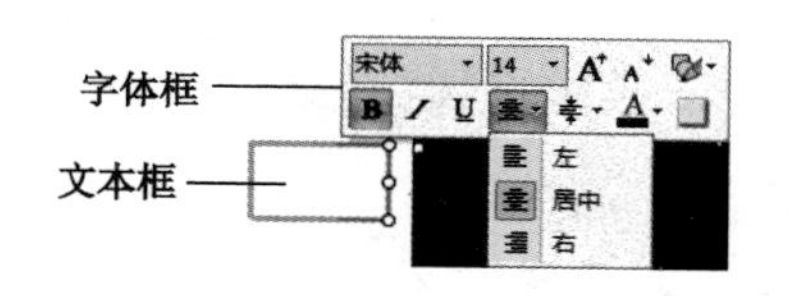

图 3-2-19　文本框和字体框

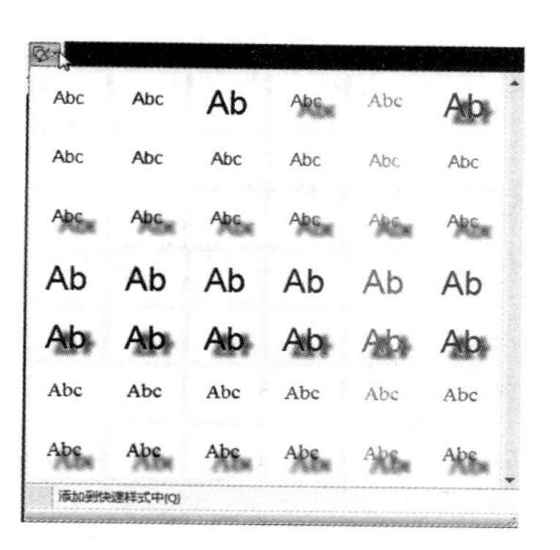

图 3-2-20　“样式”面板

（6）单击“绘图工具”组内的“选取”按钮，选中文本框及其内的文字“标题栏”，再多次单击“剪贴板”组内的“复制”按钮，复制多个“标题栏”文字和它的文本框，再将复制的文字移到不同位置。

（7）选中一个复制的“标题栏”文字，将选中的文字改为相应的其他文字。按照这种方法，将其他文字进行相应修改。

（8）单击“绘图工具”组内的“直线”按钮，再按住 Shift 键，在相应的位置上水平拖曳，绘制一条水平直线。按照相同的方法绘制其他水平直线，也可以采用上面介绍过的复制、粘贴的方法来绘制其他水平直线。最后的效果如图 3-2-21 所示。

录屏就是录制屏幕显示的操作过程。为了制作多媒体程序，常常需要将使用软件的操作过程录制下来，生成一个 AVI 格式的视频文件、SWF 格式的动画文件，以备在制作多媒体程序时使用。另外，也可以生成一个 EXE 格式的可执行视频文件，可以直接执行该文件来演示操作过程，还可以将一个视频文件的播放过程录制下来，以备以后再次观看。常用的录屏软件有“录屏大师”“SnagIt”“屏幕录像专家”和“Camtasia Studio”等。

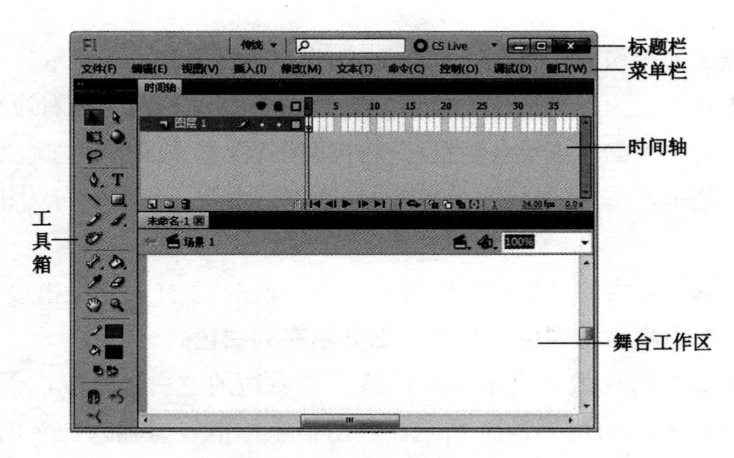

图 3-2-21　截取图像的加工效果

3.3　录　　屏

3.3.1　使用“录屏大师”软件录屏

1.“录屏大师”软件的特点

录屏大师是一款免费的国产简体中文绿色录屏软件，其不需要安装和注册就可以使用。录屏大师的主要特点如下。

（1）操作简单，使用方便，可以按照向导提示进行操作，操作步骤少。

（2）软件很小，压缩文件包不到 800KB。

（3）可以记录计算机桌面上的一切操作，保存为 EXE 格式的视频文件。

（4）没有任何限制，输出的视频画面质量较高，播放流畅。

（5）有高彩、低彩和灰度三种视频质量模式供选择，相应地这三种视频质量模式所生成的视频文件大小也是不一样的，高彩模式下生成的视频文件最大，灰度模式下生成的视频文件最小。

（6）录屏大师软件可以在 Windows XP、Windows 7、Windows 8 和 Windows 10 等操作系统下运行。

2. 使用“录屏大师”软件录屏的具体方法

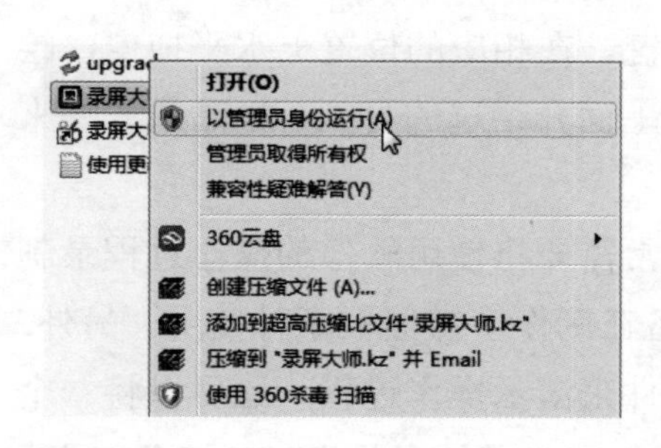

图 3-3-1　在 Windows 8 系统下运行“录屏大师”软件的设置

（1）下载“录屏大师”的压缩文件并解压，得到名称为“录屏大师”的文件夹，该文件夹内有“录屏大师.exe”等文件。

（2）录屏大师软件采用自解压安装模式，在 Windows XP 或 Windows 7 操作系统下都可以正常安装。如果计算机的操作系统是 Windows 8，则无法直接安装。由于 Windows 8 操作系统对权限的要求高，如果遇到无法安装的情况，可以右击“录屏大师.exe”可执行文件的图标，调出其快捷菜单，如图 3-3-1 所示。选择该菜单内“以管理员身份运行”命令，即可以管理员身份运行“录屏大师”软件的安装包，从而完成软件的安装。

（3）右击该文档，调出其快捷菜单，选择其内的“发送到”→“桌面快捷方式”命令，即可在桌面创建“录屏大师”软件的快捷方式，它的名称为“录屏大师”。

（4）双击“录屏大师”软件的快捷方式图标，调出“录屏大师 v3.1 宽屏版”对话框，简称“录屏大师”对话框，如图 3-3-2 所示。该对话框内中间的显示区域是计算机桌面的画面。如果改变了桌面内容（使要录屏的软件或视频等画面在桌面中间显示），则可以单击“刷新画面”按钮，“录屏大师”对话框显示区域内的画面随之改变。

图 3-3-2 “录屏大师”对话框步骤 1

（5）用鼠标拖曳出一个矩形，将要录屏的范围选定。单击“下一步”按钮，“录屏大师”对话框切换到如图 3-3-3 所示。利用该对话框可以设置录屏获得的视频画面质量、视频的帧速率，以及确定是否同步录制声音，如录制解说词或添加背景音乐。

（6）单击“下一步”按钮，“录屏大师”对话框切换到如图 3-3-4 所示。在该对话框中提示按 F10 键可以停止录制。

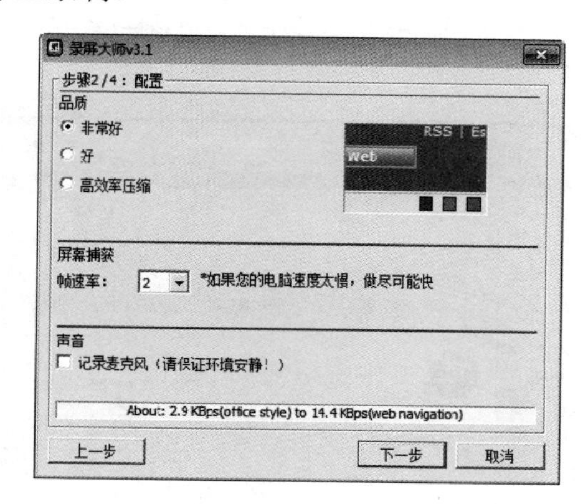

图 3-3-3 “录屏大师”对话框步骤 2

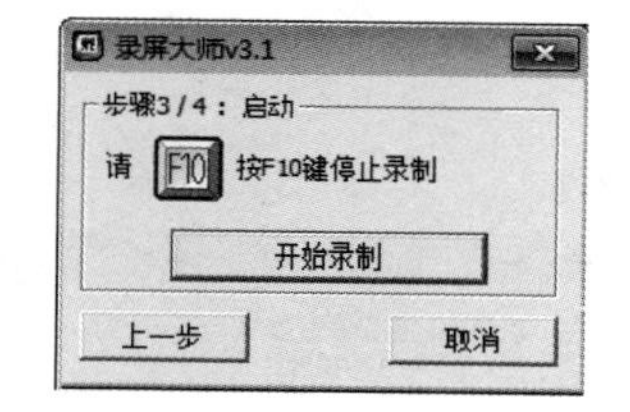

图 3-3-4 “录屏大师”对话框步骤 3

（7）单击“开始录制”按钮，即可开始录屏。

（8）进行要录屏界面内的软件操作或视频播放。录制完毕后，按 F10 键停止录制，调出“录屏大师”对话框，如图 3-3-5 所示。其内显示录制视频的总时长、视频大小、视频帧数和播放速度。在“视频标题”文本框内输入视频的标题文字，如“小球移动 1”；在“视频描述”文本框内输入有关视频描述的文字。

（9）单击该对话框内的“浏览”按钮，调出“另存为”对话框，选择保存录制的视频文件的文件

夹，如选择“桌面”；在“文件名”文本框内输入录制的视频文件的名称，如“视频 1”，默认的扩展名为“.exe”，如图 3-3-6 所示。

（10）单击“另存为”对话框中的“保存”按钮，将录制好的视频以给定的名称（如“视频 1.exe”）保存在指定的文件夹内，同时关闭“另存为”对话框。

（11）单击“录屏大师”对话框中的“播放设置”按钮，调出“播放设置”对话框，如图 3-3-7 所示，在该对话框内选中“以最小化窗口开始播放”或“以 1∶1 比例开始播放”选项，选中后单击“确定”按钮。

单击“录屏大师”对话框中的“预览视频”按钮，调出“录屏大师播放器”面板，其中的标题文字为“录屏大师播放器”。

（12）关闭“录屏大师播放器”面板。双击保存的扩展名为 EXE 的视频可执行文件，也会调出“录屏大师播放器”面板，其中的标题文字为“小球移动 1”，如图 3-3-8 所示。

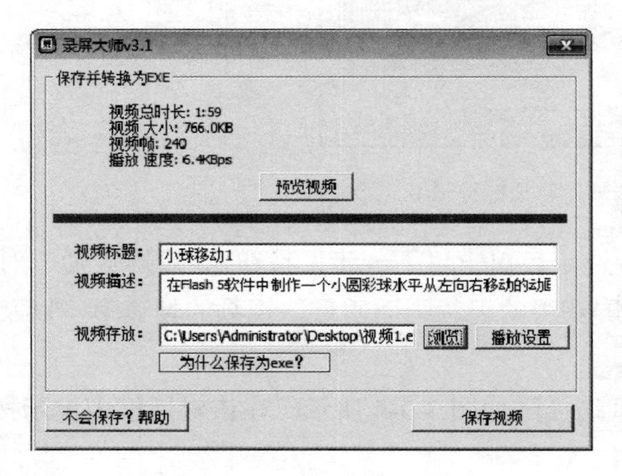

图 3-3-5　“录屏大师”对话框

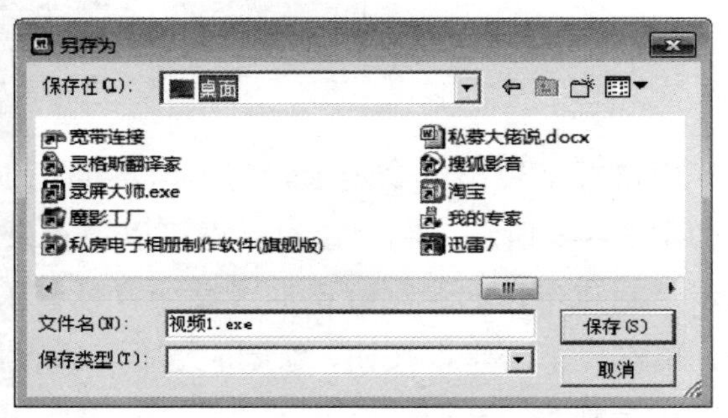

图 3-3-6　“另存为”对话框

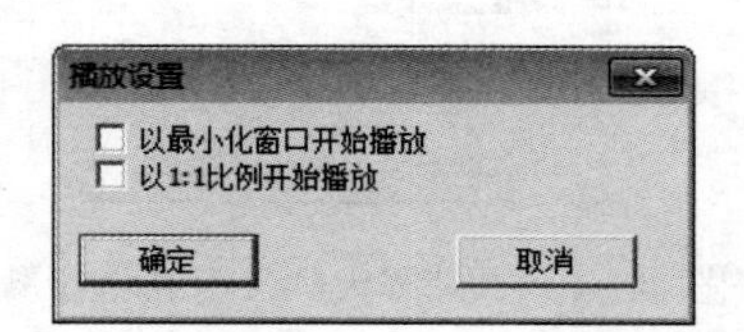

图 3-3-7　“播放设置”对话框

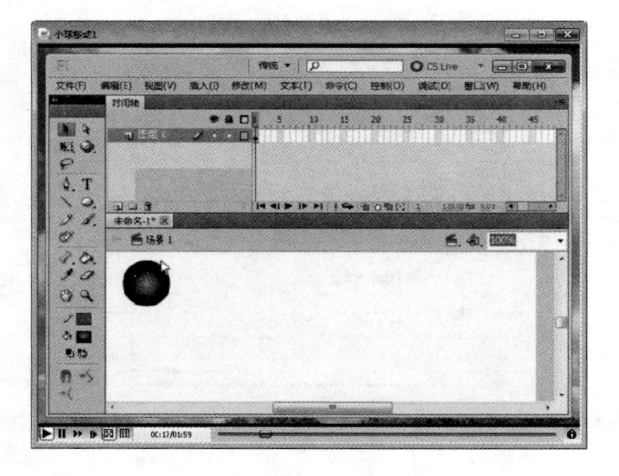

图 3-3-8　“录屏大师播放器”面板

（13）“录屏大师播放器”面板内左下边的一组按钮从左到右依次是“播放”、“暂停”、“快速播放”、“慢速播放”、“任意大小”和“原大小”。按钮右边显示已经播放视频的时间和视频总时间，再右边的滑块指示播放的进度，单击滑槽某点，可以将滑块移到该处，即可调整视频播放的位置。

3.3.2 使用汉化 SnagIt 软件录屏

1．“视频捕获”和“图像捕获”模式的区别

SnagIt 软件录屏设置和截屏设置的方法基本一样，下面将不同点介绍如下。

（1）从选择了“图像捕获”模式后的“方案设置”栏（图 3-2-7）与选择了“视频捕获”模式后的“方案设置”栏（图 3-3-9）中可以看到，“选项”栏内第 2 行第 1、2 个按钮变为无效，第 3 个“录制音频”按钮变为有效，单击“录制音频”按钮后，可以在录屏的同时进行录音。

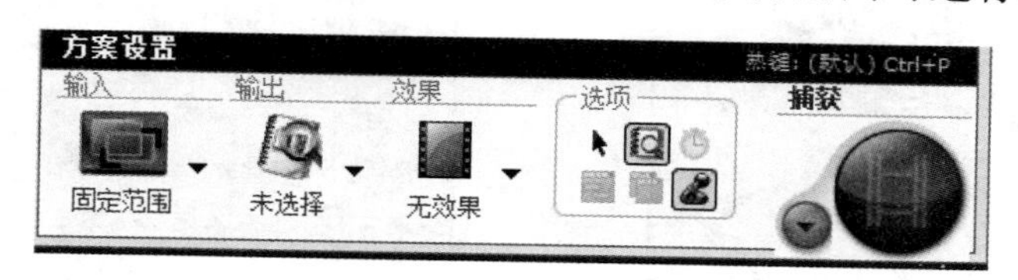

图 3-3-9　“视频捕获”模式下的“方案设置”栏

（2）选择了“视频捕获”模式后，“方案设置”栏内“效果”按钮的图标发生改变。选择菜单栏内的“效果”命令，调出“效果”菜单，其内只剩下一个“标题”命令。

（3）选择了“视频捕获”模式后，选择菜单栏内的“输入”命令，调出“输入”菜单，再选择菜单栏内的“输出”命令，调出“输出”菜单，如图 3-3-10 所示。选择了“图像捕获”模式后，选择菜单栏内的“输入”命令，调出“输入”菜单，再选择菜单栏内的“输出”命令，调出“输出”菜单，如图 3-3-11 所示。可以看到“视频捕获”模式下的“输出”菜单和“图像捕获”模式下的“输出”菜单都有一些变化。

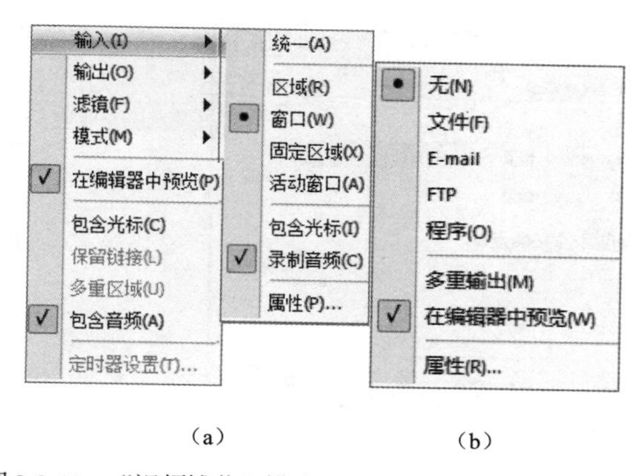

（a）　（b）

图 3-3-10　“视频捕获”模式下的“输入”和“输出”菜单

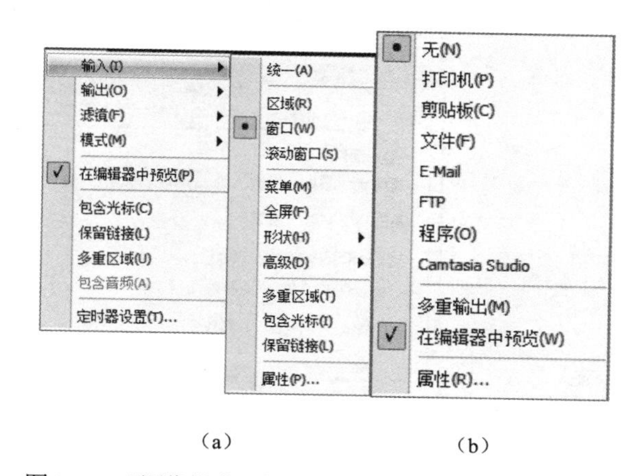

（a）　（b）

图 3-3-11 “图像捕获”模式下的“输入”和“输出”菜单

（4）在“方案设置”栏中，单击“输入”按钮，调出的“输入”菜单与图 3-3-10（a）或图 3-3-11（a）基本类似；单击“输出”按钮，调出的“输出”菜单与图 3-3-10（b）或图 3-3-11（b）基本类似。

2．设置和保存新捕捉方案

SnagIt 软件工作界面“方案设置”栏中提供了多种设置方案，可以删除和修改已有的方案，也可以新建其他方案；可以将新建的方案保存，也可以导入外部保存的方案。新建一个捕捉方案并将其保存的方法如下。

（1）新建一个方案：单击“方案”栏内工具栏中的“使用向导创建方案”按钮，调出“添加新方案向导”对话框，单击左边的图标，设置相应的捕获模式，此处单击“视频捕获”按钮，设置“视频捕获”模式，如图 3-3-12 所示。

（2）单击“下一步”按钮，调出“选择输入”对话框，如图 3-3-13 所示。利用该对话框可以设置“输入”属性，默认选中“范围”输入。

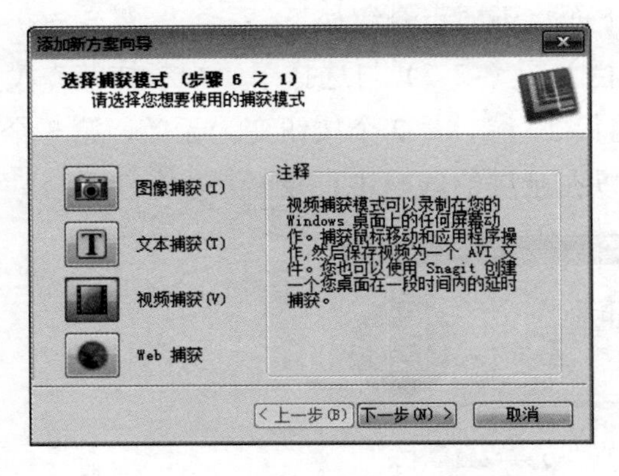

图 3-3-12　“添加新方案向导”对话框

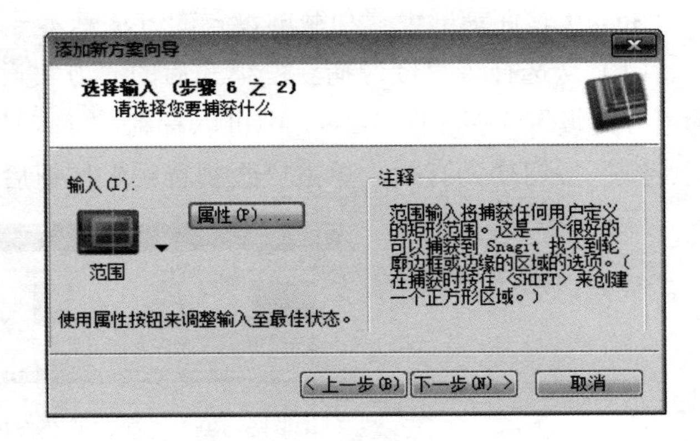

图 3-3-13　“选择输入”对话框

（3）单击“输入”按钮，调出“输入”菜单，设置输入属性，此处选中“窗口”选项。

（4）单击“选择输入”对话框内的“属性”按钮，调出“输入属性”对话框，选择“固定区域”选项卡，如图 3-3-14（a）所示。利用该对话框可以精确确定选择矩形框的宽度和高度，选中“使用固定的启始点”复选框，可以精确确定选择矩形框左上角的坐标位置。单击“选择区域”按钮，鼠标指针变为“十”字形状，选中录屏的矩形范围，如中文 Flash CS6 的工作界面，然后自动回到“输入属性”对话框中的“固定区域”选项卡，如图 3-3-14（b）所示，可以看到其内各文本框中的数值都发生了变化，给出了新设置的录屏范围的宽度和高度，以及矩形左上角（启始点）的坐标值。

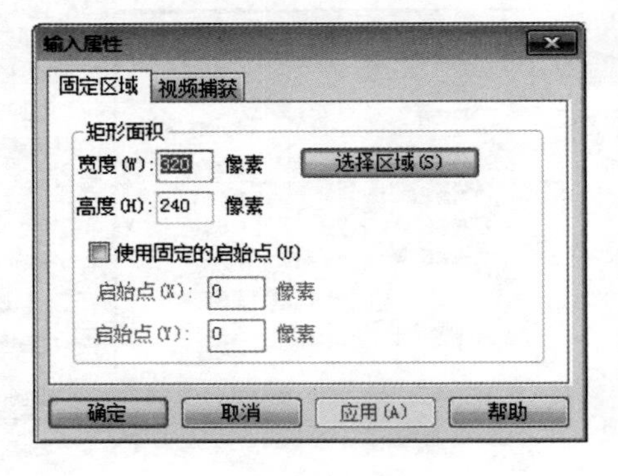

（a）

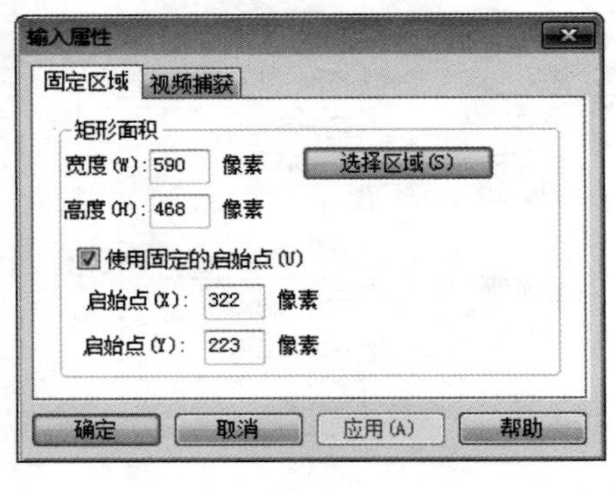

（b）

图 3-3-14　“输入属性”对话框

（5）在“输入属性”对话框内切换到“视频捕获”选项卡，如图 3-3-15 所示，利用“输入属性”对话框中的“视频捕获”选项卡可以设置录制视频的一些属性，以及临时捕获文件目录。单击按钮，可以调出“浏览文件夹”对话框，利用该对话框可以选择录屏中存放临时文件的文件夹。

（6）单击该对话框内的“确定”按钮，关闭“输入属性”对话框，调出“选择输出”对话框，如图 3-3-16 所示。单击“下一步”按钮，调出“输出”菜单，用来设置输出属性，如选中“在编辑器中预览”选项。

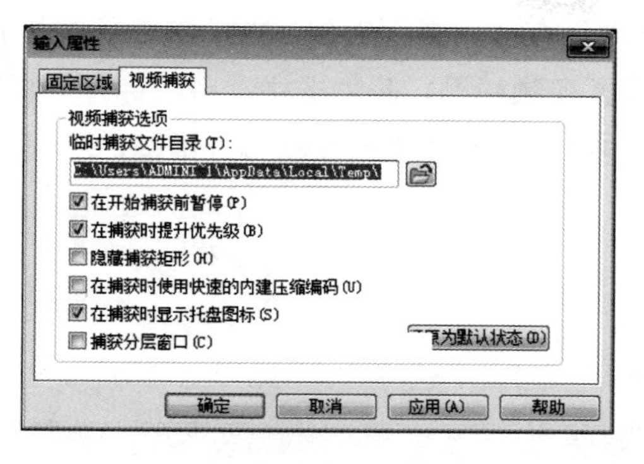

图 3-3-15 “视频捕获”选项卡

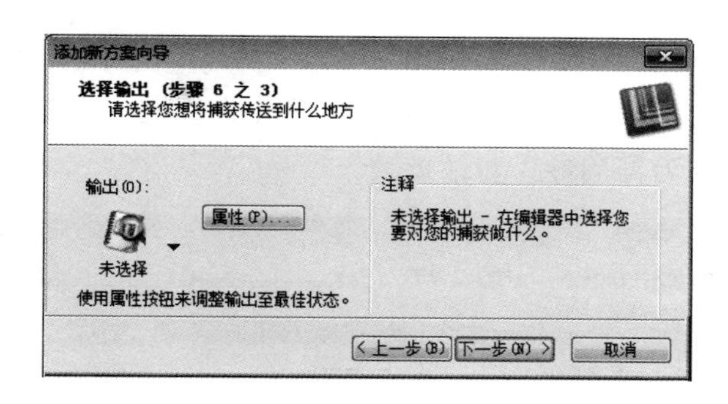

图 3-3-16 “选择输出”对话框

（7）单击“选择输出”对话框内的“属性”按钮，调出“输出属性”对话框，选择“视频文件”选项卡，如图 3-3-17 所示。利用“视频文件”选项卡可以设置视频的文件名和使用的文件夹，以及音频的属性等。单击按钮，可以调出“浏览文件夹”对话框，如图 3-3-18 所示，利用该对话框可以选择录屏中存放文件的文件夹。单击“确定”按钮，完成设置，关闭该对话框，并返回到如图 3-3-17 所示的对话框，此时按钮左边下拉列表框中的路径已经改变。

图 3-3-17 “视频文件”选项卡

图 3-3-18 “浏览文件夹”对话框

（8）切换到“程序”选项卡，如图 3-3-19 所示。在“请选择要输出的程序”列表框中选择一个视频播放软件，如果没有需要的视频播放软件，则可以利用该列表框右边的按钮添加、编辑和移除该列表框内的视频播放软件。

（9）单击“选项”按钮，调出“自动命名文件”对话框，在“文件名构成”列表框中选中“前缀”选项，在“前缀文本”文本框内输入前缀字符，如“SHPI”，再单击“插入”按钮，可使文件名以“前缀”开始；再在“文件名构成”列表框中选中“自动编号”选项，在“数字编号”数字框内选择“2”，表示自动编号数字为 2 位；在“启始编号”数字框内选择“1”，表示自动编号从 1 开始；最后单击“插入”按钮。此时的“自动命名文件”对话框如图 3-3-20 所示。

（10）单击该对话框内的“确定”按钮，返回到“输出属性”对话框中的“程序”选项卡，再单击“确定”按钮，关闭“输出属性”对话框，返回到如图 3-3-16 所示的“选择输出”对话框。

（11）单击该对话框内的“下一步”按钮，进入“选择选项”对话框，如图 3-3-21 所示。选择该对话框中的“包含光标”“开启预览窗口”“录制音频”3 个选项，表示录屏中包含鼠标指针、录屏后开启预览窗口、录屏的同时录制音频。

（12）单击该对话框内的“下一步”按钮，进入下一个“添加新方案向导”对话框，其内只有一个“滤镜”按钮，单击该按钮，调出它的下拉列表框，其内只有“标题”命令。选择该命令，调出“视频标题”对话框，如图 3-3-22 所示。在该对话框中可以设置视频标题，此处选中“启用标题”复选框，在文本框中输入“选区录屏 1”作为标题。单击“确定”按钮，关闭“视频标题”对话框，返回到“添加新方案向导”对话框。

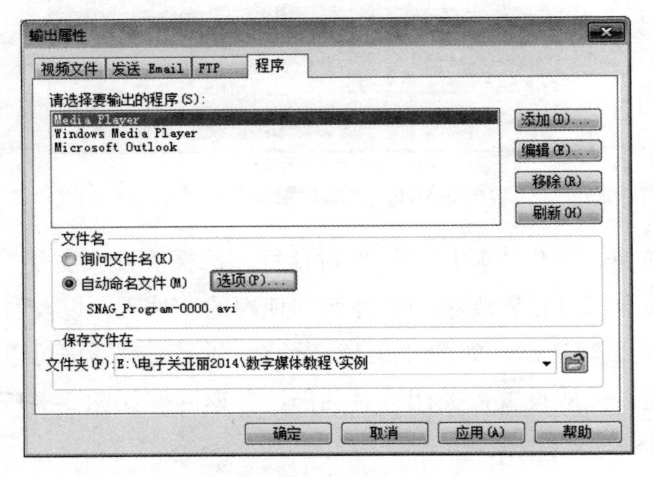

图 3-3-19 “程序”选项卡

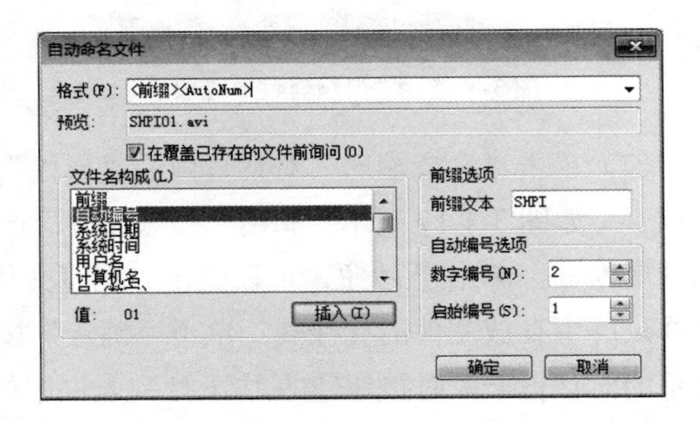

图 3-3-20 “自动命名文件”对话框

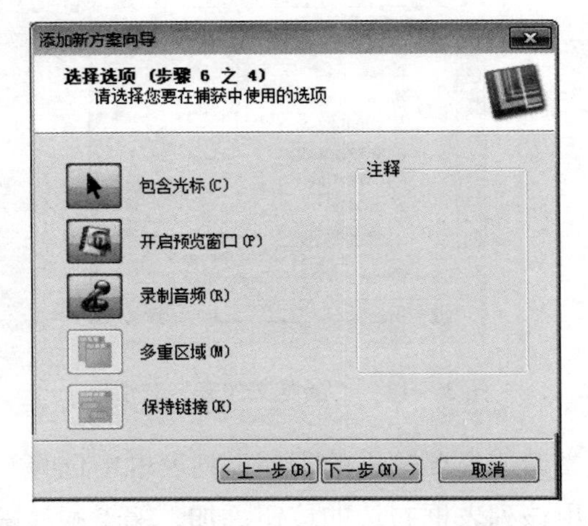

图 3-3-21 “选择选项”对话框

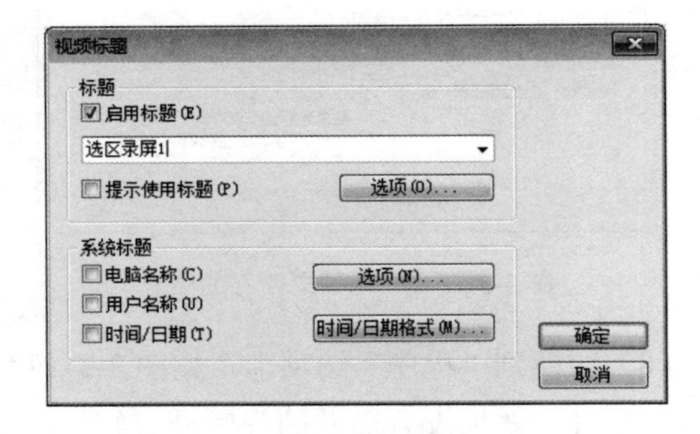

图 3-3-22 “视频标题”对话框

（13）单击该对话框内的“下一步”按钮，进入“保存新方案”对话框，如图 3-3-23 所示（还没有设置）。单击“添加组”按钮，调出“添加新组”对话框，在该对话框内的文本框中输入新组的名称，如“录屏”，如图 3-3-24 所示。单击“确定”按钮，返回到“保存新方案”对话框，在其内列表框中增加了“录屏”组。

（14）在“名称”文本框中输入方案的名称，如“区域 2”；再设置热键为 Ctrl+Shift+P 组合键，如图 3-3-23 所示。单击“完成”按钮，关闭“保存新方案”对话框。此时，可以看到在 SnagIt 软件工作界面“方案设置”栏中增加了一个“录屏”组，其内有一个名称为“区域 2”的方案按钮。

（15）单击“保存当前的方案设置”按钮，将当前方案设置保存。

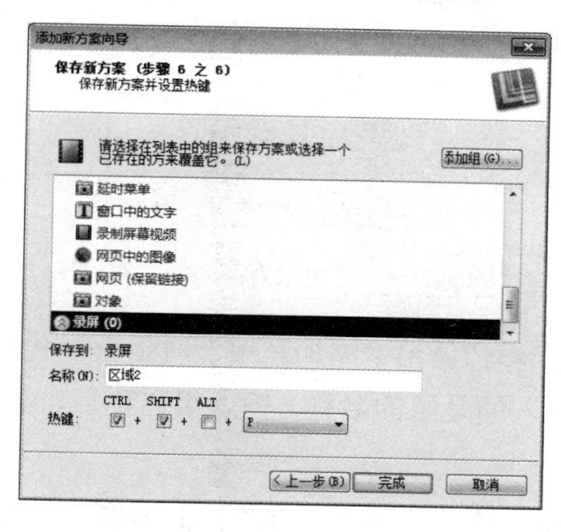

图 3-3-23 “保存新方案”对话框

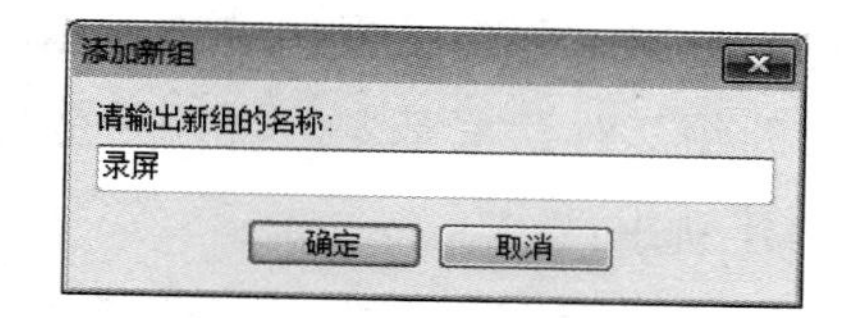

图 3-3-24 “添加新组”对话框

3．方案管理

方案管理主要包括对方案的删除、修改、导入和导出等。简介如下。

（1）在 SnagIt 工作界面内左边“相关任务”栏内，单击“管理方案”按钮，调出“管理方案”对话框，如图 3-3-25 所示。

（2）拖曳该对话框内左边“方案”列表框中的滑块，可以浏览“方案”列表框中的所有方案选项，其中包含前面创建的“录屏”组和其内的“区域 2”设置方案，如图 3-3-23 所示。选中其内的不同选项，就可以选中该捕捉设置方案，此处选中“区域 2”方案，对话框内右边会显示出这种方案设置的一些属性，如图 3-2-25 所示。

（3）在左边的“方案”列表框内选中要编辑的方案选项，单击工具栏内的“上移”按钮，可使选中的方案选项上移一行，不受组的限制；单击工具栏内的“下移”按钮，可使选中的方案选项下移一行，不受组的限制；单击工具栏内的“移动到组”按钮，可以调出“移动方案到组”对话框，在该对话框内的列表框中选中要移到的组名称，如图 3-3-26 所示，单击“确定”按钮，即可将选中的方案选项移到指定的组内最上边。

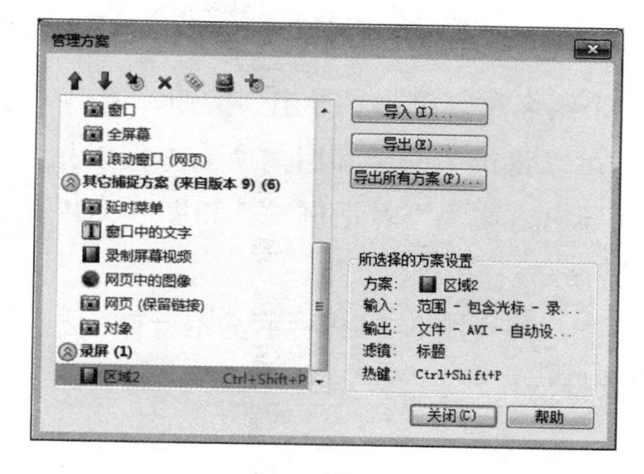

图 3-3-25 “管理方案”对话框

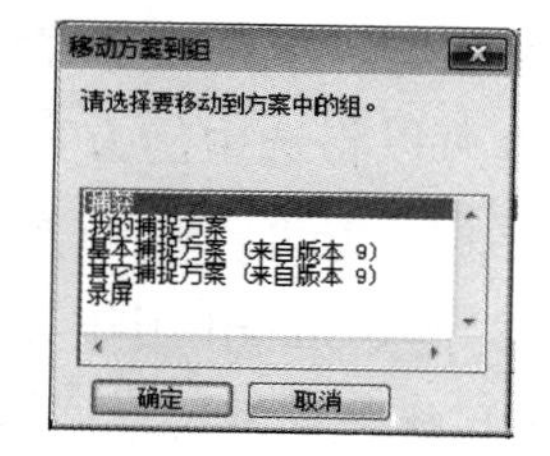

图 3-3-26 “移动方案到组”对话框

（4）在“管理方案”对话框内单击“删除”按钮，可以将选中的方案选项或组（在选中组名称的情况下）删除；单击“重命名”按钮，调出“重命名方案”对话框，如图 3-3-27 所示，在该对话框内的文本框中可以输入新名称，再单击“确定”按钮，即可将选中的方案选项更名。

（5）在“管理方案”对话框内单击“设置热键”按钮，调出“更改方案热键”对话框，如

图3-3-28所示。在该对话框内设置热键，单击“确定”按钮，即可更改热键。

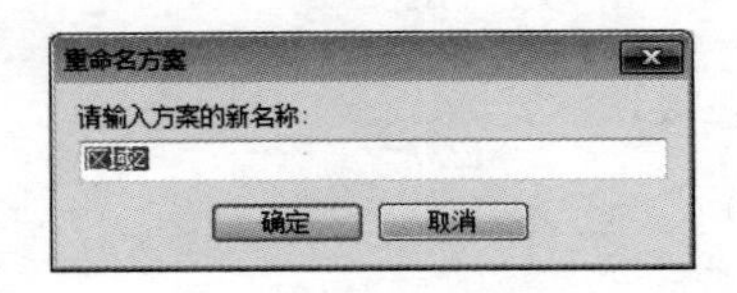

图3-3-27 “重命名方案”对话框

图3-3-28 “更改方案热键”对话框

（6）在“管理方案”对话框内单击“添加组”按钮，调出“添加新组”对话框，其和图3-3-24所示的“添加新组”对话框基本一样，只是文本框内输入的是组的名称。输入组名称后，单击“确定”按钮，即可创建新组。

（7）单击“管理方案”对话框内的“导出所有方案”按钮，调出“导出所有方案为”对话框，如图3-3-29所示。此处设置保存在名称为“方案”的文件夹中，以后无论是导入还是导出方案，调出对话框的默认文件夹都是“方案”文件夹。在“文件名”文本框内默认“所有方案.snagprof”，单击“导出”按钮，即可将“方案”栏内的所有方案保存在“所有方案.snagprof”文件中，保存过程中会显示“导出方案进程”提示框，如图3-3-30所示。

图3-3-29 “导出所有方案为”对话框

图3-3-30 “导出方案进程”提示框

（8）在“管理方案”对话框“方案”栏内选中一个组名称，单击“导出”按钮，调出“导出组为”对话框，其和图3-3-29所示基本一样，利用该对话框可以将选中的组和组内所有方案以指定的名称保存。选中一个方案名称，单击“导出”按钮，调出“导出方案为”对话框，其和图3-3-29所示基本一样，利用该对话框可以将选中的方案以指定的名称保存。

（9）单击“导入”按钮，调出“导入方案”对话框，其和图3-3-29所示基本一样，利用该对话框可以将选中的方案导入SnagIt工作界面“方案”列表框内。

4．使用SnagIt软件录屏

（1）调出要录屏的软件（如中文Flash CS6），用鼠标拖曳其边缘，调整其窗口大小，使操作中调出的对话框均可以在该窗口内显示出来。窗口不宜过大，窗口太大时，所生成的文件也会过大。

（2）调出中文SnagIt 10.0软件，选择其内的“捕捉”→“模式”→“视频捕捉”命令，调出“切换捕捉”提示框，单击“确定”按钮，即可设置为“视频捕捉”模式。

（3）在SnagIt工作界面左边“相关任务”栏内，选中“录屏”组内的“区域2”方案，该方案设置的模式为“视频捕捉”，输入属性设置为“区域”，输出属性设置为“文件”，热键为“Ctrl+Shift+P”。

（4）选择“程序”→“程序参数设置”命令，调出“程序参数设置”对话框，切换到“程序选项”选项卡，取消选中“在捕获前隐藏 Snagit”复选框，如图 3-2-13（b）所示。单击“确定”按钮，关闭“程序参数设置”对话框。

（5）单击“捕获”按钮或按 Ctrl+Shift+P 组合键，鼠标指针呈“十”字状，拖曳选中中文 Flash CS6 工作界面区域，此时调出“Snagit 标题”对话框，如图 3-3-31 所示。在该对话框内的文本框中输入“选区录屏 1”，再单击“确定”按钮，调出“Snagit 视频捕捉”对话框，如图 3-3-32 所示。

（6）在“Snagit 视频捕捉”对话框内的“捕捉统计信息”栏显示“捕捉帧”“文件大小”“视频长度”等信息，此时都为 0；在“捕捉属性”栏显示“框架大小（像素）”“|帧率”“录制音频”等参数信息；在该对话框内的下边文本框中提示按 Shift+P 组合键可以停止视频的捕捉。

图 3-3-31 “Snagit 标题”对话框

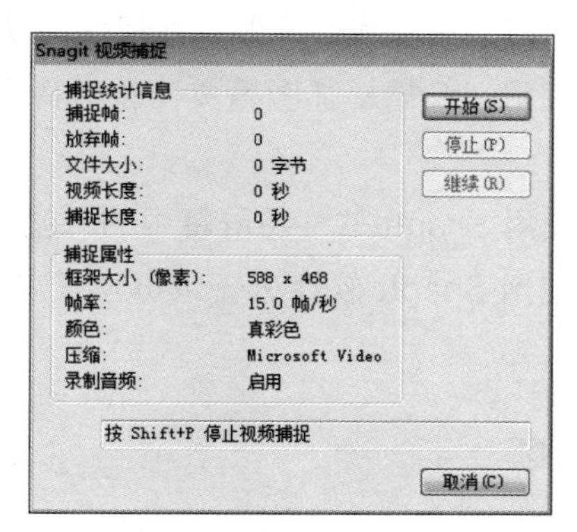

图 3-3-32 “Snagit 视频捕捉”对话框

（7）单击“Snagit 视频捕捉”对话框内的“开始”按钮，即可开始录制选定范围内的动态画面，包括鼠标指针的移动等。录制完后，按 Shift+P 组合键停止视频捕捉。同时调出“Snagit 视频捕捉”对话框，如图 3-3-33 所示；调出“Snagit 视频播放器”窗口，并在其内打开录制的视频，如图 3-3-34 所示。

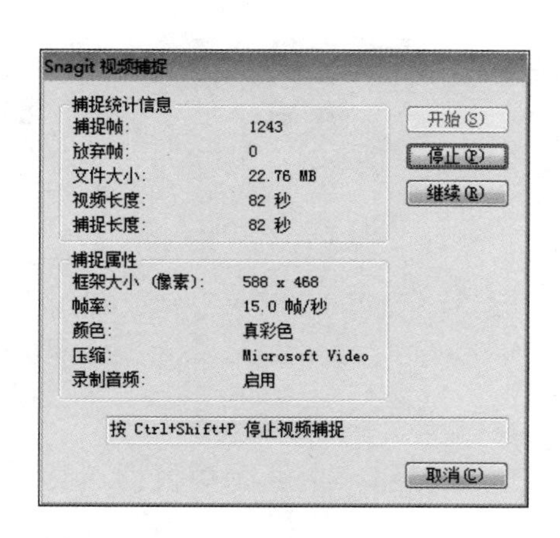

图 3-3-33 “Snagit 视频捕捉”对话框

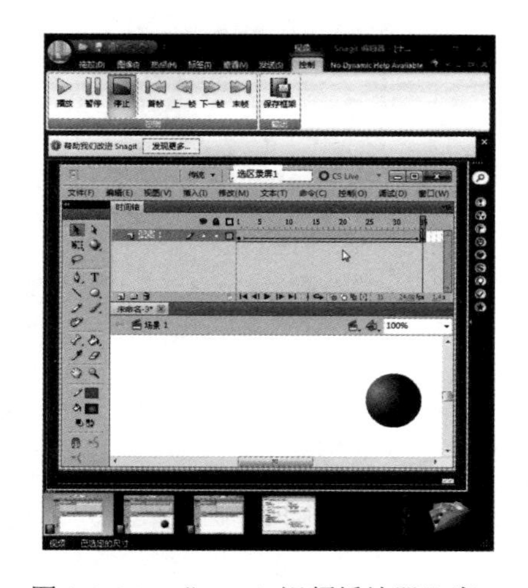

图 3-3-34 “Snagit 视频播放器”窗口

（8）在“Snagit 视频播放器”窗口内菜单栏下边有一个工具栏，包含 8 个按钮。左边 7 个按钮构成视频播放器，第 8 个是“保存框架”按钮，会调出“另存为”对话框，利用该对话框可以将当前画面保存为图像。单击视频播放器内的按钮，可以控制视频的播放。

（9）单击“Snagit视频播放器”窗口内左上角的按钮，调出其菜单，单击该菜单内的“另存为”对话框，利用该对话框可将录制好的视频保存为AVI文件。

思考与练习3

一、简答题

1. 录音时应该注意哪些问题？如何使用Windows录音软件进行8分钟的录音？

2. 如何使用“红蜻蜓抓图精灵”软件将屏幕中的一幅图像截取出来，并给该图像添加一个框架和输入标题文字？

3. 如何使用SnagIt软件将屏幕中的一幅图像截取出来，并给该图像添加一个框架并输入标题文字？

4. 如何使用SnagIt软件进行录屏？试着将网上播放的一个视频录制下来，并以名称“视频2.avi”保存。

二、操作题

1. 使用Windows录音软件录制一首唐诗，要求有背景音乐。

2. 使用“红蜻蜓抓图精灵”软件截取Word的工作区画面，并以“Word1.jpg”保存。

3. 使用中文SnagIt 10.0录屏软件将用“红蜻蜓抓图精灵”软件截取Word的工作区画面的操作过程录制下来，并以名称“视频3.avi”保存。

中文 PhotoImpact 10.0 的基本使用方法

PhotoImpact 是一款功能全面且操作容易的专业图像处理软件。它具有图像处理和编辑、创建相片效果、网页绘图和网页设计等功能。目前最高版本是 PhotoImpact 13，但是最高简体汉化版本是中文 PhotoImpact 10.0。PhotoImpact 10.0 提供了亲和的可视化界面，具有强大的快速图像编修功能，提供了整体曝光、主题曝光、色偏、色彩饱和、焦距和美化皮肤六大模块，可以快速改善图像显示效果；带有完美的相片修容工具，可以修去脸部的雀斑、黑痣、鱼尾纹、皱纹、瘢痕等；带有独特的智慧 HDR 工具，可以自动进行图像合成。此外，它还拥有网页制作与绘图设计功能，不需要了解复杂的程序与命令，就可以轻松制作出交互式 Java 网页及多种类型的 2D 与 3D 绘图图像。

4.1 中文 PhotoImpact 10.0 工作界面和文件基本操作

4.1.1 中文 PhotoImpact 10.0 工作界面简介

1．中文 PhotoImpact 10.0 工作界面的设置

双击 Windows 桌面上的中文 PhotoImpact 10.0 图标，调出中文 PhotoImpact 10.0 工作界面，再打开一幅图像，此时，中文 PhotoImpact 10.0 的工作界面如图 4-1-1 所示。

中文 PhotoImpact 10.0 工作界面只显示出中文 PhotoImpact 10.0 的一部分面板和工具栏，还有一些面板没有显示出来，这是因为不是所有的工具栏和面板都是需要立即使用的。为了给画布窗口足够大的空间，往往需要暂时关闭一些工具栏和面板，在需要时再调出这些工具栏和面板。

要调出关闭的工具栏和面板，关闭打开的工具栏和面板，重新设置中文 PhotoImpact 10.0 工作界面，可以采用如下方法。

图4-1-1　中文 PhotoImpact 10.0 的工作界面

（1）右击任意一个工具栏、状态栏、调色板或面板的标题栏，调出一个快捷菜单，如图4-1-2（a）所示。选择该快捷菜单内的“工具”命令，调出“工具”菜单，如图4-1-2（b）所示。选择“工具”菜单中的“工具面板”命令，调出“工具面板”菜单，如图4-1-2（c）所示。

（2）在图4-1-2所示的菜单中，左边有对勾的菜单选项表示相应的工具栏和面板已打开。单击有对勾的菜单选项，可关闭相应的工具栏和面板，同时使对勾取消；单击没有对勾的菜单选项，可打开相应的工具栏和面板，同时使菜单选项左边的对勾出现。

（3）选择“工具”菜单中的“选项”命令，调出“选项”对话框，如图4-1-3所示。利用“选项”对话框可以设置工具栏和面板中的按钮为大按钮（按钮改用大按钮）、彩色按钮（按钮改用彩色按钮）或显示工具提示（当鼠标指针移到工具栏、状态栏、调色板或面板的图标按钮等上时，显示相应的工具名称、简要提示和快捷键名称）。

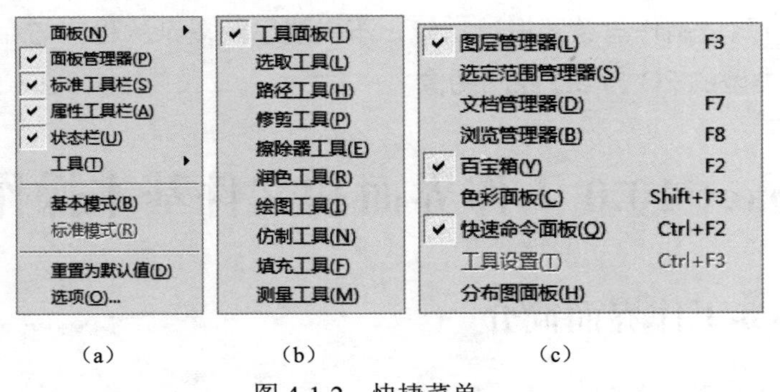

图4-1-2　快捷菜单

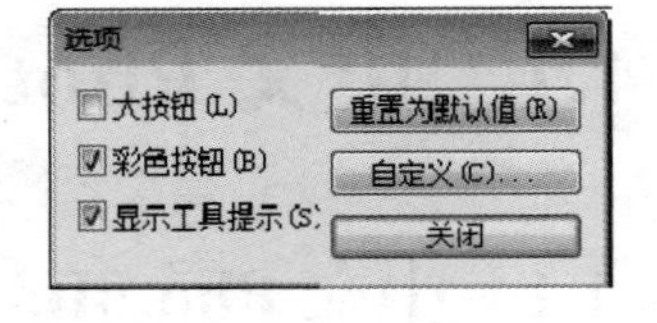

图4-1-3　“选项”对话框

（4）单击“选项”对话框内的“自定义”按钮，可以调出“自定义标准工具栏”对话框，如图4-1-4所示。在左边列表框内选中要添加到工具栏内的工具按钮名称，再单击“添加”按钮，即可将该按钮添加到右边的列表框中。选中右边列表框中的工具按钮名称，单击“上移”或“下移”按钮，可以移动右边列表框内按钮名称的上下次序，同时也改变了工具栏内选中按钮的位置。

（5）单击“自定义标准工具栏”对话框内的“其他”按钮，可以调出“自定义按钮”对话框，如图4-1-5所示。

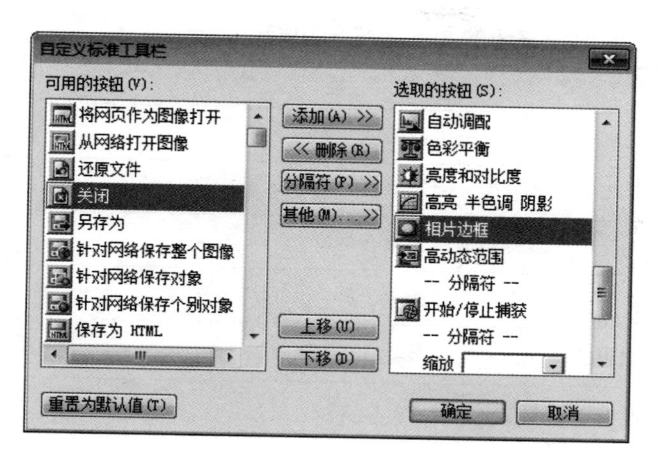

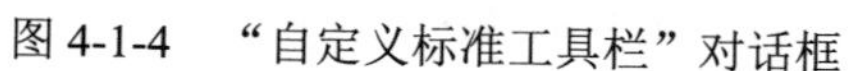
图 4-1-4 “自定义标准工具栏”对话框

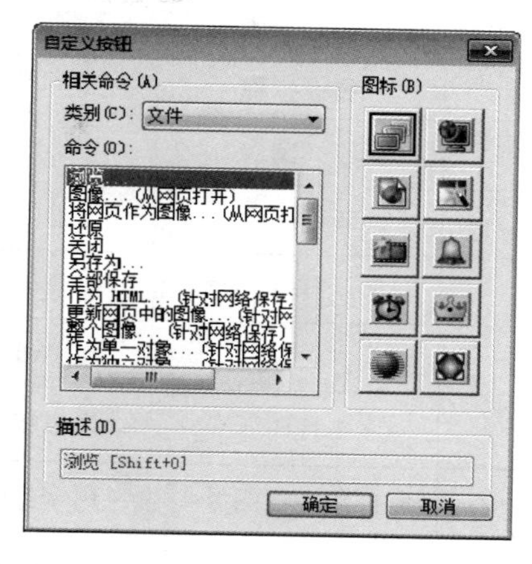

图 4-1-5 “自定义按钮”对话框

（6）在“类别”下拉列表框中选中工具按钮的类型名称，在“命令”列表框中选中一个工具按钮的名称，再在“图标”栏内选中一个按钮图标，单击“确定”按钮，关闭该对话框，返回到“自定义标准工具栏”对话框。

（7）选择图 4-1-2（a）所示快捷菜单中的“重置为默认值”命令，或者单击“自定义标准工具栏”对话框内的“重置为默认值”按钮，可以重新将中文 PhotoImpact 10.0 工作界面设置为默认状态。设置好后，单击“确定”按钮，即可关闭“自定义标准工具栏”对话框，从而完成对中文 PhotoImpact 10.0 工作界面的设置。

2．标题栏与菜单栏

（1）标题栏。标题栏位于窗口的顶部，它的最左边有一个图标，单击该图标，可以调出一个菜单，利用该菜单可以调整窗口位置与大小及关闭窗口。图标的右边显示“PhotoImpact”和当前图像的名称。标题栏的最右边有 3 个按钮，从左到右分别是窗口“最小化”按钮、“最大化”或“还原”按钮、“关闭”按钮。

（2）菜单栏。菜单栏在标题栏的下边，有 12 个主菜单选项。选择主菜单选项，会调出其子菜单。例如，选择主菜单内的“工作区”选项，可以调出图 4-1-2（a）所示的快捷菜单。单击菜单之外的任何位置或按 Esc 键，可以关闭已打开的菜单。

4.1.2 标准工具栏和属性工具栏

1．标准工具栏

中文 PhotoImpact 10.0 的标准工具栏如图 4-1-6 所示，该工具栏内放置了一些常用工具，用鼠标拖曳标准工具栏最左边的竖线条，可以移动标准工具栏，并改变它的位置。单击标准工具栏内的工具按钮，即可进行相应的操作。这些按钮的名称与相应菜单命令的功能是一样的。将鼠标指针移到工具按钮上时，会显示出它的名称和快捷键名称。标准工具栏内部分按钮的图标名称与功能介绍如表 4-1-1 所示。

图 4-1-6 标准工具栏

表 4-1-1 标准工具栏内部分按钮的图标名称与功能

图 标	名 称	功 能
	新建（图像）	与单击“文件”→“新建”→“新图像”命令效果一样
	新建网页	与单击“文件”→“新建”→“新网页”命令效果一样
	打开	与单击“文件”→“打开”命令效果一样
	保存	与单击“文件”→“保存”命令效果一样，保存当前图像
	打印	用来将当前编辑的图像内容打印输出
	打印多幅图像	用来打印打开的多幅图像
	打印预览	用来按打印方式预览将要打印输出的内容
	在浏览器中预览	单击该图标，可以在设置的浏览器中预览当前图像。单击黑色下三角按钮，调出其快捷菜单，用来选择默认的浏览器，默认的浏览器名称左边有对勾符号
	剪切	用来把选中的对象剪切下来，并保存到剪贴板中
	复制	用来把选中的对象复制到剪贴板中
	粘贴	用来把剪贴板中的内容粘贴到光标所在的位置
	撤销（还原）	用来撤销刚进行的操作，还原本次操作以前的内容
	重复（重做）	用来重新进行刚被撤销的操作
	扫描仪	单击该图标，可以使用选定的默认扫描仪。单击黑色下三角按钮，可以选择默认的扫描仪
	数码相机	单击该图标，可以使用选定的默认数码相机。单击黑色下三角按钮，可以选择默认的数码相机
	整理扫描图像（后处理向导）	对于整个图像（没有选区，进行了合并的图像），调出“整理扫描图像”对话框，按照其提示进行操作，即可对图像进行调整、修剪、焦距、亮度、色彩平衡、删除红眼等操作，以及应用边框
	快速修片	单击该图标会调出“快速修片”对话框，可用来快速修改图片的颜色等
	色彩平衡	单击该图标会调出“色彩平衡”（智能）对话框，如图 4-1-7 所示。用来比较图像中所有的色彩并将其均衡，使色彩值更加相似
	亮度和对比度	单击该图标会调出“亮度和对比度”对话框，如图 4-1-8 所示。用该对话框可以精细调整图像的亮度和对比度
	高亮半色调阴影	单击该图标会调出“高亮半色调阴影”对话框，用该对话框可以精细调整图像的高亮、半色调和阴影
	像框	单击该图标，可调出“照片边框”面板，用来给图像添加边框
	开始/停止捕获	单击该图标，即可切换到“捕获”模式，此时允许用户在按下捕获快捷键后捕获屏幕的任何部分。单击“文件”→“屏幕捕获”→“设置”命令，调出“捕获设置”对话框，用来进行截取参数的设置
100%	缩放	用来改变画布窗口大小。缩放比例范围为原图像的 1/16～16 倍
	在线更新	调出默认的浏览器，并进入友立公司的软件更新网页
	帮助	单击该图标，调出友立主页，可以获得相应的帮助信息

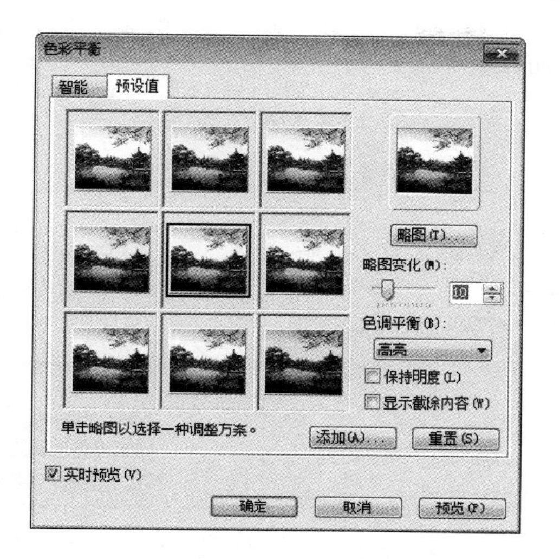

图 4-1-7 “色彩平衡”（智能）对话框

图 4-1-8 “亮度和对比度”对话框

2．属性工具栏

属性工具栏也叫属性栏。当选择工具面板中的不同工具时，其属性工具栏中的内容会随之改变。该工具栏内放置了一些可以改变选定工具属性的常用工具。

工具面板在中文 PhotoImpact 10.0 工作界面的左边，如图 4-1-1 所示。工具面板中放置了一些图像加工工具和绘图工具。如果工具按钮的右下角有下三角按钮，则表示它是一个工具组，单击该按钮，即可调出工具组中的所有工具，再单击其中一个工具选项，即可选择该工具。下面以“选取对象”工具和“修剪”工具组工具为例简要介绍一下属性栏的特点。

（1）“选取对象”工具的属性栏。单击“选取对象”按钮，选中对象，“选取对象”工具的属性栏如图 4-1-9 所示，其中各选项的作用如下。

图 4-1-9 “选取对象”工具的属性栏

① “排列”栏按钮：用来调整选中对象所在图层的上下位置。4 个按钮分别用来将选中对象向上移一层、向下移一层、移到最上层和移到最低层。

②“对齐”栏：将选定的选区或对象在整个画布内，按上、下、左、右、水平居中或垂直居中等方式对齐。

③“透明度”数字框：用来调整选定对象的透明度。数值越大，对象越透明。

④“柔化边缘”数字框：用来调整选定对象的边缘的柔和程度，使其与基底图像混合。其内的数值越大，柔化边缘就越强。

⑤“属性”按钮：单击该按钮，可以调出“对象属性”对话框的“常规”选项卡，如图 4-1-10（a）所示。用该选项卡可以查看和更改选中对象的属性，如名称、透明度、柔化边缘等；如果不选中“显示”复选框，则可以隐藏选中的对象；在“合并”下拉列表框内可以选中对象和该对象下的对象，并设置对象的显示效果。

切换到“位置和大小”选项卡，如图 4-1-10（b）所示。利用该选项卡可以查看和更改选中对象的位置和大小。

（2）“修剪”工具组工具的属性栏。单击“修剪”工具组图标，调出该工具组菜单，其内有“修剪工具”和“透视修剪工具”两个按钮，如图 4-1-11 所示。

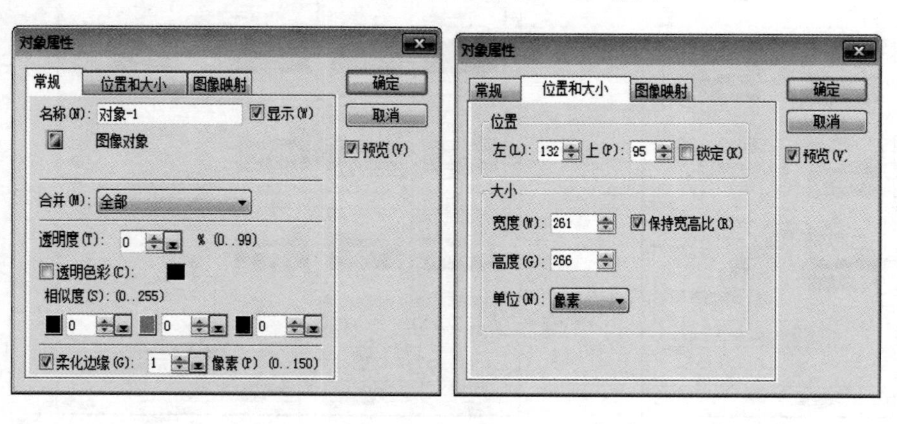

（a）“常规“选项卡　　（b）“位置和大小”选项卡

图 4-1-10　“对象属性”对话框

图 4-1-11　修剪工具组

单击“修剪工具”按钮，并在要修剪的图像上拖曳，则可以创建一个矩形修剪区域。“修剪工具”的属性栏如图 4-1-12 所示。

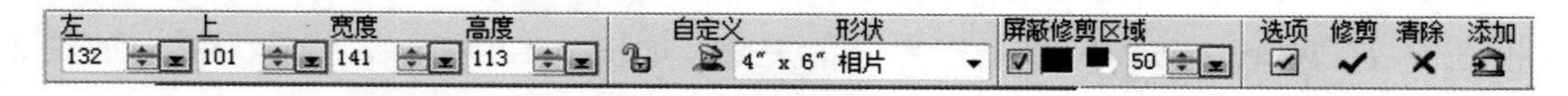

图 4-1-12　“修剪工具”的属性栏

单击“透视修剪工具”按钮，并在要修剪的图像上拖曳，也可以创建一个矩形修剪区域。“透视修剪工具”的属性栏如图 4-1-13 所示。

“修剪工具”属性栏和“透视修剪工具”属性栏内主要选项的作用如下。

① “修剪工具”属性栏内左边的 4 个数字框可以精确修剪区域的大小与位置，单击数字框右边的下三角按钮，调出其滑槽和滑块，如图 4-1-14 所示，拖曳滑块，可以改变数字框内的数值，并调整数值大小。也可以直接在数字框内输入数字，或者单击数字框右边的上、下箭头按钮改变数字框内的数值。

图 4-1-13　“透视修剪工具”的属性栏

图 4-1-14　数字框的滑槽和滑块

② 选中“屏蔽修剪区域”或“填充不要的区域”栏内的复选框，可以给修剪区域的外部区域填充透明颜色，以示区别；取消选中左边的复选框，则不给修剪区域的外部区域填充颜色；单击其左边的色块，调出“友立色彩选取器”对话框，利用该对话框可以设置修剪区域的外部区域填充的透明颜色。

③ 单击其中的“修剪”按钮，即可完成修剪图像的任务。单击其中的“清除”按钮，即可取消修剪图像。

④ 矩形修剪区域四周有 8 个方形控制柄的修剪区域，如图 4-1-15 所示。拖曳这些控制柄，可以调整修剪区域的大小；拖曳修剪区域，可以调整其位置。按 Enter 键后，即可完成修剪图像的任务。

⑤ 单击“透视”按钮，则可以拖曳控制柄，调整矩形修剪区域的形状呈透视状，如图 4-1-16 所示。

⑥ 单击“添加”按钮，调出“添加到百宝箱”对话框，如图 4-1-17 所示。在该对话框内可以

给样本命名，在 3 个下拉列表框内分别选择“画笔画廊”“绘图工具”和“画笔画廊/绘图工具”，单击“确定”按钮，即可将修剪后的图像添加到百宝箱内。

图 4-1-15 修剪区域

图 4-1-16 透视修剪区域

图 4-1-17 “添加到百宝箱”对话框

4.1.3 状态栏和面板管理器

1. 状态栏

状态栏左边有提示信息，右边有 3 个图标按钮。它们的作用如下。

（1）（单位）按钮。将鼠标指针移到该按钮上时，状态栏左边会显示“单位”提示信息，单击该按钮，会调出“单位”菜单，如图 4-1-18 所示。利用该菜单中的选项，可以为 PhotoImpact 10.0 的标尺设置度量单位，给画布增加标尺、参考线和网格等。

（2）（数据类型）按钮。将鼠标指针移到该按钮上时，状态栏左边会显示“改变当前的数据类型”提示信息，单击该按钮，会调出“数据类型”菜单，如图 4-1-19 所示。利用该菜单中的选项，可以将选定图像的类型进行更改（更改为灰度图形等），并生成一个新画布，新画布内为更改类型后的图像。

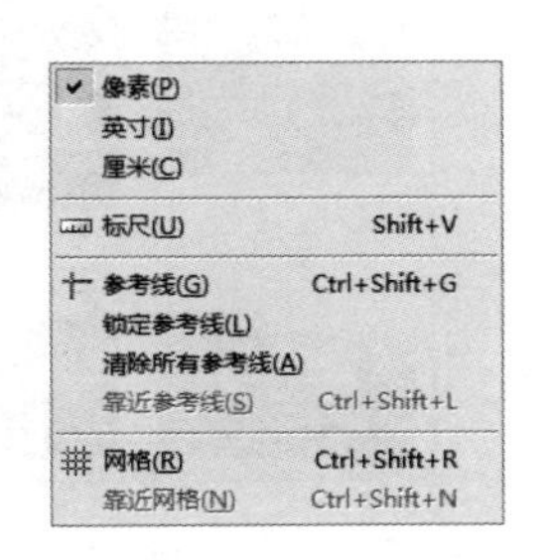

图 4-1-18 “单位”菜单

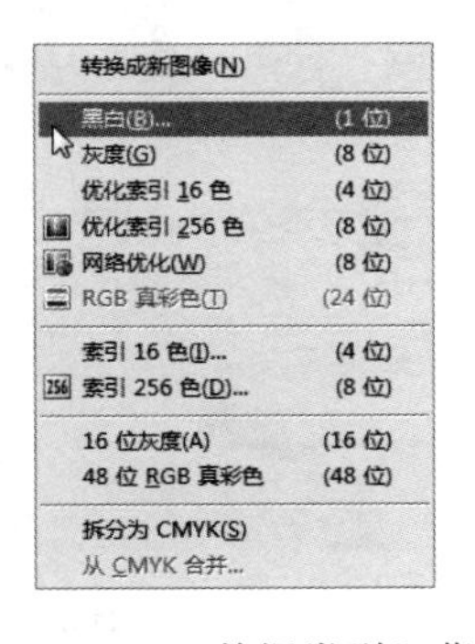

图 4-1-19 “数据类型”菜单

（3）（显示图像/系统属性）按钮。单击该按钮，可调出“相片属性”对话框，在该对话框中会显示当前文件的有关信息。

（4）状态栏左边的提示信息。状态栏的左边会显示当前的工作状态。例如，选择“画笔”工具后，当鼠标指针在画布中移动时，状态栏左边会显示鼠标指针的坐标值，以及鼠标所处位置的图像颜色、数据等，如图 4-1-20 所示；当鼠标指针移到标准工具栏中的按钮上时，会显示该按钮的功能。

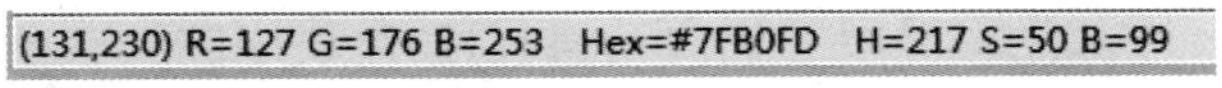

(131,230) R=127 G=176 B=253 Hex=#7FB0FD H=217 S=50 B=99

图 4-1-20 状态栏显示的信息

2．面板管理器

面板管理器在中文 PhotoImpact 10.0 工作界面的最右边一列，如图 4-1-1 所示，用来控制面板的显示和隐藏。拖曳面板管理器上边的按钮，可以使其独立出来。拖曳它的右边框，使其内的按钮呈水平排列，如图 4-1-21 所示。将鼠标指针移到其内的按钮上时，即可显示该按钮是控制哪个面板显示与隐藏的提示信息。单击面板上的按钮，即可在显示与隐藏该面板之间进行切换。

图 4-1-21　水平放置的工具栏

4.1.4　文件基本操作

1．打开和浏览图像文件

（1）打开文件。选择“文件”→“打开”命令，调出“打开”对话框，如图 4-1-22 所示。在“查找范围”下拉列表框中默认选中 PhotoImpact 10.0 安装目录下的“Samples”文件夹，其内提供了大量图像，也可以选择其他文件夹。在“文件类型”下拉列表框中选择一种图像类型，在“文件名”文本框内输入文件名，也可以在其上边的列表框中选中一个图像文件。单击“打开”按钮，即可打开选中的图像。

（2）浏览图像文件。选择“文件”→“浏览”命令，调出“PhotoImpact-风景.jpg”窗口，如图 4-1-23 所示。在该窗口内左上边“地址”下拉列表框内选择存放图像文件的路径，在“地址”列表框中可以选择相应的图像文件，在右下边显示选中目录下图像文件的图像，如图 4-1-23 所示。在该列表框内选中要打开的图像，双击该图像，即可关闭该窗口，并在 PhotoImpact 10.0 工作环境中打开选中的图像。

图 4-1-22　“打开”对话框

图 4-1-23　“PhotoImpact-风景.jpg”窗口

2．新建图像文件

选择“文件”→“新建”→“新建图像”命令，调出“新建图像”对话框，如图 4-1-24 所示。用该对话框可以设置新建图像的大小、背景色和分辨率。具体方法如下。

（1）在“画布”栏内可以设置画布颜色。选中“白色”单选按钮，可以设置背景色为白色；选中“透明”单选按钮，可以设置画布颜色为透明。

（2）选中“画布”栏内的“自定义色彩”单选按钮，单击其右边的色块，调出“友立色彩选取器”对话框，单击该对话框内上边“色彩类型”栏内第 4～12 色块中的一个色块（如黄色色块），切换下边的选色板，如图 4-1-25 所示。

单击两个选色板内的一种颜色色块，再单击“确定”按钮，关闭该对话框，自定义完成新建图像的画布背景颜色。

（3）单击工具面板内调色板中的“背景色”色块（参见图 4-1-1），也可以调出如图 4-1-25 所示的“友立色彩选取器”对话框，利用该对话框可以设置背景色。选中“新建图像”对话框内的“背景色”单选按钮，可以设置画布颜色为背景色。

（4）在“图像大小”栏中，如果选中“标准”单选按钮，可以在其右边的“标准”下拉列表框中选择一种标准的大小；如果选中“自定义”单选按钮，可以在其右边两个数字框内分别输入图像的宽度或高度。单击“像素”按钮，可以调出它的下拉列表框，用来选择数字框数值的单位，如像素、厘米等。单击 按钮，可以将宽度和高度的数值互换。单击“自定义大小”按钮 ，可以调出“自定义大小”菜单，如图 4-1-26 所示（还没有第 2 栏自定义选项）。选择该菜单内的“添加自定义大小”命令，调出“添加自定义大小”对话框，如图 4-1-27 所示。在其内文本框中输入自定义图像大小的名称（如“自定义 400*300”），单击“确定”按钮，即可将创建的新图像以名称“自定义 400*300”保存在“标准”下拉列表框内。

按照上述方法，再创建名称为“自定义 500*400”和“自定义 600*400”的自定义图像大小。

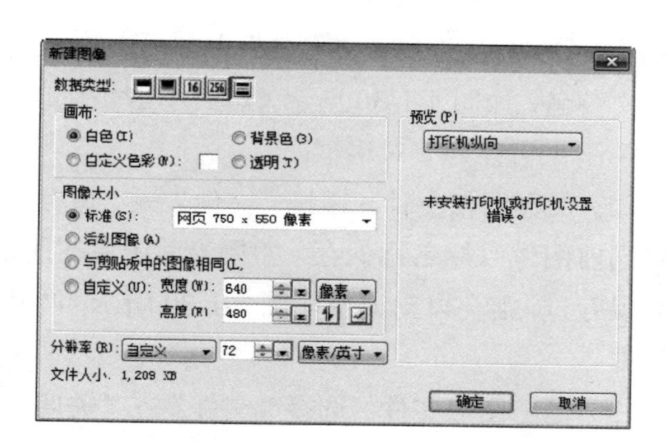

图 4-1-24 “新建图像”对话框

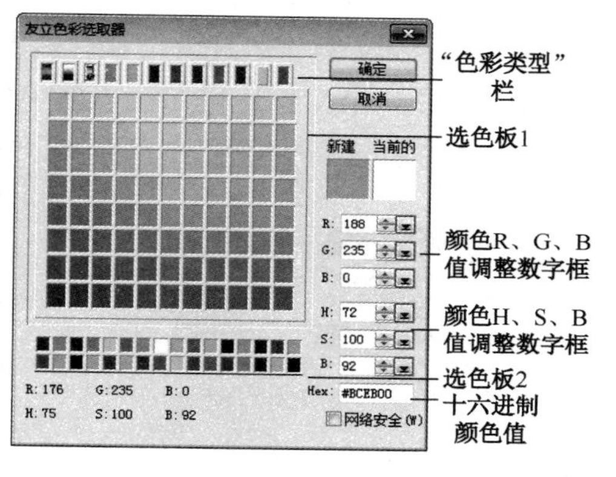

图 4-1-25 “友立色彩选取器”对话框

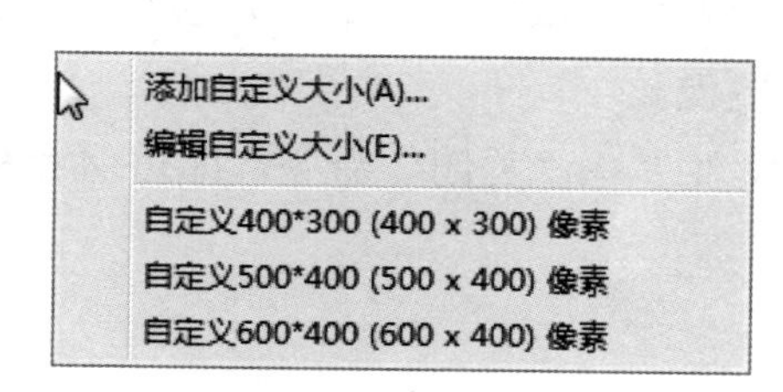

图 4-1-26 “自定义大小”菜单

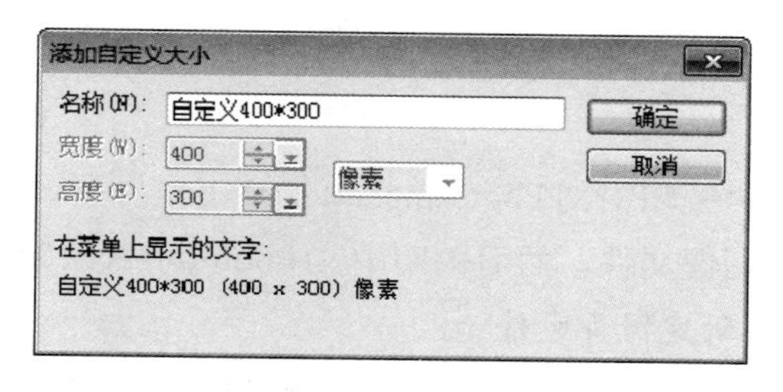

图 4-1-27 “添加自定义大小”对话框

（5）选择“自定义大小”菜单内的“编辑自定义大小”命令，调出“编辑自定义大小”对话框，如图 4-1-28 所示。在列表框内选中要编辑的自定义图像的大小、名称。单击“删除”按钮，可以删除选中的自定义图像大小；单击“修改”按钮，可以调出“修改自定义大小”对话框，如图 4-1-29 所示，其内的所有选项均变为有效，用该对话框可以重新改变窗体大小，也可以更改名称，然后单击“确定”按钮。

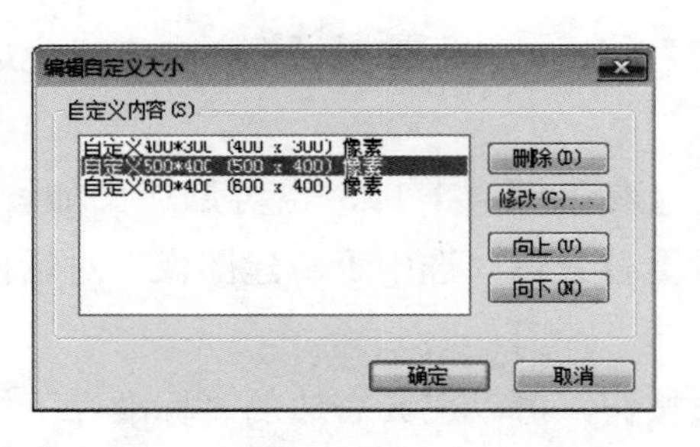

图 4-1-28　“编辑自定义大小”对话框

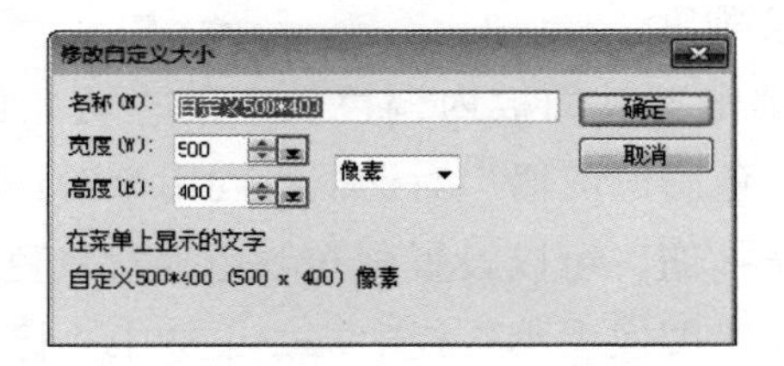

图 4-1-29　“修改自定义大小”对话框

（6）在“分辨率”栏内的数字框中可以设置图像的分辨率，单击“分辨率”按钮，调出其菜单，选中该菜单内的选项，可以设置一种分辨率单位。在“预览”栏内的下拉列表框中可以设置打印参数，因为没有连接打印机，所以没有预览显示。

（7）最后单击“确定”按钮，即可按设置参数创建一个空白图像，并显示其画布窗口。

3．保存和退出图像文件

（1）另存图像文件。选择“文件”→“另存为”命令，调出“另存为”对话框，如图 4-1-30 所示（还没有设置）。在“驱动器”下拉列表框中选择一个驱动器，在“将文件保存为类型”下拉列表框中选择一种图像文件类型，在“文件夹”列表框中选择一个文件夹，在“文件名”文本框中输入文件名，或者在列表框中选择一个文件后再在文本框中修改文件名，如图 4-1-30 所示，然后单击“确定”按钮，将当前图像以指定文件名保存在指定目录下，同时关闭“另存为”对话框。

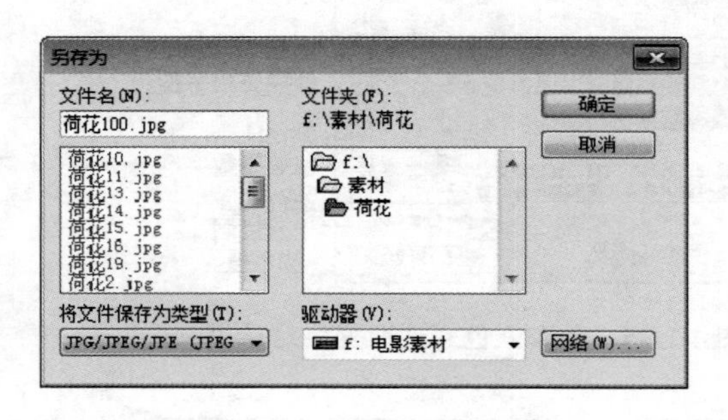

图 4-1-30　“另存为”对话框

（2）保存图像文件。选择“文件”→“保存”命令，可将当前图像以原名称保存，如果当前图像在此之前没有被保存过，则会自动调出如图 4-1-30 所示的“另存为”对话框。

（3）退出图像文件。选择“文件”→“关闭”命令，可关闭当前图像文件，如果当前图像经过加工还没有被保存，则会自动调出如图 4-1-30 所示的“另存为”对话框。单击“确定”按钮后关闭“另存为”对话框，同时关闭当前图像。

（4）关闭中文 PhotoImpact 10.0 工作界面。选择“文件”→“关闭”命令，即可保存和关闭所有打开的图像文件，然后关闭中文 PhotoImpact 10.0 工作界面。

4．新建网页文件

选择“文件”→“新建”→“新建网页”命令，调出“新建网页”对话框，如图 4-1-31 所示。在该对话框中可设置网页的标题文字、页面大小和背景纹理或图像等，具体操作方法如下。

（1）在“标题”文本框内可以输入网页的标题文字，在“编码”下拉列表框中选择一种编码。在“页面大小”栏内有 4 个单选按钮，可以用来设置页面的大小。

（2）选中“生成背景”复选框，单击“色彩”复选框右边的图标，调出“友立色彩选取器”面板，单击其内“色彩类型”栏中第 1 个色块，切换下边的选色板，如图 4-1-32 所示。选中该对话框内的一种颜色后，单击“确定”按钮，关闭该对话框并设置好背景颜色。

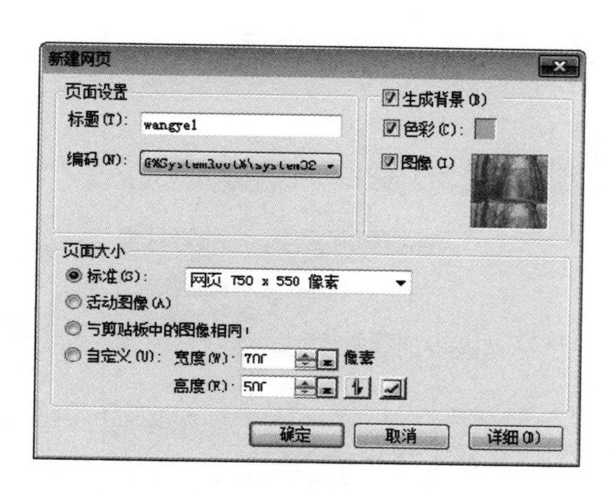

图 4-1-31　“新建网页”对话框

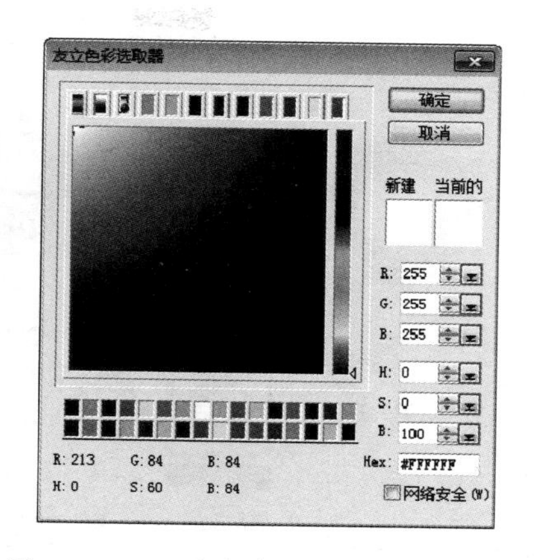

图 4-1-32　“友立色彩选取器”对话框

（3）选中“图像”复选框，再单击其右边的预览图，调出“网页背景图像”对话框，如图 4-1-33 所示，单击“预设纹理”单选按钮右边的图标，可以调出“纹理”面板，单击该面板内的一种纹理图案，即可设置网页背景图像为选中的纹理图像。

（4）单击“网页背景图像”对话框内的“背景设计器纹理”单选按钮右边的图标，会调出“背景设计器”对话框，如图 4-1-34 所示。利用该对话框可以选择和编辑组成背景的纹理。在“方案”下拉列表框中选择一种纹理类型和图案。

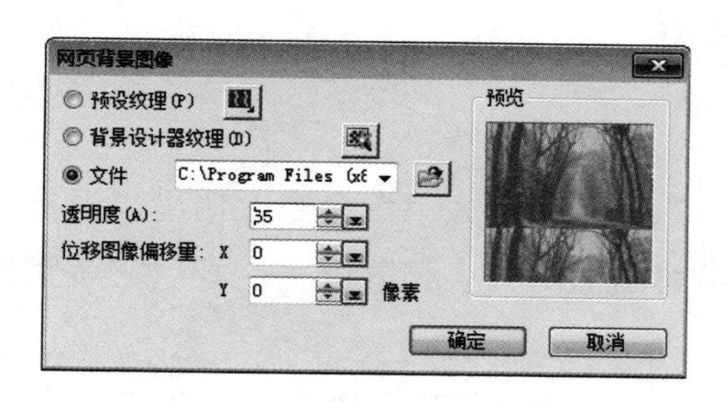

图 4-1-33　“网页背景图像”对话框

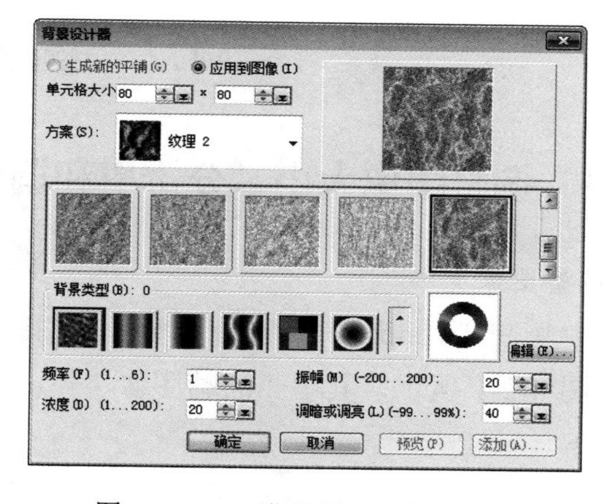

图 4-1-34　“背景设计器”对话框

（5）单击“背景设计器”对话框内的“编辑”按钮，调出“色盘环编辑器”对话框，如图 4-1-35 所示。在该对话框内下边的列表框中选中一个图案，设置相应的色盘环。

（6）单击“色调偏移”数字框右边的按钮，调出其滑槽和滑块，拖曳滑块，可以调整数字框内的数值，如图 4-1-35 所示。

（7）在“背景设计器”对话框中“单元格大小”栏内的两个数字框中设置组成纹理图案的大小，在下边的“频率”“浓度”“振幅”和“调暗或调亮”数字框内调整数字，同时观察预览图。

（8）调整好后，单击“添加”按钮，调出“添加百宝箱梯度样本”对话框，如图 4-1-36 所示。在该对话框内的“样本名称”文本框中输入名称，单击“确定”按钮，关闭该对话框，返回到“色盘环编辑器”对话框。

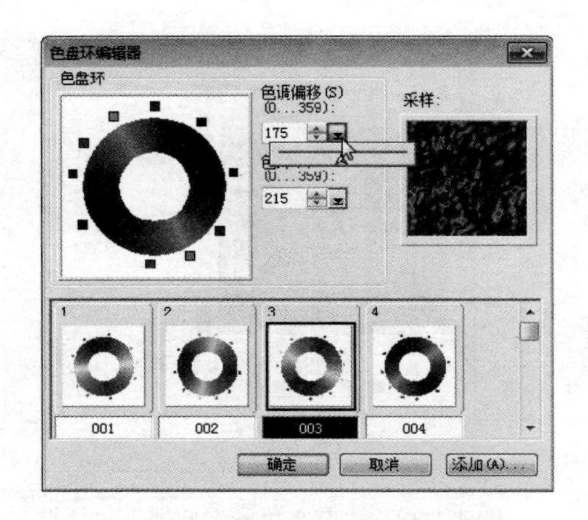

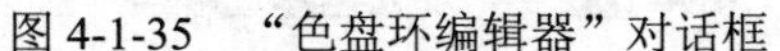

图4-1-35 “色盘环编辑器”对话框

图4-1-36 “添加百宝箱梯度样本”对话框

（9）单击“色盘环编辑器”对话框内的“确定”按钮，关闭该对话框。接着单击各对话框的“确定”按钮，关闭各个对话框，完成网页背景纹理图像的设置。

（10）如果要给网页背景填充图像，则可以在图4-1-33所示的“网页背景图像”对话框内，单击选中“文件”单选按钮或按钮，调出“打开”对话框，用该对话框导入一幅外部图像。然后依次单击“确定”按钮，依次关闭两个对话框，完成页面设置。

4.2 图像基本处理

4.2.1 调整图像大小、分辨率和调整画布

1．调整图像大小

打开中文PhotoImpact 10.0工作界面，选择“调整”→“调整大小”命令，调出“调整大小”对话框，如图4-2-1所示，其中“活动图像”栏内显示当前图像的大小和分辨率，利用它调整图像大小的方法如下。

（1）在“新图像”栏中，如果选中“标准”单选按钮，可以在其右边的下拉列表框中选择一种标准。

（2）如果选中“新图像”栏中的“自定义”单选按钮，则可以在其右边的两个数字框内分别输入图像的宽度和高度。单击“宽度”数字框右边的下三角按钮，可以调出其下拉列表框，用来选择数字框的单位，如像素、厘米等。

（3）设置好图像大小后，单击“自定义大小”按钮，可以调出“自定义大小”菜单，如图4-1-26所示。其他操作和“新建图像”对话框中的操作一样。

2．调整图像分辨率和画布及转换数据类型

（1）调整图像分辨率。选择“调整”→“分辨率”命令，调出“分辨率”对话框，如图4-2-2所示，其内显示当前图像的分辨率。在“新分辨率（像素/英寸）”栏中选中“自定义”单选按钮，在其右边的数字框内可以调整分辨率的大小。

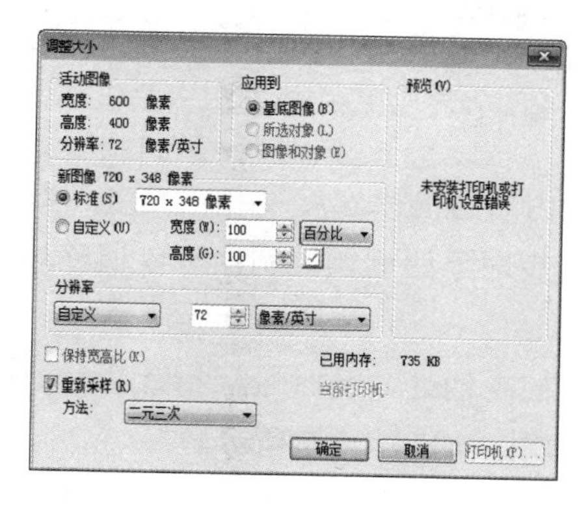

图 4-2-1 “调整大小”对话框

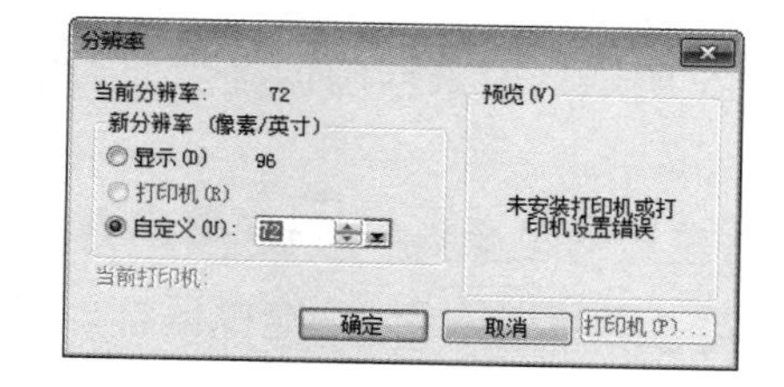

图 4-2-2 “分辨率”对话框

如果选中“显示”单选按钮，则可以采用默认的 96 像素/英寸分辨率；如果安装了打印机，则可以选中“打印机”单选按钮。

（2）调整画布。选择“调整”→“扩大画布”命令，调出“扩大画布”对话框，如图 4-2-3 所示，其内显示当前画布的大小。如果选中“等边扩大”复选框，则可以在“新尺寸”栏内 4 个数字框中的任意一个数字框输入数值，其他数字框会自动变为相同的数值；如果没选中“等边扩大”复选框，则需要在 4 个数字框中分别输入数值。按照图 4-2-3 所示的参数设置后，单击“确定”按钮，即可将当前图像向四周扩大 20 像素，如图 4-2-4 所示。单击“扩大区域的色”色块，调出“友立色彩选取器”对话框，用来设置图像四边扩大部分的颜色。

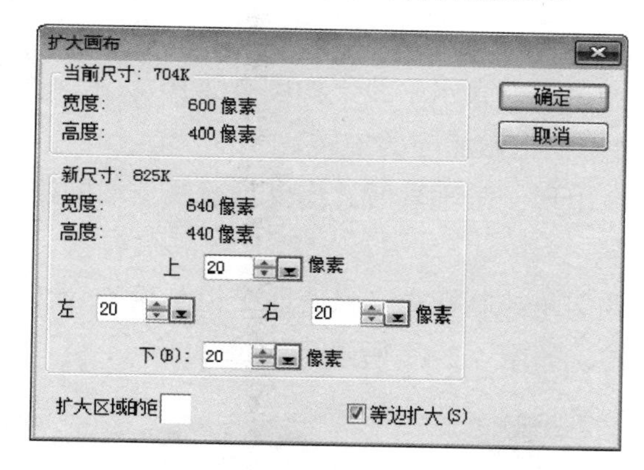

图 4-2-3 “扩大画布”对话框

图 4-2-4 扩大 20 像素的图像

（3）转换数据类型。单击“调整”→“转换数据类型”命令，调出“转换数据类型”菜单，利用该菜单内的命令，可以改变当前图像的类型，并生成一个新画布，新画布内为更改类型后的图像。

4.2.2 图像调整和效果制作

1. 图像变形调整

打开一幅图像，单击工具面板内的“变形工具”按钮，可以看到图像四周出现 8 个控制柄，此时的“变形工具”属性栏如图 4-2-5 所示。将鼠标指针移到该按钮上，会显示该按钮的名称。“变形工具”的使用方法如下。

图 4-2-5 “变形工具”属性栏

（1）单击最左边的“调整大小”按钮后，属性栏内右边的“宽度”和“高度”数字框变为有效，如图 4-2-5 所示，用来精确调整当前对象的大小。拖曳对象四周的控制柄可以调整对象的大小，如图 4-2-6 所示。

（2）单击左边的“倾斜”按钮，将鼠标指针移到控制柄处，此时鼠标指针会呈双箭头状（四边中心点）或形状（四角），拖曳鼠标，可以使对象倾斜，如图 4-2-7 所示。

（3）单击“扭曲”按钮，将鼠标指针移到四角控制柄处（只有四个控制柄），鼠标指针会呈双箭头状，拖曳鼠标，可以使对象扭曲，如图 4-2-8 所示。

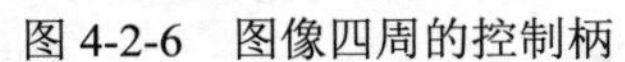

图 4-2-6 图像四周的控制柄

图 4-2-7 图像倾斜调整

图 4-2-8 图像扭曲调整

（4）单击“透视”按钮，将鼠标指针移到四角控制柄处（只有四个控制柄），此时鼠标指针会呈双箭头状，拖曳鼠标，可以使对象透视，如图 4-2-9 所示。

（5）单击“用水平线旋转”按钮，在图像上会出现一条水平线，如图 4-2-10 所示。拖曳水平线一端的控制柄处，使水平线旋转，再双击，即可使对象也做相应的旋转。

（6）单击“用垂直线旋转”按钮，在图像上会出现一条垂直线。拖曳垂直线一端的控制柄处，使垂直线旋转，再双击，即可使对象也做相应的旋转。

（7）单击“任意旋转”按钮，将鼠标指针移到四角控制柄处（只有四个控制柄），此时鼠标指针会呈曲线双箭头状，拖曳鼠标，可以使对象旋转，如图 4-2-11 所示。

图 4-2-9 图像透视调整

图 4-2-10 图像水平旋转

图 4-2-11 图像任意旋转

（8）“旋转和翻转”栏 5 个按钮：从左到右依次单击这 5 个按钮，依次可以使图像向左旋转 90 度、向右旋转 90 度、旋转 180 度、水平翻转和垂直翻转。

（9）在“按角度旋转”数字框内设置旋转角度，再单击“逆时针旋转”按钮或“顺时针旋转”按钮，可以使图像按照设置的角度逆时针或顺时针旋转。

另外，选择菜单栏内的“编辑”→“旋转和翻转”命令，调出“旋转和翻转”菜单，利用该菜单中的命令，也可以进行图像的旋转或翻转操作。

2．图像调整

选择菜单栏内的“调整”命令，调出“调整”菜单，该菜单内第 1 栏中的命令如图 4-2-12 所示，这些命令均用来调整图像的亮度、对比度和色彩，这些命令名称的右边都有“…”，表示选择该命令后会调出一个对话框，用来进行相关参数的设置。选择该菜单内的“自动处理”命令，可以调出“自动处理”菜单，如图 4-2-13 所示，其内的命令不用再进行设置调整就可以自动进行相应的调整。下面介绍其中几个命令的使用方法和图像调整效果。

（1）样式调整。选择“调整”菜单内的“样式”命令，可以调出“样式”对话框，如图 4-2-14 所示。利用该对话框可以应用一种样式，综合调整当前图像的亮度、对比度和色调等属性。

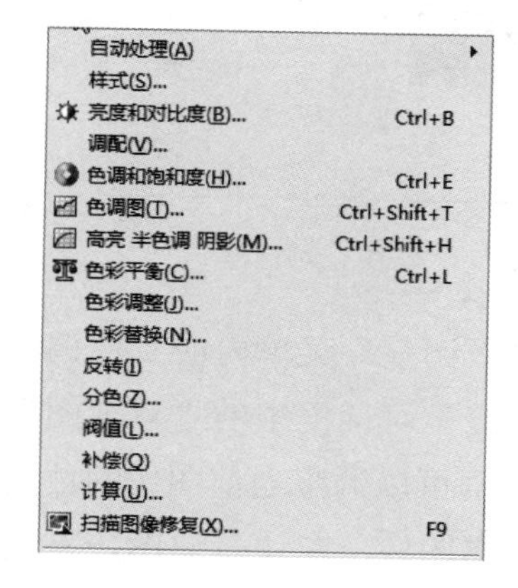

图 4-2-12 “调整”菜单

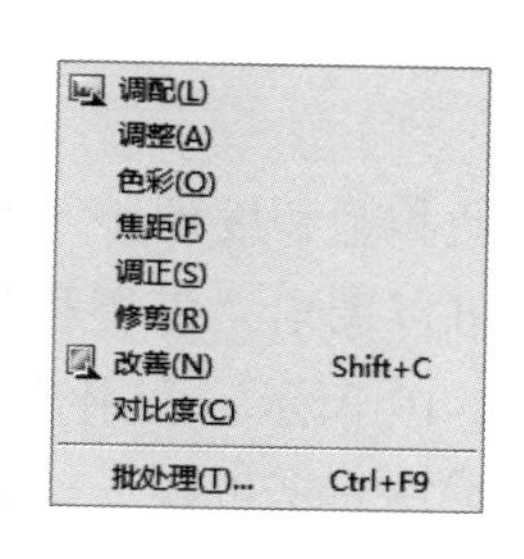

图 4-2-13 “自动处理”菜单

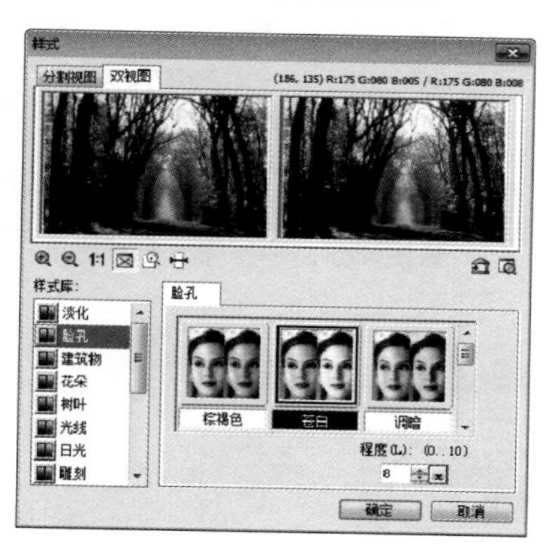

图 4-2-14 “样式”对话框（1）

单击“预览结果”按钮，可以观看图像效果，同时调出另一个“样式”对话框，如图 4-2-15 所示。如果符合要求，可单击“确定”按钮，将选中的样式应用于当前图像；如果不符合要求，则单击“继续”按钮，回到图 4-2-14 所示的“样式”对话框，继续调整。

单击按钮，可以调出类似图 4-1-18 所示的“添加到百宝箱”对话框，用该对话框可以将调整好的样式保存到百宝箱内。

图 4-2-15 “样式”对话框（2）

（2）亮度和对比度调整。单击“调整”菜单内的“亮度和对比度”命令，可以调出“亮度和对比度”对话框，如图 4-2-16 所示，用来调整图像的亮度和对比度。

拖曳右边的滑块，可以调整 9 幅缩略图的亮度和对比度，使它们呈现不同的等级，单击 9 幅缩略图中的一幅，再单击“确定”按钮，即可将它的效果应用于当前图像。单击“略图”按钮，可以调出“略图”对话框，如图 4-2-17 所示。

选中右边第 1 个单选按钮，可以设置整幅图像为略图；选中右边第 2 个单选按钮，会在左边图像内显示一个正方形，拖曳该正方形到要观察的部位，即可设置正方形选中的图像为略图；选中右边第 2 个单选按钮，再在图像上拖曳一个矩形，即可设置该矩形选中的图像为略图。单击“确定”按钮，可关闭该对话框，返回到图 4-2-16 所示的“亮度和对比度”对话框。

单击“添加”按钮，可以调出“添加到百宝箱”对话框，如图 4-2-18 所示。利用该对话框可以将设置好的效果样式图添加到百宝箱内。单击“重置”按钮，可以恢复到原状态。在“主要”下拉列表框内可以选中“红色”“绿色”“蓝色”和“主要”选项，用来设置对图像中红色部分、绿色部分、蓝色部分或全部进行亮度和对比度调整。

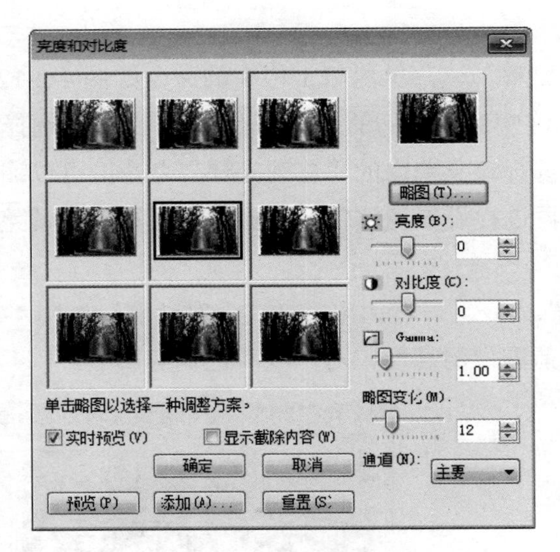

图 4-2-16　“亮度和对比度”对话框

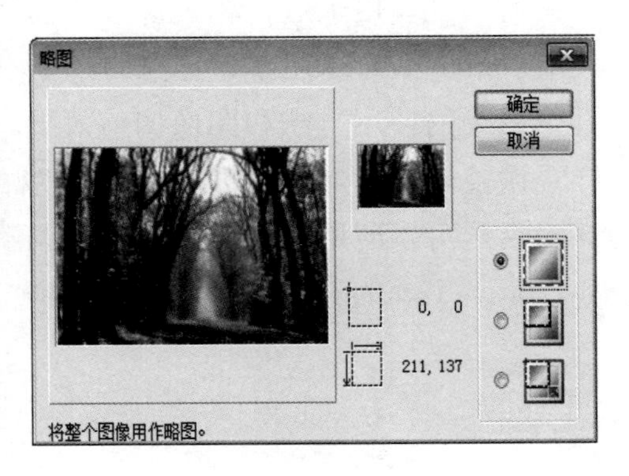

图 4-2-17　“略图”对话框

图 4-2-18　“添加到百宝箱”对话框

（3）色调和饱和度调整。选择“调整”菜单内的“色调和饱和度”命令，可以调出“色调和饱和度”对话框中的“双视图”选项卡，如图 4-2-19 所示。利用该对话框可以调整当前图像的色调、饱和度和亮度。该对话框内上边有两幅图像，左边是原图，右边是调整后的图像，有对比效果。选中“预览”复选框后，当前图像也会随着调整变化。

（4）色彩调整。选择“调整”菜单内的“色彩调整”命令，调出“色彩调整”对话框，如图 4-2-20 所示。利用该对话框可以调整当前图像的红、绿、蓝色彩。

（5）色彩替换。选择“调整”菜单内的“色彩替换”命令，调出“色彩替换”对话框，如图 4-2-21 所示。利用该对话框可以替换当前图像的红、绿、蓝色彩。

（6）扫描图像修复调整。选择“调整”菜单内的“扫描图像修复”命令，调出“扫描图像修复”对话框，如图 4-2-22 所示。该对话框是调整当前图像的向导，可带领用户依次进行一系列的图像属性调整，每完成一项调整，只需单击“下一步”按钮，即可进入下一步调整。

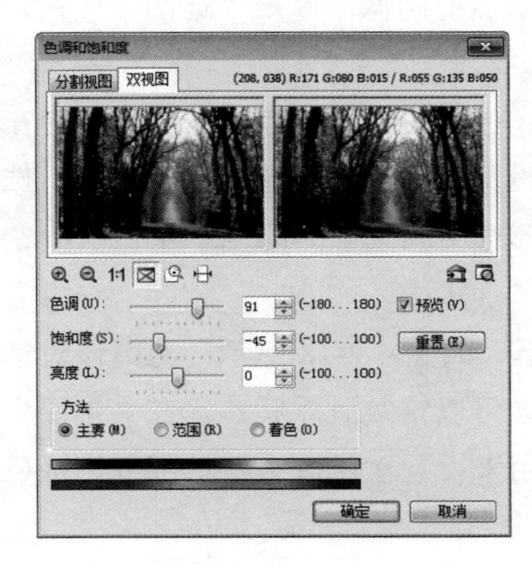

图 4-2-19　“色调和饱和度”对话框

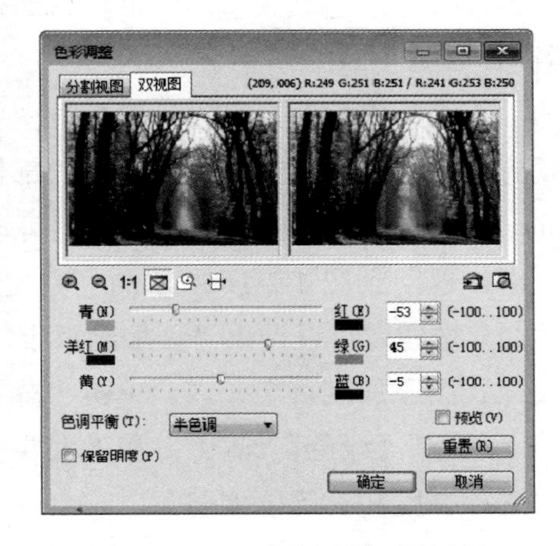

图 4-2-20　“色彩调整”对话框

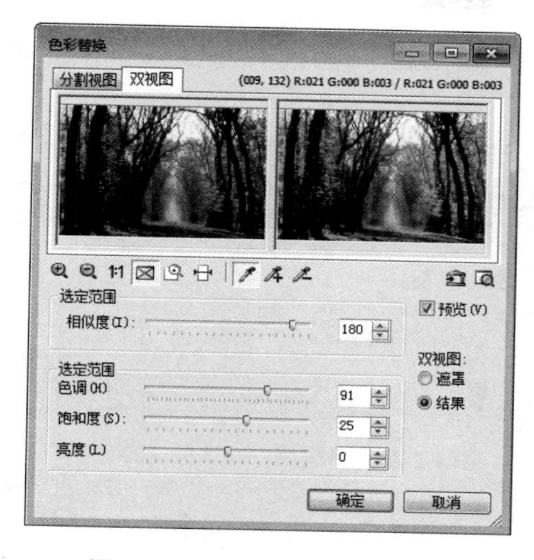

图 4-2-21 “色彩替换”对话框

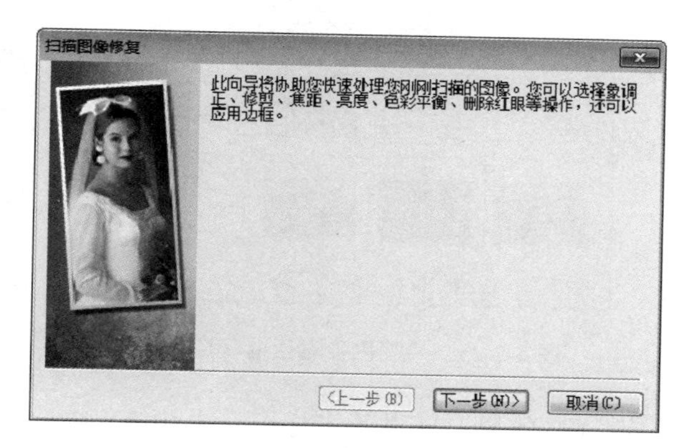

图 4-2-22 “扫描图像修复”对话框

3．图像效果制作

选择菜单栏内的“效果”命令，调出“效果”菜单，如图 4-2-23 左边菜单所示，这些命令均用来调整图像的各种效果。图像效果分为七类，选择该菜单内的“全部”命令，可以调出“全部”菜单，如图 4-2-23 右边菜单所示，选择其内的命令，可以调出相应的对话框，用来调整图像的一种效果。下面简单介绍操作方法。

（1）选择“效果”→“光线”命令，调出“光线”菜单，如图 4-2-24 所示。选择该菜单内的“暖色”命令，调出“暖色”对话框，如图 4-2-25 所示。

单击“暖色”对话框内的“选项”按钮，调出另一个“暖色”对话框，如图 4-2-26 所示。利用该对话框可以选择暖色的颜色为红色或黄色，也可以调整添加颜色的程度。调整好后，单击“确定”按钮，即可给当前图像添加一定程度的黄色或红色。

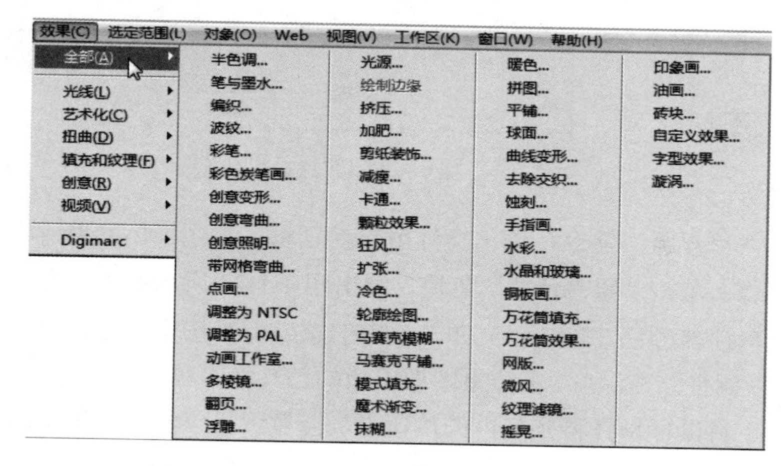

图 4-2-23 “效果”菜单和“全部”效果菜单

图 4-2-24 “光线”菜单

如果选中如图 4-2-25 所示“暖色”对话框内的“下次不显示这些快速样本”复选框，则下次再选择“光线”菜单内的“暖色”命令时就不会调出该对话框，而是直接调出如图 4-2-26 所示的“暖色”对话框。

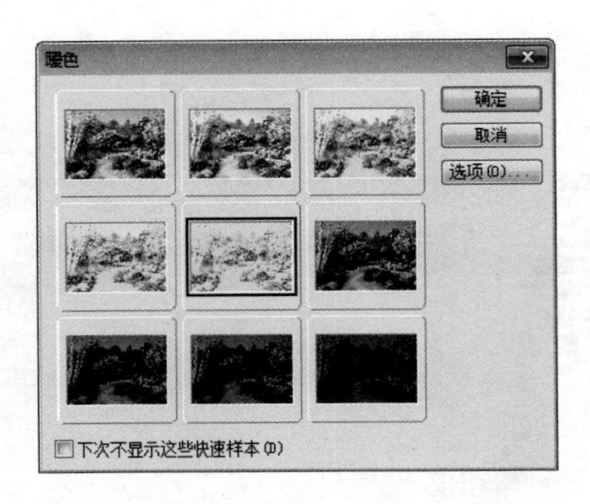

图 4-2-25 “暖色”对话框（1）

图 4-2-26 “暖色”对话框（2）

（2）选择“效果”→“艺术化”→“油画”命令，调出“油画”对话框，如图 4-2-27 所示，可以看到右边图像是加工处理后的油画效果。在该对话框内左下方的列表框中给出 4 个不同的样式，选中其中一种样式，即可将该样式应用于图像，从而形成油画效果。在“笔画”栏内的 3 个数字框内可以调整油画笔画的大小、密度和变化。还可以在“角度”栏内用不同方法修改笔画角度。

（3）选择“效果”→“扭曲”→“球面”命令，调出“球形”对话框，如图 4-2-28 所示，可以看到右边图像是加工处理后的球形效果。在“光线方向”栏内可以选择光线的方向。

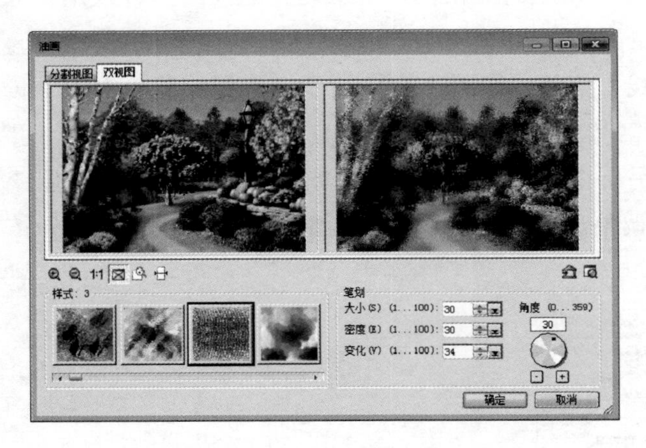

图 4-2-27 “油画”对话框

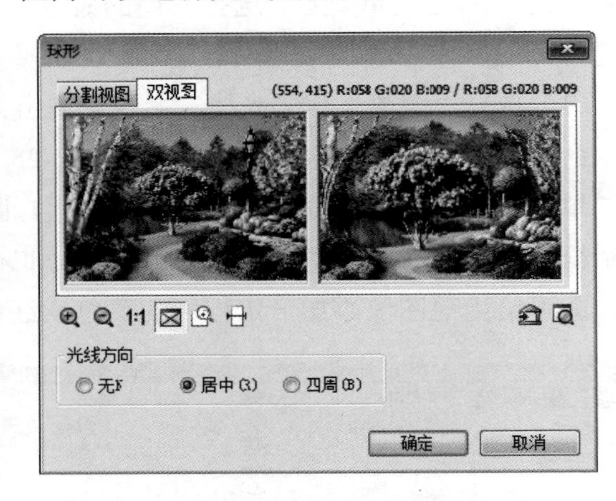

图 4-2-28 “球形”对话框

（4）选择“效果”→“填充和纹理”→“浮雕”命令，调出“浮雕”对话框，如图 4-2-29 所示，可以看到右边图像是加工成浮雕效果的图像。单击“覆盖色彩”色块，调出图 4-1-32 所示的“友立色彩选取器”对话框，利用该对话框可以设置浮雕颜色。单击“光源”栏内的正方形小按钮，可以确定光源的方向；拖曳“深度”栏内的滑块，可以调整浮雕深度。左边原图像下边的工具栏 1:1 用来调整两个显示框内图像的大小和位置。将鼠标指针移到其内的按钮上，会显示相应的工具按钮的名称和作用。

单击“全局查看器”按钮，会再显示一个图像框，其内是原图像，图像上有一个矩形框，鼠标指针呈“十”字形状，如图 4-2-30 所示。拖曳鼠标，可以调整矩形框的位置，确定显示图像的部位。

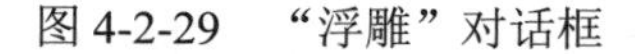

图 4-2-29 “浮雕”对话框

图 4-2-30 调整显示部位

（5）选择“效果”→“填充和纹理”→“纹理滤镜”命令，调出“纹理滤镜”对话框，利用该对话框可以制作经过纹理滤镜处理后的图像，也可以制作纹理滤镜处理图像过程的 GIF 格式动画。单击其内的“静态”按钮，该按钮变为“动画”按钮，进入制作静态图像状态，如图 4-2-31 所示。

单击“纹理图像”栏右边图像旁边的箭头按钮，调出“纹理图像”菜单，选择该菜单内的“添加纹理”命令，调出“打开”对话框，如图 4-2-32 所示。利用该对话框可以打开一个外部纹理图像。如果选择“纹理图像”菜单中的“纹理图像”命令，可以调出一个“纹理图像”面板，其内提供了一些纹理图案，选中其中的一个图案，可将该图案应用于当前图像。

在“纹理滤镜”对话框内左下方的列表框中给出多种纹理样式，选中其中一种纹理样式，可将该纹理样式应用于当前图像。在右边还可以调整纹理的各项参数。

（6）选择“效果”→“创意”→“万花筒效果”命令，调出“万花筒效果”对话框，如图 4-2-33 所示。单击该对话框内的一种万花筒样式图案，即可出现相应的万花筒效果。

（7）选择“效果”→“创意”→“马赛克模糊”命令，调出“马赛克模糊”对话框，如图 4-2-34 所示。调整其内两个数字框中的数值，可以调整马赛克大小。

图 4-2-31 “纹理滤镜”对话框

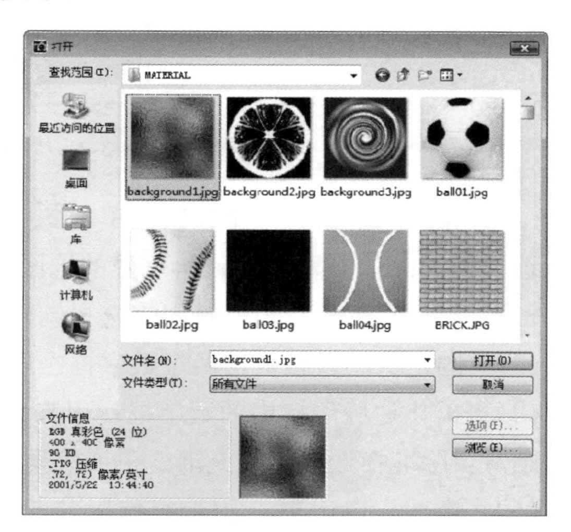

图 4-2-32 “打开”对话框

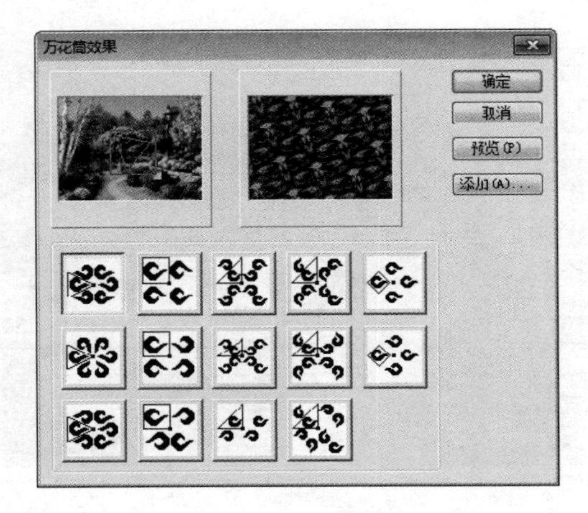

图 4-2-33 “万花筒效果”对话框

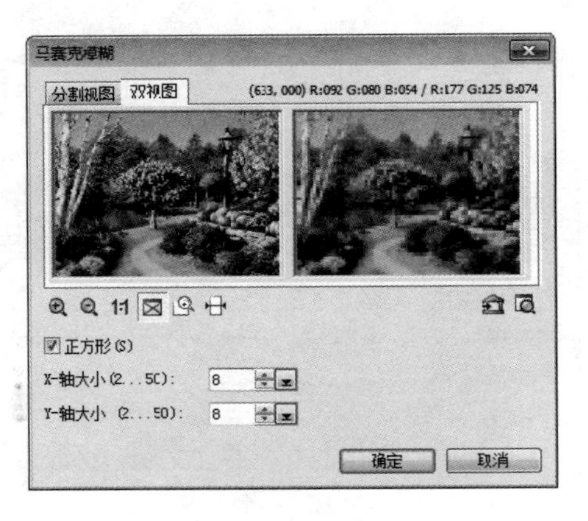

图 4-2-34 “马赛克模糊”对话框

4.3 选区、填充和路径等工具

4.3.1 选区工具

创建选区工具组有 4 个工具，如图 4-3-1 所示。利用它们可以创建出规则形状和不规则形状的选区。单击创建选区工具组中的工具按钮，即可用鼠标在图像中拖曳或单击来创建选区。选区可以使填充和其他图像处理只对选区内的图像有效。

图 4-3-1 创建选区工具组

创建选区工具组中各工具的作用如下。

1．标准选定范围工具

单击“标准选定范围工具”按钮后，在画布内拖曳，即可创建选区。此时的属性栏如图 4-3-2 所示，其内各选项的作用如下。

图 4-3-2 “标准选定范围工具”的属性栏

（1）“模式”栏内的 3 个按钮：单击按钮，可以创建新选区；单击按钮，再创建的选区可以和原选区相加；单击按钮，再创建的选区可以和原选区相减。

（2）“形状”下拉列表框：用来选择创建矩形、正方形、圆形或椭圆形的选区。

（3）“固定大小”栏内的两个数字框：用来精确确定选区或选区外切矩形的宽和高。

（4）“柔化边缘”栏内的数字框：用来设置选区边缘的柔化程度，柔化边缘会让矩形选区的边缘较为圆滑。除非在选区中填充渐变色或纹理，否则柔化效果不会很明显。

（5）“修剪”按钮：用来将选区内的图像裁剪成一幅独立的图像。例如，在一幅打开的图像上创建一个椭圆形选区，如图 4-3-3（a）所示。单击“修剪”按钮，即可获得选区内的独立图像，如图 4-3-3（b）所示。

（6）“在对象上选取”按钮：在该按钮为弹起状态时，将鼠标指针移到对象上后，其形状如

图 4-3-4（a）所示，不能创建选区；在该按钮为按下状态时，将鼠标指针移到对象上后，其形状如图 4-3-4（b）所示，可以单击后拖曳鼠标，创建新选区。

（a）

（b）

图 4-3-3 椭圆形选区和修剪结果

（a）

（b）

图 4-3-4 两种状态下的鼠标指针

（7）“选项”按钮☑：单击该按钮，调出“选项”菜单，如图 4-3-5 所示。各选项的作用如下。

① 如果选中“从中央开始绘制”选项，则再拖曳创建选区时，以单击点为中心创建选区；如果不选中该选项，则再拖曳创建选区时，以单击点为左上角创建选区。

② 如果选中“保留基底图像”选项，则再拖曳创建选区时，移动选区后保留选区内原图像，如图 4-3-6（a）所示；如果不选中“保留基底图像”选项，则再拖曳创建选区时，移动选区后选区原位置会被填充背景色，如图 4-3-6（b）所示。

③ 如果选中“平滑边缘”选项，则创建的选区边缘可以平滑。

④ 如果选中“移动选定范围选取框”选项，则拖曳移动选区时，只移动选区；如果不选中“移动选定范围选取框”选项，则拖曳移动选区时，可以移动选区和其内的图像。

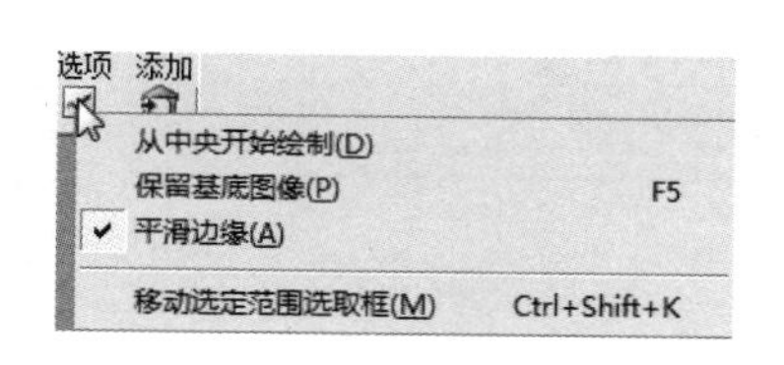

图 4-3-5 “选项”菜单

（a）

（b）

图 4-3-6 两种情况下拖曳选区的效果

2．套索工具

单击“套索工具”按钮后，在画布内单击并拖曳鼠标，或者依次单击选区的各转折点，然后双击，创建鼠标移动的路径线（也称为随意线），最后单击工具栏内的按钮，即可创建任意形状的选区。“套索工具”的属性栏如图 4-3-7 所示，其中前面没有介绍过的各选项的作用如下。

图 4-3-7 “套索工具”的属性栏

（1）“智能套索”复选框：选中该复选框后，当拖曳鼠标创建选区时，鼠标移动路径线会自动靠近检测范围区域中的对象边缘，如图 4-3-8 所示。在不选中该复选框时，可以手动沿要选取的区域边缘拖曳或依次单击，以创建选取边缘的路径线。双击结束创建路线后，单击工具栏内的“选取工具”

按钮或其他按钮，即可创建选区，如图 4-3-9 所示。依次单击创建的路径线如图 4-3-10 所示，其由直线和节点组成，单击直线上的一点，可以创建新的节点；拖曳节点，可以调整节点的位置和与其连接的直线形状。

（2）单击“直线”、“节点”或“随意线”色块，会调出如图 4-1-32 所示的“友立色彩选取器”对话框，分别用来设置路径线（任意线）中直线、节点和随意线的颜色。

图 4-3-8　鼠标拖曳轨迹

图 4-3-9　创建的选区

图 4-3-10　直线和节点

（3）“完成”按钮：创建路径线后，单击该按钮，即可将路径线转换为选区，这与创建完路径线后单击工具箱内工具的效果一样。

（4）“取消”按钮：创建路径线后，单击该按钮，即可取消路径线。

（5）“编辑”按钮：单击该按钮，可以将选区切换为路径线，同时属性栏切换到“路径编辑工具”的属性栏，如图 4-3-11 所示。单击工具栏内“路径编辑工具”按钮后的属性栏，结果也如图 4-3-11 所示。此时，拖曳路径线上的节点或节点切线的控制柄，都可以调整路径的形状。该属性栏内的选项提供了不同的编辑方法。编辑好后，单击“编辑”按钮，可以将路径线切换为选区，同时属性栏切换到图 4-3-7 所示的套索工具的属性栏。另外，单击“路径编辑工具”属性栏内的“切换”按钮，可以将选区和路径线相互切换。

图 4-3-11　“路径编辑工具”的属性栏

3．魔术棒工具

“魔术棒工具”可以用来将与鼠标单击点相似的色彩范围创建一个区域，其适用于当选取的对象只含有单一颜色或具有多重明暗的单色的情况。“魔术棒工具”的属性栏如图 4-3-12 所示。其内前面没有介绍过的各选项的作用如下。

图 4-3-12　“魔术棒工具”的属性栏

（1）“相似度”数字框：该数值决定想要包含的色彩范围。例如，如果将色彩相似度设成 30，然后单击数值为 120、0、120（暗紫红色）的像素，选中像素的色彩值在 90、0、90 到 150、30、150 的所有像素都会包含在其中，会去除小于 0 或大于 255 的数值。

（2）“查找连接像素”复选框：选中该复选框后，只选取选区范围内的相邻像素。

（3）“选项”按钮：单击该按钮，调出“选项”菜单，如图 4-3-13 所示。其中前面没有介绍过的选项的作用如下。

如果选中“按 RGB 对比”选项，则通过比较图像的 RGB 色彩来创建选区；如果选中“按 HSB 对比”选项，则通过比较图像的 HSB 色彩来创建选区。

按 RGB 对比
按 HSB 对比
保留基底图像(P) F5
平滑边缘(A)
移动选取框(M) Ctrl+Shift+K

图 4-3-13 “选项”菜单

4．贝氏曲线工具

贝氏曲线工具可以用来创建由直线和曲线组成的路径范围，进而转换为选区。当对路径满意时双击，可将路径转换为选区。贝氏曲线工具的属性栏如图 4-3-14 所示。

图 4-3-14 “贝氏曲线工具”的属性栏

（1）“形状”下拉列表框：用来选择预设的形状。

（2）“绘制新的路径”单选按钮：选中该单选按钮后，创建的路径是新路径。

（3）“编辑现有路径”单选按钮：选中该单选按钮后，可以编辑现有路径的节点和路径。

4.3.2 调色板、擦除器和填充工具

1．调色板

调色板在工具栏内的下边，由 6 个部分组成，如图 4-3-15 所示。用户可以使用调色板来设置背景色和前景色。单击“背景色”和“前景色”色块，都可以调出如图 4-1-32 所示的“友立色彩选取器”对话框，利用该对话框可以设置背景色和前景色。

单击“切换前景/背景色”图标，可将前景色和背景色互换；单击下边的 3 个图标，可以分别设置背景色为白色、前景色为黑色，以及设置前景色为黑色、背景色为白色。

2．擦除器工具

擦除器工具组内有“对象绘制擦除器工具”和“对象魔术擦除器工具”，如图 4-3-16 所示。这两个工具的特点如下。

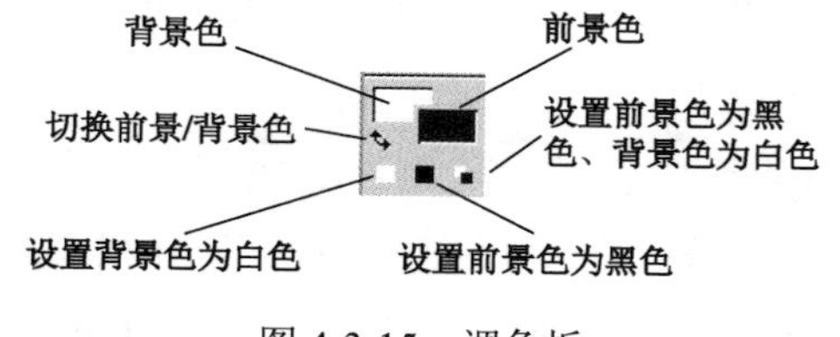

图 4-3-15 调色板

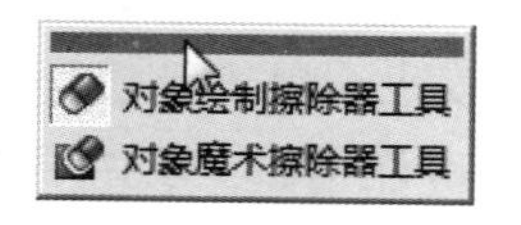

图 4-3-16 擦除器工具组

（1）对象绘制擦除器工具：单击该工具，可以用来擦除图像，被擦除的图像是独立选区选中的图像对象。例如，设置背景色为红色，使用“标准选定范围工具”，在图像上创建一个椭圆形选区，拖曳选区内的图像，使选区内的图像成为一个独立的图像对象，同时选区选中该图像对象，如图 4-3-17 所示。此时，选区内的图像是可以擦除的图像。

此时的属性栏如图 4-3-18 所示，其中前面没有介绍过的选项的作用如下。

图 4-3-17 选区选中的图像对象

① “形状”按钮：单击该按钮，可调出“形状”菜单，其中列出了多种橡皮擦形状图案，选中一种图案，即可设置橡皮擦为选中的形状。

② “形状”数字框：用来设置橡皮擦的大小。

③ “线条”按钮：单击该按钮，调出“线条”菜单，如图 4-3-19 所示。“线条”菜单用来选择擦除图像采用的方式。

选中“线条”菜单中的“任意绘制”选项，设置橡皮擦大小为 60 像素，其他设置如图 4-3-18 所示。此时，拖曳鼠标，指针经过处的图像会被擦除，如图 4-3-20（a）所示。

图 4-3-18 “对象绘制擦除器工具”的属性栏

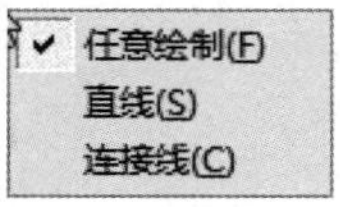

任意绘制(F)
直线(S)
连接线(C)

图 4-3-19 “线条”菜单

选中“线条”菜单中的“直线”选项，水平拖曳鼠标，产生一条水平直线，单击后即可擦除该直线处宽度为 60 像素的图像，如图 4-3-20（b）所示；选中“线条”菜单中的“直线”选项，单击起点，再单击终点，即可擦除起点到终点连接直线处宽度为 60 像素的图像，如图 4-3-20（c）所示。按住 Shift 键，拖曳或单击直线，擦除直线会被限制在 0、45°、90°、135°、180°、225°、270° 和 315° 方向。

（a）　（b）　（c）

图 4-3-20 三种情况下擦除的图像

选中“线条”菜单内的“连接线”选项后，可以将连续的线条擦除。最后通过双击结束擦除图像。

① “恢复”按钮：单击该按钮，可以在擦除器和恢复还原模式之间切换。单击该按钮，则处于恢复还原状态，在已经擦除的图像处拖曳，可以将其恢复。

② “修整”按钮：单击该按钮，可以删除所选对象的所有多余边框。

③ “面板”按钮：单击该按钮，调出“工具设置-画笔”面板中的“形状”选项卡，如图 4-3-21（a）所示；“选项”选项卡如图 4-3-21（b）所示。利用这两个选项卡可以完成通过属性面板内各选项设置的参数。“工具设置-画笔”面板“高级”选项卡如图 4-3-21（c）所示，只有在使用压力感应绘图板时才能使用“高级”选项卡，用来设置等间隔圆形点状的擦除效果，设置透明度和压力等参数。

（2）对象魔术擦除器工具：选中该工具，在图像上单击或拖曳，即可擦除图像中与单击点（或拖曳出的区域内）色彩相似的像素。对象魔术擦除器工具的属性栏如图 4-3-22 所示。下面介绍前面没有讲述过的选项的作用。

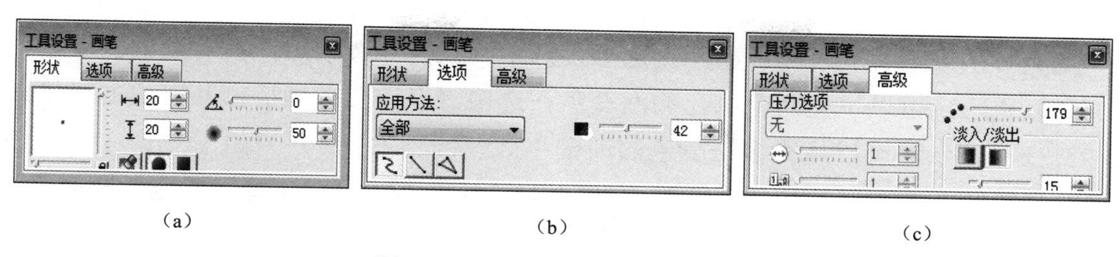

（a） （b） （c）

图 4-3-21 “工具设置-画笔”面板

图 4-3-22 “对象魔术擦除器工具”的属性栏

① “线条”单选按钮：选中该单选按钮，在图像上拖曳，可以创建一条取样线条，即可选取对象中的样本色彩。

② “区域”单选按钮：选中该单选按钮，在图像上拖曳，可以创建一个多边形区域，即可选取该多边形区域内像素的样本色彩。

③ “相似度”数字框：可以用来调整擦除像素的相似度。如果该数值较小，则使用对象魔术擦除器工具只会擦除与单击点色彩相似的像素。

④ “查找连接像素”复选框：要想将查找范围限制在取样区域的相邻像素，需要选中该复选框。如果希望取样区域的查找范围包括整幅图像，则不选中该复选框。

⑤ “平滑边缘”复选框：选中该复选框，可以使被擦处区域的边缘平滑。

3．填充工具

填充工具组有 5 个填充工具，如图 4-3-23 所示。填充工具组提供了 5 种不同的填充方式，可以给选区内填充单色，也可以填充一定色彩范围内的渐变色彩，还可以填充纹理图案。下面简要介绍这 5 种填充工具的特点。

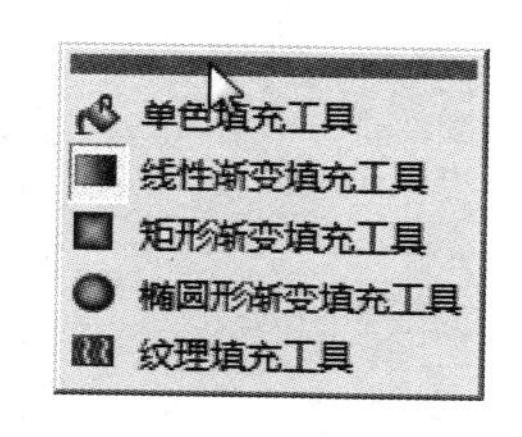

图 4-3-23 填充工具组

（1）单色填充工具：选中该工具，再单击图像内一点，可给单击点和与单击点色彩相似的像素填充设置好的背景颜色。“单色填充工具”的属性栏如图 4-3-24 所示。

单击“填充色”色块，调出如图 4-1-32 所示的“友立色彩选取器”对话框，利用该对话框可以设置填充色；“相似度”数字框用来调整填充单色时与单击点像素的相似度；“透明度”数字框用来调整填充单色的透明程度；“合并”下拉列表框用来选择决定填充的颜色和底层色彩或图像的混合方式，随着图像的数据类型和当前工具或对话框的不同，“合并”下拉列表框中的选项也会不同。

图 4-3-24 “单色填充工具”的属性栏

（2）线性渐变填充工具：选中该工具，并在图像上拖曳，可以填充渐变色。“线性渐变填充工具”的属性栏如图 4-3-25（a）所示。其中，前面没有介绍过的选项的作用如下。

（a） （b）

图 4-3-25 “线性渐变填充工具”的属性栏

① “填充方法”下拉列表框：有两个选项，选中“双色”选项后，其右边的“填充色”栏如图 4-3-25（a）所示，可以填充两个颜色的渐变色；选中“多色”选项后，其右边的“填充色”栏如图 4-3-25（b）所示，可以填充多个颜色的渐变色。

② “色彩梯度”下拉列表框：只有在“填充方法”下拉列表框中选择“双色”选项后，该下拉列表框才有效，其内有 3 个选项，用来设置渐变填充中的色彩变化方式。

选中“RGB”选项后，采用开始与结束色彩在 RGB 立方体中所连成直线上的色彩。选中“HSB 顺时针”后，采用开始色彩沿着 HSB 圆锥体顺时针到结束色彩所构成的连续弧线上的色彩。选中“HSB 逆时针”后，采用结束色彩沿着 HSB 圆锥体逆时针到开始色彩所构成的连续弧线上的色彩。

③ 单击图 4-3-25（a）中“填充色”栏的色块，可以调出如图 4-1-32 所示的“友立色彩选取器”对话框，利用该对话框可以设置相应的颜色，从而设置双色渐变色。设置黄色到红色的双色渐变色，透明度为 50，其他设置如图 4-3-25（a）所示，再在一个椭圆选区内拖曳，填充双色渐变色的效果如图 4-3-26 所示。

单击图 4-3-25（b）中“填充色”栏的色块，可以调出如图 4-3-27 所示的“色盘环编辑器”对话框，在该对话框内下边的列表框中可以选中一种多色渐变颜色样式，两个数字框可以用来调整渐变色的状态，在“色盘环”和“采样”显示框内可以看到调整效果。单击“确定”按钮，完成设置，其他设置如图 4-3-25（a）所示，再在一个椭圆选区内拖曳，填充多色渐变色的效果如图 4-3-28 所示。

图 4-3-26　填充双色渐变色的效果

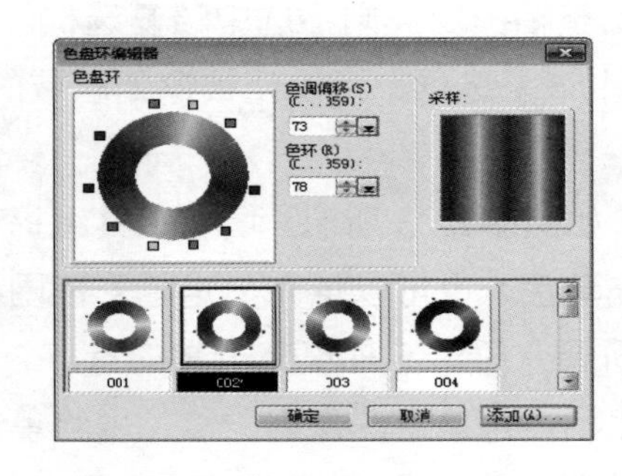

图 4-3-27　“色盘环编辑器”对话框

图 4-3-28　填充多色渐变色的效果

（3）矩形渐变填充工具：选中该工具，在图像上从中心向四周拖曳，可以填充矩形渐变色。矩形渐变填充工具的属性栏与图 4-3-25 所示基本一样。按照前边所介绍的设置，“双色”填充效果如图 4-3-29（a）所示，“多色”填充效果如图 4-3-29（b）所示。

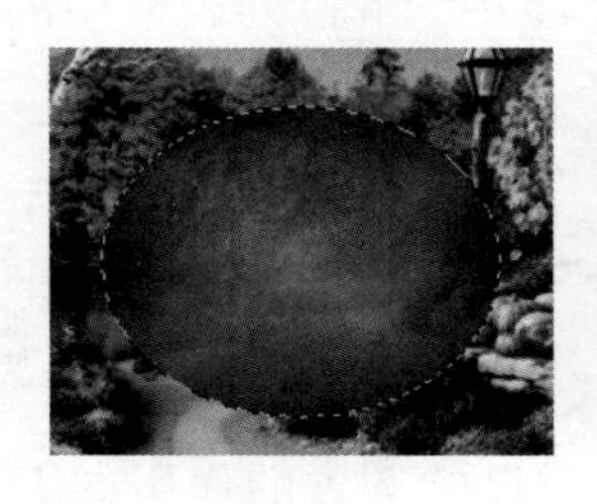
（a）

（b）

图 4-3-29　填充矩形渐变色

（4）椭圆形渐变填充工具：选中该工具，在图像上从中心向四周拖曳，可以填充椭圆形渐变色。“椭圆形渐变填充工具”的属性栏与图 4-3-25 所示的基本一样。按照前边所介绍的设置，“双色”填充效果如图 4-3-30（a）所示，“多色”填充效果如图 4-3-30（b）所示。

（a）

（b）

图 4-3-30　填充椭圆形渐变色

（5）纹理填充工具：选中该工具，从中心向四周拖曳图像，可填充图像自然纹理或魔术纹理。“纹理填充工具”的属性栏如图 4-3-31 所示。下面介绍部分选项的作用。

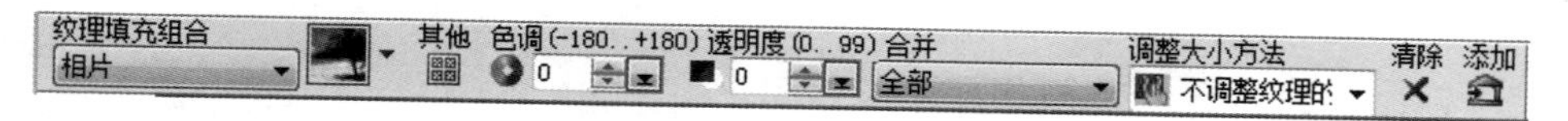

图 4-3-31　“纹理填充工具”的属性栏

① “纹理填充组合”下拉列表框：该下拉列表框内有三个选项，如图 4-3-32 所示。

② “色调”数字框：调整该数字框内的数值，可以更改所选纹理图样的色调。

③ “调整大小方法”下拉列表框：只有选取的填充为“魔术纹理”时，该下拉列表框才有效。有 3 种方式可以调整纹理填充的大小，如图 4-3-33 所示。

- 选择“不调整纹理的大小”选项后，无论如何拖曳控制柄，都不改变纹理图像的原始大小。
- 选择“保持宽高比”选项后，以所选图样填满整个填充区域，同时仍保持其宽高比。
- 选择“任意调整大小”选项后，可以根据用户拖曳控制柄的方式，来调整重新取样图像的高度或宽度。此选项并不会保持图像的高度和宽度比例。

图 4-3-32　“纹理填充组合”下拉列表框

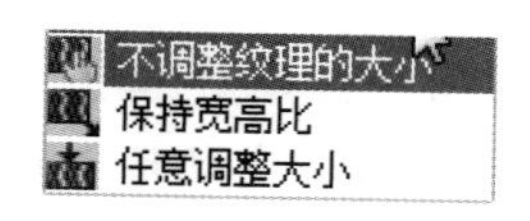

图 4-3-33　“调整大小方法”下拉列表框

在“纹理填充工具”属性栏内的“纹理填充组合”下拉列表框中，选中“相片”选项后，单击右边的图标，可以调出“照片”面板，如图 4-3-34 所示，单击其内的照片图案，可利用该照片填充图像；选中“自然纹理”选项后，单击右边的图标，可以调出“自然纹理”面板，如图 4-3-35 所示，单击其内的纹理图案，可利用该纹理填充图像；选中“魔术纹理”选项后，单击右边的图标，可以调出“魔术纹理”面板，如图 4-3-36 所示，单击其内的纹理图案，可利用该纹理填充图像。

图 4-3-34　“照片”面板

图 4-3-35　“自然纹理”面板

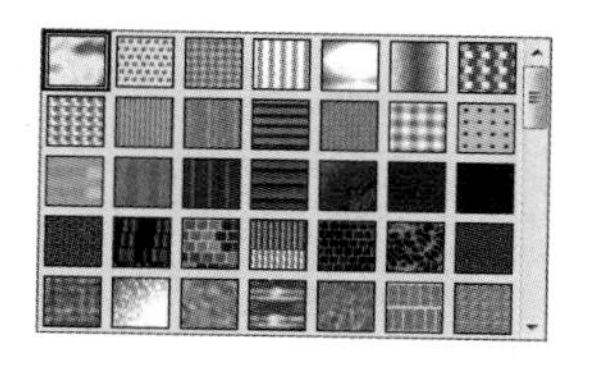

图 4-3-36　“魔术纹理”面板

4.3.3　路径工具

路径工具组包含 4 个工具，如图 4-3-37 所示。利用这些工具可以创建和调整矢量图形及路径。选择前 3 个路径工具，可以绘制不同类型的路径，选择“路径编辑工具”，可以进行路径的编辑。选择不同的路径工具，其属性栏不同，它们的属性栏可用来设置路径的形状、模式和色彩等。路径工具组中各工具的作用如下。

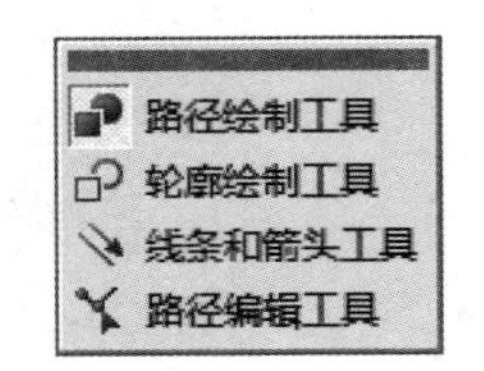

图 4-3-37　路径工具组

1．路径绘制工具

“路径绘制工具”可以用来创建各种矢量图形和路径，其属性栏如图 4-3-38 所示。下面介绍其中各选项的作用。

图 4-3-38　“路径绘制工具”属性栏

（1）“形状”栏：其内有 3 个按钮和一个数字框。

① 第 1 个按钮：单击第 1 个按钮可以调出“形状”面板，如图 4-3-39 所示。选中其内的一个图案，然后在画布内拖曳，即可绘制出选中形状的图形。

单击“形状”面板内的“自定义形状”按钮，可以调出“自定义形状”对话框，如图 4-3-40 所示。在该对话框内“选项卡组”下拉列表框中选择一种类别，可以切换“形状”列表框中的内容。选择“形状”列表框中的一个形状图案，单击“确定”按钮，再在画布窗口内拖曳，即可将该形状图形添加到画布中。

② 第 2 个按钮：单击第 2 个按钮可以调出另一个“形状”面板，其内有“弧线”、“贝氏曲线”和“任意”3 个选项，选中不同的选项，以及选取不同的工具，则可以采用不同的方式（都是单击和拖曳，最后双击结束，但效果不一样）在画布窗口内绘制图形。

③ 第 3 个按钮：单击第 3 个按钮可以调出另一个“形状”面板，其内有“多边形”、“星形”、“苜蓿叶形”和“圆形”等选项，选中不同的选项，以及选取不同的工具，此时其右边的“边数”数字框变为有效，用来设置多边形的边数。最后，在画布窗口内拖曳，即可绘制与选中形状及“边数”数字框所设置边数相同的图形。

（2）“色彩”色块：选中该色块，调出“色彩”面板，如图 4-3-41 所示。

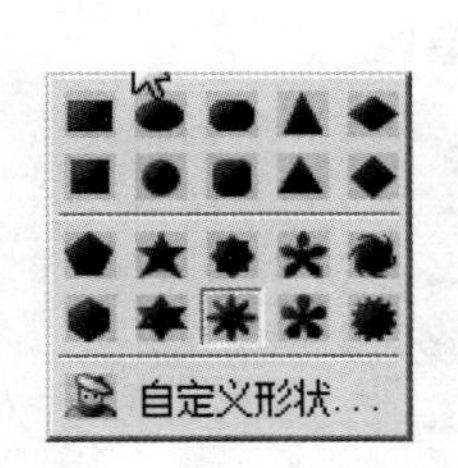

图 4-3-39　“形状”面板

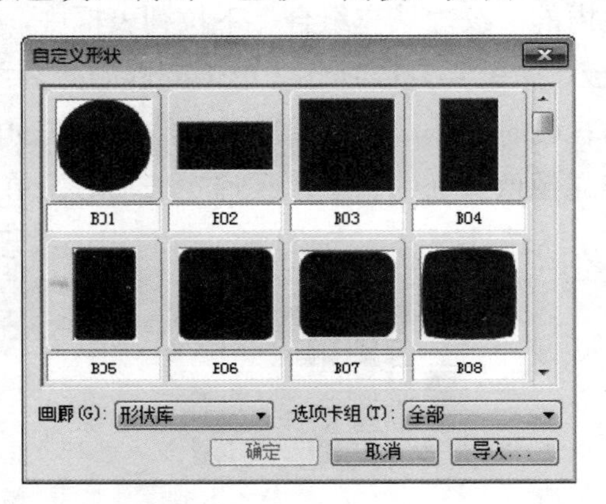

图 4-3-40　“自定义形状”对话框

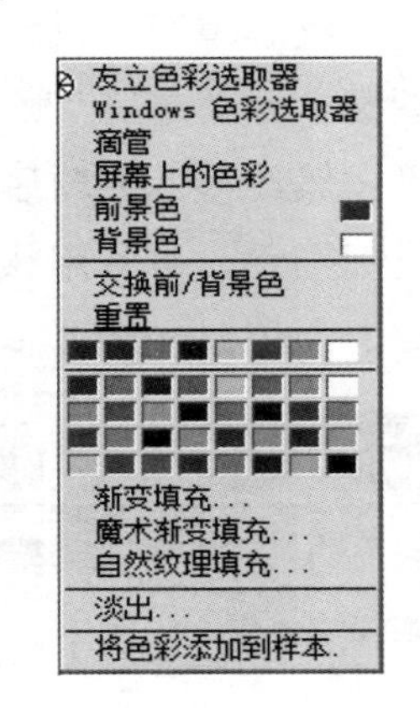

图 4-3-41　“色彩”面板

“色彩”面板内提供很多设置形状及图形颜色的方式，包括可以填充单色、渐变色、魔术纹理和自然纹理、淡出渐变等效果。单击“滴管”命令，可以使用滴管工具，吸取屏幕图像中的颜色，这和使用工具栏内滴管工具的效果基本一样。

（3）“模式”下拉列表框：其内的选项如图 4-3-42 所示。

① 选择第 1 栏内“二维对象”选项，可以设置绘制图形为二维图形；选择第 1 栏内其他三维选项，可以设置绘制图形为相应的三维图形。

② 选择第 2 栏内选项，可以转换为路径轮廓线，拖曳路径上的节点，可以进行水平或垂直方向上的变形调整。

③ 选择第 3 栏内“选定范围”选项，再在画布中拖曳，可创建相应形状的新选区。

④ 选择第 4 栏内“继续绘制”选项，再在画布中拖曳，可继续创建新路径。

（4）“边框”栏：选中该栏内的复选框，再在数字框内调整或输入边框大小的数值，如 9；单击色块，调出如图 4-1-32 所示的“友立色彩选取器”对话框，用来设置边框颜色；绘制出的图形，如五角星形四周即添加了黄色的边框，如图 4-3-43 所示。

（5）“画廊”按钮：单击该按钮，调出“画廊”菜单，如图 4-3-44（a）所示，单击其内的命令，可调出相应的“画廊-百宝箱”，双击“画廊-百宝箱”中的图案，即可将其应用于当前对象。

（6）“库”按钮：单击该按钮，可以调出“库”菜单，如图 4-3-44（b）所示，单击其内的命令，可以调出相应的“库-百宝箱”，双击“库-百宝箱”中的图案，或者拖曳“库-百宝箱”中的图案到画布窗口，即可在画布窗口内创建一个相应的对象。

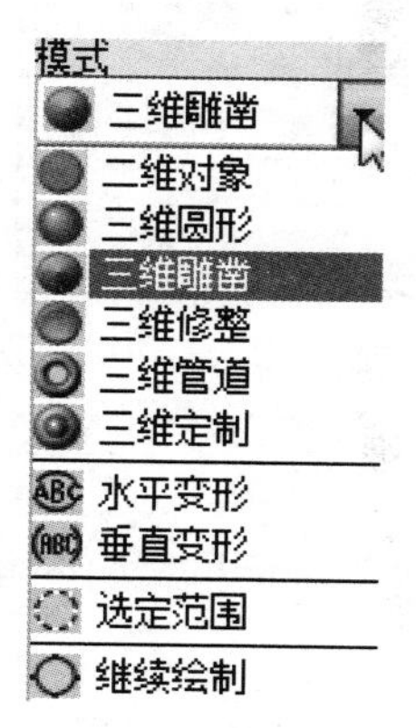

图 4-3-42 “模式”下拉列表框

图 4-3-43 带边框的图形

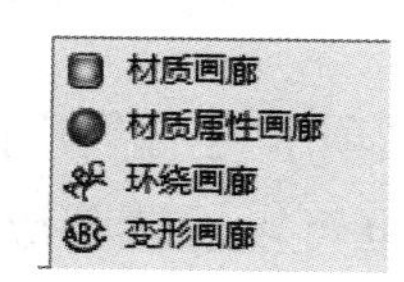

（a）“画廊”菜单

（b）“库”菜单

图 4-3-44 “画廊”和“库”菜单

（7）“材质”按钮：单击该按钮，调出“材质”对话框。利用该对话框内的各选项卡可以设置图形的各种参数，这些参数的设置大部分在前面已经介绍过。

例如，“色彩/纹理”选项卡，如图 4-3-45（a）所示，用来选择图形的填充内容；“光线”选项卡，如图 4-3-45（b）所示，在“光源”数字框内可以设置光源个数，单击右侧上边的光源按钮，再在其下边的图形上拖曳或单击，可调整该光源的位置。单击“图形设置”按钮，可调出“图形设置”菜单，如图 4-3-46 所示，用来设置样图的图形特点。

单击图 4-3-45（b）中所示的“画廊”按钮，可以调出“材质画廊”对话框，如图 4-3-47 所示。在该对话框内下边的两个下拉列表框中可以选择不同的材质类型，再在列表框内选中一种材质，单后单击“确定”按钮，关闭“材质画廊”对话框，即可将选中的对象添加到“材质”对话框中。

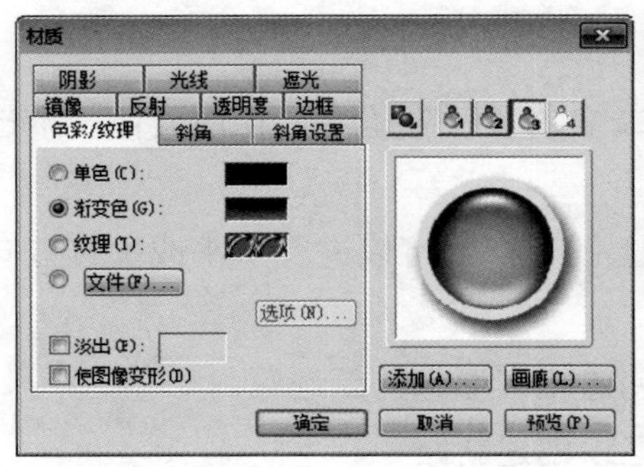

（a）“色彩/纹理”选项卡 （b）“光线”选项卡

图 4-3-45 “材质”对话框

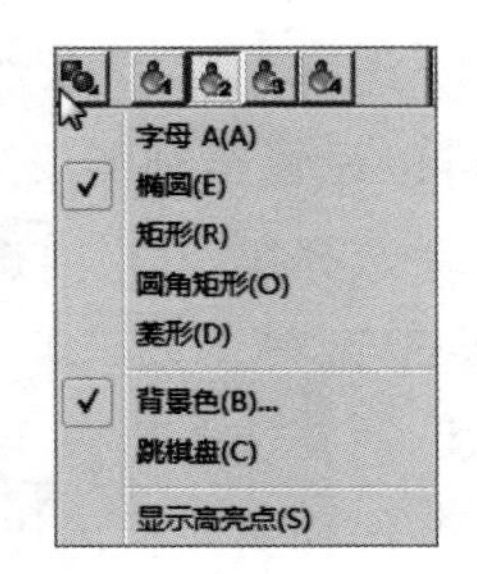

图 4-3-46 “图形设置”菜单

（8）“面板”按钮：单击该按钮，调出“工具设置-路径”对话框，其中的两个选项卡如图 4-3-48 所示。利用该对话框完成前边介绍过的一些设置。

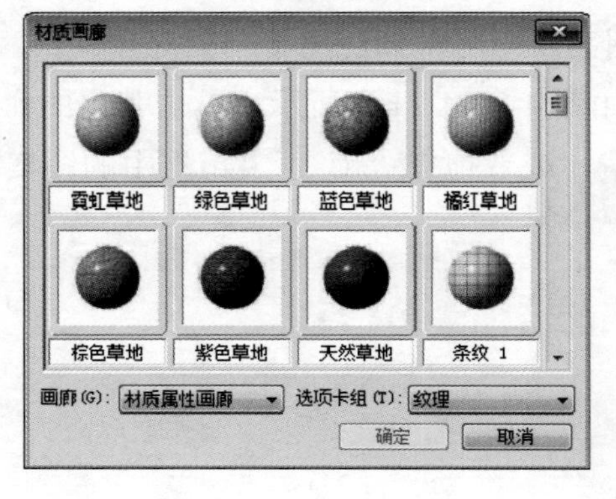

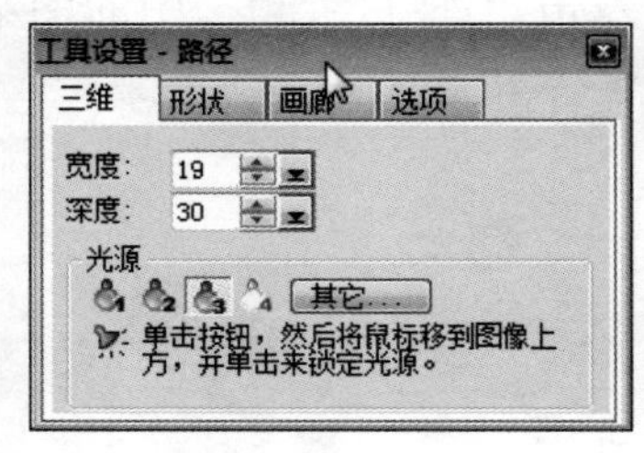

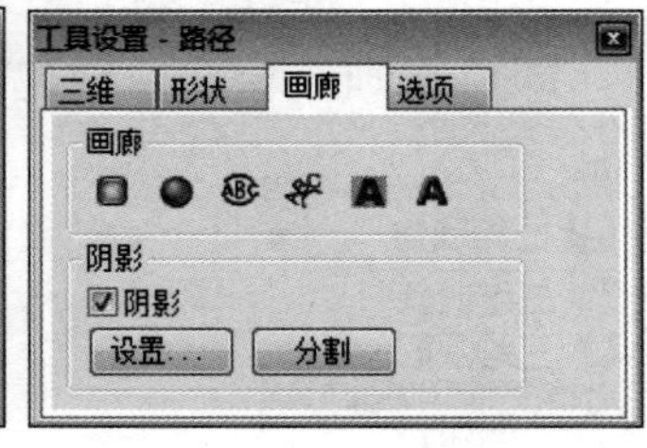

（a） （b）

图 4-3-47 “材质画廊”对话框 图 4-3-48 “工具设置-路径”对话框

选中“画廊”选项卡内的“阴影”复选框，再单击“设置”按钮，调出“阴影”对话框，如图 4-3-49 所示。利用该对话框可以设置图形的阴影。

（9）“编辑”按钮：单击该按钮，可以在“路径绘制工具”和“路径编辑工具”之间切换。图 4-3-50（a）是绘制的路径图形，图 4-3-50（b）是该图形的路径。

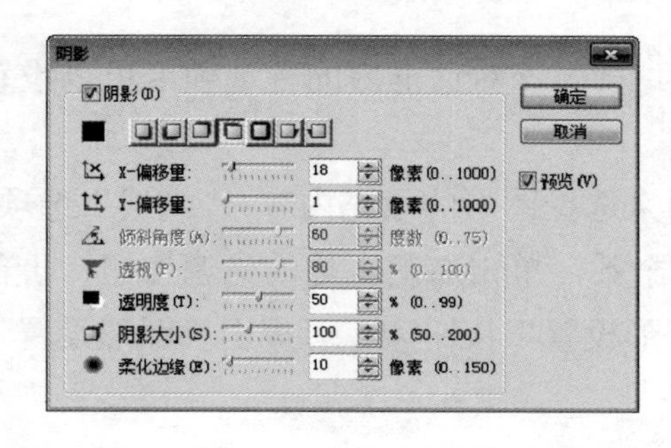

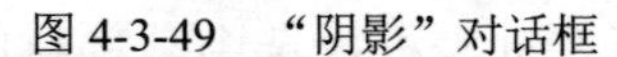
图 4-3-49 “阴影”对话框

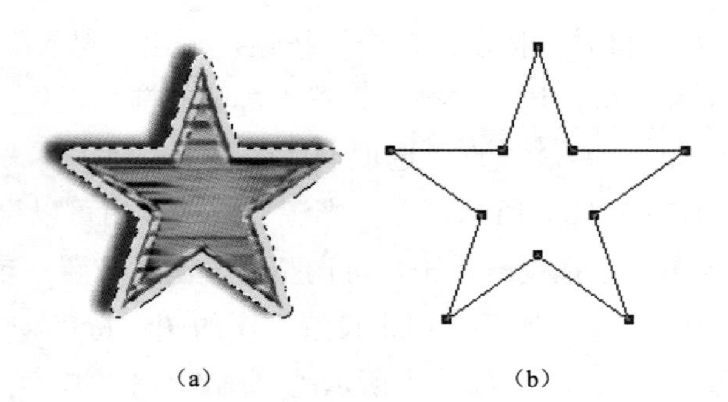
（a） （b）

图 4-3-50 路径图形及其路径

2．轮廓绘制工具

选中该工具，在画布窗口内单击和拖曳，最后双击，可以绘制封闭的曲线和创建选区，“轮廓绘制工具”的属性栏如图 4-3-51 所示。其属性栏和“路径绘制工具”的属性栏基本一样，使用方法也与“路径绘制工具”的使用方法基本一样，只是绘制出来的图形只有轮廓线，即只有路径图形，没有填充。

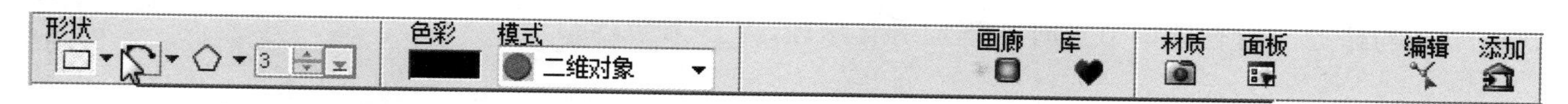

图 4-3-51 “轮廓绘制工具”的属性栏

3．线条和箭头工具

选中该工具，在画布窗口内单击和拖曳，最后双击，可以绘制曲线或曲线箭头；在画布窗口内拖曳，可以绘制直线或直线箭头。“线条和箭头工具”的属性栏如图 4-3-52 所示。该属性栏中的选项只是“线条和箭头工具”属性栏内的部分选项，“形状”下拉列表框内有“线条/箭头”、“弧线”、“贝氏曲线”和“任意”四个选项。

图 4-3-52 “线条和箭头工具”的属性栏

4．路径编辑工具

“路径编辑工具”可以用来编辑已有的路径。拖曳路径线上的节点或节点切线的控制柄，都可以调整路径的形状。单击“编辑”按钮，可以将路径和图形相互切换。

选中绘制出的路径图形、轮廓线或线条，单击“切换”按钮，即可将选中的对象切换为路径。将鼠标指针移到路径上，右击调出其快捷菜单，选择快捷菜单中的“编辑路径”命令，也可以将选中的对象切换为路径。此时路径上的节点会显示出来。

使用“路径编辑工具”对路径进行编辑后，单击“切换”按钮，即可将选中的路径切换为路径图形、轮廓线或线条。将鼠标指针移到该路径上，右击调出其快捷菜单，单击该快捷菜单内的“切换模式”命令，也可以将选中的路径切换为路径图形、轮廓线或线条。

右击“路径”，调出“路径”菜单，利用“路径”菜单，可以实现路径和图形之间的相互转换，可以编辑路径、添加节点、删除路径中的节点和调整节点等。

“路径编辑工具”的属性栏如图 4-3-11 所示，其内主要选项的作用如下。

（1）“选取节点”按钮：单击该按钮，再单击路径的节点，即可选中该节点，此时的节点是空心正方形，没选中的节点是实心正方形，如图 4-3-53（a）所示。拖曳节点、节点切线的控制柄，都可以改变路径的形状，如图 4-3-53（b）所示。

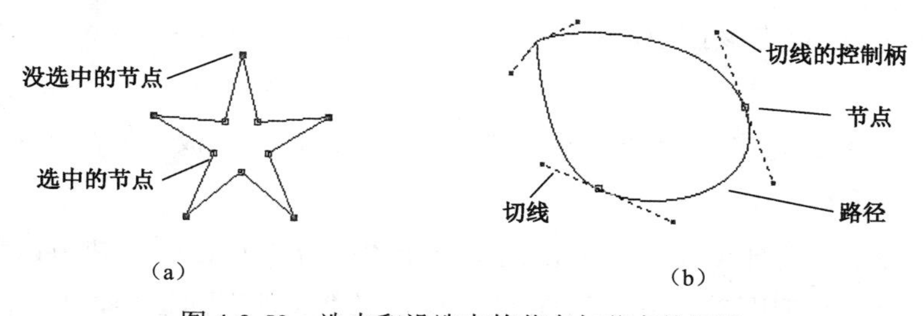

图 4-3-53 选中和没选中的节点与节点的切线

（2）“添加节点”按钮：单击该按钮，再单击路径上的一点，即可在单击处添加一个节点。

（3）“删除节点”按钮：单击该按钮，再单击路径上的节点，即可删除选中的节点。

（4）“删除”按钮✕：单击该按钮，即可删除选中的一个节点，或者删除选中的多个节点和连接这些节点的路径；没有选中节点时，删除所有路径。

4.4 绘图和文字等工具

4.4.1 绘图和润色工具

1．绘图工具组

绘图工具组有12个绘图工具，如图4-4-1所示。选择一个绘图工具，再在画布上单击或拖曳，即可绘制图形或擦除图形。利用绘图工具的属性栏，可以设置绘图颜色、纹理、线条类型等，还可以选择纹理、添加纹理，以及选择图像的显示模式等。利用画笔面板可以设置各种画笔的形状、大小、颜色和纹理等。

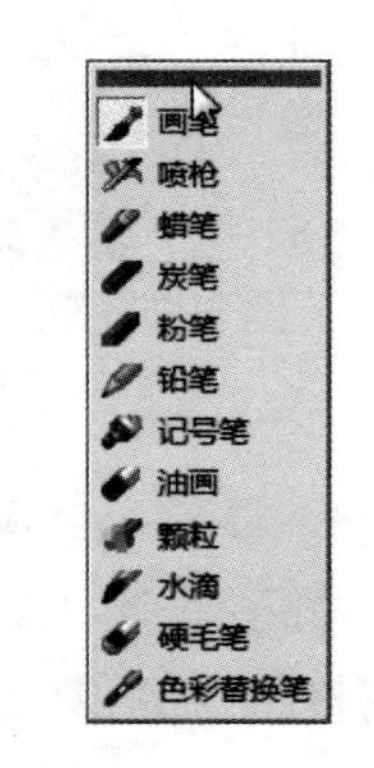

图4-4-1　绘图工具组

“画笔”工具的属性栏如图4-4-2所示。绘图工具组内其他工具的属性栏与“画笔”工具的属性栏基本一样。属性栏内主要选项的作用如下。

（1）“形状”栏：单击“形状”栏内的单选按钮，调出“形状”面板，如图4-4-3所示。单击该面板内的图案，可设置画笔笔触的形状。“形状”栏内的数字框用来调整笔触大小。单击“形状”栏内的色块，调出图4-1-25所示的“友立色彩选取器”对话框，利用该对话框可以设置笔触的颜色。

（2）“透明度”数字框：用来调整画笔绘出线的透明程度。

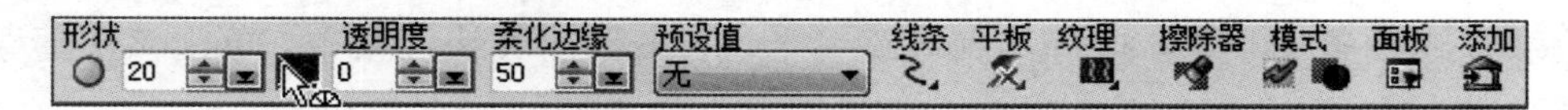

图4-4-2　“画笔”工具的属性栏

（3）“柔化边缘”数字框：用来调整画笔绘出线的边缘柔化程度。

（4）“预设值”下拉列表框：其内的选项如图4-4-4所示，选中其内一个选项，即可选中相应画笔所有属性的设置。

（5）“线条”按钮：单击该按钮，调出“线条”菜单，如图4-4-5（a）所示，用来选择一种绘制线条的类型。

（6）“纹理”按钮：单击该按钮，调出“纹理”菜单，如图4-4-5（b）所示。其内命令的作用如下。

① “选取纹理”命令：选择该命令，可以调出一个“纹理”面板，如图4-4-6所示。单击该面板上的一种纹理图案，可设置画笔纹理。

②“添加纹理”命令：选择该命令，可以调出一个“打开”对话框，利用该对话框可以打开一幅外部纹理图像来作为画笔纹理图案，同时该图案会添加到“纹理”面板中，如图4-4-6所示。

图 4-4-3 “形状”面板

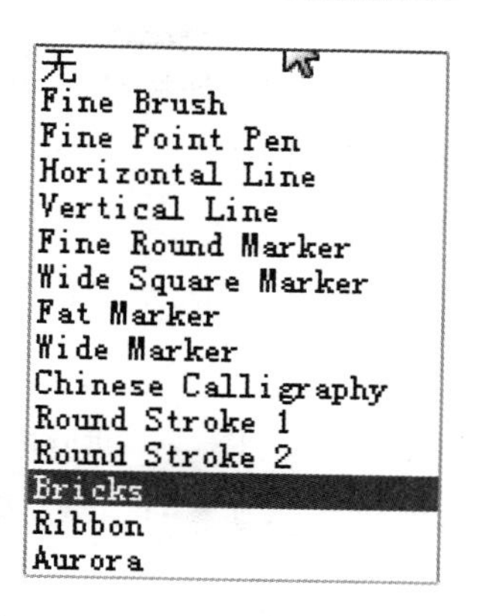

图 4-4-4 “预设值”下拉列表框

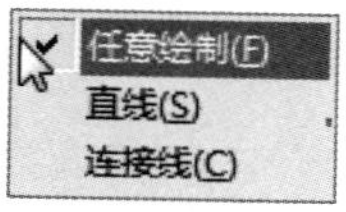

任意绘制(F)
直线(S)
连接线(C)
(a) 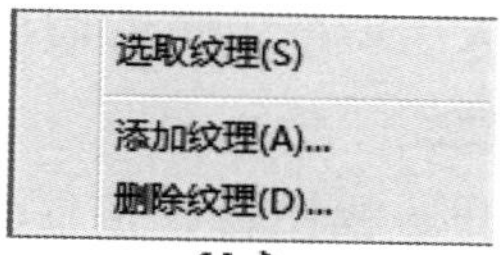
选取纹理(S)
添加纹理(A)...
删除纹理(D)...
(b)

图 4-4-5 “线条”菜单和“纹理”菜单

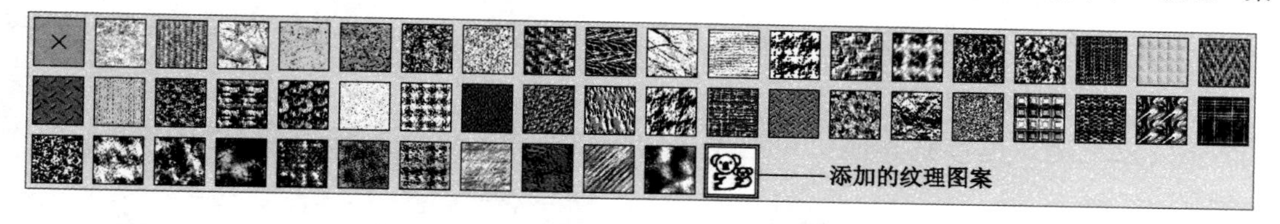

图 4-4-6 “纹理”面板

③“删除纹理”命令：选择该命令，可以调出“删除自定义纹理”对话框，在该对话框内选中要删除的纹理图案，再单击“删除”按钮，可删除选中的自定义纹理。

（7）“擦除器”按钮：单击该按钮，再在画布窗口内拖曳，可以擦除刚刚绘制的图形和线条。

2. **润色工具组**

润色工具组有 14 个润色工具，如图 4-4-7 所示。利用各种润色工具可以对图像进行修饰，包括调整亮度、色调或饱和度，以及产生弯曲和涂抹等效果的图像处理。各种润色工具的不同点主要是笔触的不同。“删除红眼”工具主要用来删除照片中出现的红眼现象。

图 4-4-7 润色工具组

单击润色工具组内的“调亮”工具按钮，此时“调亮”工具的属性栏如图 4-4-8 所示。润色工具组内其他工具的属性栏与图 4-4-8 所示的“调亮”工具的属性栏基本一样，并且和绘图工具组内“画笔”工具的属性栏基本一样，只是“预设值”下拉列表框中的选项不一样。

润色工具组内工具的属性栏与绘图工具组内“画笔”工具的属性栏相比，增加了一个“程度”数字框，该数字框用来调整效果的强度，数值越大，效果越强。

图 4-4-8 “调亮”工具的属性栏

4.4.2 仿制和印章工具

1. 修容和仿制工具组

修容和仿制工具组有 1 个修容工具和 9 个仿制工具，如图 4-4-9 所示。利用该组的 9 个仿制工具

可以将某一选区内的图像复制到同一图像或其他图像中。各种仿制工具的主要区别在于它们的仿制笔触的形状，选择不同的仿制工具，则仿制的效果不一样。

修容工具实质上也是一种仿制工具，其和仿制工具类似，会复制图像内某区域的像素到其他区域，在复制过程中会考虑到图像的纹理和光线进行自动调整，因此可以生成逼真的修补效果。修容工具主要用来修正人脸或肤色上的瑕疵。

下面以使用“仿制-画笔”工具为例，介绍使用仿制工具复制图像的方法。

（1）打开一幅图像，按住 Shift 键，将鼠标指针（呈“十”字状）移到图像中的对象上并单击，如图 4-4-10（a）所示，即可确定采样中心点的位置。

（2）将鼠标指针移到图像内的某一个区域来回拖曳，即可将采样点处的图像复制到鼠标移动经过的位置，同时可以看到在采样点处一个小正方形同步来回移动，这表示在采样图像，如图 4-4-10（b）所示。

（3）松开鼠标左键，再移到其他位置拖曳，则可以在新的位置复制相同的图像。

图 4-4-9　修容和仿制工具组

（a）

（b）

图 4-4-10　原图和仿制工具加工后的图像

“修容工具”属性栏如图 4-4-11 所示。仿制工具组内其他工具的属性栏和“修容工具”的属性栏基本一样，只是没有“来源色彩”和“来源纹理”两个数字框。

“来源色彩”数字框用来确定从来源图像应用多少色彩；“来源纹理”数字框用来确定从来源图像应用多少纹理强度。

图 4-4-11　“修容工具”的属性栏

2．印章工具组

单击“印章工具”按钮，可以选择预设的印章对象或用户自己创建的印章对象，将选定的印章对象绘制到图像上。“印章工具”的属性栏如图 4-4-12 所示，各选项的作用简介如下。

图 4-4-12　“印章工具”的属性栏

（1）“印章”按钮：单击“印章”按钮的黑色矩形或箭头按钮，调出一个“印章”菜单，如图 4-4-13 所示。单击该菜单内的“选取印章”命令或单击“印章”按钮左边的苹果图案，都可以调出“印章”面板，如图 4-4-14 所示，其内每个图案代表一种类型。

（2）“查看”按钮：在选择一类印章图案后，单击该按钮，可以调出另一个“印章”面板，其内是在图 4-4-14 所示“印章”面板中选中印章图案的同类印章图案，如图 4-4-15 所示，再单击其中一个图案，即可选择该印章图案。然后，在画布窗口内拖曳鼠标，即可在图像上复制这些印章图案。

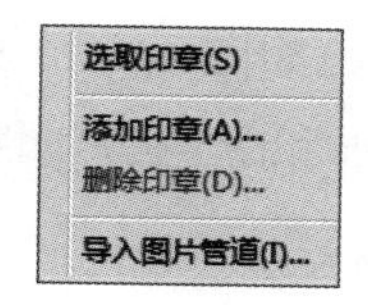

图 4-4-13 “印章”菜单

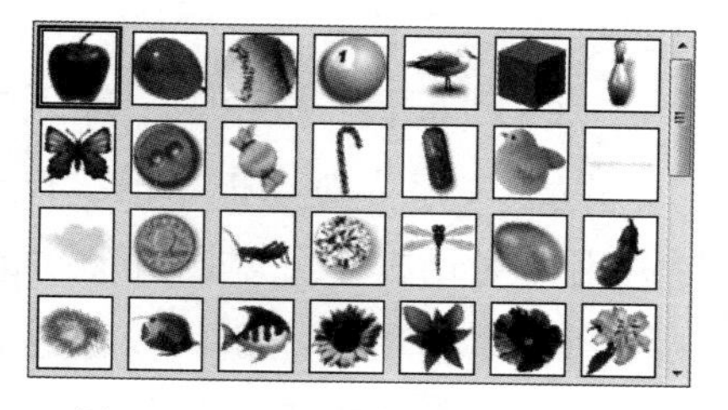
图 4-4-14 “印章”面板（1）

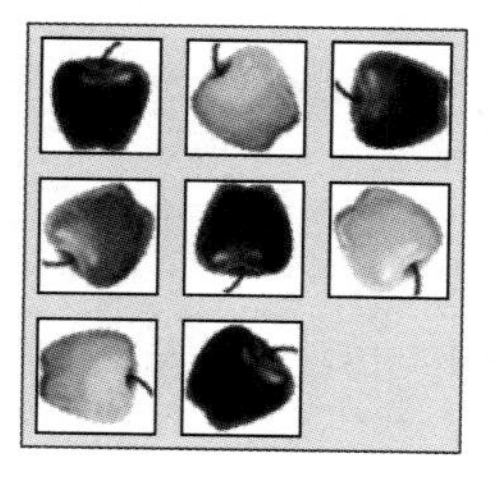
图 4-4-15 “印章”面板（2）

（3）“透明度”文本框：用来设置印章图案的透明度。

（4）“比例”文本框：用来设置印章图案的比例大小。

（5）“间距”文本框：用来设置复制的各印章图案之间的间距。

（6）“顺序”按钮栏：其内有 3 个按钮（“随机”“连续”和“斜角”），单击其中一个按钮，可以选定以何种方式来复制一组印章图案中的各个印章图案。

（7）“放置”按钮栏：其内有 2 个按钮（“印章”和“踪迹”），单击其中一个按钮，可以设置用鼠标在画布上拖曳时，是复制一个印章图案（印章）还是复制一串印章图案（踪迹）。

（8）“对象”按钮栏：其内有 2 个按钮（“独立对象”和“单个对象”），用它们来确定复制的印章图案对象（在“放置”按钮栏选择“踪迹”时）是一个对象还是多个对象。

（9）“线条”按钮：单击该按钮会调出一个菜单，该菜单有“任意绘制”“直线”和“连接线”3 个选项。选中“任意绘制”选项，用户可在图像上任意绘制；选中“直线”选项，用户可在图像上绘制一系列的线条，绘制时按住 Shift 键可以将线条的角度限制在 0、45°、90°、135°、180°、225°、270° 和 315°；选中“连接线”菜单选项，用户可在图像上绘制一系列连接的线条。完成绘制形状时可双击鼠标。

（10）“平板”按钮：在安装压力感平板后该按钮变为有效。单击该按钮可以调出有压力感平板选项的菜单。

（11）“面板”按钮：单击该按钮可调出“工具设置-画笔”面板，如图 4-4-16 所示。利用该面板可以选择画笔的图案和图案大小等。

图 4-4-16 “工具设置-画笔”面板

（12）“添加”按钮：将选定工具的当前自定义设置保存到“百宝箱”中。

4.4.3 文字工具和选取工具

1. 文字工具

单击“文字工具”按钮，再单击画布，其属性栏如图 4-4-17 所示。在该属性栏内可以设置字体、大小、样式、对齐方式、颜色和模式等。属性栏内部分选项的作用如下。

图 4-4-17 “文字工具”的属性栏

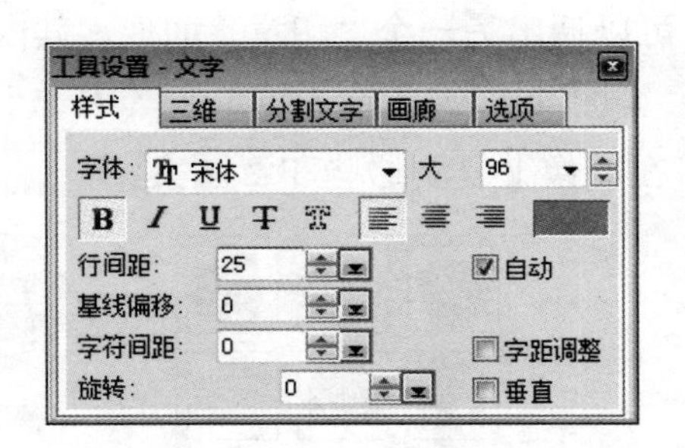

图 4-4-18 “样式”选项卡

（1）“模式”下拉列表框：选择该下拉列表框内的不同模式，可以获得不同的三维效果。

（2）“边框”栏：选中其内的复选框，用来设置文字边框的颜色和粗细。

（3）“面板”按钮：输入文字后单击该按钮，可调出“工具设置-文字”对话框中的“样式”选项卡，如图 4-4-18 所示。利用该对话框，可以设置文字的字体、大小和颜色等属性。切换到其他选项卡，还可以设置文字的其他属性。

（4）“材质”按钮：单击该按钮，可调出“材质”对话框，如图 4-4-19 所示。利用该对话框可以调整文字的颜色、渐变颜色、纹理、斜角、边框和阴影等属性。切换到“光线”选项卡，如图 4-4-19（b）所示。

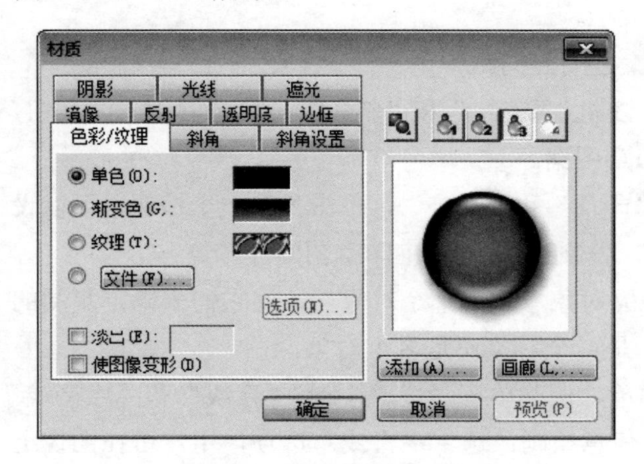

（a）“色彩/纹理”选项卡

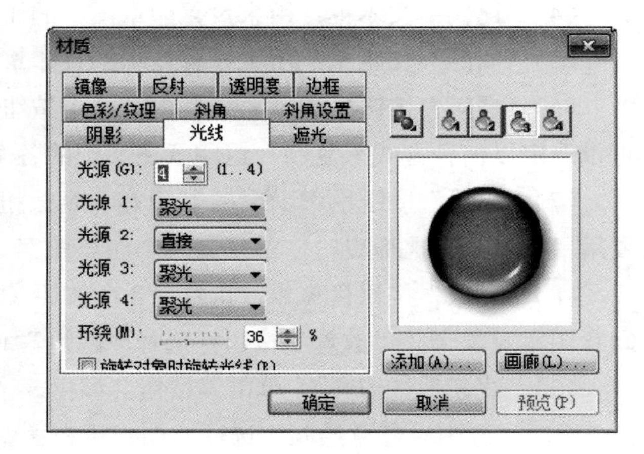

（b）“光线”选项卡

图 4-4-19 “材质”对话框

2．选取工具

工具栏内上边是选取工具，其主要作用如下。

（1）选中对象：使用选取工具，单击要选中的对象。

（2）选中多个对象：先选中一个对象，按住 Shift 键或 Ctrl 键，然后单击其他对象。

（3）取消选中对象：按下 Ctrl 键，再单击选中对象的外部。

（4）移动对象：使用选取工具，拖曳对象或按方向键，可以移动对象。

（5）定方向移动对象：使用选取工具，按住 Shift 键，同时拖曳要移动的对象，可以在 0 和 45°整数倍角度移动对象。

（6）复制对象：使用选取工具，按 Ctrl 键的同时拖曳对象。

（7）调出“对象属性”对话框：双击对象，可以打开“对象属性”对话框中的“常规”选项卡，如图 4-4-20（a）所示。切换到“位置和大小”选项卡，如图 4-4-20（b）所示。利用该对话框可以设置图像的颜色、边缘柔化程度、透明色彩、位置和大小等。

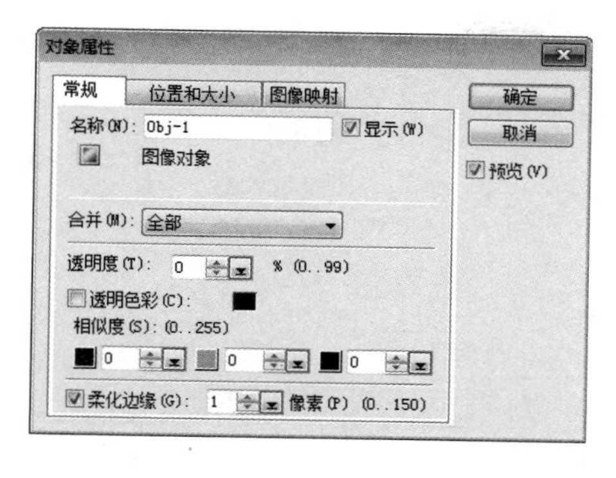

(a)“常规”选项卡

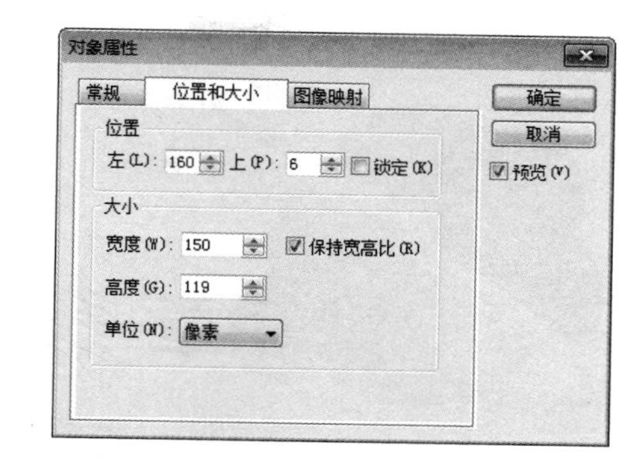

(b)“位置和大小”选项卡

图 4-4-20 “对象属性”对话框

（8）“选取对象”工具的属性栏：在 4.1.2 节中已经介绍过。

思考与练习 4

1. 进行实际操作，了解中文 PhotoImpact 10.0 软件标准工具栏、属性工具栏、工具面板中各工具的基本使用方法。

2. 按 F1 键，调出中文 PhotoImpact 10.0 软件的帮助界面，了解有关帮助信息。

3. 使用中文 PhotoImpact 10.0 软件绘制一个红色彩球和一个蓝色彩球。

4. 使用中文 PhotoImpact 10.0 软件将一幅图像中的人物抠取出来，再将抠取出的人物图像合并到另一幅风景图像中。

中文 PhotoImpact 10.0 制作实例

本章通过制作一些常用的文字和图像，来完成一些实用的案例，引领读者进一步掌握使用中文 PhotoImpact 10.0 加工制作图像素材的方法和技巧。

5.1 文字制作实例

实例 1 立体文字

“立体文字”图像如图 5-1-1 所示。在课件和网页中常使用这种文字制作标题，它的制作方法如下。

图 5-1-1 “立体文字”图像

（1）选择“文件”→“新建”→“新建图像”命令，调出“新建图像”对话框，设置画布为白色，图像大小为 450 像素×150 像素，其他设置如图 5-1-2 所示，然后单击“确定”按钮。

（2）单击工具栏中的“文字工具”按钮T、单击画布、单击其属性栏内的“面板”按钮，调出“工具设置-文字”对话框中的“样式”选项卡，设置文字颜色为红色、字体为华文楷体、字号为 66 磅，加粗，如图 5-1-3 所示。

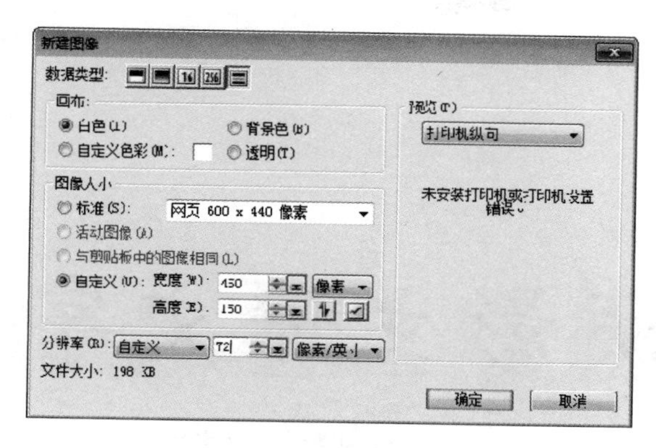

图 5-1-2　“新建图像”对话框

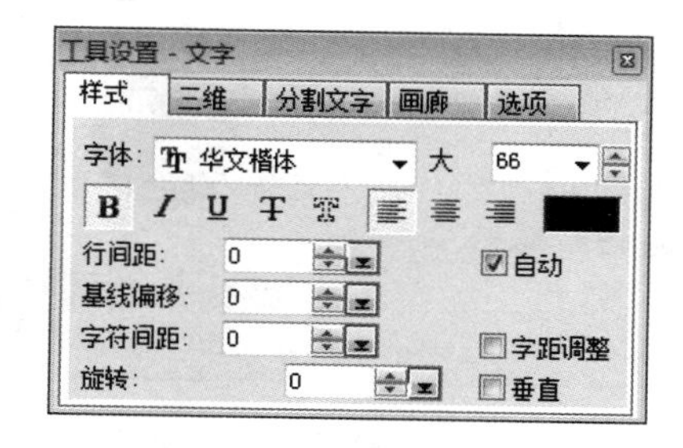

图 5-1-3　“样式”选项卡

（3）在画布中输入文字“阴影立体文字”，如图 5-1-4 所示。单击工具栏内的“选取对象”工具按钮，选中文字对象，并拖曳文字对象到画布中间偏上的位置。

阴影立体文字

图 5-1-4　画布中的“阴影立体文字”

（4）单击工具栏中的“文字工具”按钮，在文字工具属性栏内“模式”下拉列表框中选中“三维圆形”选项。

（5）单击文字工具属性栏内的“材质”按钮，调出“材质”对话框，切换到“阴影”选项卡，选中其内的“阴影”复选框，如图 5-1-5 所示。单击“预览”按钮，可以看到立体文字添加阴影的效果。

（6）单击“阴影”选项卡中的“选项”按钮，调出“阴影”对话框，利用该对话框，可以设置阴影的颜色、偏移量、透明度、大小和边缘柔化程度等，如图 5-1-6 所示。单击“确定”按钮，关闭“阴影”对话框，回到“材质”对话框。

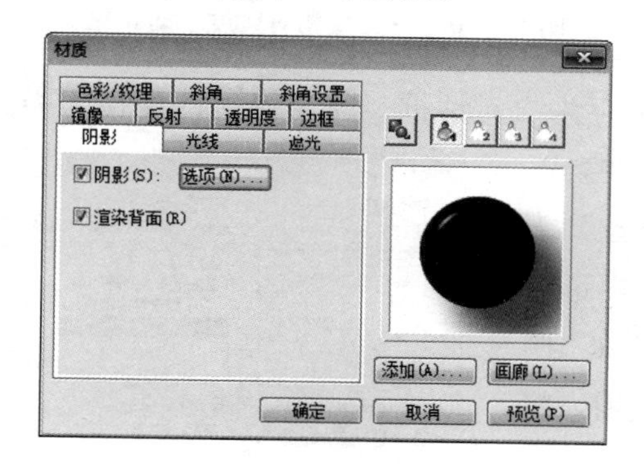

图 5-1-5　“阴影”选项卡

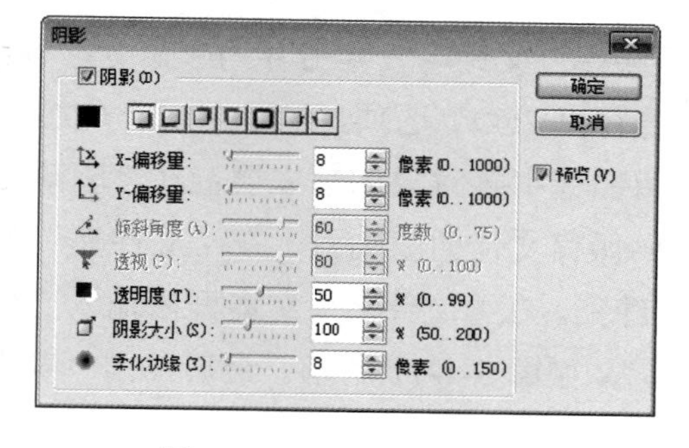

图 5-1-6　“阴影”对话框

（7）单击“材质”对话框中的“斜角设置”标签，切换到“斜角设置”选项卡，设置边框为 10，深度为 20，最大边框宽度为 20，如图 5-1-7 所示。单击该对话框内的“确定”按钮，即可完成阴影立体文字的制作。使用工具栏中的“选取对象”工具，单击画布内的空白处，取消文字的选取，效果如图 5-1-8 所示。

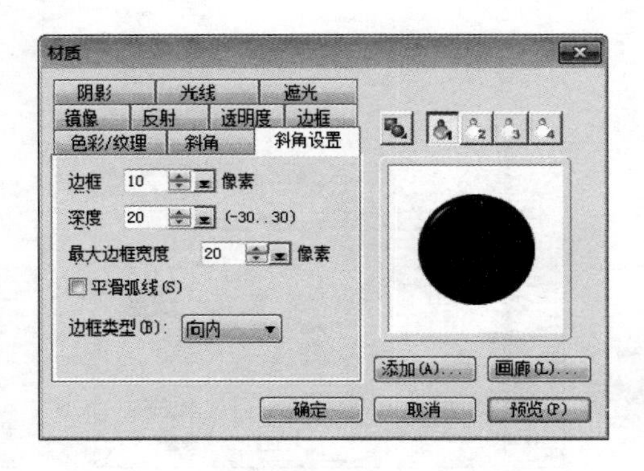

图 5-1-7　“斜角设置”选项卡

图 5-1-8　阴影立体文字

（8）在“百宝箱面板”中，单击“填充画廊”目录下“渐变”目录内的“G34”图案，如图 5-1-9 所示。双击该图案，使画布填充“G34”图案。

（9）单击标准工具栏内的“亮度和对比度”按钮，调出“亮度和对比度”对话框，设置背景图像的对比度和亮度，如图 5-1-10 所示。此时，画布中的图像如图 5-1-1 所示。

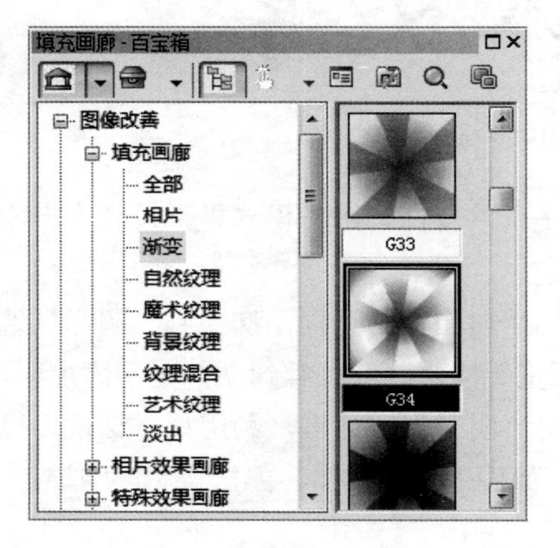

图 5-1-9　“填充画廊-百宝箱”面板

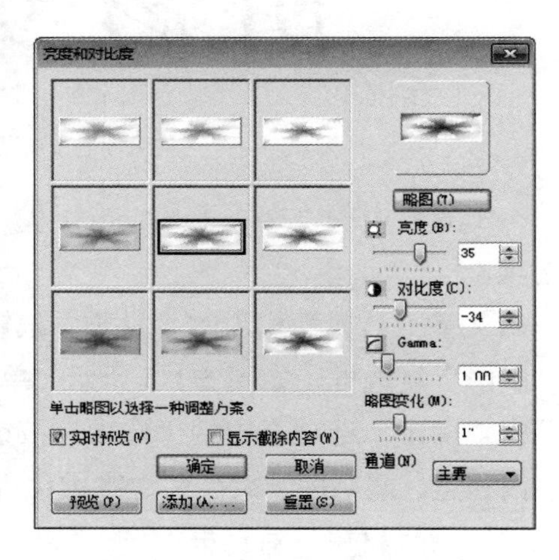

图 5-1-10　“亮度和对比度”对话框

（10）选择“文件”→“另存为”命令，调出“另存为”对话框。在“将文件保存为类型”下拉列表框内选择“UFO”选项，这是 Ulead（友立）文件格式，它可以保留图像中各对象的独立层；在“驱动器”下拉列表框中选择要保存文件的驱动器，在“文件夹”列表框内选中“实例”文件夹，在“文件名”文本框内输入文件的名称“阴影文字.ufo”，如图 5-1-11 所示。最后单击“确定”按钮，将图像保存。

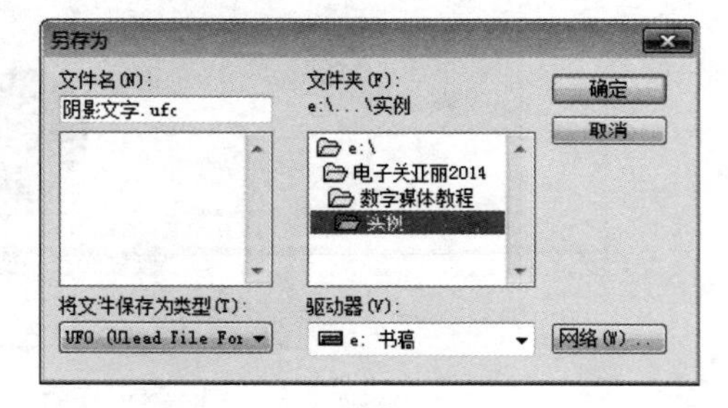

图 5-1-11　“另存为”对话框

实例 2　火焰文字

“火焰文字”图像如图 5-1-12 所示。在多媒体程序中为了突出主题，常使用这种文字制作标题，它的制作方法如下。

图 5-1-12 “火焰文字”图像

（1）选择“文件”→“新建”→“新建图像”命令，调出“新建图像”对话框，设置画布为白色，图像大小为 400 像素×250 像素，单击“确定”按钮，新建一个图像。

（2）单击工具栏中的“文字工具”按钮T，再单击画布，在其属性栏内设置文字颜色为红色、字体为隶书、字号为 80 磅，然后输入“火焰文字”，因为默认为制作实例 1 的文字属性设置，所以文字是带阴影的立体文字，如图 5-1-13 所示。

（3）调出如图 5-1-5 所示“材质”对话框中的“阴影”选项卡，选中“阴影”复选框，如果不选中该复选框，则直接单击“确定”按钮，文字的阴影将被取消，效果如图 5-1-14 所示。

图 5-1-13 带阴影的“火焰文字”

火焰文字

图 5-1-14 去掉阴影的“火焰文字”

（4）使用工具栏中的选取工具，按住 Ctrl 键，拖曳“火焰文字”，复制一个“火焰文字”对象。然后将复制的“火焰文字”对象移出画布，此时会产生一个新画布，画布内是移出的“火焰文字”。

（5）使用工具栏中的选取工具，单击原画布的标题栏，选中原画布，再选中原画布中的“火焰文字”。

（6）在“字型画廊-百宝箱”面板中，选择“文字/路径特效”→“字型画廊”→“火焰”目录内的“火焰 3”图案，如图 5-1-15 所示。然后，双击该图案，使画布中的文字变为火焰文字。最后将火焰文字移到画布中间偏下处，如图 5-1-16 所示。

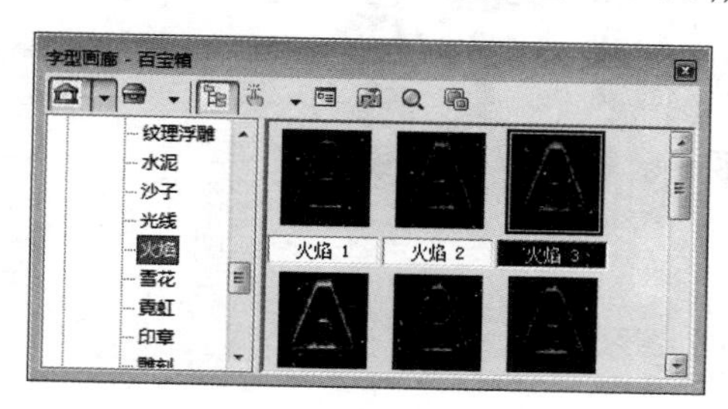

图 5-1-15 “字型画廊-百宝箱”面板

图 5-1-16 火焰文字

（7）右击火焰文字，调出它的“对象”菜单，选择该菜单内的“属性”命令，调出如图 4-4-20（a）所示“对象属性”对话框中的“常规”选项卡，在“名称”文本框内输入“火焰字”，即可给该对象命名为“火焰字”。

（8）单击复制的“火焰文字”所在画布的标题栏，选中该画布。再选中其内的“火焰文字”立体文字，右击立体文字，调出它的对象菜单，选择该菜单内的“属性”命令，调出如图 4-4-20（a）所示的“对象属性”对话框，利用该对话框给该对象命名为“立体字”。然后将“火焰文字”拖曳到原画布中，使它位于火焰文字上。

（9）单击“面板管理器”中的“图层管理器”按钮，调出“图层管理器”面板，如图 5-1-17 所示，单击该面板内左上角的“图层…”按钮，可以看到当前图像由 3 个图层组成。

（10）右击画布，调出其快捷菜单，再选择快捷菜单中的“全部合并”命令，将全部图层合并到“基底图层”内。此时画布中的火焰文字如图 5-1-12 所示。

（11）从第 6 步后创建火焰文字的方法也可以改为：选择“效果”→“创意”→“字型效果”命令，调出“字型效果”对话框。单击该对话框内“效果：火焰”列表框内的“火焰”图案，此时“字型效果”对话框如图 5-1-18 所示。利用该对话框可以设置火焰的颜色、强度。再单击“确定”按钮，此时画布中的文字如图 5-1-16 所示。

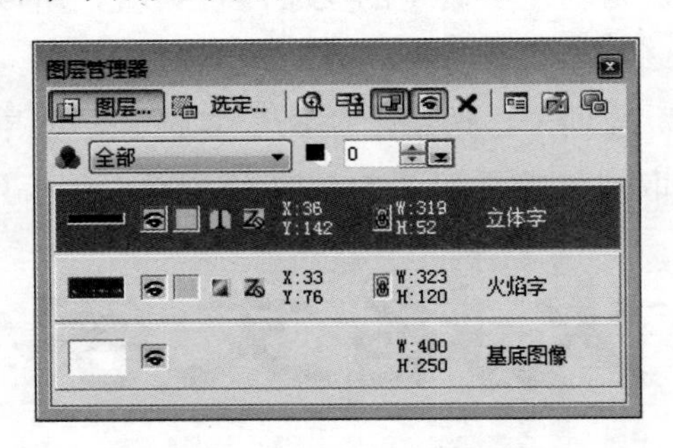

图 5-1-17 “图层管理器”面板

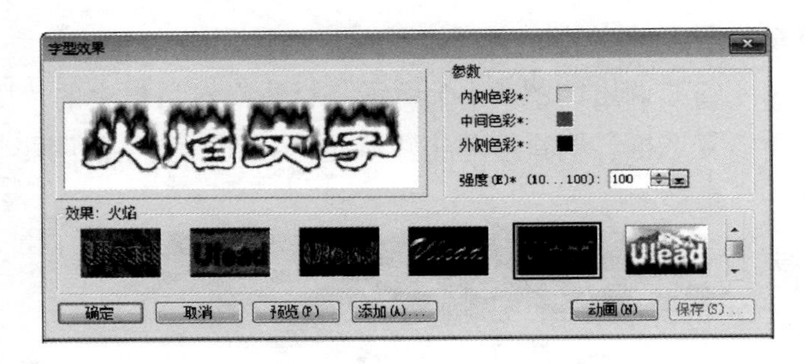

图 5-1-18 “字型效果”对话框

如果单击该对话框中的“动画”按钮，则在该对话框中会调出“关键帧控件”栏，利用它还可以设计出火焰文字的动画效果。关于“关键帧控件”栏将在后面介绍。

实例 3 透视文字

“透视文字”图像如图 5-1-19 所示。它是两幅不同透视效果的图像，制作方法如下。

（a） （b）

图 5-1-19 两种“透视文字”图像

（1）新建一个颜色为白色、宽为 400 像素、高为 250 像素的画布。单击“文字工具”按钮，再单击画布，在其属性栏内设置文字颜色为红色、字体为隶书、字号为 80 磅，然后输入文字“透视文字”，采用制作实例 2 的文字属性。

（2）单击“文字工具”属性栏内的“材质”按钮，调出“材质”对话框，如图 5-1-20 所示。切换到“光线”选项卡，再在“光源”数字框内输入“3”，可以看到立体图形添加了 3 个光源。

（3）单击“光源 1”按钮，在其下边的图像上拖曳，就可以调整“光源 1”的位置。按照这种方法，继续调整其他两个光源的位置，使图形变得更圆滑，如图 5-1-21 所示。

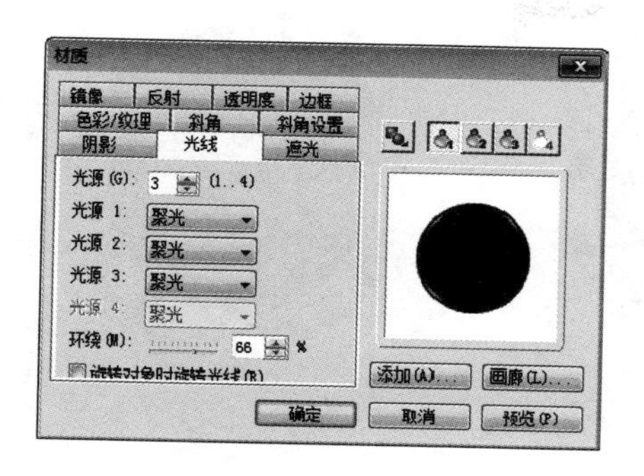

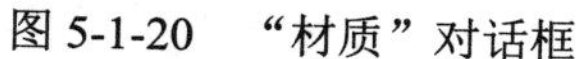

图 5-1-20　“材质”对话框

图 5-1-21　圆滑的立体文字

（4）使用工具栏中的“选取工具”按钮，按住 Ctrl 键，拖曳“透视文字”，复制一个“透视文字”对象。然后将复制的“透视文字”移出画布，此时会产生一个新画布，画布内是移出的“透视文字”立体文字。

（5）使用工具栏中的“选取工具”按钮，单击原画布的标题栏，选中原画布。再选中原画布中的“透视文字”。单击工具栏中的“变形工具”按钮。此时画布中的文字四周增加了一个有 8 个控制柄的黑线框，如图 5-1-22 所示。选择“编辑”→“旋转和翻转”→“使用变形工具”命令，也可以达到同样的目的。

（6）单击“变形方法”栏内的“透视”按钮，垂直向上拖曳右上方的控制柄，使文字呈透视文字状，然后单击画布空白处。此时的透视文字如图 5-1-19（a）所示。

（7）新建一个相同的图像，将复制的文字拖曳到新建窗口内。在“变形画廊-百宝箱”面板中，选择“变形画廊”→“水平文字”目录内的“HT18”图案，如图 5-1-23 所示。双击该图案，使画布中的立体文字变形。

图 5-1-22　文字增加了黑线框

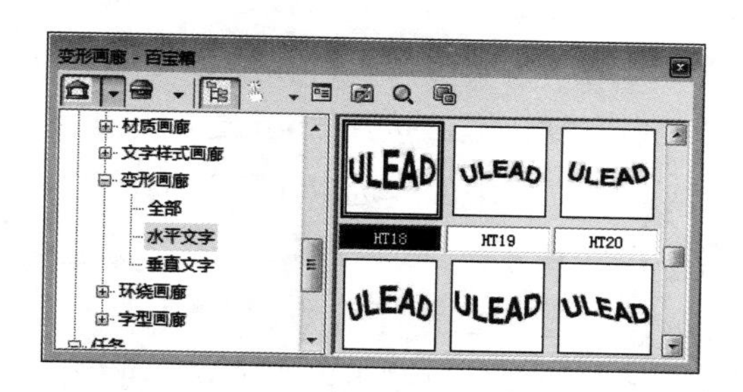

图 5-1-23　“变形画廊-百宝箱”面板

（8）单击工具栏中的“变形工具”按钮，再单击“变形方法”栏内的“透视”按钮，垂直向上拖曳右上方和左上方的控制柄，使文字呈透视状，然后单击画布的空白处。此时的透视文字如图 5-1-19（b）所示。

（9）分别将两幅图像以名称“透视文字 1.ufo”和“透视文字 2.ufo”保存。

实例 4　环绕文字

有三幅特点和制作方法都不一样的“环绕文字”图像，如图 5-1-24 所示。它们都在圆形图像的四周环绕一些文字。具体的制作方法如下。

（a）

（b）

（c）

图 5-1-24 “环绕文字”图像

1．环绕文字 1

（1）新建一幅图像，设置画布颜色为白色、宽度为 450 像素、高度为 400 像素。将图像以名称“环绕文字 1.ufo”保存在“实例”文件夹中。单击工具栏中的“文字工具”按钮**T**，再单击画布，并在其属性栏内设置文字颜色为红色、字体为 Arial Black、字号为 32 磅，加粗。输入立体“ABCDEFGHIJKLMNOPQRSTUVWXYZ”字符串，采用制作实例 3 的文字属性形成立体文字，如图 5-1-25 所示。

ABCDEFGHIJKLMEOPQRSTUVWXYZ

图 5-1-25 立体文字

（2）选择“文件”→“打开”命令，调出“打开”对话框。利用该对话框打开“素材”文件夹内的“鲜花 1.jpg”图像，如图 5-1-26 所示。

单击“标准选定范围工具”按钮，再单击其属性栏内的“选项”按钮，调出“选项”菜单，选中该菜单内的“移动选定范围选取框”选项，在“形状”下拉列表框内选择“椭圆”选项，取消选中“固定大小”复选框，按住 Shift 键，并在画布内拖曳，创建一个圆形选区。

（3）选择工具栏中的“选取工具”按钮，再用鼠标拖曳一个圆形选区，使它移到图像的中间位置，如图 5-1-27 所示。此时只移动选区，选区内的图像不会随之变化。

（4）选择“选定范围”→“反转选取”命令，选中原来选区之外的图像，按 Delete 键，删除选区内的图像。此时画布中只剩下圆形选区中的图像，如图 5-1-28 所示。而此时的选区是图像之外的白色区域。

（5）选择“选定范围”→“反转选取”命令，选中圆形图像。单击标准工具栏中的“复制”按钮，将选区中的图像复制到剪贴板。再单击“环绕文字 1.ufo”图像画布，按 Ctrl+V 组合键，将剪贴板中的图像粘贴到画布中。最后将粘贴的图像移到画布的中间。

图 5-1-26 “鲜花 1.jpg”图像

图 5-1-27 圆形选区

图 5-1-28 圆形选区中的图像

（6）单击画布右上角的“关闭”按钮，会调出一个提示对话框，单击该对话框中的“否”按钮，不保存图像并关闭图像文件。

（7）单击工具栏中的“轮廓绘制工具”按钮，再单击画布，激活其属性栏。单击其属性栏内的“选取形状”按钮，调出“形状”面板，选中其内的“圆形”图案，选择红色。在画布中拖曳出一个与圆形图像大小近似的圆形轮廓线。

（8）将鼠标指针移到圆形轮廓线上，右击调出其快捷菜单，再单击该菜单中的“编辑路径”命令。此时圆形轮廓线转换为圆形路径，路径上有 4 个红色方形控制柄。拖曳选中所有的控制柄，显示出控制柄的切线，如图 5-1-29 所示。拖曳切线两端的控制柄和路径上的方形控制柄，可以调整圆形路径的大小和形状。

（9）单击工具栏中的“选取工具”按钮，圆形路径会自动转换为圆形轮廓线，如图 5-1-30 所示。选中前面输入的字符串，单击右键，调出它的快捷菜单，选择该菜单内“环绕”→“弯曲”命令，调出“弯曲”对话框，单击该对话框内的“确定”按钮，即可使字符串呈环绕状。

（10）使用“选取工具”按钮，拖曳环绕状的字符串，将它移到圆形轮廓线的外边，形成文字环绕圆形轮廓线的效果，如图 5-1-31 所示。

图 5-1-29　圆形路径

图 5-1-30　圆形轮廓线

图 5-1-31　文字环绕

（11）右击环绕字符串，调出它的快捷菜单，选择该菜单内的“环绕”→“属性”命令，调出“弯曲”对话框，如图 5-1-32 所示。利用该对话框可以调整字符串的环绕形状。单击该对话框内的“预览”按钮，可以不关闭“弯曲”对话框，同时看到调整参数后的字符串环绕形状的变化效果。

（12）每进行一次参数的修改调整后，单击一次“预览”按钮，观察环绕字符串的变化情况。这样可不断进行调整，最后效果如图 5-1-33 所示。单击“确定”按钮，关闭该对话框。最后，微调环绕字符串的位置，再单击画布空白处，效果如图 5-1-24（a）所示。

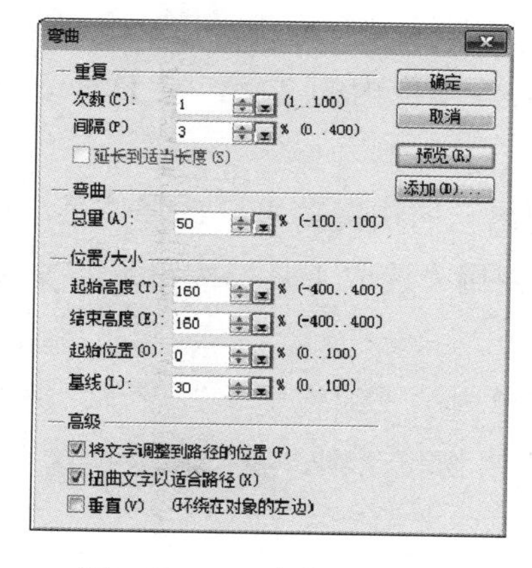

图 5-1-32　“弯曲”对话框

图 5-1-33　环绕文字

2．环绕文字 2

（1）右击画布空白处，调出它的快捷菜单，选择该菜单内的“全部合并”命令，将图像中的所有图层合并，再将图像以名称“环绕文字 1.jpg”保存在“实例”文件夹中。单击工具栏内的“撤销”按钮，撤销“全部合并”命令的执行，选中环绕字符串，按 Delete 键，即可删除环绕字符串，再以名称“环绕文字 2.ufo”保存在“实例”文件夹中。

（2）单击工具栏中的“文字工具”按钮、单击画布、单击其属性栏内的“面板”按钮，调出“工具设置-文字”对话框中的“样式”选项卡，设置文字颜色为红色、字体为隶书、字号为 32 磅，加粗，在“模式”下拉列表框中选中“三维圆形”选项。

（3）右击圆形路径轮廓线，调出它的快捷菜单，选择该菜单内“环绕”→“将文字添加到活动路径”命令，即可在右击的圆形路径周围添加一圈文字，如图 5-1-34 所示。注意：文字输入光标（垂直线）定位在环绕文字内的下边，如图 5-1-34 所示。

（4）按 Delete 键，将环绕文字都删除，如图 5-1-35 所示。

（5）在光标处输入文字“美丽的鲜花，美丽的环境，美丽的大自然，保护家园”。还可以转圈拖曳选中的所有文字，如图 5-1-36 所示，并在其属性栏内进行文字属性的修改。

图 5-1-34　环绕文字

图 5-1-35　将环绕文字删除

图 5-1-36　选中的文字环绕

（6）使用“选取工具”按钮，右击环绕文字，调出它的快捷菜单，选择该菜单内的“环绕”→“获取环绕路径”命令，将圆形路径显示出来，再调整圆形路径轮廓线的大小和位置，最后的效果如图 5-1-24（b）所示。

（7）选择“文件”→“保存”命令，将制作好的图像以名称“环绕文字 2.ufo”保存。再选择“文件”→“另存为”命令，调出“另存为”对话框，将图像以名称“环绕文字 3.ufo”保存在“实例”文件夹中。

3．环绕文字 3

（1）使用“选取工具”按钮，选中“环绕文字 3.ufo”图像内的文字，按 Delete 键，删除现有的环绕文字，然后输入一行文字。

（2）另外，也可以采用这种方法：右击环绕文字，调出它的快捷菜单，选择该菜单内的“环绕”→“删除环绕”命令，将环绕文字展开为一行文字，然后使用“选取工具”按钮将文字移到圆形图像的上边，如图 5-1-37 所示（画布外的文字没有显示出来）。

（3）右击选中的文字，调出它的快捷菜单，选择该菜单内的“编辑文字”命令，进入文字编辑状态，将文字改为“地球是我们美好的家园，有空气、水、植物和动物，我们要爱护这个家园”。还可以在其属性栏内修改文字的属性。

（4）单击工具栏内的“选取工具”按钮，右击选中的文字，调出其快捷菜单，再选择该菜单中的“环绕”→“从环绕画廊中选取”命令，调出“环绕画廊-百宝箱”面板，选中其内列表框中的“文字环绕 23”图案，如图 5-1-38 所示。双击该图案，即可将选中的文字呈圆圈状分布，如图 5-1-39 所示。

图 5-1-37 文字在圆形图像的上边

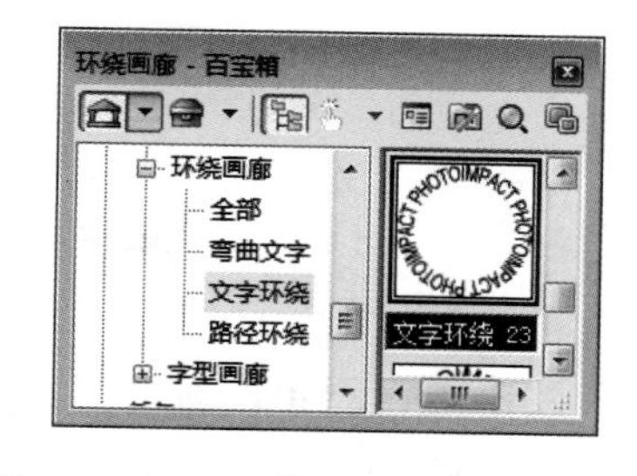

图 5-1-38 “环绕画廊-百宝箱”面板

图 5-1-39 环绕文字

（5）单击工具栏内的“变形工具”按钮，环绕文字四周出现 8 个控制柄，在其属性栏内单击“保持宽高比”按钮，使该按钮呈弹起状态，在“宽度”和“高度”文本框内均输入“340”，将环绕文字调大，并将它移到圆形图像周围，如图 5-1-40 所示。

（6）右击环绕文字，调出它的快捷菜单，选择该菜单内的“环绕”→“属性”选项，调出“环绕”对话框，如图 5-1-41 所示（还没有设置）。选中“次数”单选按钮，在它的数字框内将数值改为“1”，表示文字环绕只出现一次。单击“预览”按钮，可以看到环绕文字变大了，出现的次数变成了一次。

（7）单击“环绕”对话框中的“确定”按钮，关闭该对话框。单击工具栏内的“选取工具”按钮。

图 5-1-40 调整环绕文字的大小和位置

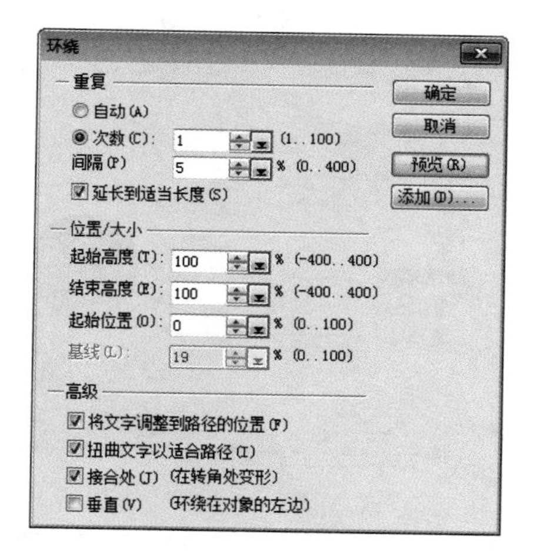

图 5-1-41 “环绕”对话框

（8）右击画布空白处，调出其快捷菜单，再选择该菜单中的“全部合并”命令，即可获得如图 5-1-24（c）所示的文字环绕圆形图像。

实例 5 透明文字

填充不同材质的透明文字如图 5-1-42（单色填充）、图 5-1-43（多色填充）、图 5-1-44（纹理填充）和图 5-1-45（图像填充）所示。它们的制作方法如下。

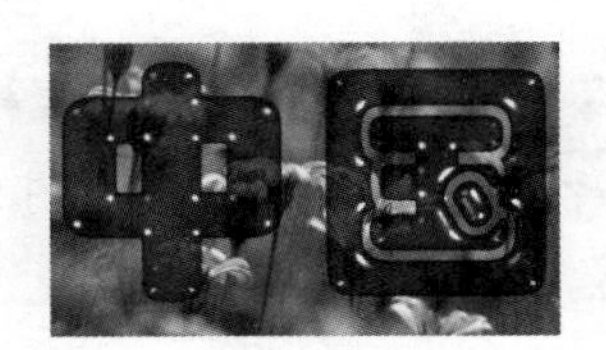
图 5-1-42　单色填充透明文字

图 5-1-43　多色填充透明文字

图 5-1-44　纹理填充透明文字

1．透明文字 1

（1）选择“文件”→“打开”命令，调出“打开”对话框。利用该对话框打开“素材”文件夹内的“花 2.jpg”图像。

（2）单击工具栏中的“文字工具”按钮 **T**，再单击画布，在其属性栏内设置文字颜色为红色、字体为华文琥珀、字号为 200 磅、模式为“三维圆形”。输入文字“中国”，如图 5-1-46 所示。

图 5-1-45　图像填充透明文字

图 5-1-46　输入文字“中国”

（3）单击属性栏内的“材质”按钮，调出“材质”对话框，切换到“斜角设置”“斜角”“光线”和“透明度”选项卡，如图 5-1-47 所示。

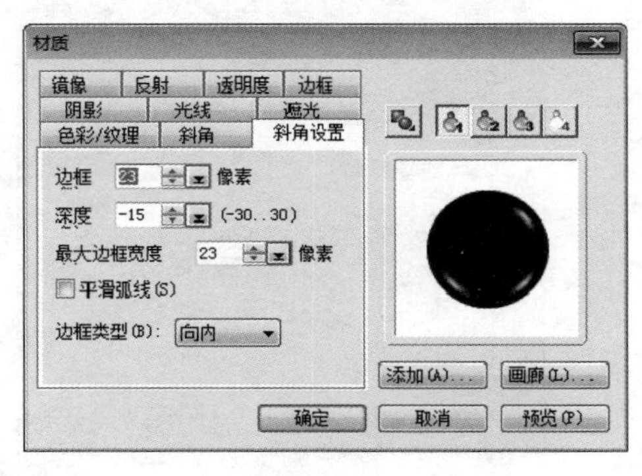

（a）“斜角设置”选项卡

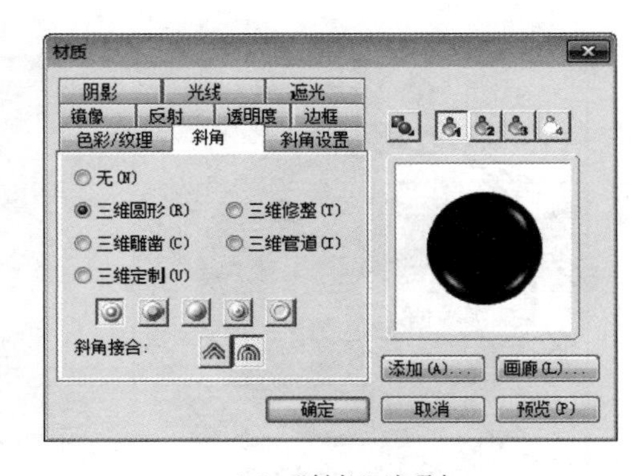

（b）“斜角”选项卡

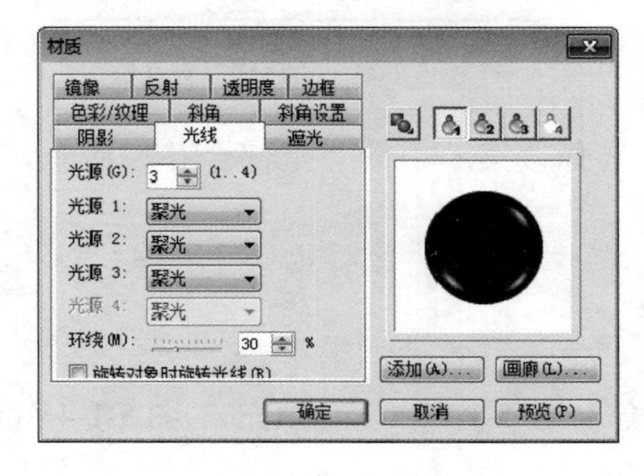

（a）“光线”选项卡

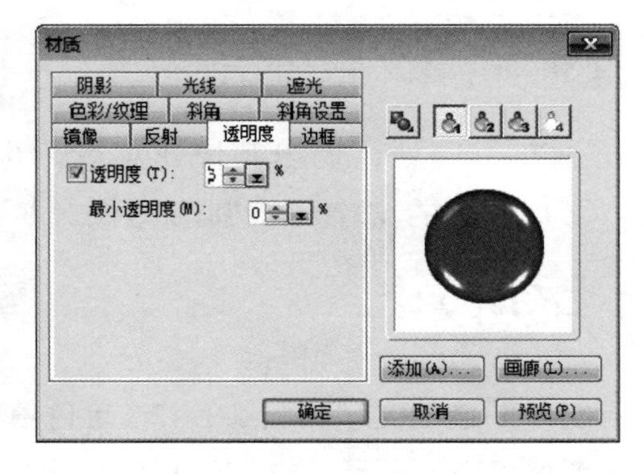

（b）“透明度”选项卡

图 5-1-47　“材质”对话框

（4）单击“材质”对话框内的“确定”按钮，关闭“材质”对话框。单击工具栏内的“选取工具”按钮，再单击文字外边，图像效果如图 5-1-42 所示。

（5）将图像依次以名称“透明文字 4.ufo”“透明文字 3.ufo”“透明文字 2.ufo”和“透明文字 1.ufo”保存。

2．透明文字 2

（1）打开“透明文字 2.ufo”图像，使用“选取工具”按钮，选中透明文字，单击工具栏中的“文字工具”按钮**T**。单击属性栏内的“材质”按钮，调出“材质”对话框，切换到“色彩/纹理”选项卡。单击其内的“渐变色”单选按钮，如图 5-1-48 所示。

（2）单击“渐变色”单选按钮右边的色块，调出“渐变填充”对话框。单击其内的“多色”单选按钮，其他设置如图 5-1-49 所示。

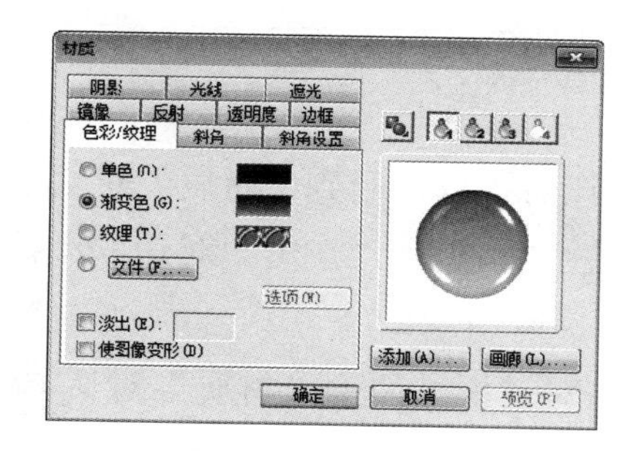

图 5-1-48 “色彩/纹理”选项卡

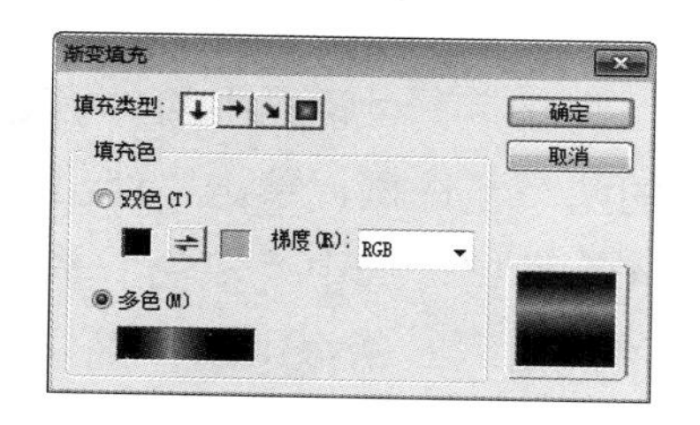

图 5-1-49 “渐变填充”对话框

（3）单击“多色”单选按钮下边的色块，调出“色盘环编辑器”对话框，如图 5-1-50 所示。利用该对话框可以设置色盘环的颜色和颜色分布规律。

（4）单击“色盘环编辑器”对话框中的“确定”按钮，关闭该对话框，再单击“渐变填充”对话框中的“确定”按钮，回到“材质”对话框。“材质”对话框中的“色彩/纹理”选项卡如图 5-1-51 所示。

（5）单击“材质”对话框中的“确定”按钮，完成“透明文字 2.ufo”图像的制作，效果如图 5-1-43 所示。选择“文件”→“保存”命令，保存对“透明文字 2.ufo”图像文件的修改。

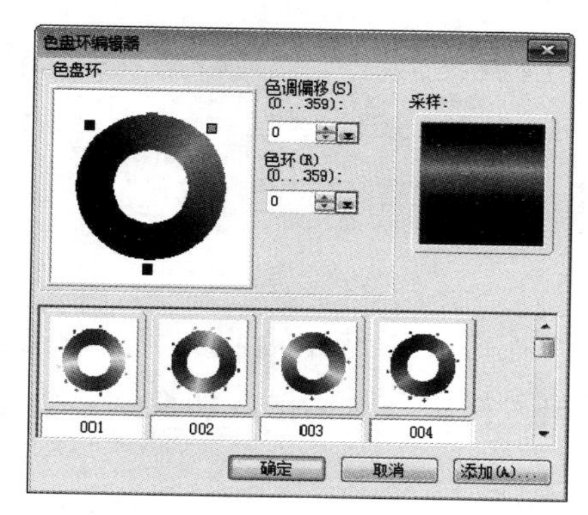

图 5-1-50 “色盘环编辑器”对话框

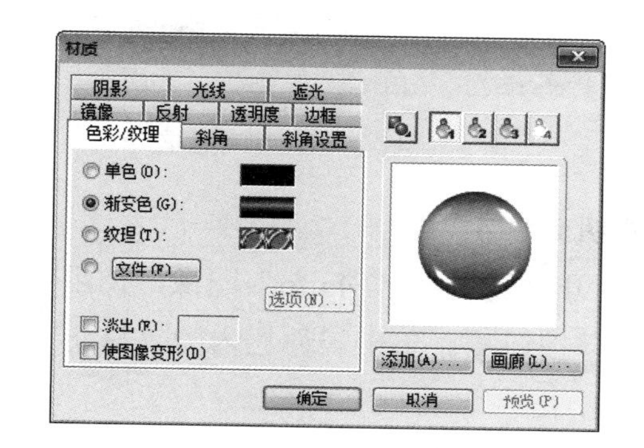

图 5-1-51 设置好的“色彩/纹理”选项卡

3．透明文字 3

（1）打开“透明文字 3.ufo”图像，使用“选取工具”按钮，选中透明文字，单击工具栏中的“文字工具”按钮**T**。单击属性栏内的“材质”按钮，调出“材质”对话框，切换到“色彩/纹理”选项卡。选中其内的“纹理”单选按钮，如图 5-1-52 所示。

（2）单击“纹理”单选按钮右边的色块，调出一个“纹理”菜单，选择“纹理”菜单中的“自然纹理”命令，调出“纹理库”对话框，选中其内列表框中的“NT11”图案，如图 5-1-53 所示。

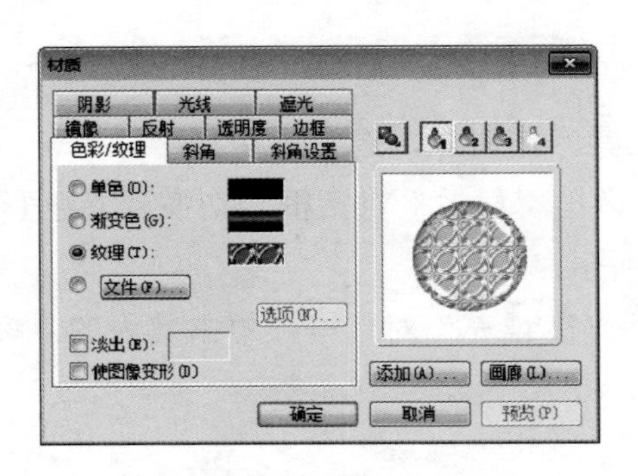

图 5-1-52　“色彩/纹理”选项卡

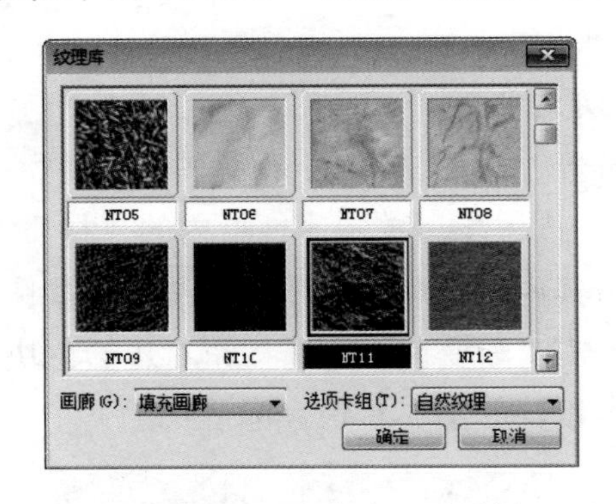

图 5-1-53　“纹理库”对话框

（3）单击“纹理库”对话框中的“确定”按钮，关闭该对话框，回到“材质”对话框。选中“材质”对话框内的两个复选框，单击“淡出”复选框右边的色块，调出“淡出”对话框，单击“填充类型”栏内的第 4 个按钮，选中“多色”单选按钮，如图 5-1-54 所示。

（4）单击“淡出”对话框中的“确定”按钮，关闭该对话框，回到“材质”对话框中的“色彩/纹理”选项卡，如图 5-1-55 所示。

（5）切换到“材质”对话框中的“透明度”选项卡，将“透明度”数字框内的数字调整为“2”，单击“确定”按钮，透明文字图像效果如图 5-1-44 所示。

（6）选择“文件”→“保存”命令，保存对“透明文字 3.ufo”图像文件的修改。

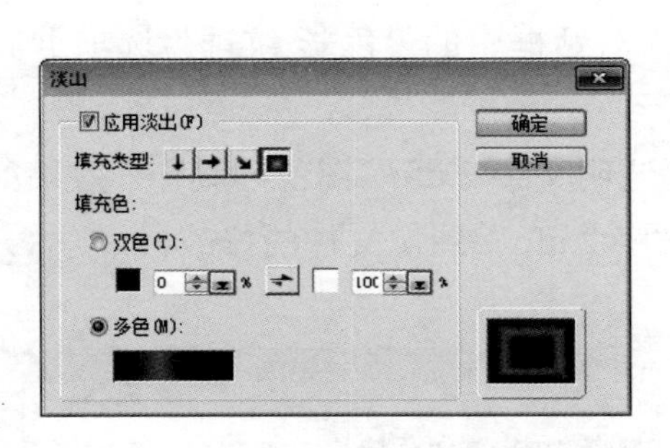

图 5-1-54　“淡出”对话框

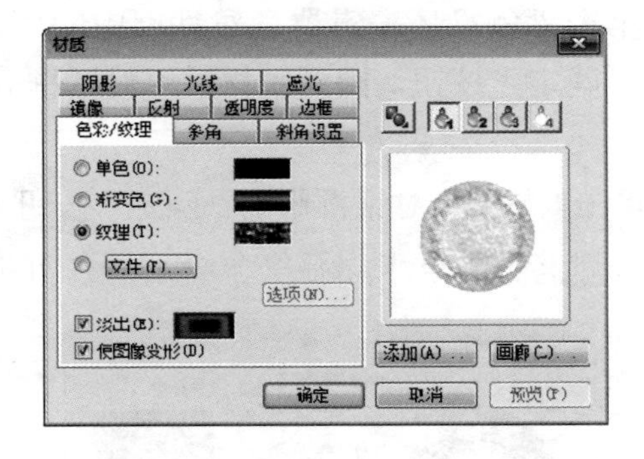

图 5-1-55　设置好的“色彩/纹理”选项卡

4．透明文字 4

（1）打开“透明文字 4.ufo”图像，使用“选取工具”按钮，选中透明文字，单击工具栏中的“文字工具”按钮**T**。单击属性栏内的“材质”按钮，调出“材质”对话框，切换到“色彩/纹理”选项卡。

（2）单击“色彩/纹理”选项卡内的“文件”按钮，同时调出“打开”对话框。利用“打开”对话框选择一幅“素材”文件夹内的“鲜花 1.jpg”图像。单击“打开”对话框中的“确定”按钮，回到“材质”对话框中的“色彩/纹理”选项卡，如图 5-1-56 所示。

（3）单击“色彩/纹理”选项卡中的“选项”按钮，调出“纹理选项”对话框，选中“平铺纹理”单选按钮和“0”单选按钮，如图 5-1-57 所示。单击“确定”按钮，回到“材质”对话框中的“色彩/

纹理”选项卡。

（4）切换到“材质”对话框中的“透明度”选项卡，设置透明度为“3”，最小透明度为“0”，再切换到“材质”对话框中的“色彩/纹理”选项卡，如图 5-1-58 所示。单击“材质”对话框中的“确定”按钮，关闭该对话框。此时的图像效果如图 5-1-45 所示。

（5）选择“文件”→“保存”命令，保存“透明文字 4.ufo”图像文件的修改。

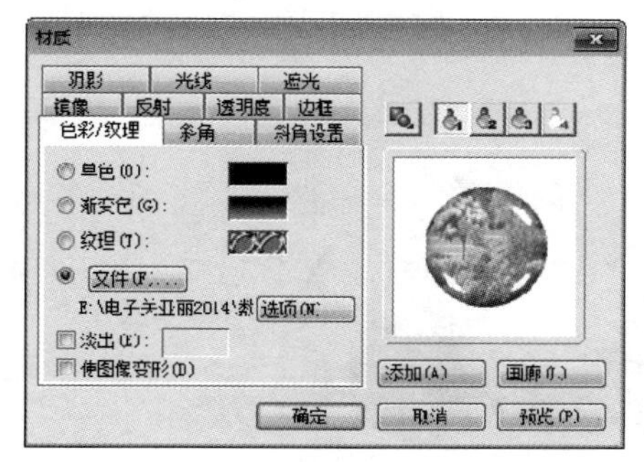

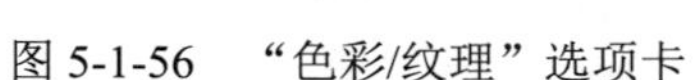

图 5-1-56 “色彩/纹理”选项卡

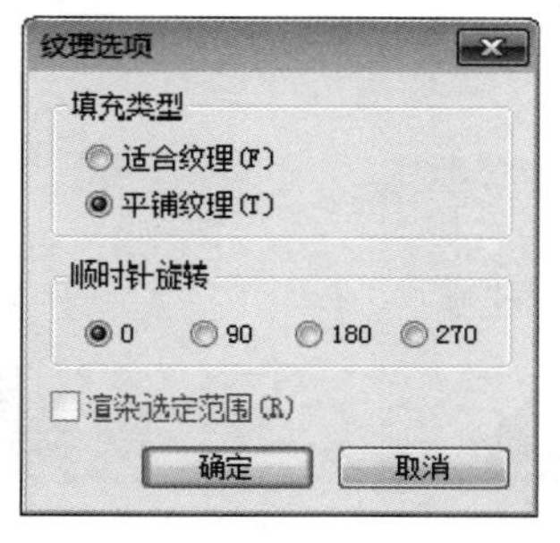

图 5-1-57 “纹理选项”对话框

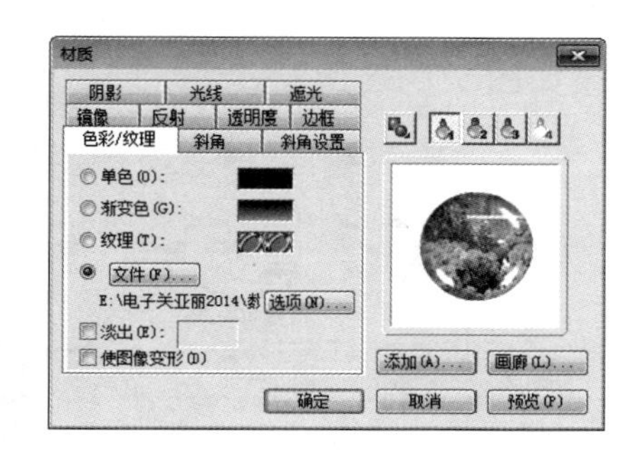

图 5-1-58 重设后的“色彩/纹理”选项卡

实例 6 中国足球

制作“中国足球”图像，如图 5-1-59 所示。它的制作方法如下。

（1）选择“文件”→“新建”→“新建图像”命令，调出“新建图像”对话框，设置画布的颜色为白色、图像大小为 300 像素×290 像素，单击“确定”按钮，新建一个图像文件。

（2）在“图像库-百宝箱”面板中，单击“对象库”按钮，选择“对象库”中“图像库”→“特殊”目录下的“足球”图案，如图 5-1-60 所示。双击该图案，即可在新建图像的画布窗口内添加一幅“足球”图像，如图 5-1-61 所示。

图 5-1-59 “中国足球”图像

（3）单击工具栏中的“文字工具”按钮 T，在其属性栏内设置字体为华文行楷、字号为 40 磅、颜色为红色，居中对齐，加粗，“三维圆形”模式。然后输入“中国足球冲向世界”文字。

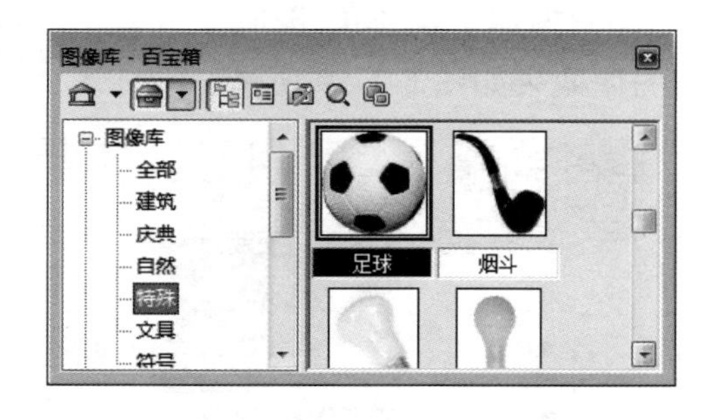

图 5-1-60 “图像库-百宝箱”面板

图 5-1-61 添加的“足球”图像

（4）在文字工具属性栏中，单击“材质”按钮，调出“材质”对话框，切换到“斜角设置”选项卡，选中“平滑弧线”复选框，再设置边框和深度分别为 99 和 30（均为最大值），如图 5-1-62 所示。

单击该对话框中的“确定”按钮，此时，画布中的图像如图 5-1-63 所示。

（5）选择文字工具属性栏“模式”下拉列表框中的“水平变形”选项。此时，文字被一个带有 8 个红色控制柄的路径包围，如图 5-1-64 所示。

（6）单击右下方的节点控制柄，显示切线，垂直向下拖曳切线左端的控制柄；单击左下方的节点控制柄，显示切线，垂直向下拖曳切线右端的控制柄；单击右上方的节点控制柄，显示切线，垂直向上拖曳切线左端的控制柄；单击左上方的节点控制柄，显示切线，垂直向上拖曳切线右端的控制柄。效果如图 5-1-65 所示。

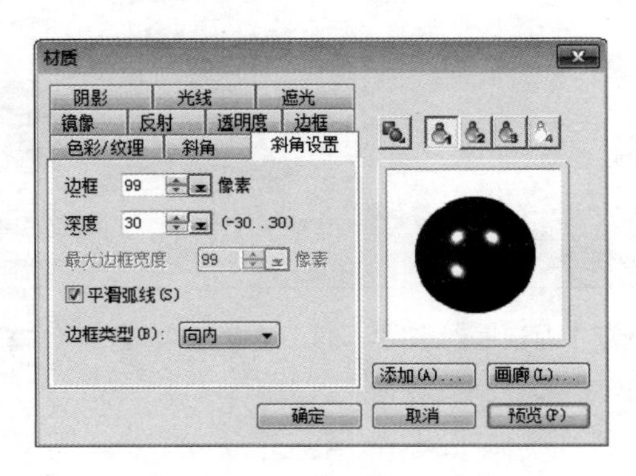

图 5-1-62 “斜角设置”选项卡

图 5-1-63 画布中的图像

图 5-1-64 文字被控制柄的路径包围

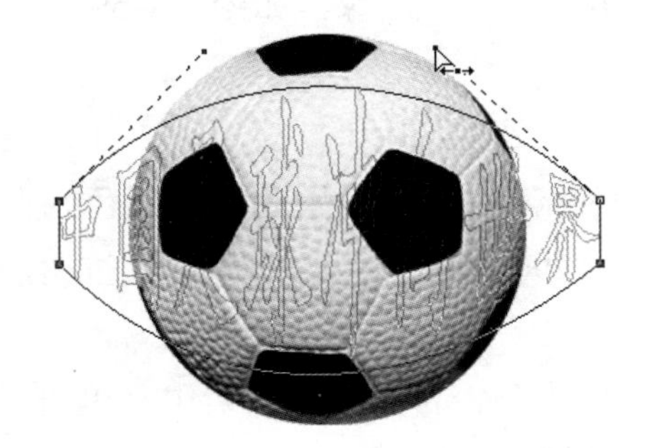

图 5-1-65 调整路径效果

（7）选择菜单栏内的“对象”→“全部合并”命令，或者右击画布，调出它的快捷菜单，选择该菜单内的“全部合并”命令，即可将所有图层合并，如图 5-1-66 所示。

（8）在“创意照明画廊-百宝箱”面板中，选择“创意照明画廊”→“烟花”目录下的“烟花 2”图案，如图 5-1-67 所示。然后双击该图案，使画布中的图像增加一些蓝色和粉红色的小星星，再双击“烟花 5”图案，增加一些其他颜色的小星星，最后的图像效果如图 5-1-59 所示。

图 5-1-66 画布中的图像

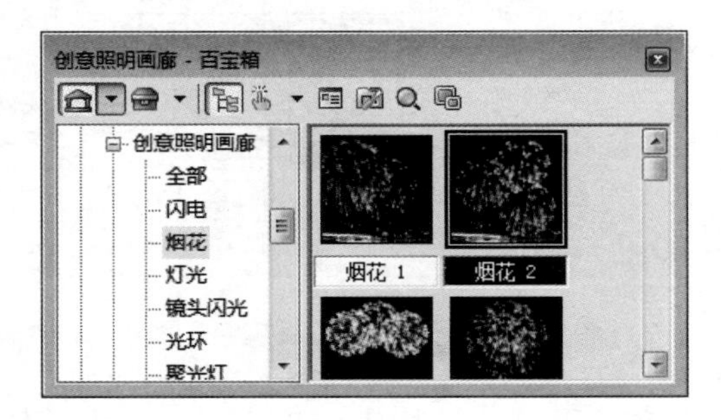

图 5-1-67 “创意照明画廊-百宝箱”面板

5.2 图像处理实例

实例 1 立体按钮

制作立体按钮，如图 5-2-1 至图 5-2-4 所示。下面介绍制作方法。

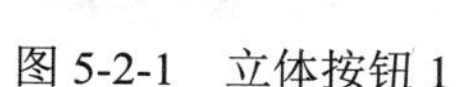

图 5-2-1 立体按钮 1

图 5-2-2 立体按钮 2

图 5-2-3 立体按钮 3

图 5-2-4 立体按钮 4

1．立体按钮 1

（1）新建一幅图像，设置画布的颜色为白色、宽度为 200 像素、高度为 150 像素。

（2）在“填充画廊-百宝箱”面板中，选择“填充画廊”→“艺术纹理”目录下的“AT01”图案，如图 5-2-5 所示。双击该图案，画布中即可铺满该图案，如图 5-2-6 所示。

（3）选择“Web”→“按钮设计器”→“矩形”命令，调出“按钮设计器（矩形）”对话框。选中第一种样式，再选中“向内”单选按钮，单击列表框中的“R01”号样式图案，按钮的宽度、透明度和色彩等均使用默认状态，其他设置如图 5-2-7 所示。单击该对话框中的“确定”按钮，完成图 5-2-1 所示立体按钮的制作。

（4）选择“文件”→“另存为”命令，调出“另存为”对话框，利用该对话框将图像以名称“立体按钮 1.ufo”保存在“实例”文件夹中。

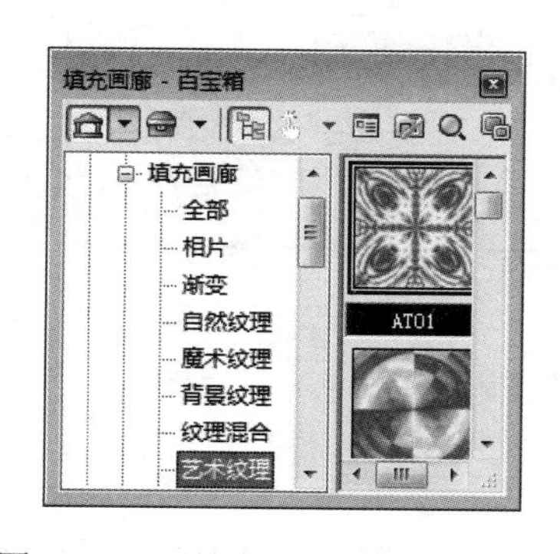

图 5-2-5 “填充画廊-百宝箱”面板

图 5-2-6 画布中的图案

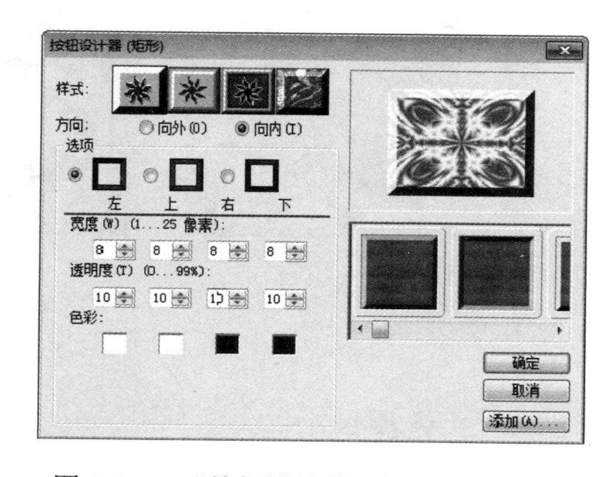

图 5-2-7 “按钮设计器（矩形）”对话框

2．立体按钮 2

（1）在“图像库-百宝箱”面板中，选择“对象库”中的“图像库”→“庆典”目录下的“复活节彩蛋”图案，如图 5-2-8 所示。将“复活节彩蛋”图案向“图像库-百宝箱”面板外拖曳，即可生成一个新画布，画布内有彩蛋图像，画布大小与彩蛋图像大小一样，如图 5-2-9 所示。

（2）单击工具栏内的“变形工具”按钮，再单击属性栏内的“任意旋转”按钮，然后拖曳画布中的彩蛋图像，并使其旋转，以及使其水平放置。

（3）在“按钮画廊-百宝箱”面板中，选择“按钮画廊”→“任意形状按钮”目录下的“A04”图案，如图 5-2-10 所示。单击画布空白处，两次双击“A04”图案。图像效果如图 5-2-2 所示。

（4）将图像以名称“立体按钮 2.ufo”保存在“实例”文件夹中。

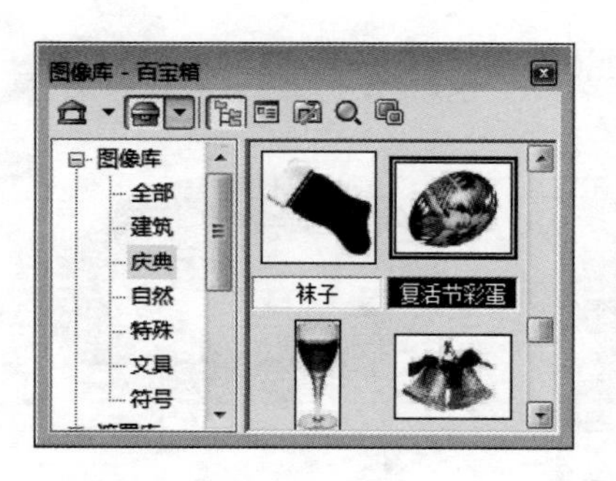

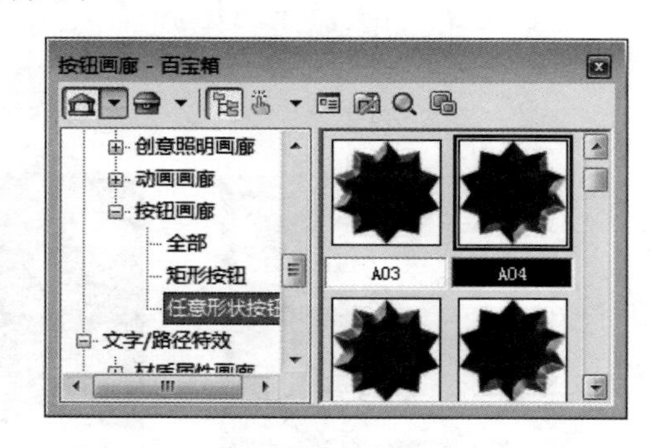

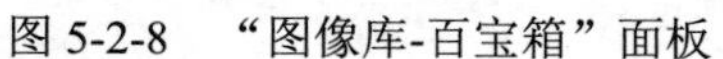

图 5-2-8　“图像库-百宝箱”面板　　图 5-2-9　彩蛋图像　　图 5-2-10　“按钮画廊-百宝箱”面板

3．立体按钮 3

（1）打开一幅“素材”文件夹内的“房子 1.jpg”图像文件，如图 5-2-11（a）所示。

（2）单击“变形工具”按钮，再单击变形工具属性栏内的“调整大小”按钮，在垂直方向拖曳画布中图像的控制柄，使图像在垂直方向变大一些，同时画布也随之变大，如图 5-2-11（b）所示。

（3）在“按钮画廊-百宝箱”面板中，选择“按钮画廊”→“任意形状按钮”目录下的“A25”图案，如图 5-2-12 所示。单击画布空白处，两次双击“A25”图案。图像效果如图 5-2-3 所示。

（4）将图像以名称“立体按钮 3.ufo”保存在“实例”文件夹中。

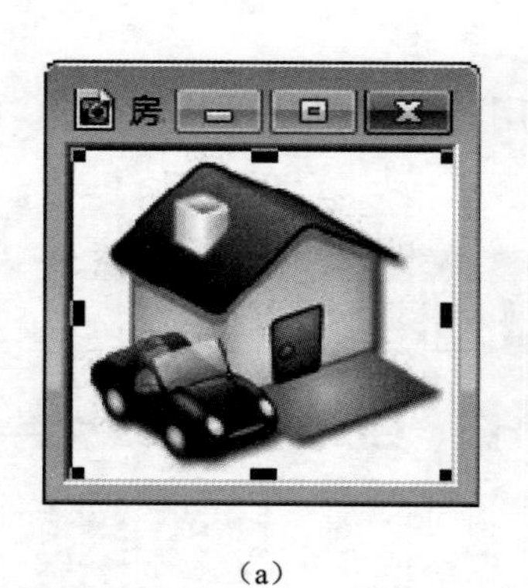

（a）

（b）

图 5-2-11　“房子 1.jpg”图像

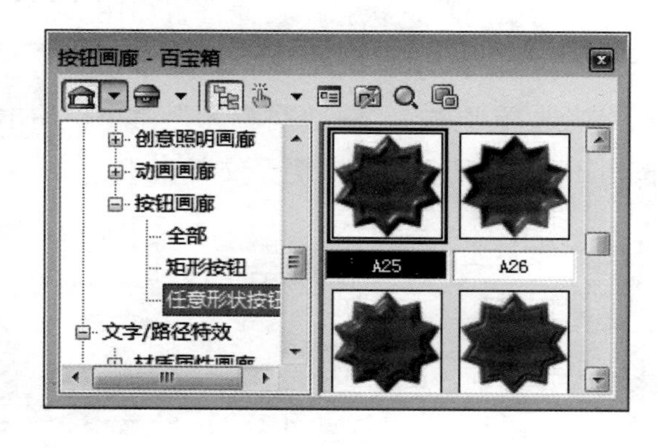

图 5-2-12　“按钮画廊-百宝箱”面板

4．立体按钮 4

（1）选择“Web”→“部件设计器”命令，调出“部件设计器”对话框。选择“按钮”目录下的“椭圆”选项，再单击第二行第一个按钮图案，如图 5-2-13 所示。

（2）单击“部件设计器”对话框中的“下一步”按钮，调出 “部件设计器”对话框中的“大小”选项卡，利用该选项卡调整按钮的大小，如图 5-2-14 所示。

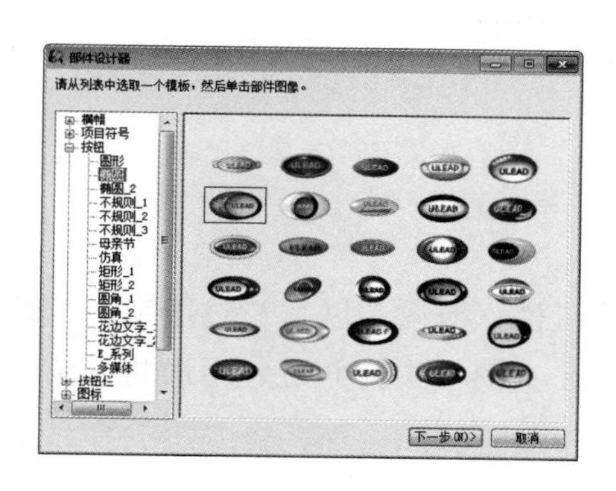

图 5-2-13　“部件设计器”对话框

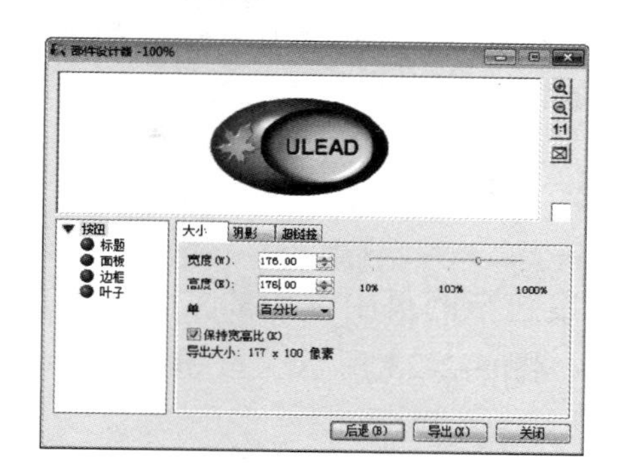

图 5-2-14　“大小”选项卡

（3）选择“部件设计器”对话框中的“阴影”选项卡，利用该选项卡设置按钮的阴影，如图 5-2-15 所示。

（4）选择“部件设计器”对话框中的“标题”选项，调出“部件设计器”对话框中的“文本”选项卡，利用该选项卡设置按钮标题的字体和样式，在“文本”文本框中输入“按钮”，如图 5-2-16 所示。

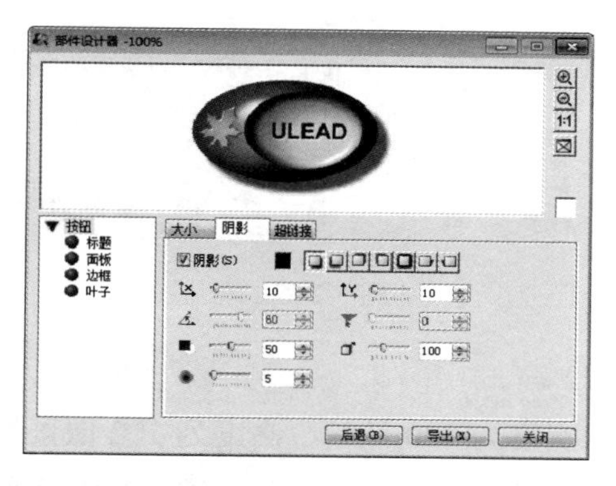

图 5-2-15　“阴影”选项卡

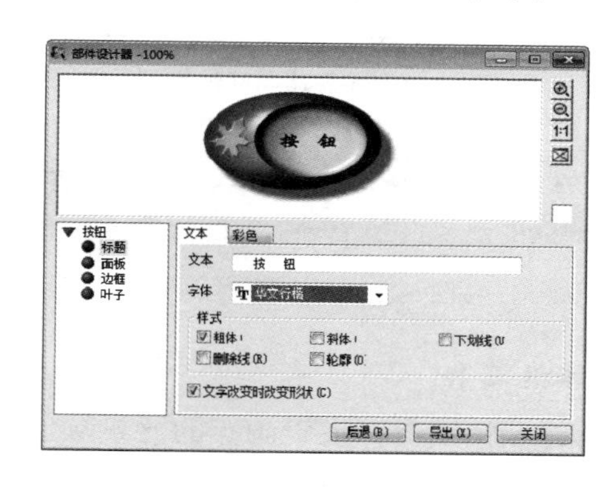

图 5-2-16　“文本”选项卡

（5）如果要改变按钮的色彩，还可以选择“部件设计器”对话框中的“彩色”选项卡，利用该选项卡设置按钮的颜色，如图 5-2-17 所示。

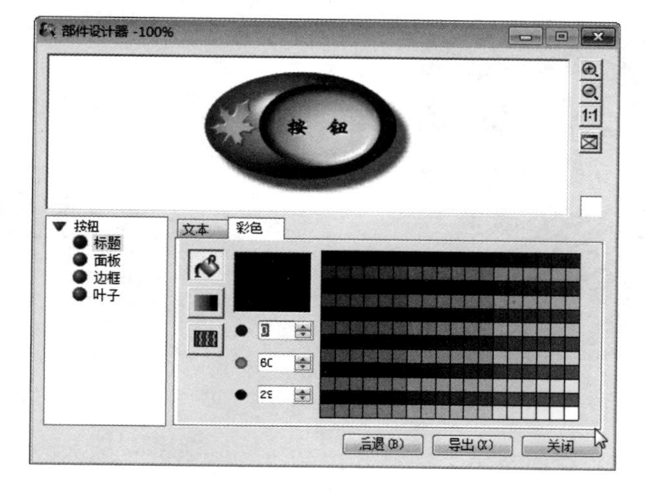

图 5-2-17　“彩色”选项卡

（6）单击“导出”按钮，弹出一个菜单。选择该菜单中的“作为单独对象”命令，即可生成一个新画布，画布内有制作好的按钮，画布与按钮图像一样大。将画布中的所有图层合并，合并后的图像效果如图5-2-4所示。

实例2　网页图案

网页图案包括网页中常用的立体框架、图标、按钮栏、横幅，以及花边图案、花纹图案等，如图5-2-18～图5-2-23所示。按钮图案的制作方法已在实例1中介绍过，下面将介绍其他图案的制作方法。

（a）立体框架（1）　（b）立体框架（2）

图5-2-18　立体框架　　图5-2-19　图标　　图5-2-20　按钮栏

图5-2-21　横幅

图5-2-22　花边图案

1．**立体框架1**

（1）新建一幅图像，设置画布的背景颜色为白色、宽度为400像素、高度为300像素。

（2）调出“相片边框画廊-百宝箱”面板。单击该面板内的“画廊”按钮，再选择弹出菜单中的“相片边框画廊”选项，使“相片边框画廊-百宝箱”面板右边显示各种边框图案。

（3）双击“相片边框画廊-百宝箱”面板中的“三维22”边框图像，如图5-2-24所示，即可在画布中创建一个与画布大小相同的边框（如果有选区，则会创建一个与选区大小相同的边框）。

图5-2-23　花纹图案

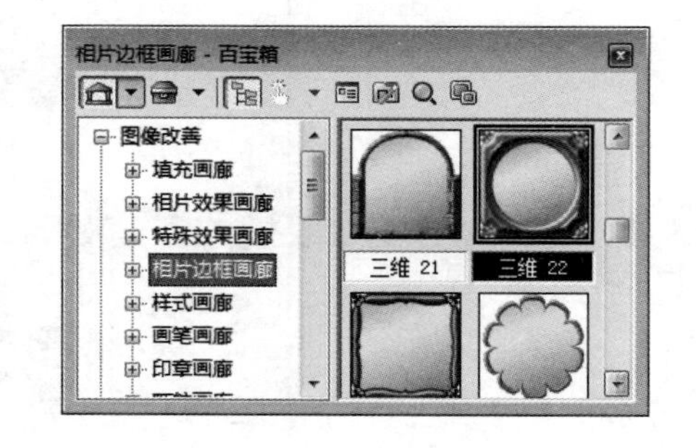

图5-2-24　“相片边框画廊-百宝箱”面板

（4）右击画布，调出它的快捷菜单，选择其内的“全部合并”命令，将全部图层合并。创建的边框效果如图5-2-18（a）所示。

（5）将该图像以名称“立体框架1.ufo”保存在“实例”文件夹中。

2．立体框架 2

（1）新建一幅图像，设置画布的背景颜色为白色、宽度为 400 像素、高度为 300 像素。

（2）单击标准工具栏内的“相片边框”按钮，调出“相片边框”对话框中的“边框”选项卡，如图 5-2-25 所示（还没有设置）。用该对话框可以创建各种框架。

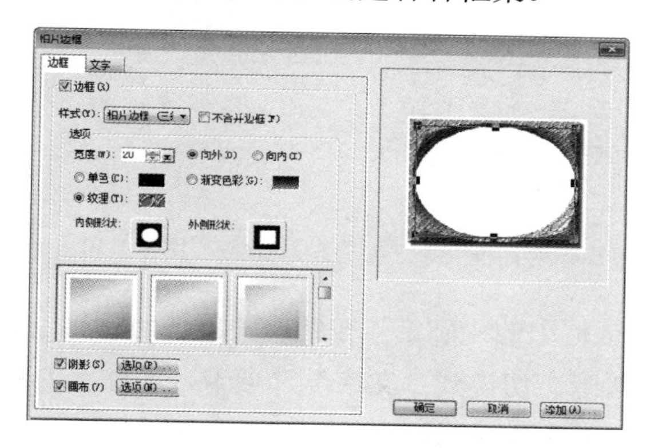

图 5-2-25　“边框”选项卡

（3）在“相片边框”对话框中的“边框”选项卡内，选中“边框”复选框，使所有选项变为有效；在“样式”下拉列表框中有 5 个选项，用来选择边框的类型，此处选择“相片边框（三维）”选项。右边显示框内显示的样图会随着设置的改变而变化。

（4）在“边框”选项卡的“选项”栏内，选中“向外”单选按钮，设置“宽度”的数字框为“20”，选中“纹理”单选按钮，再选中“阴影”和“画布”复选框，如图 5-2-25 所示。

（5）单击“边框”选项卡中的“内侧形状”色块，调出“自定义形状”对话框，选中其内列表框中的“Fr18”图案，如图 5-2-26 所示，单击“确定”按钮，关闭该对话框。单击“边框”选项卡中的“外侧形状”色块，调出“自定义形状”对话框，选中其内列表框中的“Fr07”图案，如图 5-2-27 所示，单击“确定”按钮，关闭该对话框，此时重新设置了框架内框和外框的形状。

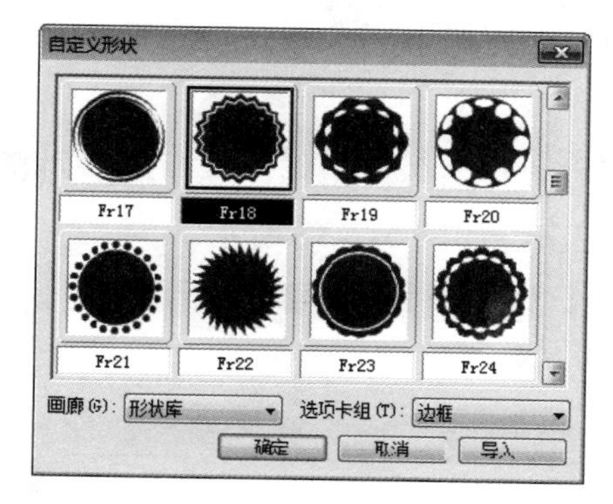

图 5-2-26　“内侧形状”的设置

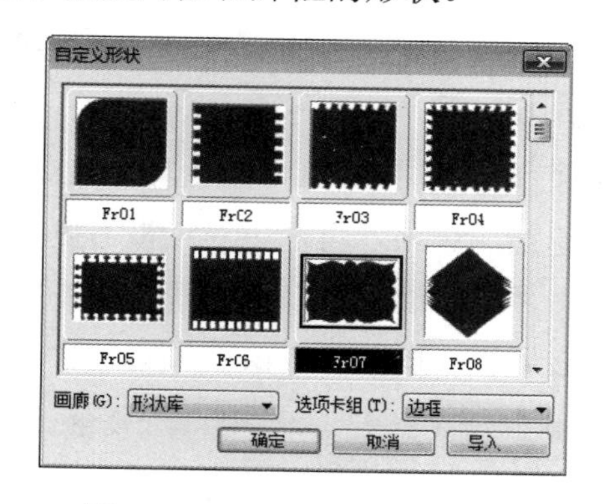

图 5-2-27　“外侧形状”的设置

（6）单击“纹理”色块，在调出的菜单中选择“魔术纹理”命令，调出“纹理库”对话框，选中其内列表框中的“MT27”图案，如图 5-2-28 所示。单击“确定”按钮，关闭该对话框，即可确定框架的纹理，返回“相片边框”中的“边框”选项卡。

（7）单击“相片边框”中“边框”选项卡内“阴影”复选框右边的“选项”按钮，调出“阴影选项”对话框，设置阴影的位置、大小、柔化程度、偏移量等，此时的“阴影选项”对话框如图 5-2-29 所示。

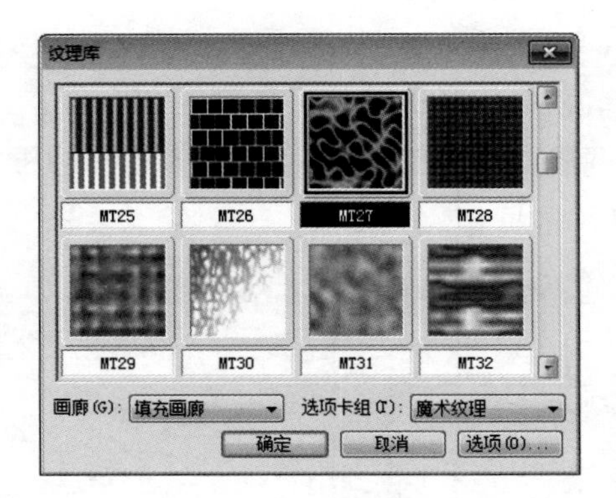

图 5-2-28　“纹理库”对话框

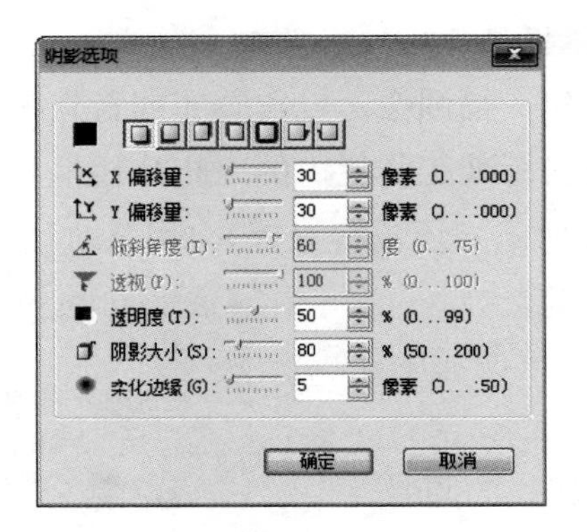

图 5-2-29　“阴影选项”对话框

（8）单击“阴影选项”对话框中的“确定”按钮，关闭该对话框，返回“相片边框”对话框中的“边框”选项卡，如图 5-2-30 所示。切换到“文字”选项卡，如图 5-2-31 所示，利用该选项卡可以输入一些文字（此处没有输入）。单击该对话框中的“确定”按钮，即可在画布中创建一个设计好的边框，如图 5-2-18（b）所示。

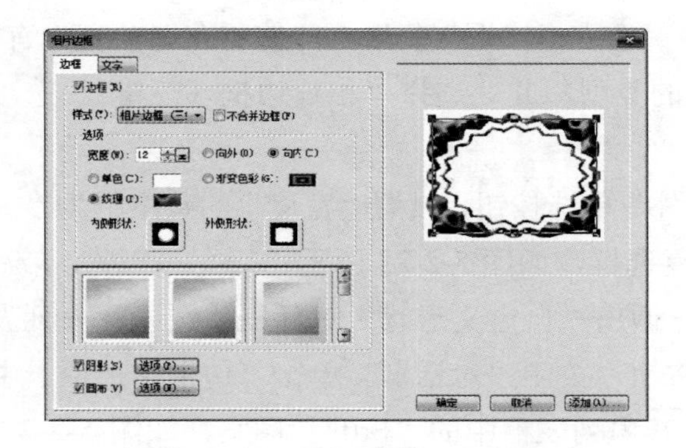

图 5-2-30　“边框”选项卡

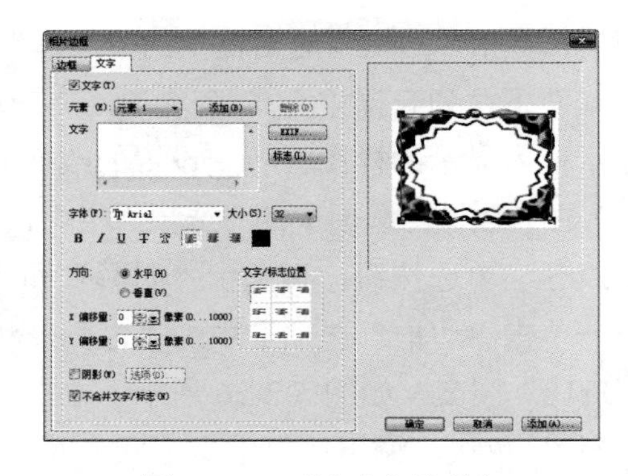

图 5-2-31　“文字”选项卡

（9）将图像以名称“立体框架 2.ufo”保存在“实例”文件夹中。

3．图标

（1）选择“Web”→“部件设计器”命令，调出“部件设计器”对话框。选择左侧列表中“图标”目录下的“论坛”选项，再选中对话框右侧的一种图标图案，如图 5-2-32 所示。

（2）单击“部件设计器”对话框中的“下一步”按钮，切换到如图 5-2-33 所示的对话框。利用该对话框可以设置图标的阴影、改变图标的大小和局部颜色等。

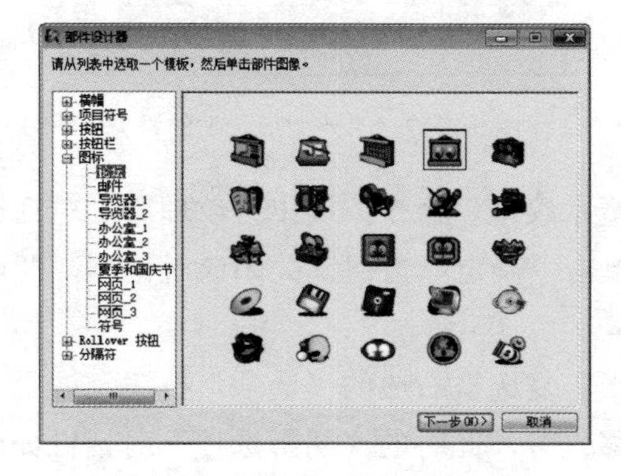

图 5-2-32　“部件设计器”对话框

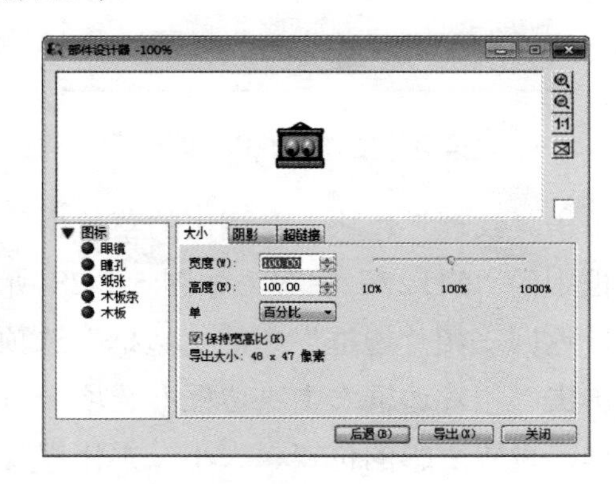

图 5-2-33　设置图标的大小、阴影和颜色

（3）设置好图标的大小、阴影和颜色后再单击“导出”按钮，然后在弹出的菜单中选择“作为单独对象”命令，即可创建一个图标图像，如图 5-2-19 所示。

（4）将图像以名称“图标.ufo”保存在“实例”文件夹中。

4．按钮栏

（1）选择“Web”→“部件设计器”命令，调出“部件设计器”对话框。选择左侧列表中的“按钮栏”选项，再选择展开选项中的“毕业”选项，选中对话框右侧的一种图标图案，如图 5-2-34 所示。

（2）单击“部件设计器”对话框中的“下一步”按钮，弹出如图 5-2-35 所示的对话框。利用该对话框设置按钮栏的阴影、大小，改变按钮栏的颜色和文字颜色等。

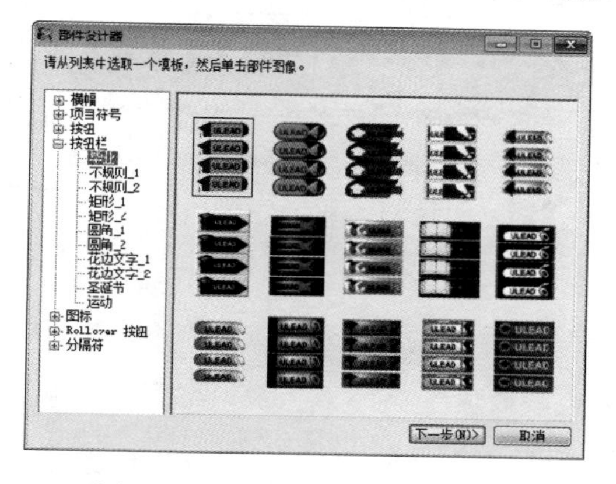

图 5-2-34 “部件设计器”对话框

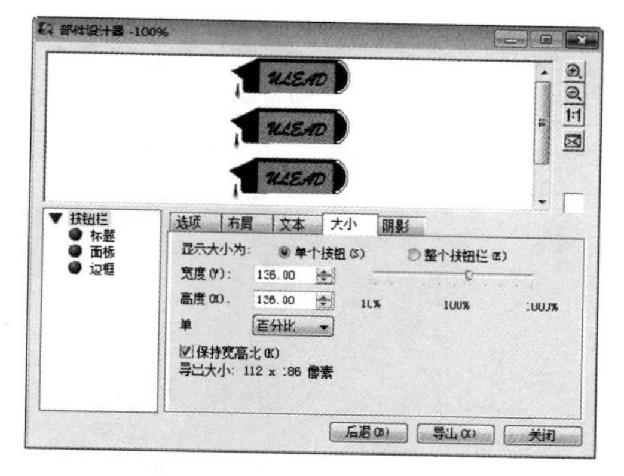

图 5-2-35 设置按钮栏的阴影、大小和颜色

（3）单击“导出”按钮，选择弹出菜单中的“作为单独对象”命令，创建一幅图像。

（4）将图像中原来的文字删除，单击“文字工具”按钮 T，在其属性栏内设置字体，再分别输入“图像”“动画”“音频”和“视频”文字，效果如图 5-2-20 所示。

（5）将图像以名称“按钮栏.ufo”保存在“实例”文件夹中。

5．横幅图案

（1）选择“Web”→“部件设计器”命令，调出“部件设计器”对话框。选择左侧列表中的“横幅”选项，如图 5-2-36 所示。

（2）单击左侧列表中“横幅”左边的加号图标，展开“横幅”选项，选择展开选项中的“夏季和国庆节”选项，再单击对话框右侧的一种横幅图案，如图 5-2-37 所示。

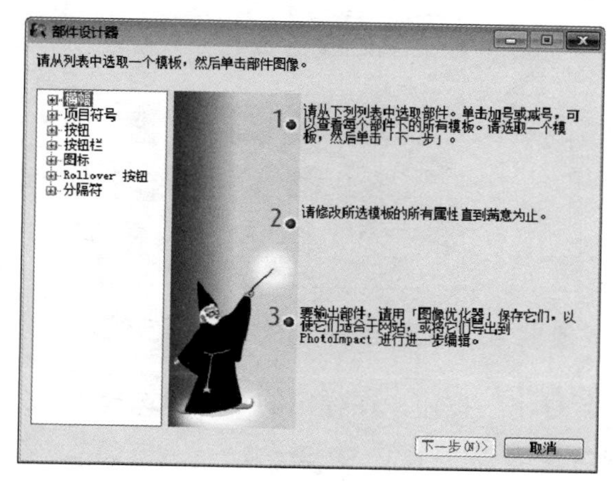

图 5-2-36 “部件设计器”对话框

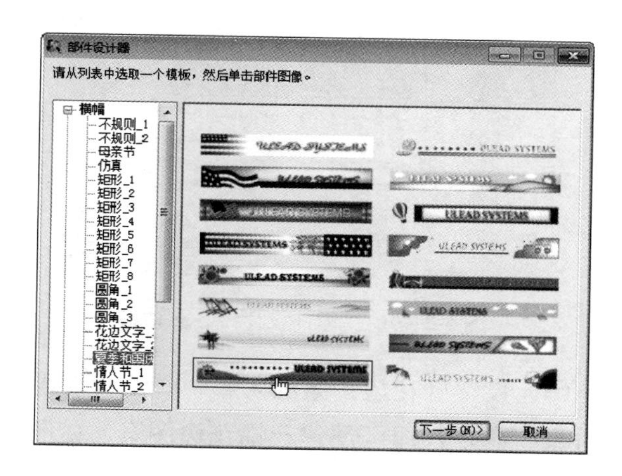

图 5-2-37 展开“横幅”选项

（3）单击“部件设计器”对话框中的“下一步”按钮，弹出如图 5-2-38 所示的对话框。利用该对话框制作横幅的阴影、调整横幅的大小、改变横幅的局部颜色，以及改变横幅中的文字等。在左侧列表框中选中“横幅”选项，切换到“阴影”选项卡，设置阴影参数。在左侧列表框中选中“标题”选项，切换到“文本”选项卡，设置字体，输入文字，如图 5-2-39 所示。

（4）单击“部件设计器”对话框中的“导出”按钮，在弹出的菜单中选择“作为单独对象”命令，即可创建一个横幅图像，如图 5-2-21 所示。

（5）将图像以名称“横幅图案.ufo”保存在“实例”文件夹中。

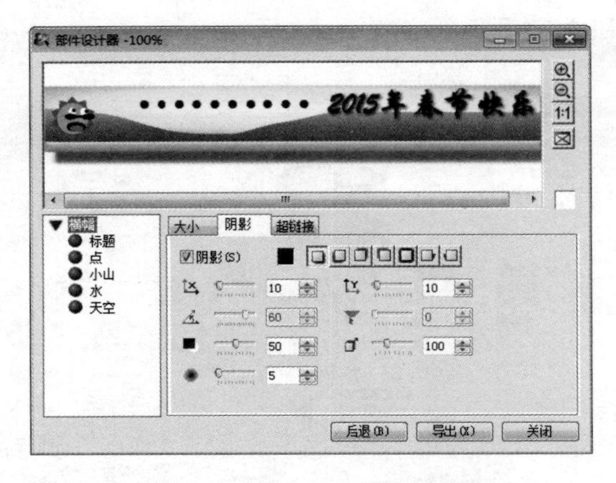

图 5-2-38　设置“横幅”的阴影

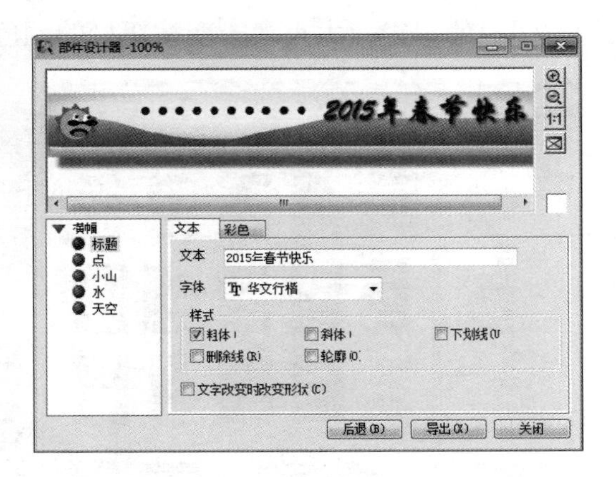

图 5-2-39　设置“标题”的字体并输入文字

6．花边图案

（1）选择“Web”→“部件设计器”命令，调出“部件设计器”对话框，选择左侧列表中的“分隔符”选项，在展开的选项中选中 “现代_2”选项，再选择右侧的一种花边图案，如图 5-2-40 所示。

（2）单击“下一步”按钮，切换到如图 5-2-41 所示的对话框。利用该对话设置花边图案的阴影、大小，以及改变花边图案的颜色和纹理等。例如，选择左侧列表中的“菱形”选项，再选择右侧列表框中的一个图案，如图 5-2-41 所示。

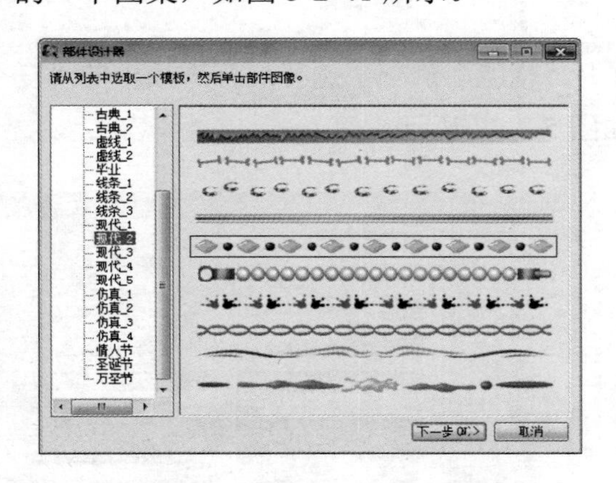

图 5-2-40　“部件设计器”对话框

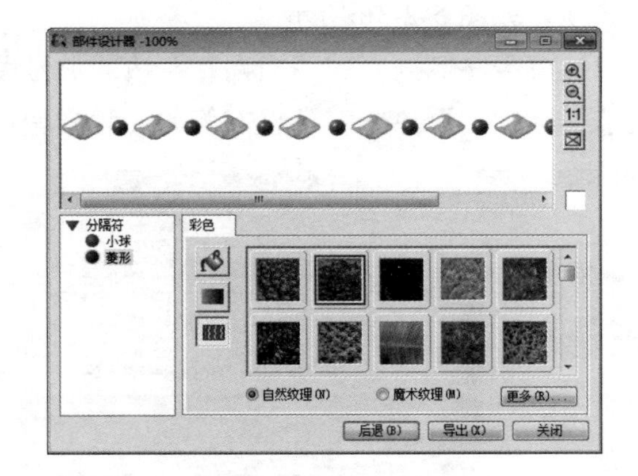

图 5-2-41　设置花边图案的阴影、颜色和纹理

（3）设置好花边图案的阴影、颜色和纹理后，单击“导出”按钮，在弹出的菜单中选择“作为单独对象”命令，即可创建一幅花边图案，如图 5-2-22 所示。

（4）将图像以名称“花边图案.ufo”保存在“实例”文件夹中。

7．**花纹图案**

（1）选择“效果”→“全部”命令，调出“万花筒填充”对话框，如图 5-2-42 所示。利用该对话框，选择图案模板、图案样本及编辑颜色等。

（2）在“万花筒填充”对话框下边的“图案模板”列表框中，选择一种图案。单击“编辑”按钮，调出“色盘环编辑器”对话框，如图 5-2-43 所示。在该对话框内右侧的列表框中选择一种图案样式，在“色环”数字框内可以调整数值，在“色盘环”显示框内即可显示相应的色盘环图案。在“色调偏移”数字框中可以调整色调偏移量的大小，同时在“色盘环”显示框内可以看到调整的效果。

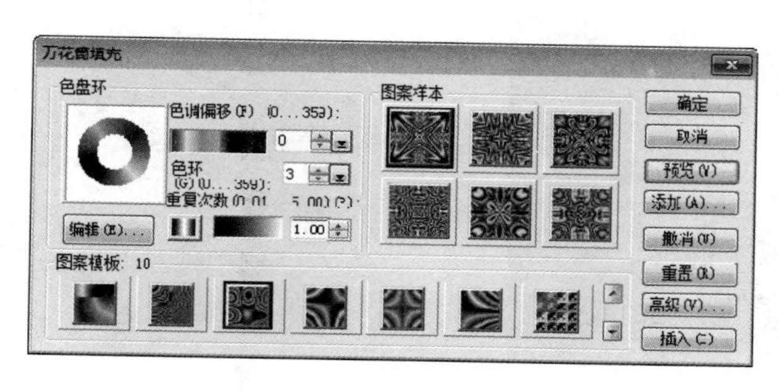

图 5-2-42 “万花筒填充”对话框

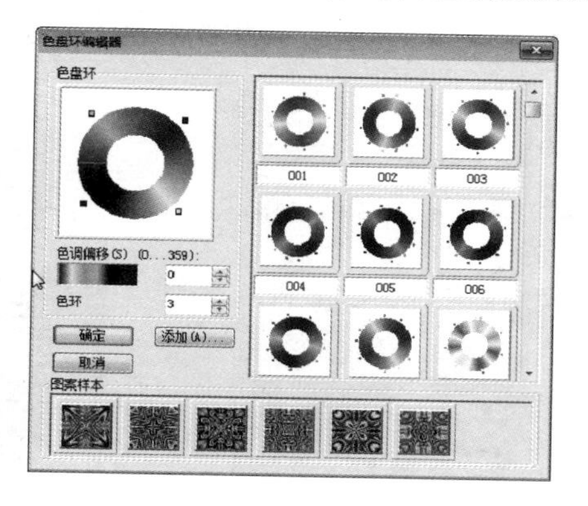

图 5-2-43 “色盘环编辑器”对话框

（3）单击“色盘环”显示框内色盘环图案的一种颜色，调出“颜色”对话框，选择其内的一种色块，再单击“确定”按钮，即可在色盘环图案单击处插入相应的颜色。

（4）单击“确定”按钮，关闭“色盘环编辑器”对话框，返回“万花筒填充”对话框。

（5）在“万花筒填充”对话框内的“重复次数”数字框中可以调整重复次数，同时在“图案样本”显示框中可以看到调整的效果。

（6）单击“确定”按钮，关闭“万花筒填充”对话框，创建一幅花纹图案，如图 5-2-23 所示。

（7）将图像以名称“花纹图案.ufo”保存在“实例”文件夹中。

实例 3 宝宝

制作“宝宝”图像，如图 5-2-44 所示。这是一个在介绍宝宝的课件中使用的图像。它的制作方法如下。

图 5-2-44 “宝宝”图像

1．**图像加工**

（1）选择“文件”→“新建”命令，调出“新建”对话框。设置画布的背景颜色为白色、宽度为 600 像素、高度为 440 像素，然后单击“确定”按钮，关闭“新建”对话框，新建一幅图像，再以名称“宝宝.jpg”保存在“素材”文件夹内。

（2）选择“文件”→“打开”命令，调出“打开”对话框。利用该对话框导入“宝宝 1.jpg”～“宝宝 5.jpg” 5 幅图像。

（3）选中“宝宝 1.jpg”图像，单击工具栏中的“变形工具”按钮，此时“宝宝 1.jpg”图像四周会出现一个有 8 个控制柄的矩形框，如图 5-2-45 所示。

（4）拖曳矩形框上的控制柄，调整图像大小。可以在属性栏内的“高度”和“宽度”数字框内分别输入 240 和 230，将图像大小调整为高 240 像素、宽 230 像素。

（5）单击“标准选定范围工具”按钮，在其属性栏内的“形状”下拉列表框中选择“椭圆”选项，选中“固定大小”复选框，在“固定大小”的两个数字框内都输入“300”，在“柔化边缘”数字框内输入“120”，按住左键的同时单击“宝宝 1.jpg”图像的左上角，创建一个圆形选区并移动圆形选区到如图 5-2-46 所示的位置，然后松开左键。

（6）拖曳选区内柔化后的图像到“宝宝.jpg”图像的正中间，效果如图 5-2-47 所示。

图 5-2-45 图像上的控制柄

图 5-2-46 圆形选区

图 5-2-47 柔化图像边缘

（7）单击“宝宝 2.jpg”图像，调整其宽度为 300 像素、高度为 220 像素，单击“标准选定范围工具”按钮，选择“选定范围”→“全部”命令，将“宝宝 2.jpg”图像全部选中，拖曳选区内的图像到“宝宝.jpg”图像的右上角，如图 5-2-48 所示。

（8）按照上述方法，将其他 3 幅图像的大小均调整为宽 300 像素、高 220 像素。再将它们复制到“宝宝.jpg”图像内，分别移到左上边、左下边和右下边，相互衔接排列，如图 5-2-49 所示。可以使用工具栏中的“选取工具”按钮，调整它们的位置。

图 5-2-48 调整画布中新图像的大小

图 5-2-49 将新图像置于“宝宝 1. jpg”图像之上

2．图层调整

（1）单击“图层管理器”面板中的“显示/隐藏”按钮，调出“图层管理器”面板，选中最下边的“对象-1”图层，如图 5-2-50 所示。

（2）单击工具栏中的“选取工具”按钮，再单击其属性栏内的“移到顶端”按钮，将“图层管理器”面板内的“对象-1”图层移到顶端，如图 5-2-51 所示。选择“对象”→“排列顺序”→“移到顶端”命令，将“对象-1”图层置于其他图像的上边。

（3）单击“图层管理器”面板中最下边的图层，取消选区，此时制作的“宝宝.jpg”图像如图 5-2-44 所示。

（4）选择“文件”→“保存”命令，保存“宝宝.jpg”图像。

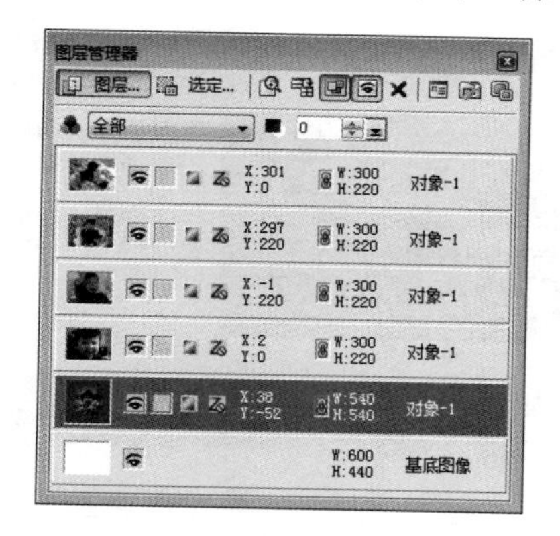

图 5-2-50 “图层管理器”面板

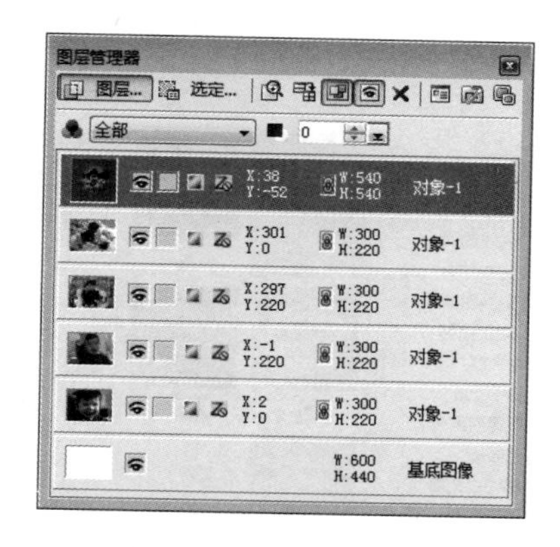

图 5-2-51 将“对象-1”图层移到顶端的效果

实例 4 GIF 格式动画

在该实例中制作 3 个 GIF 格式动画。其中，“翻页图像”动画播放时的 3 幅画面如图 5-2-52 所示；“火焰文字”动画播放时的两幅画面如图 5-2-53 所示；“聚光灯文字”动画播放时的两幅画面如图 5-2-54 所示。

图 5-2-52 “翻页图像”动画播放时的 3 幅画面

图 5-2-53 “火焰文字”动画播放时的两幅画面

图 5-2-54 “聚光灯文字”动画播放时的两幅画面

1. 翻页图像动画的制作

（1）打开一幅“梦幻风景 12.jpg”图像，调整图像的宽度为 300 像素、高度为 200 像素。

（2）调出“动画画廊-百宝箱”面板，单击该面板中的“画廊”按钮，调出它的菜单，选择该菜单中的“动画画廊”选项，使“百宝箱”面板右侧显示相应的各种动画，选择左边列表框内的“动画画廊”→“图像动画”选项，选中右侧列表框中的“翻页”图案，如图 5-2-55 所示。

（3）双击“动画画廊-百宝箱”面板中的“翻页”图案，即可调出“动画工作室”对话框，其中默认设置为圆柱式翻页类型和透明翻页模式，单击从“右下角开始翻页”按钮，如图 5-2-56 所示。

（4）在“关键帧控件”栏内，将翻页图像动画的总帧数设置为 30 帧 。单击时间线上的第 30 关键帧菱形标记，使它变为蓝色，此时当前帧为第 30 帧，如图 5-2-57 所示。

（5）单击时间线上的第 1 关键帧菱形标记，使它变为蓝色，拖曳蓝色菱形标记，使第 1 关键帧为第 1 帧，如图 5-2-58 所示。用鼠标拖曳动画显示框中的蓝色方形控制柄，效果如图 5-2-59 所示。

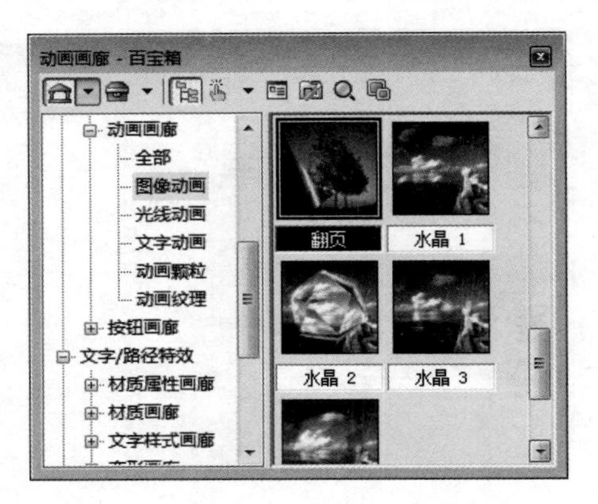

图 5-2-55　“动画画廊-百宝箱”面板

图 5-2-56　“动画工作室”对话框

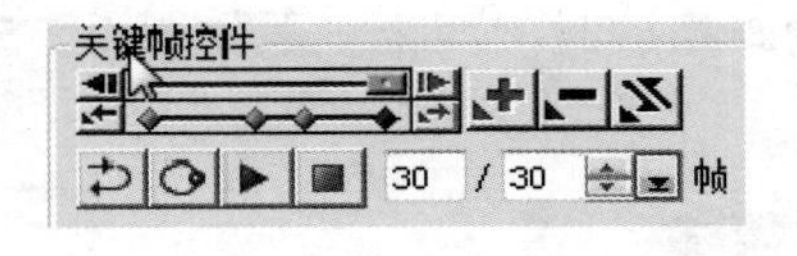

图 5-2-57　第 30 关键帧控件

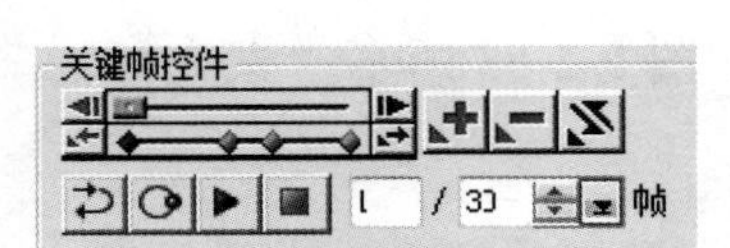

图 5-2-58　第 1 关键帧控件

图 5-2-59　第 1 关键帧动画画面

（6）单击时间线上的第 2 关键帧菱形标记，使它变为蓝色，拖曳蓝色菱形标记，使第 2 关键帧为第 13 帧，如图 5-2-60 所示。用鼠标拖曳动画显示框中的蓝色方形控制柄，效果如图 5-2-61 所示。

（7）单击时间线上的第 3 关键帧菱形标记，使它变为蓝色，拖曳蓝色菱形标记，使第 3 关键帧为第 22 帧，如图 5-2-62 所示。用鼠标拖曳动画显示框中的蓝色方形控制柄，效果如图 5-2-63 所示。

（8）单击“关键帧控件”栏内的按钮，使动画播放方向相反，即从左向右翻页。单击按钮，使动画来回播放。

（9）单击“关键帧控件”栏内的按钮，使动画开始播放，以检查动画播放效果。

（10）如果要增加关键帧，可拖曳时间线上的矩形滑块或在当前帧文本框内输入当前帧的帧号，再单击按钮。如果要删除关键帧，可单击该关键帧的菱形标记，再单击按钮。

（11）单击“确定”按钮，调出它的菜单，选择该菜单中的“保存动画文件并创建新对象”命令，调出“另存为”对话框。利用该对话框将制作的动画以名称“翻页图像.gif”保存，并关闭“动画工作室”对话框。

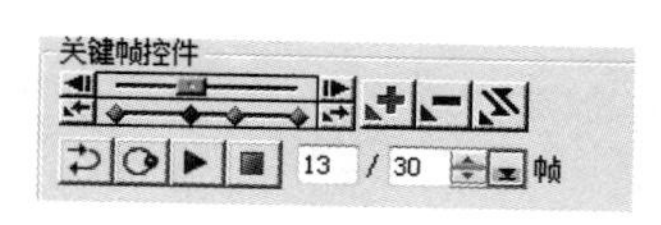

图 5-2-60 第 2 关键帧控件

图 5-2-61 第 2 关键帧动画画面

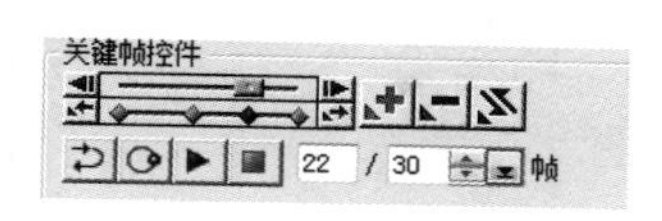

图 5-2-62 第 3 关键帧控件

图 5-2-63 第 3 关键帧动画画面

2．火焰文字动画的制作

（1）参考实例 2 中制作火焰文字的方法，创建大小为 400 像素×250 像素的图像，制作如图 5-2-53 所示的“火焰文字”显示效果。使用“选取工具”按钮，选中“火焰文字”。

（2）选择“效果”→“创意”→“字型效果”命令，调出“字型效果”对话框。选中“效果”栏中的火焰图案，此时的“字型效果”对话框如图 5-2-64 所示。

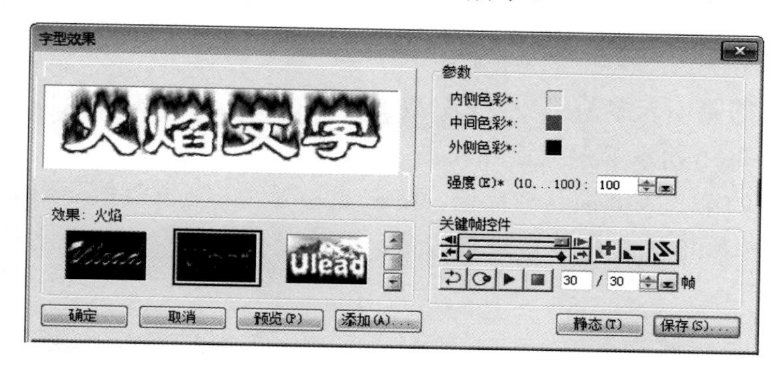

图 5-2-64 “字型效果”对话框

（3）在该对话框的“关键帧控件”栏内，将动画总帧数设置为 30。单击时间线上的第 1 关键帧菱形标记，使第 1 关键帧为第 1 帧，然后将火焰强度设置为 10。

（4）单击时间线上的第 2 关键帧菱形标记，使它变为蓝色，拖曳蓝色菱形标记，使第 2 关键帧为第 30 帧，然后将火焰强度设置为 100。

（5）单击“保存”按钮，调出“另存为”对话框，将动画以名称“火焰文字动画.gif”保存。

3．聚光灯文字动画的制作

（1）新建一幅图像，设置画布的背景颜色为白色、宽度为 400 像素、高度为 200 像素。在画布的中间制作红色立体文字“聚光灯文字动画”，如图 5-2-65 所示。然后，将所有图层合并。

图 5-2-65 “聚光灯文字动画”立体文字

（2）选择“效果”→“全部”→“创意照明”命令，调出“创意照明”对话框。选中“效果”栏内的聚光灯图案，在“关键帧控件”栏中设置总帧数为 30，如图 5-2-66 所示。

（3）切换到“高级”选项卡，参数的设置如图 5-2-67 所示。

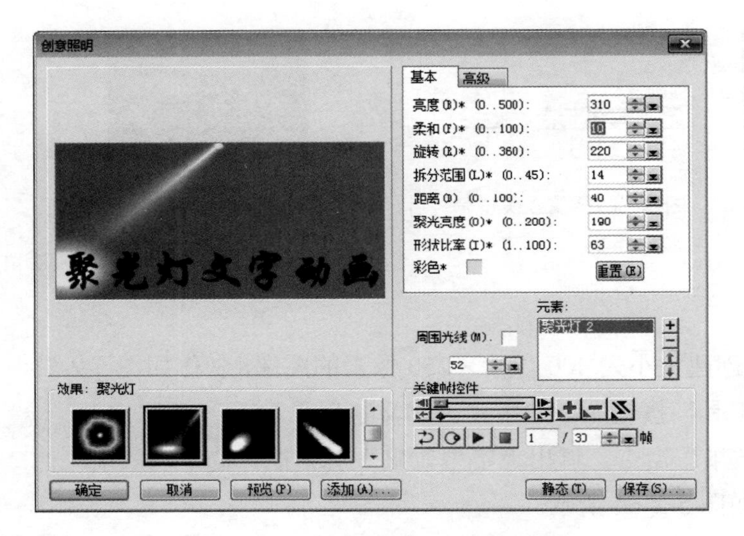

图 5-2-66 “创意照明”对话框

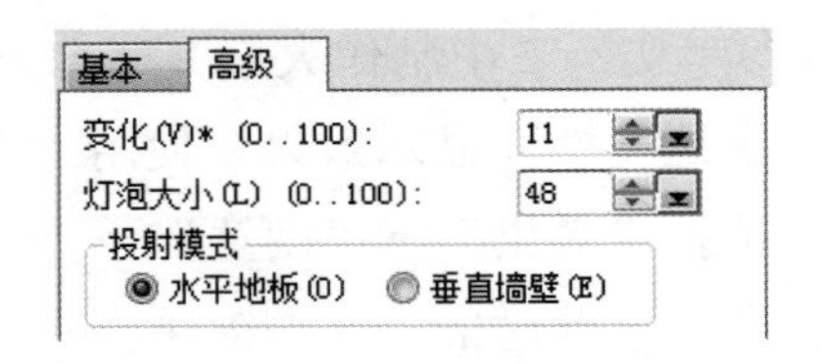

图 5-2-67 “高级”选项卡

（4）单击时间线上的第 1 关键帧菱形标记，使它变为蓝色，拖曳蓝色菱形标记，使第 1 关键帧为第 1 帧，然后按照图 5-2-66 所示的参数进行设置。

（5）单击时间线上的第 2 关键帧菱形标记，使它变为蓝色，拖曳蓝色菱形标记，使第 2 关键帧为第 30 帧，然后按照图 5-2-68 所示的参数进行设置。切换到“高级”选项卡，参数的设置如图 5-2-67 所示。

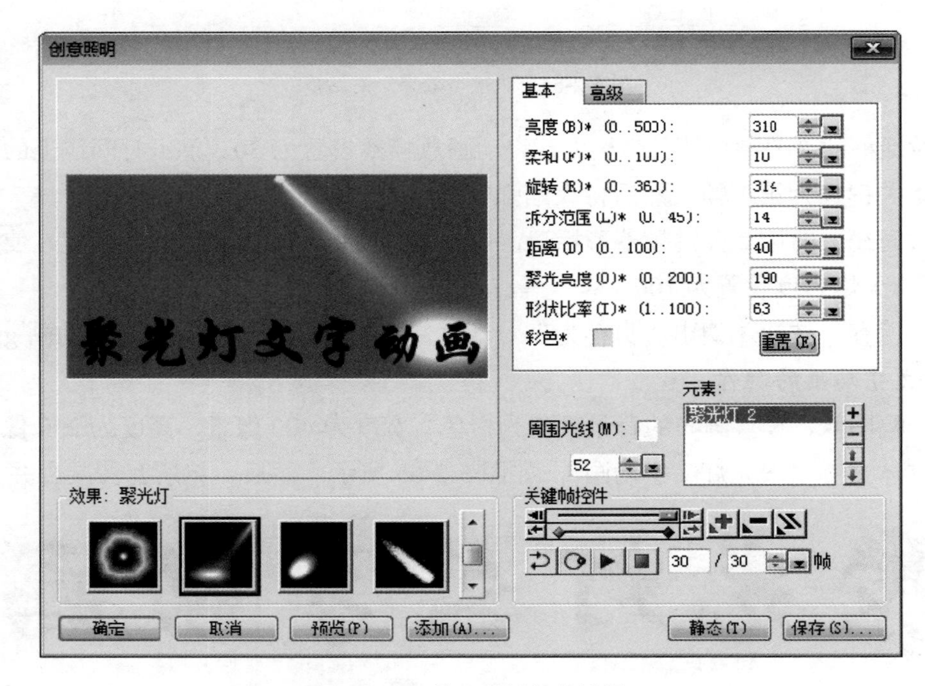

图 5-2-68 第 2 关键帧的设置

（6）单击“保存”按钮，调出“另存为”对话框，将动画以名称为“聚光灯文字动画.gif”保存。

思考与练习 5

1. 使用中文 PhotoImpact 10.0 绘制如下图所示的立体彩球图形，它的背景是平铺填充的小花朵图像。

2. 给一幅人头图像进行艺术加工，使人头图像四周柔化，再给该图像加一个图像框。
3. 制作一组立体按钮、图像框架和标题。
4. 制作一幅变形的火焰文字，并制作另一种文字动画。

动画素材制作

本章主要介绍使用中文 GIF Animator 5 和中文 Ulead COOL 3D Studio 1.0 的基本使用方法和动画素材制作，并配有大量实例，读者可以结合实例学习软件的使用方法和使用技巧。这两个软件具有较强的动画制作功能，且操作简便，对于初学者来说，很容易学会。

6.1 中文 GIF Animator 5 的基本使用方法

Ulead GIF Animator 是中文 PhotoImpact 软件的一个附属软件，是制作 GIF 动画软件中功能最强大、操作最简单的软件之一。目前较流行的中文版本是 Ulead GIF Animator 5。现在，在网页上的动画多数是以 GIF 和 Flash 的格式来呈现的，而 GIF 格式的图像文件更小巧。Ulead GIF Animator 5 的导入和导出功能大大增强，目前常见的图像格式均能够被顺利地导入，影像文件的导入格式也有所增加，而导出格式除能够导入的格式外，它还能够导出 GIF、AVI、FLC、FLI、FLX、MOV、MPEG 和 SWF 等格式的动画。

6.1.1 中文 GIF Animator 5 的工作界面

1．“启动向导”对话框

运行中文 GIF Animator 5，调出中文 GIF Animator 5 的工作界面和“启动向导”对话框，此时中文 GIF Animator 5 的工作界面还不可以使用。“启动向导”对话框如图 6-1-1 所示，该对话框给出了 5 种操作方式，单击其中一个按钮，即可进入相应的操作方式。单击“关闭”按钮或“空白动画”按钮，即可进入中文 GIF Animator 5 的工作界面，同时新建一个空白的工作区窗口。

选中“下一次不显示这个对话框”复选框，再次运行中文 GIF Animator 5 时，则不会调出“启动向导”对话框，将直接进入中文 GIF Animator 5 的工作界面。在中文 GIF Animator 5 的工作界面内单击“文件”→“参数选择”命令，调出“参数选择”对话框，切换到“普通”选项卡，如图 6-1-2 所示，选中

“开始时使用向导”复选框，单击“确定”按钮，关闭该对话框，再次运行中文 GIF Animator 5 时，会先调出“启动向导”对话框。

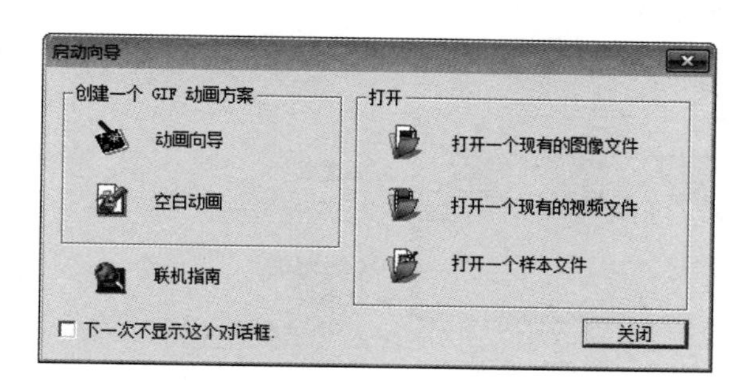

图 6-1-1 “启动向导”对话框

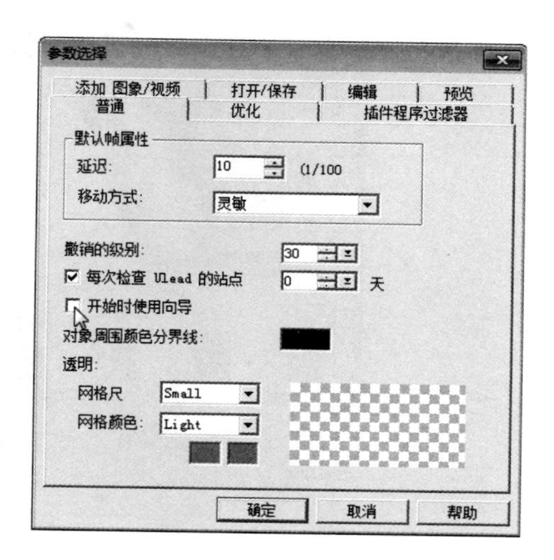

图 6-1-2 “普通”选项卡

2．**打开图像或视频文件**

（1）利用“启动向导”对话框：在“启动向导”对话框内，单击“打开一个现有的图像文件”按钮，可以调出“打开图像文件”对话框，利用该对话框可以调出中文 GIF Animator 5 的工作界面，同时打开选中的图像文件；单击“打开一个现有的视频文件”按钮，可以调出“打开视频文件”对话框，利用该对话框可以调出中文 GIF Animator 5 的工作界面，同时打开选中的视频文件。

（2）利用菜单命令：在中文 GIF Animator 5 的工作界面内，选择菜单栏中的“文件”→“打开图像”命令，调出“打开图像文件”对话框，利用该对话框可以打开一个图像文件或 GIF 格式的动画文件。选择菜单栏内的“文件”→“打开视频文件”命令，调出“Open Video File”对话框，即“打开视频文件”对话框，利用该对话框可以打开一个视频文件。

在 Windows 7 操作系统中，有时利用上述两种方法调出“打开图像文件”对话框时，选中一个图像文件后，会使 GIF Animator 5 停止工作，此时可以采用下面介绍的方法。

（3）鼠标拖曳：调出中文 GIF Animator 5 的工作界面，再打开 Windows 资源管理器或“计算机”窗口，在其内找到要导入的图像或视频文件，选中一个或多个文件，再用鼠标将要导入的图像文件拖曳到中文 GIF Animator 5 的工作界面内的标题栏或菜单栏，即可将拖曳的图像或视频文件添加到帧面板和工作区内，从而替代原来的图像或视频，创建一个新的动画方案；如果用鼠标将要导入的图像文件拖曳到中文 GIF Animator 5 的工作界面内的其他位置，则会调出“插入帧选项”对话框，如图 6-1-3 所示。根据提示选择单选按钮和复选框，再单击“确定”按钮，将拖曳的图像或视频文件添加到帧面板和工作区内替换当前帧，或者在当前帧的左侧插入图像或视频文件。

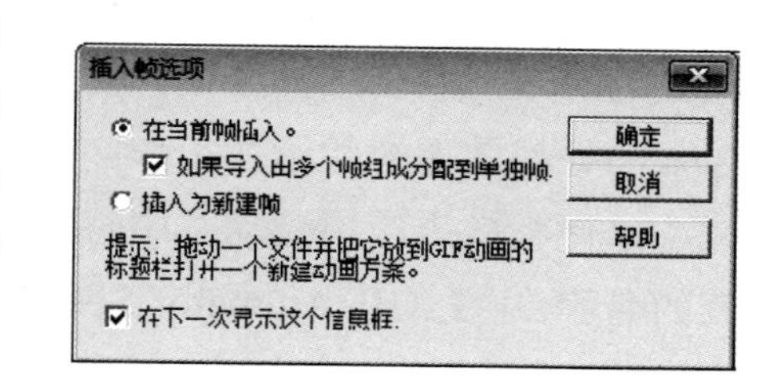

图 6-1-3 “插入帧选项”对话框

3．**中文 GIF Animator 5 的工作界面简介**

调出中文 GIF Animator 5 的工作界面，打开一个 GIF 格式的动画文件，此时的中文 GIF Animator 5 的工作界面如图 6-1-4 所示。

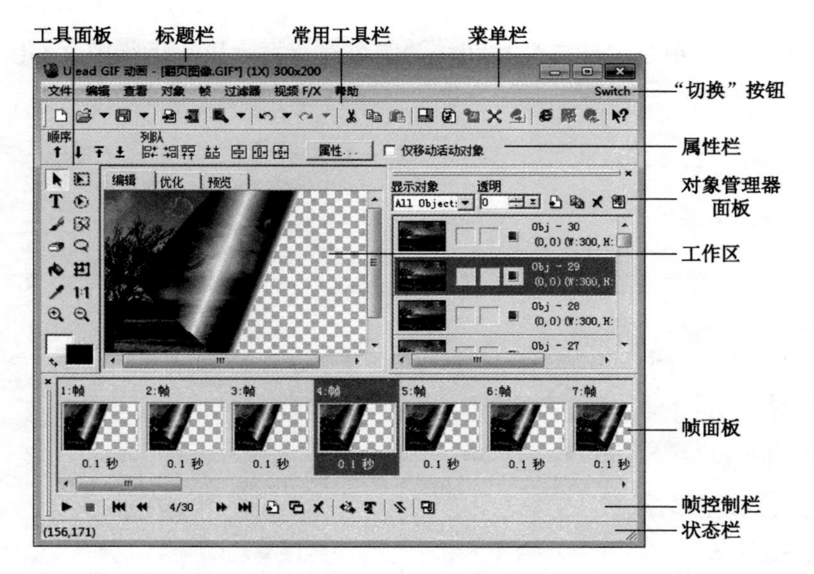

图 6-1-4　中文 GIF Animator 5 的工作界面

中文 GIF Animator 5 的工作界面由标题栏、菜单栏、常用工具栏、属性栏（也称为属性工具栏）、工作区、工具面板、帧面板、对象管理器面板和状态栏等组成。动画中的每帧列在帧面板内。单击帧面板内动画的某一帧时，该帧的图像即可在工作区内显示出来，在对象管理器面板内会显示各帧图像的属性信息和设置。

从外部导入图像时，如果该图像不包含某些已列出的设置，则确定默认的设置值。单击"文件"→"参数选择"命令，可以调出"参数选择"对话框，利用该对话框可以设置默认值。

如果右击帧面板中任何选中的帧或对象管理器中的任何对象，则会弹出一个快捷菜单，并列出所有可用于操作或编辑该帧或对象的命令。

6.1.2　中文 GIF Animator 5 的工作区简介

工作区是指当前图像层面的编辑窗口，它被分为 3 个选项卡，可以方便地在 3 种工作模式之间切换。

1."编辑"模式

"编辑"模式是 GIF Animator 5 工作区中默认的操作模式，在这种模式下，工具面板内所有工具均变为有效，利用工具面板内的工具可以在工作区画布上绘制图形、输入文字和裁剪图形与图像，导入的外部图像会显示在工作区，可以操作和移动对象来创作与编辑动画，还可以创建选定范围区域，以便将效果应用到动画中特定的部分。将鼠标指针移到工具面板内的工具按钮上，会显示该工具的名称。中文 GIF Animator 5 工具面板内的工具与中文 PhotoImpact 工具面板内工具的使用方法基本相同。

2."优化"模式

"优化"模式是供用户压缩与优化动画文件的模式，在这种模式下，可以优化动画，减少动画的字节数，以便在 Web 上传输。"优化"模式下的属性栏如图 6-1-5 所示。属性栏中各选项的作用如下。

图 6-1-5 “优化”模式下的属性栏

（1）“预设”下拉列表框：用来选择一种预设值，可以在“颜色”文本框中改变色彩数值、在“抖动”文本框中改变抖动值、在“损耗”文本框中改变有损数据等。

（2）“优化向导”按钮：单击该按钮，调出“优化向导”对话框，利用该对话框可以对动画进行优化。

（3）“按尺寸压缩”按钮：单击该按钮，调出“按尺寸压缩”对话框，如图 6-1-6 所示。利用该对话框可以对动画进行压缩优化。

（4）“显示/隐藏优化面板”按钮和“显示/隐藏颜色面板”按钮：单击“显示/隐藏颜色面板”按钮，调出“优化面板”面板，如图 6-1-7 所示。单击“显示/隐藏颜色面板”按钮，调出颜色调色板，如图 6-1-8 所示。利用这两个面板可以对动画进行优化。

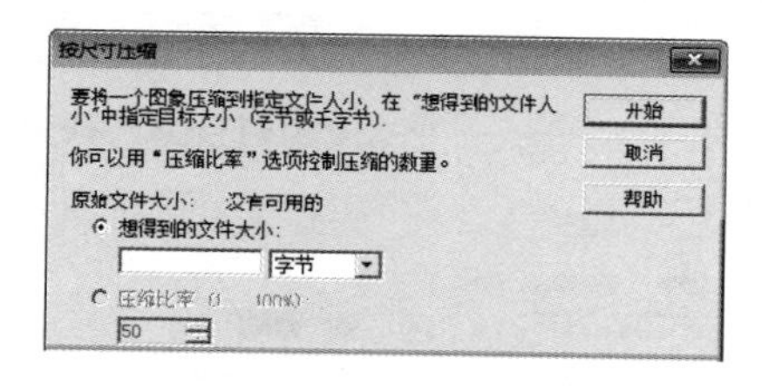

图 6-1-6 “按尺寸压缩”对话框

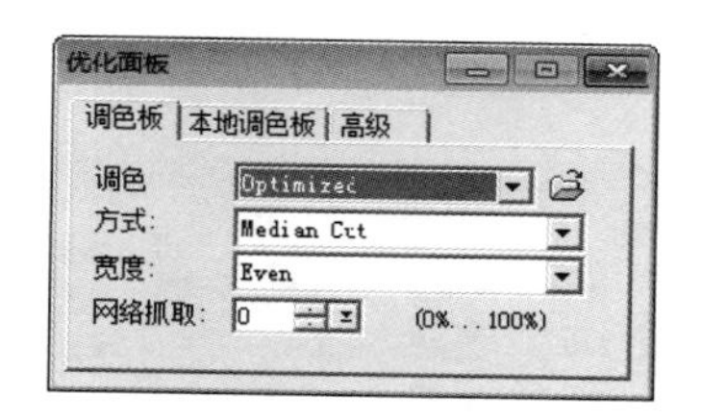

图 6-1-7 “优化面板”面板

3．**“预览”模式**

在“预览”模式下，可以在中文 GIF Animator 5 的工作区中预览 GIF 格式的动画。调出 Windows 资源管理器或“计算机”窗口，在其内找到要导入的图像或视频文件，选中一个或多个文件，再用鼠标将要导入的图像文件或 GIF 格式文件拖曳到中文 GIF Animator 5 工作界面“预览”模式下的工作区内，即可直接浏览图像或 GIF 格式动画。

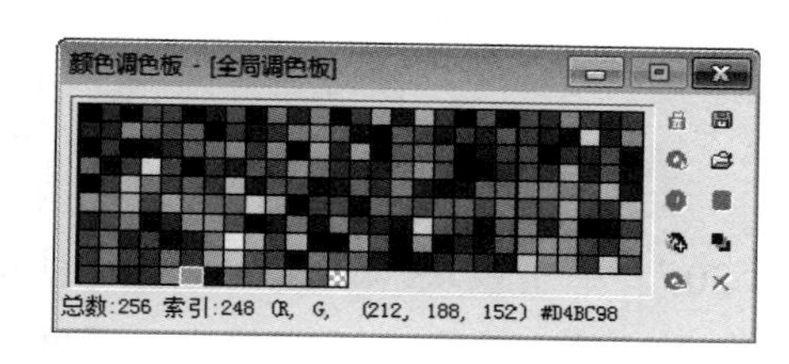

图 6-1-8 颜色调色板

6.2 中文 GIF Animator 5 制作实例

实例 1 文字变化

“文字变化”动画播放时，先有“中文 PHOTOIMPACT 10.0”文字从右向左移入画面，再从左向右移出画面，其中的一幅画面如图 6-2-1 所示，接着“中文 GIF ANIMATOR 5.10”文字从下向上移入画面，再从上向下移出画面，其中的一幅画面如图 6-2-2 所示。最后，“中文 COOL 3D STUDIO 1.0”文字逐渐显示出来，其中的一幅画面如图 6-2-3 所示。

中文PHOTOIMPACT 10.0

图 6-2-1 “文字变化”动画播放时的一幅画面（1）

中文GIF ANIMATOR 5.10

图 6-2-2 “文字变化”动画播放时的一幅画面（2）

中文COOL 3D STUDIO 1.0

图 6-2-3　“文字变化”动画播放时的一幅画面（3）

1．制作第1个文字动画

（1）启动中文 GIF Animator 5，选择菜单栏内的“文件”→“新建”命令，调出“新建”对话框。利用该对话框设置画布的宽度为 400 像素、高度为 80 像素，选中“纯色背景对象”单选按钮，如图 6-2-4 所示。单击“确定”按钮，即可创建一个新画布。

（2）选择“帧”→“添加条幅文本”命令，调出“添加文本条”对话框，如图 6-2-5 所示（还没有设置）。利用该对话框，可以制作各种文字移动的动画。这些动画的制作方法基本一样，只要掌握了一种文字动画的制作方法，其他文字动画的制作也就不难了。

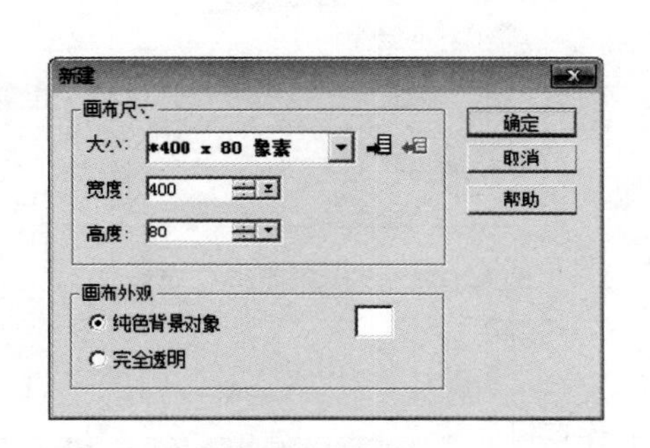

图 6-2-4　“新建”对话框

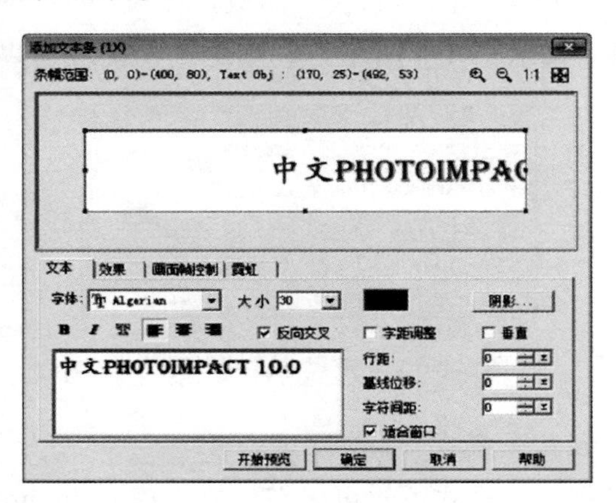

图 6-2-5　“添加文本条”对话框

（3）在“字体”下拉列表框内选择字体为“Algerian”，在“大小”下拉列表框内选择文字字号为“30”。单击色块，调出“颜色”快捷菜单，如图 6-2-6 所示，再选择该菜单中的“Ulead 颜色选择器”命令，调出一个对话框，该对话框与图 4-1-25 所示的“友立色彩选取器”对话框基本一样，单击该对话框内下边色块栏内的红色色块，设置文字颜色为红色。然后，在文本框内输入“PHOTOIMPACT 10.0”。

（4）在“字体”下拉列表框内选择字体为“楷体”，单击“加粗”按钮 **B**，其他设置不变。然后，在文本框内“PHOTOIMPACT 10.0”的左边输入“中文”二字，如图 6-2-5 所示。

（5）在“添加文本条”对话框中，单击“效果”标签，切换到“效果”选项卡，选中“进入场景”和“退出场景”复选框，在两个列表框中分别选中“左侧滚动”和“右侧滚动”选项，在两个数字框内均输入“12”，如图 6-2-7 所示。利用该对话框还可以设置其他特点的文字移入画面和移出画面的动画效果。

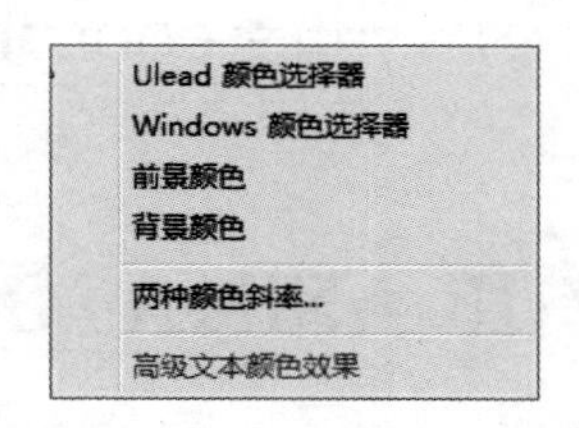

图 6-2-6　“颜色”快捷菜单

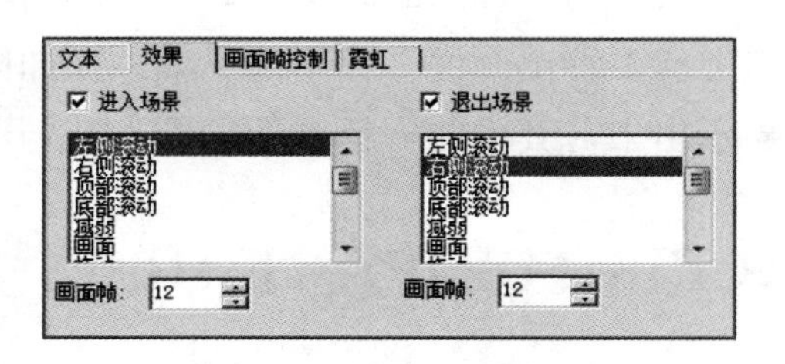

图 6-2-7　“效果”选项卡

（6）单击“添加文本条”对话框中的“开始预览”按钮，可以看到文字动画效果，单击“停止预览”按钮，可使动画停止播放。单击“确定”按钮，会弹出一个菜单，选择该菜单中的“创建为文本条”命令，即可将创建的文字动画添加到帧面板中。

2．制作其他文字动画

（1）通过上边的制作，在帧面板内创建 25 帧，最左边的帧内容是空的。选中最左边的帧，单击帧控制栏内的“删除帧”按钮 ✗，将选中的第 1 帧删除。

（2）选中帧面板内的第 24 帧，然后重复上边的操作，只是输入的文字改为“中文 GIF ANIMATOR 5.10”，切换到“效果”选项卡，选中两个复选框，在两个列表框中分别选中“顶部滚动”和“底部滚动”选项，再在两个数字框内均输入“10”，如图 6-2-8 所示。单击“确定”按钮，弹出一个菜单，单击该菜单中的“创建为文本条”命令，即可将创建的文字动画添加到帧面板中第 24 帧的后边。

（3）选中帧面板内的第 44 帧，然后重复上边的操作，只是输入的文字改为“中文 COOL 3D STUDIO 1.0”，切换到“霓虹”选项卡，选中“霓虹”复选框，在“方向”下拉列表框中选中“Outside”选项，选中“发光”复选框，设置发光色为黄色，如图 6-2-9 所示。

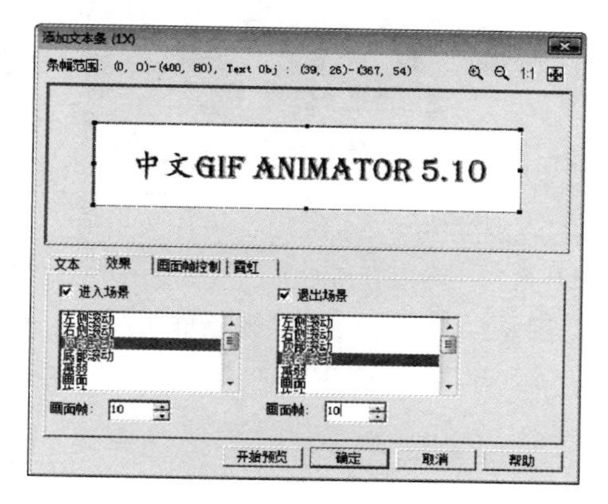

图 6-2-8 “效果”选项卡（1）

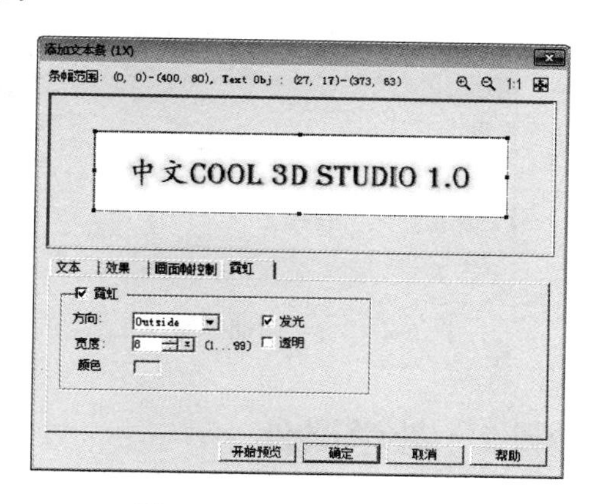

图 6-2-9 “霓虹”选项卡

（4）切换到“效果”选项卡，选中两个复选框，在两个列表框中分别选中“缩小”和“放大”选项，再在两个数字框内均输入“10”，如图 6-2-10 所示。

（5）选择“添加文本条”对话框中的“画面帧控制”选项卡，如图 6-2-11 所示，可以调整延迟时间和关键帧的延迟时间。

图 6-2-10 “效果”选项卡（2）

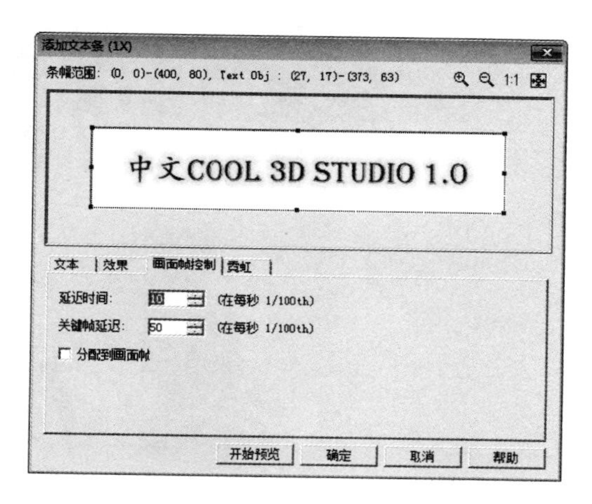

图 6-2-11 “画面帧控制”选项卡

（6）单击“添加文本条”对话框中的“开始预览”按钮，可以看到文字的动画效果，单击“停止预览”按钮，可使动画停止播放。单击“确定”按钮，会弹出一个菜单，选择该菜单中的“创建为文本条”命令，即可将创建的文字动画添加到帧面板中第 44 帧的后边。

（7）单击帧控制栏内的“添加文本条”按钮，也可以调出“添加文本条”对话框。选中帧控制栏内的第 1 帧，选择“帧”→“帧属性”命令，调出“画面帧属性”对话框，如图 6-2-12 所示（还没有设置）。利用该对话框，可以设置选中帧的属性。

（8）选择“文件”→“另存为”命令，调出“另存为”菜单，选择该菜单内的文件类型名称选项，调出相应的对话框，将动画保存为选中文件格式的文件。例如，选择“另存为”菜单中的“GIF 文件”选项，调出“另存为”对话框，在“保存在”下拉列表框中选中保存文件的文件夹，再在“文件名”文本框中输入文件名“实例 1 文字变化”，如图 6-2-13 所示，单击“保存”按钮，即可将制作好的动画以名称“实例 1 文字变化.gif”保存。

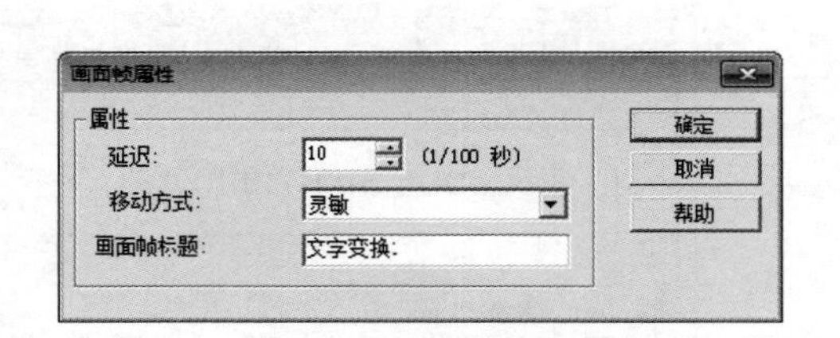

图 6-2-12 “画面帧属性”对话框

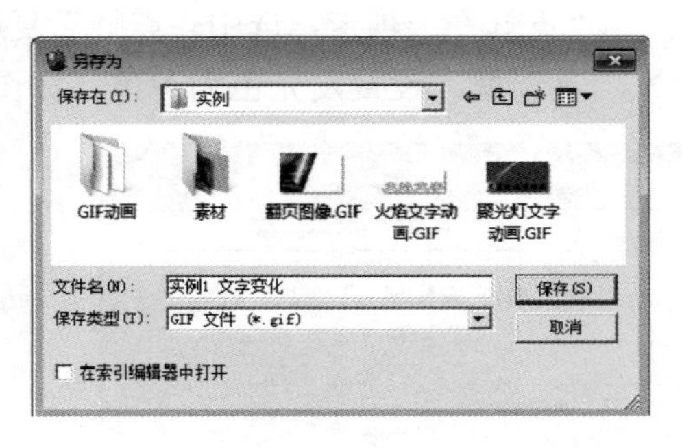

图 6-2-13 “另存为”对话框

实例 2 教学课件

“教学课件”动画播放后，从右边向左边开始依次显示“教”“学”“课”和“件”文字图像。动画的 4 幅画面如图 6-2-14 所示。

（1）利用中文 PhotoImpact 10.0 制作 4 幅一样大小（宽 100 像素、高 100 像素）的 JPG 格式的图像，如图 6-2-15 所示。4 幅图像的文件名分别是“教.jpg”“学.jpg”“课.jpg“件.jpg”。

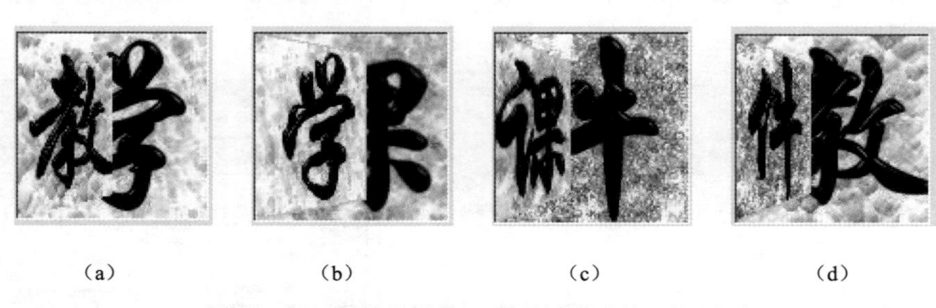

（a） （b） （c） （d）

图 6-2-14 “教学课件”动画播放时的 4 幅画面

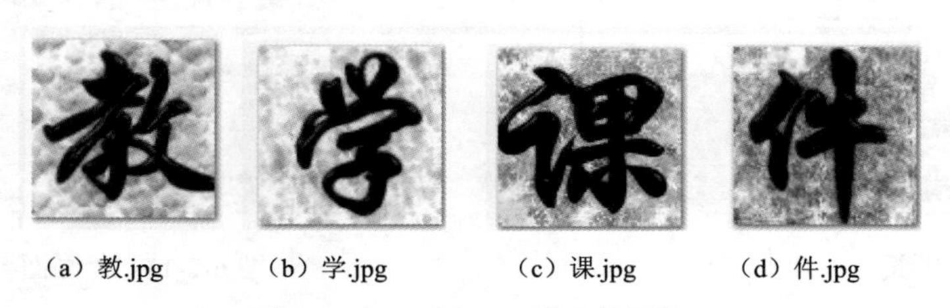

（a）教.jpg （b）学.jpg （c）课.jpg （d）件.jpg

图 6-2-15 4 幅 JPG 格式的图像

（2）选择中文 GIF Animator 5 菜单栏中的“文件”→“新建”命令，调出“新建”对话框。设置画布的宽度与高度均为 100 像素，单击“确定”按钮，新建一个画布。

（3）打开“计算机”窗口，将“教.jpg”“学.jpg”“课.jpg”“件.jpg”图像文件依次拖曳到中文 GIF Animator 5 的工作界面及帧面板内，如图 6-2-16 所示。选择“查看”→“对象管理器面板”命令，调出“对象管理面板”对话框，如图 6-2-17 所示。

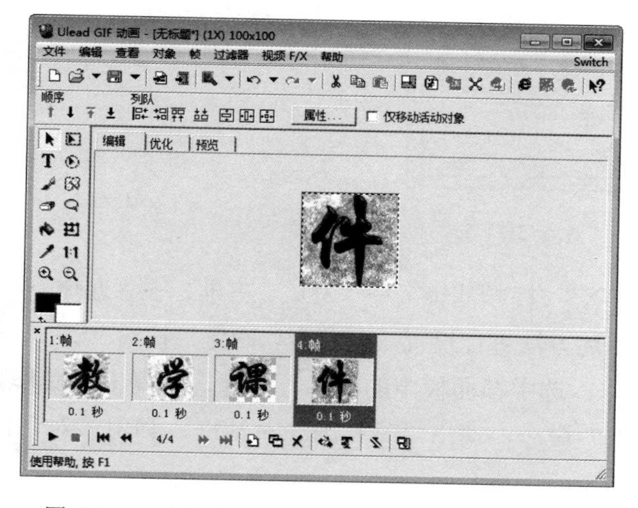

图 6-2-16　中文 GIF Animator 5 的工作界面及帧面板

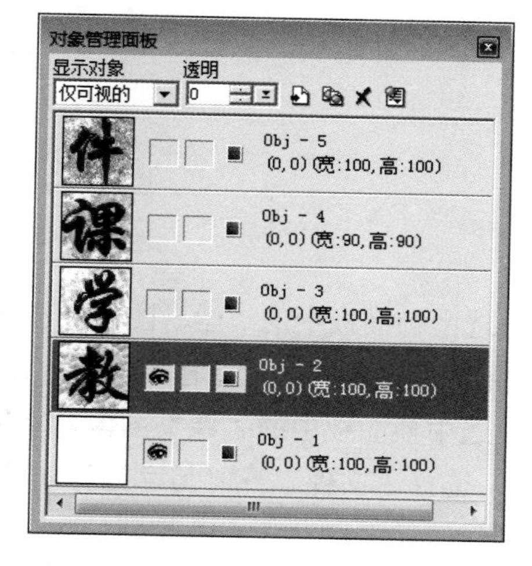

图 6-2-17　“对象管理面板”对话框

（4）如果帧面板中最左边有空白帧，则右击该空白帧，弹出一个快捷菜单，选择该菜单中的“删除帧”命令，将空白帧删除。此时，中文 GIF Animator 5 工作界面中的工作区、对象管理面板和帧面板如图 6-2-16 所示。

（5）如果要调整对象管理面板中图像的顺序，可选中对象管理面板中的“教”图像，然后将它拖曳到 3 幅图像的最上边。也可以通过单击属性栏内“顺序”栏中的⬆按钮，将“教”图像移到 3 幅图像的最上边。按照上述方法，可将 4 幅图像按从上到下顺序排列为“教”“学”“课”和“件”图像。

如果帧面板中的各帧图像顺序不正确，可通过拖曳帧图像来调整。

（6）右击帧面板中的“教”图像，调出其快捷菜单，再选择该菜单中的“相同的帧”命令，将“教”图像复制到帧面板中。拖曳复制的“教”图像到“件”图像的右边，如图 6-2-18 所示。

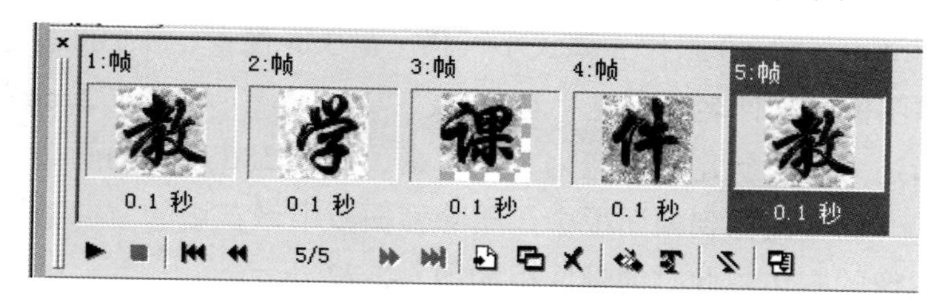

图 6-2-18　中文 GIF Animator 5 工作界面中的帧面板

（7）选中帧面板中的“教”图像。选择“视频 F/X”（视频滤镜）→“3D”（三维）→“通道-3D”命令，调出“添加效果”（通道-3D）对话框，如图 6-2-19 所示，其中“效果类型”下拉列表框中选中的是“通道-3D”选项；单击◀按钮，表示从右向左开始；边框宽度设置为“0”；“平滑边缘”下拉列表框中选择“不”选项；调整“画面帧”数字框中的数值为 15，表示该动画为 15 帧；调整“延迟时间”数字框中的数值为 2，表示每帧播放 0.02 秒。参数的设置如图 6-2-19 所示，然后单击“确定”

按钮。

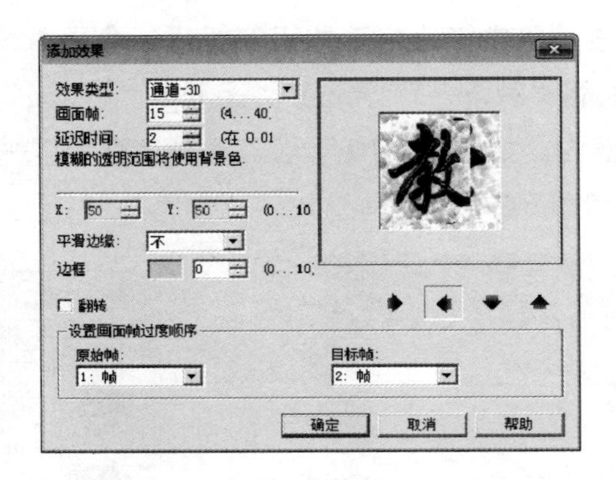

图 6-2-19　“添加效果”（通道-3D）对话框

（8）选中帧面板中的“学”图像。选择“视频 F/X”（视频滤镜）→“3D”（三维）→“通道-3D”命令，调出“添加效果”（通道-3D）对话框。按照上述方法进行设置，再单击“确定”按钮。

（9）选中帧面板中的“课”图像，重复上述操作。选中帧面板中的“件”图像，重复上述操作。

（10）选择“文件”→“另存为”→“GIF 文件”命令，调出“另存为”对话框，利用该对话框可以将制作的动画保存为 GIF 文件。

实例 3　翻转页面

“翻转页面”动画常用于多媒体程序中的图像转场，该动画播放时的 3 幅画面如图 6-2-20 所示。

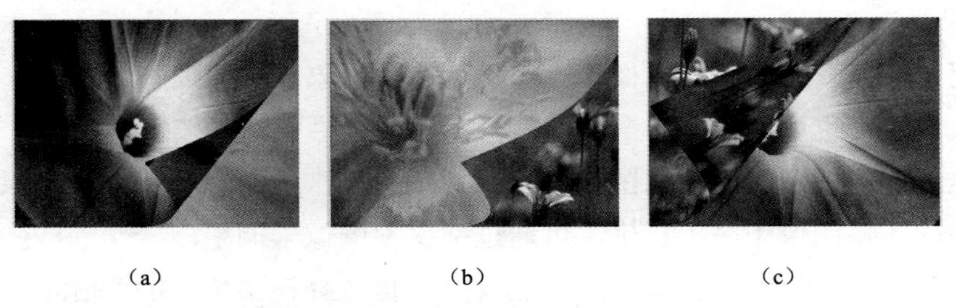

(a)　(b)　(c)

图 6-2-20　“翻转页面”动画播放时的 3 幅画面

（1）利用中文 PhotoImpact 10.0 制作 3 幅大小一样（宽 350 像素、高 280 像素）的 JPG 格式图像，如图 6-2-21 所示。3 幅图像的文件名分别是“花 0.jpg”“花 1.jpg”和“花 2.jpg”。

（2）按照实例 2 所述方法，新建一个宽为 350 像素、高为 280 像素的画布。然后导入“花 0.jpg”“花 1.jpg”和“花 2.jpg”3 幅图像到帧面板中，删除帧面板中最左边的空白帧，再将帧面板中的第 1 幅图像复制到第 3 幅图像的右边，此时的帧面板如图 6-2-22 所示。

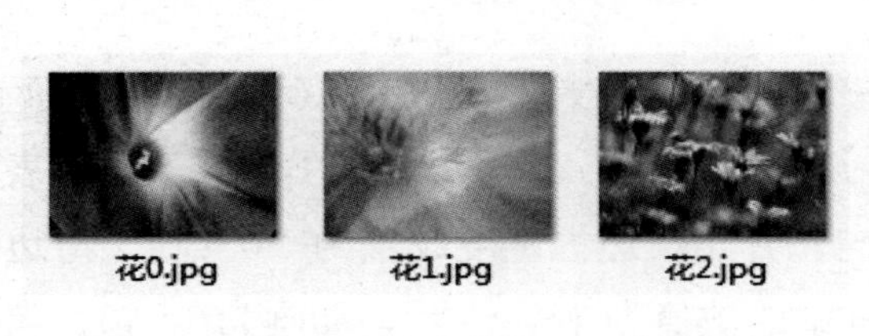

图 6-2-21　3 幅大小一样的 JPG 格式图像

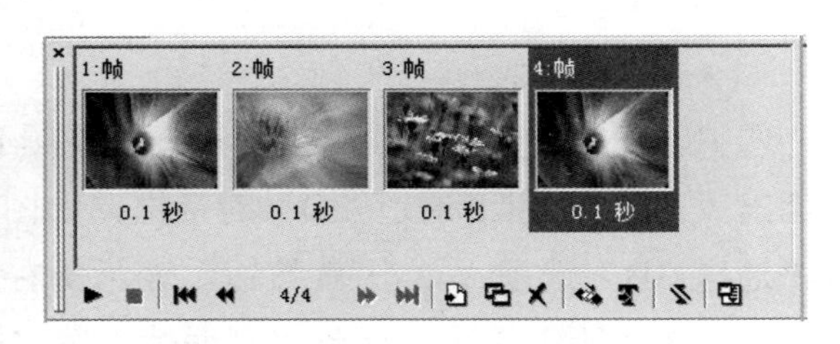

图 6-2-22　帧面板

（3）选中帧面板中的“花 0.jpg”图像，选择“视频 F/X”（视频滤镜）→“电影” →“翻转页面-电影”命令，调出“添加效果”（翻转页面）对话框。在该对话框的“效果类型”下拉列表框中选择“翻转页面-电影”选项，按照图 6-2-23 所示进行设置，设置好后单击“确定”按钮。

（4）选中帧面板中的“花 1.jpg”图像，按照上述方法制作“花 1.jpg”图像的翻转页面动画效果。再选中帧面板中的“花 2.jpg”图像，按照上述方法制作“花 2.jpg”图像的翻转页面动画效果。

（5）对动画进行优化，再选择“文件”→“另存为”→“GIF 文件”命令，调出“另存为”对话框，利用该对话框可以将制作的动画以“翻页图像 2.gif”保存为 GIF 文件。

（6）选择“文件”→“另存为”→“视频文件”命令，调出“另存为”对话框，利用该对话框可以将制作的动画以“翻页图像 2.avi”保存为 AVI 文件。

（7）选择“文件”→“另存为”→“Macromedia Flash（SWF）”→“使用 JPEG”命令，调出“另存为”对话框，利用该对话框可以将制作的动画保存为 SWF 文件。

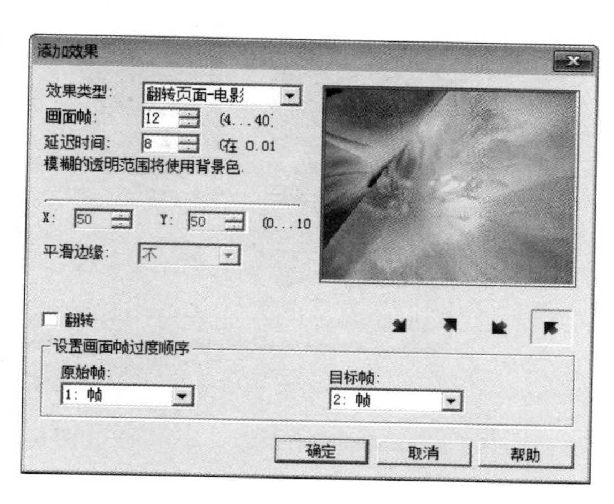

图 6-2-23 “添加效果”对话框

实例 4 特效动画

“特效动画”播放后，一幅图像以照相机镜头效果展示，另一幅图像以刮风效果展示。动画播放时的两幅画面如图 6-2-24 和图 6-2-25 所示。

图 6-2-24 照相机镜头效果动画的一幅画面

图 6-2-25 刮风效果动画的一幅画面

（1）利用中文 PhotoImpact 10.0 制作 2 幅大小一样（宽 400 像素、高 300 像素）的 JPG 格式的图像，如图 6-2-26 所示。2 幅图像的文件名分别是“风景 1.jpg”和“风景 2.jpg”。

（2）按照实例 2 所述方法，新建一个宽为 400 像素、高为 300 像素的画布，然后将“风景 1.jpg”和“风景 2.jpg”图像导入帧面板中，并删除帧面板中最左边的空白帧。

（3）选中帧面板中的“风景 1.jpg”图像，再选择“视频 F/X”→“照相机镜头”→“缩放动作”命令，调出“应用过滤器”对话框，在该对话框的数字文本框中设置动画的帧数，如图 6-2-27 所示。

图 6-2-26 JPG 格式的 2 幅图像

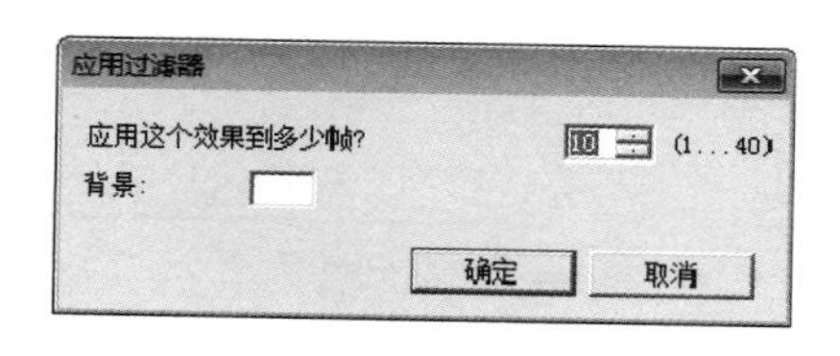

图 6-2-27 “应用过滤器”对话框

（4）单击“应用过滤器”对话框内的“确定”按钮，调出“缩放动作”对话框，再选中“照相机”单选按钮；单击“原始”栏内时间线上的第 1 帧（菱形标记），在“速度”栏内拖曳滑块，将数值调整为“1”，如图 6-2-28（a）所示。再选中“原始”栏内时间线上的最后一帧，在“速度”栏内拖曳滑块，将数值调整为“36”，如图 6-2-28（b）所示。

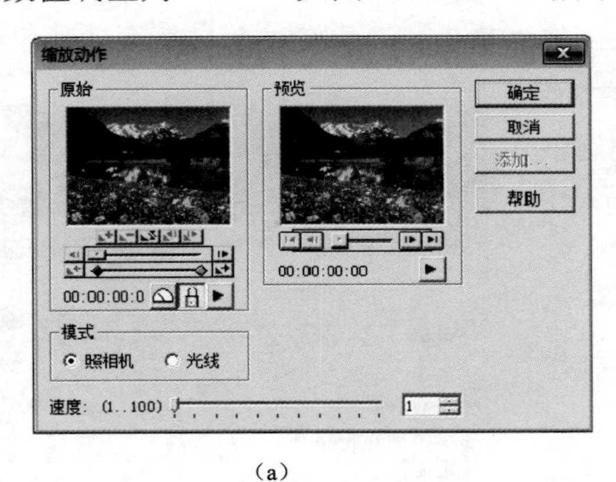

（a）

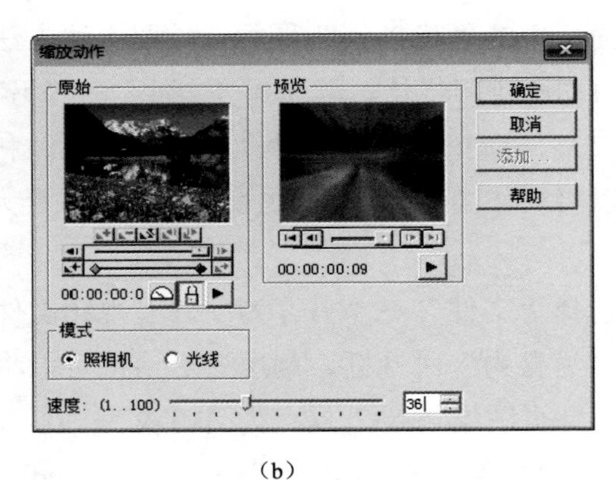

（b）

图 6-2-28 “缩放动作”对话框

（5）单击按钮，调出其菜单，选择该菜单内的选项可以设置不同类型的变化方式，通过实际操作可以观看其效果；单击“播放/停止”按钮，可以在播放和停止播放之间切换。然后单击“确定”按钮，完成该动画的制作。

（6）选中帧面板中的“风景 2.jpg”图像，再选择“视频 F/X”→“指定” →“风”命令，调出“应用过滤器”对话框。利用该对话框设置动画的帧数。单击该对话框内的“确定”按钮，调出“风”对话框。单击时间线上的第 1 帧，将“级别”调整为“12”，再选中“到右”和“爆炸”单选按钮，此时“风”对话框如图 6-2-29（a）所示。

（7）单击时间线上的最后一帧，将“级别”调整为“30”，选中“到右”和“强”单选按钮。单击该对话框内“预览”栏下的播放按钮，可以看到动画效果。单击“确定”按钮，即可完成该动画的制作。此时“风”对话框如图 6-2-29（b）所示。

（8）对动画进行优化，再按照实例 3 介绍的方法导出 GIF、AVI 和 SWF 文件。

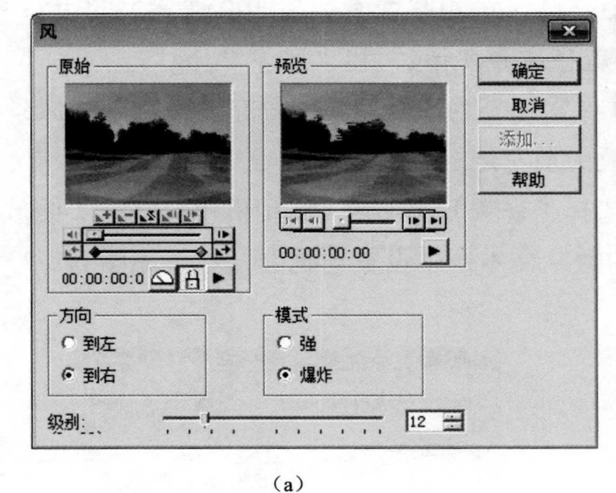

（a）

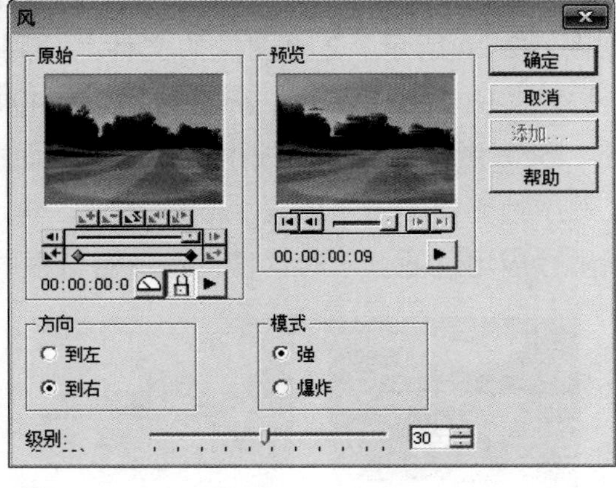

（b）

图 6-2-29 “风”对话框

实例 5　公鸡报晓

“公鸡报晓”动画播放时，显示一只公鸡不断地抬头低头，好像公鸡在打鸣。动画的 6 幅画面如图 6-2-30 所示（没有下边的字符）。

图 6-2-30　“公鸡报晓”动画播放时的 6 幅画面

（1）在“素材/公鸡”文件夹内保存有“TT1.jpg”～“TT6.jpg”6 幅图像，如图 6-2-31 所示（不包括图像下边的字符，它们是图像的名称）。在中文 PhotoImpact 10.0 的工作区中打开这 6 幅图像，将这 6 幅图像的宽均调整为 132 像素、高均调整为 130 像素。

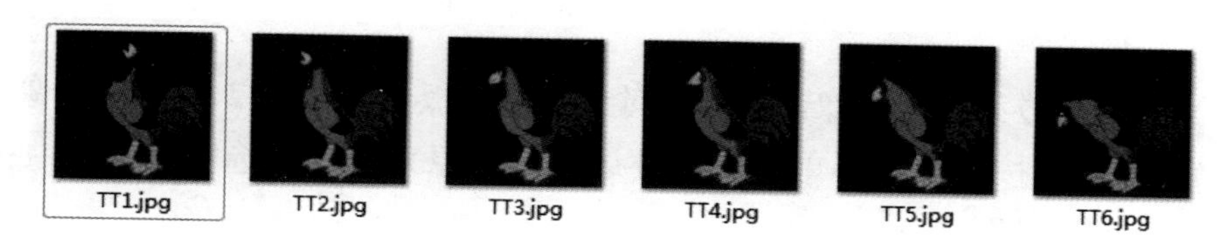

图 6-2-31　“TT1.jpg”～“TT6.jpg”6 幅图像

（2）启动中文 GIF Animator 5，新建一个宽为 132 像素、高为 130 像素的画布。在“计算机”窗口内找到并打开“素材/公鸡”文件夹，按住 Shift 键，单击“TT1.jpg”～“TT6.jpg”图像文件图标，同时选中“TT1.jpg”～“TT6.jpg”6 个图像文件。拖曳选中的 6 个图像文件到中文 GIF Animator 5 工作界面的帧面板内，然后删除帧面板中最左边的空白帧。此时的工作区和帧面板如图 6-2-32 所示。

（3）选择“查看”→“对象管理器面板”命令，调出“对象管理面板”对话框，如图 6-2-33 所示。选中帧面板内最左边的第 1 帧图像，如图 6-2-32 所示；选中“对象管理面板内最下边的公鸡图像，如图 6-2-33 所示。

（4）单击工具面板内的“选择工具-魔术棒”按钮，在其属性栏内“近似”数字框中输入“35”，单击工作区内公鸡图像中的黑色，创建选中黑色背景的选区，但是也会同时选中公鸡图像的黑色翅膀，如图 6-2-34（a）所示。

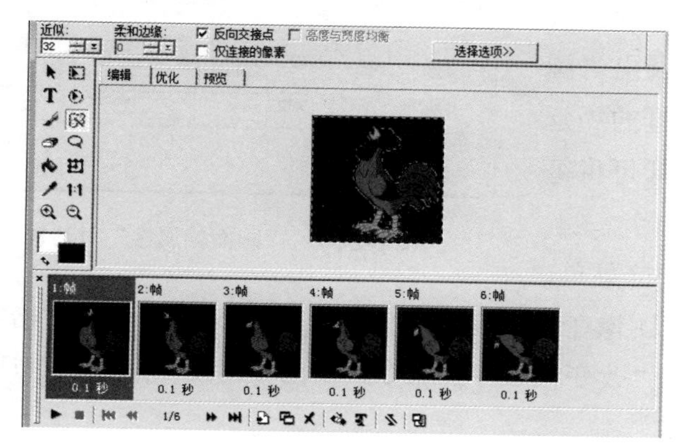

图 6-2-32　中文 GIF Animator 5 工作界面内的工作区和帧面板

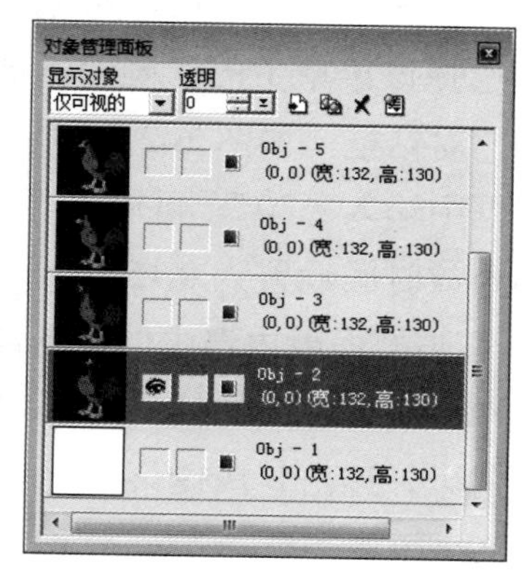

图 6-2-33　“对象管理面板”对话框

（5）单击工具面板内的“选择工具-长方形”按钮，按住 Alt 键，同时在黑色翅膀处拖曳选中的选区，并取消选区，效果如图 6-2-34（b）所示。如果要增加选区，则可以按住 Shift 键，同时在没有选区处拖曳，即可在原选区的基础上添加新创建的选区。

（6）保证在对象管理面板内选中最下边的公鸡图像，如图 6-2-33 所示。按 Delete 键，删除选区内的黑色背景图像，效果如图 6-2-34（c）所示。

图 6-2-34　创建选中黑色背景的选区

（7）选中帧面板内左边第 2 帧图像，再选中对象管理面板内倒数第 2 幅公鸡图像。单击工具面板内的“选择工具-魔术棒”按钮，再单击图像外边，取消原来创建的选区。最后，按照上述方法，删除第 2 幅图像的黑色背景图像。

（8）按照上述方法，将其他图像的黑色背景图像删除，此时，中文 GIF Animator 5 工作界面内的工作区和帧面板如图 6-2-35 所示，对象管理面板如图 6-2-36 所示。

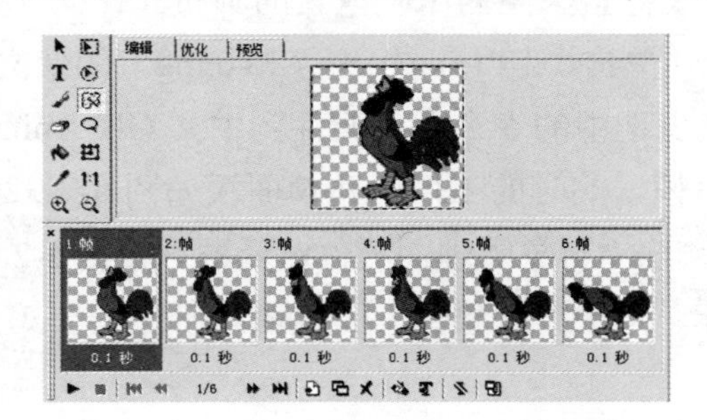

图 6-2-35　中文 GIF Animator 5 工作界面内的工作区和帧面板

图 6-2-36　对象管理面板

（9）按住 Shift 键，单击帧面板内的第 1 幅和第 6 幅图像，选中所有图像。右击帧面板内的第 1 帧图像，弹出快捷菜单，选择该菜单中的“画面帧属性”命令，调出“画面帧属性”对话框，如图 6-2-37 所示，在该对话框的“延迟”文本框中输入“30”，再单击“确定”按钮，即可将每帧图像的播放时间设置为 0.15s。

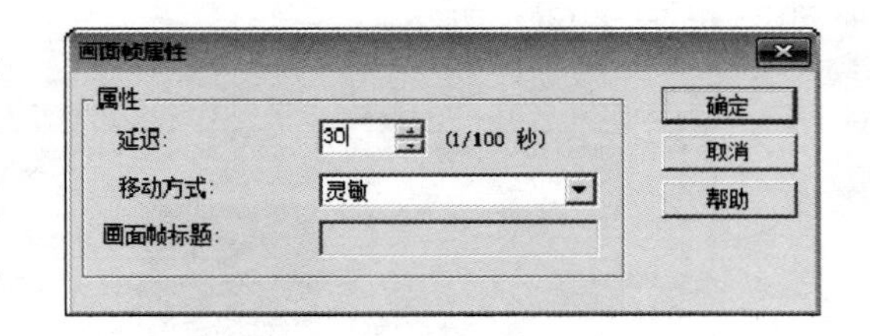

图 6-2-37　“画面帧属性”对话框

（10）右击帧面板内选中的帧图像，会弹出其快捷菜单，选择该菜单中的“相同的帧”命令，将选中的 6 帧图像在右边复制一份，如图 6-2-38 所示。右击帧面板内复制的帧，调出其快捷菜单，选择该菜单内的“改变帧顺序”命令，调出“相反帧顺序”对话框，如图 6-2-39 所示。

图 6-2-38　复制选中的 6 帧图像

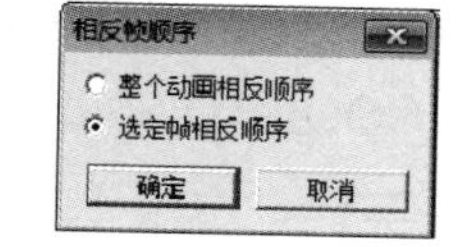

图 6-2-39　“相反帧顺序”对话框

（11）在“相反帧顺序”对话框中，选中“选定帧相反顺序”单选按钮，再单击“确定”按钮，将选中的帧反向，效果如图 6-2-40 所示。

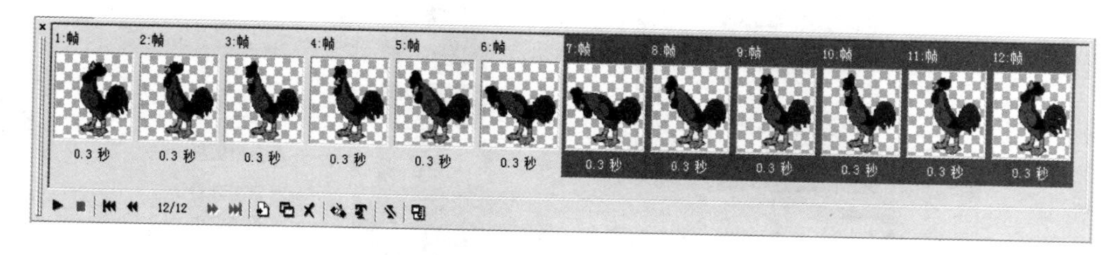

图 6-2-40　将选中的 6 帧图像反向

（12）如果新建的画布与图像大小不一样，不是宽为 132 像素、高为 130 像素，则选择“编辑”→“修剪画布”命令，将动画中各帧画布调整得与图像大小一样。

（13）最后，对动画进行优化，再导出 GIF、AVI 和 SWF 格式的动画文件。

6.3　中文 Ulead COOL 3D Studio 1.0 使用简介

中文 COOL 3D 是 Ulead（友立）公司的产品，已经有 2.0、3.0 和 3.5 等版本。中文 COOL 3D 操作简单、易学好用，是目前较为流行的三维图像与动画制作软件，它主要用于制作立体字、图像和简单的三维动画。中文 COOL 3D 输出的图像文件格式有 BMP、GIF、JPEG 和 TGA 等，输出的动画与数字电影文件格式有 GIF、AVI 和 MOV 等。目前，比较流行的中文版本是中文 COOL 3D 3.5 和中文 Ulead COOL 3D Studio 1.0。中文 COOL 3D 还可以输出 Flash 格式的动画。

6.3.1　中文 Ulead COOL 3D Studio 1.0 的工作界面

1．“Ulead COOL 3D Production Studio”**对话框**

启动中文 Ulead COOL 3D Studio 1.0，进入中文 Ulead COOL 3D Studio 1.0 的工作界面，即工作环境，同时调出“Ulead COOL 3D Production Studio”对话框，如图 6-3-1 所示。该对话框提供了 5 种操作方式，单击其中一个按钮，即可选择相应的操作方式。单击“确定”按钮，即可进入中文 Ulead COOL 3D Studio 1.0 的工作界面，同时新建一个空白设计演示窗口。

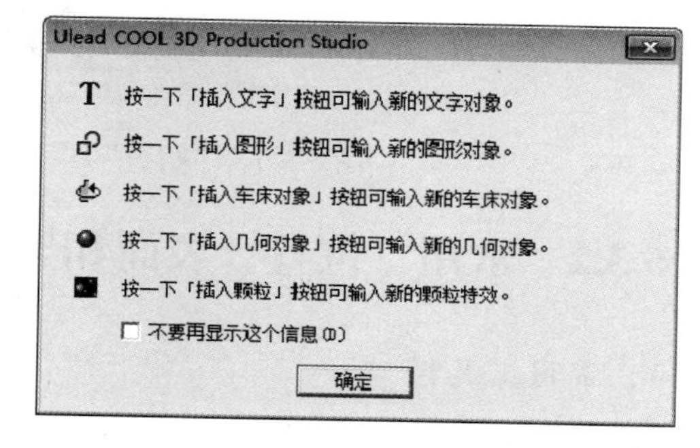

图 6-3-1　“Ulead COOL 3D Production Studio”对话框

选中“不要再显示这个信息”复选框，单击“确定”按钮，以后再运行中文 Ulead COOL 3D Studio 1.0 时，不会调出“Ulead COOL 3D Production Studio”

对话框，将直接进入中文 Ulead COOL 3D Studio 1.0 的工作界面。

2．**中文 Ulead COOL 3D Studio 1.0 的工作环境简介**

中文 Ulead COOL 3D Studio 1.0 的工作界面如图 6-3-2 所示。从图 6-3-2 中可以看出，从上至下分别有标题栏、菜单栏、常用工具栏、位置工具栏、表面工具栏、工具面板管理栏、设计演示窗口、百宝箱面板、对象工具栏、时间轴面板、导览工具栏和状态栏等。

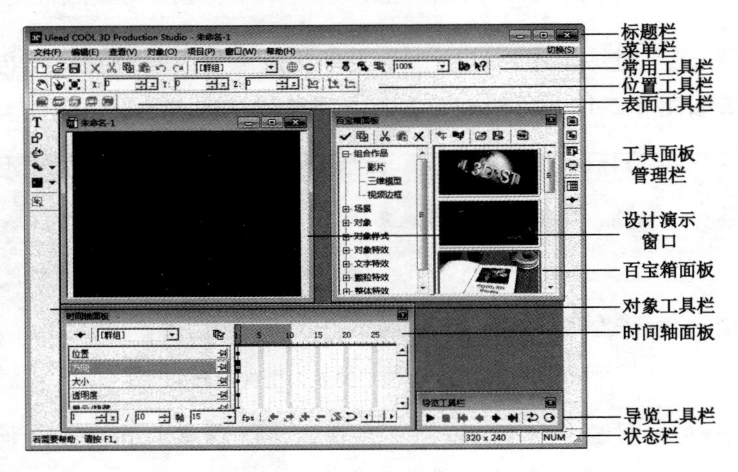

图 6-3-2　中文 Ulead COOL 3D Studio 1.0 的工作界面

单击常用工具栏内的“重排配置”按钮，会调出一个菜单，该菜单内第 1 栏中有“初级”“中级”和“高级”选项，选择其中一个选项，可以切换一种相应的工作界面。例如，选择“初级”选项，中文 Ulead COOL 3D Studio 1.0 工作界面切换到图 6-3-3 所示的工作界面，其中部分工具栏被更换了，比较适合初学者使用。

图 6-3-3　“初级”模式下的中文 Ulead COOL 3D Studio 1.0 工作界面

6.3.2　常用、位置、表面和导览工具栏

1．**常用工具栏**

常用工具栏也称为标准工具栏，在菜单栏的下面，如图 6-3-4 所示。下面简要介绍各工具的作用。

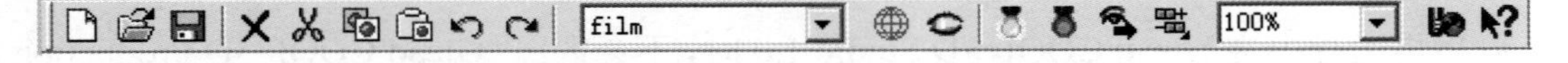

图 6-3-4　常用工具栏

（1）“新建”按钮：单击该按钮可以新建一个设计演示窗口。

（2）“打开”按钮：单击该按钮可以调出一个“打开”对话框，利用该对话框可以打开一个COOL 3D 的文件（扩展名为“*.c3d”）。

（3）“保存”按钮：单击该按钮可以调出一个“另存为”对话框，利用该对话框可以将制作的图像或动画保存，文件的扩展名为“*.c3d”。

（4）“删除”按钮：单击该按钮，可以将当前对象删除。

（5）“剪切”按钮：单击该按钮，可以将当前对象剪切到剪贴板中。

（6）“复制”按钮：单击该按钮，可以将当前对象复制到剪贴板中。

（7）“粘贴”按钮：单击该按钮，可以将剪贴板中的对象粘贴到设计演示窗口内。

（8）“撤销”按钮：单击该按钮，可以取消刚刚进行过的操作。

（9）“重复”按钮：单击该按钮，可以恢复刚刚取消的操作。

（10）“从对象清单中选取对象”下拉列表框：在设计演示窗口可以加入多个对象（字符、文字和图形等），加入对象时，就自动在此下拉列表框内加入其名称。利用该下拉列表框可以选择某一个对象，然后对该对象进行操作。

（11）“框架结构”按钮：单击该按钮，可以渲染不带表面色彩和纹理的对象，这样它们就可以代表几何模型，将它们显示为由直线和曲线组成的框架，可以让用户更全面地查看对象。此效果可用来赋予对象结构化的质感。

（12）“显示/隐藏”按钮：单击该按钮，可以显示或隐藏设计演示窗口中的当前对象。

（13）“调亮周围”按钮：单击该按钮，可以使设计演示窗口中的所有对象变亮。

（14）“调暗周围”按钮：单击该按钮，可以使设计演示窗口中的所有对象变暗。

（15）“预览输出品质”按钮：单击该按钮，可以具有预览输出质量的功能。每次将对象外观做变动时，中文 Ulead COOL 3D 都需要更新对象。如果要使更新的动作简化，处理速度更快，提高效率，则可单击该按钮。其与选择“查看”→“输出预览”命令的作用一样。

如果要让显示的对象更快地更新，可选择“项目”→“显示品质”→“草稿”命令。如果要查看最精确的效果，则可选择“项目”→“显示品质”→“最佳”命令。

（16）“重排配置”按钮：单击该按钮，可以调出一个菜单，利用该菜单内的命令，可以选择“初级”“中级”和“高级”工作界面中的一种，还可以调出或关闭相应的工具栏或面板，这与“工具面板管理”菜单中命令的作用一样。

（17）“查看比例”下拉列表框：在该下拉列表框中选择一个百分数或输入一个数值，即可按照设置的百分数或数值显示设计演示窗口中的对象。

（18）“友立首页”按钮：计算机联网后，单击该按钮可以进入友立系统主页，了解友立最新消息、友立新技巧和友立新产品。

（19）“帮助”按钮：单击该按钮后，鼠标指针变为带“？”的箭头，将鼠标指针移至某一工具按钮上，单击该工具按钮，即可调出该工具的使用说明。

2．位置工具栏

位置工具栏在常用工具栏下面，如图 6-3-5 所示。下面简要介绍各工具的作用。

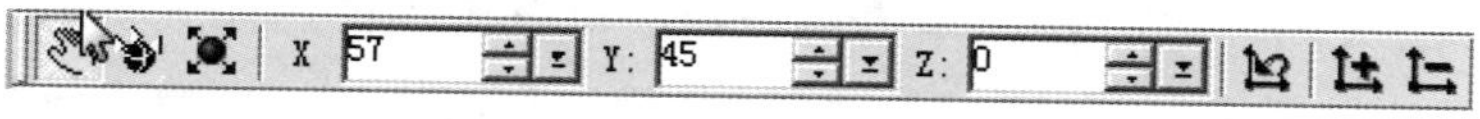

图 6-3-5 位置工具栏

（1）“移动对象”按钮：单击该按钮，将鼠标指针移至显示窗口内，此时鼠标指针会变成一个小手状。这时拖曳对象，可以改变对象的位置。

（2）“旋转对象”按钮：单击该按钮，将鼠标指针移至显示窗口内，此时鼠标指针会变成3个弯箭头围成一圈状。这时拖曳对象，可以使对象旋转。

（3）“大小”按钮：单击该按钮，将鼠标指针移至显示窗口内，此时鼠标指针会变成“十”字形状。这时拖曳对象，可使对象的大小发生改变。如果在按住Shift键的同时拖曳对象，则可在保持对象比例不变的情况下调整对象的大小。

（4）“X:”数字框：用来精确确定当前对象的水平坐标位置。

（5）“Y:”数字框：用来精确确定当前对象的垂直坐标位置。

（6）“Z:”数字框：用来精确确定当前对象的Z坐标位置，同时调整当前对象的大小。

单击数字框内的数字，可直接输入新数值，也可单击它的微调按钮来调整其数值。在移动对象、旋转对象和改变对象大小的不同状态下，“X”“Y”“Z”的含义不一样。读者可通过实际操作得出结论。

（7）“重置变形”按钮：单击该按钮，可以将当前对象变形重置。

（8）“加入固定变形”按钮：单击该按钮，可以给当前对象加入固定变形。

（9）“移除固定变形”按钮：单击该按钮，可以将当前对象的固定变形移除。

3．表面工具栏

表面工具栏在位置工具栏下面，如图6-3-6所示。下面简要介绍各工具的作用。

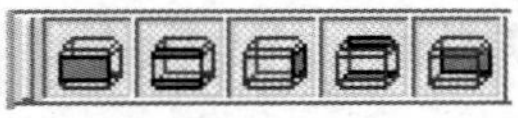

图6-3-6　表面工具栏

（1）“选择正面”按钮：单击该按钮，在进行各种效果制作（着色、加纹理等）时，可对所选择对象的前表面进行加工。

（2）“选择斜角前面”按钮：单击该按钮，可对所选对象的前斜角表面进行加工。

（3）“选择斜角侧面”按钮：单击该按钮，可对所选对象的侧表面进行加工。

（4）“选择斜角后面”按钮：单击该按钮，可对所选对象的后斜角表面进行加工。

（5）“选择背面”按钮：单击该按钮，可对所选对象的后表面进行加工。

4．导览工具栏

导览工具栏在位置工具栏的上面，如图6-3-7所示。下面简要介绍各工具的作用。

图6-3-7　导览工具栏

（1）“播放”按钮：单击该按钮可播放动画，同时使“停止”按钮有效。

（2）“停止”按钮：单击该按钮可暂停播放动画，同时使“播放”按钮有效。

（3）“开始帧”按钮：单击该按钮，会在演示窗口中显示动画的开始帧画面。

（4）“上一帧”按钮：单击该按钮，会在演示窗口中显示动画的上一帧画面。

（5）“下一帧”按钮：单击该按钮，会在演示窗口中显示动画的下一帧的画面。

（6）“结束帧”按钮：单击该按钮，会在演示窗口中显示动画的结束帧画面。

（7）“往返模式开启/关闭”按钮：单击该按钮，可以进入往返模式状态，动画从第1帧开始一帧一帧播放到最后，再从最后1帧开始一帧一帧倒着播放到第1帧。再单击该按钮，该按钮弹起，可以退出往返模式状态，动画只从第1帧开始一帧一帧播放到最后。

（8）“循环模式开启/关闭”按钮：单击该按钮，可以进入循环模式状态，动画从第 1 帧开始一帧一帧播放到最后，再返回到第 1 帧，重复播放。

6.3.3 百宝箱面板、状态栏和对象工具栏

1．百宝箱面板

百宝箱面板在设计演示窗口的右边或下边，百宝箱面板内左边是制作效果分类窗口，右边是相应类别的制作效果分类的样式窗口（也叫样式库），选择不同类别时，样式窗口中会显示不同的内容，如图 6-3-2 所示。样式窗口中的每一个图像或动画都会形象地提示用户选择该样式后会达到的制作效果。单击某一制作效果的分类项（选中它），再双击样式窗口中的某一图像或动画，即可对演示窗口内的字符或文字进行相应的制作加工。单击制作效果分类窗口内左边的“+”按钮，可将相应的类型名称全部展开，单击制作效果分类窗口内左边的“-”按钮，可将相应的类型名称全部收缩。

右击百宝箱面板内右边列表框中的图案，会弹出一个快捷菜单，选择该快捷菜单内的“导入”命令，可以调出“导入缩图”对话框，利用该对话框可以导入外部制作好的扩展名为“*.uez”和“*.upf”的对象及特效文件（可以从 Ulead 网站免费下载大量的对象和特效文件）、对象组合、动画特效等。

右击“百宝箱面板”内右边列表框中的图案，会弹出一个快捷菜单，选择该快捷菜单内的“导出”命令，可以调出“导出缩图”对话框，利用该对话框可以导出用户制作的对象、对象组合、动画特效等相应的文件（扩展名为“*.uez”）。利用快捷菜单内的命令，还可以进行百宝箱面板内右边列表框中图案的删除等操作。

2．状态栏

状态栏在最下边，用来显示操作的提示信息、生成新图像或动画时的进展情况，以及演示窗口中对象的尺寸大小、光标位置等信息。

3．对象工具栏

对象工具栏如图 6-3-2 所示。从上到下各工具的作用如下。

（1）“插入文字”按钮 **T**：单击该按钮，会调出“插入文字”对话框，如图 6-3-8 所示。利用该对话框可以输入字符或文字。用户可在选定字体和字号后，在文本框中输入字符或文字。输入字符或文字后按 Enter 键，过一段时间后，它们会以立体的三维效果出现在演示窗口中。同时，在常用工具栏内的“从对象清单中选取对象”下拉列表框中会增加该文字对象的名称。

单击“插入文字”对话框中的字体下拉列表框右边的向下箭头，调出字体下拉列表，选中其中一种字体，即可选定样式。当鼠标移至某一字体名称时，在该字体右边会以黄底黑字形式显示该字体的样式。如果选择 Webdings、Westwood LET、Wingdings1、Wingdings 2、Wingdings 3 等字体，则输入键盘字符时，会显示各种小图案。

（2）“插入图形”按钮：单击该按钮，可调出“矢量绘图工具”对话框，如图 6-3-9 所示。利用该对话框可以绘制矢量图形，导入扩展名为“.emf”和“.wmf”格式的矢量图形，以及将点阵图像转换为矢量图形。

将鼠标指针移到“矢量绘图工具”对话框内的按钮或文本框上，即可显示它的名称。单击该对话框标题栏中的按钮，单击需要查看相应帮助信息的按钮或文本框，即可显示相应的帮助信息。使用这两种方法，再加上读者的操作实践，通常可以很快地掌握该对话框的使用方法。

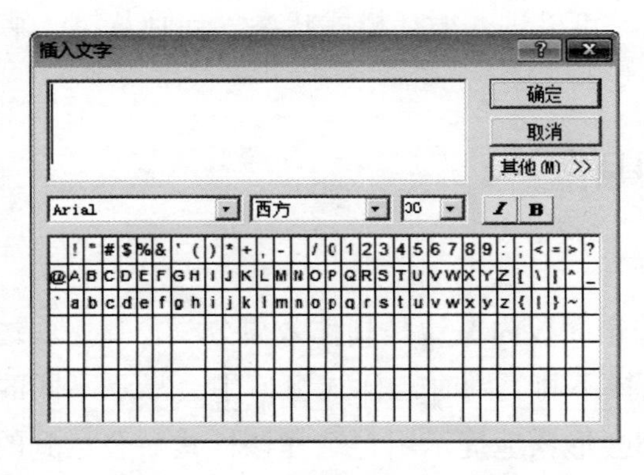

图 6-3-8 “插入文字”对话框

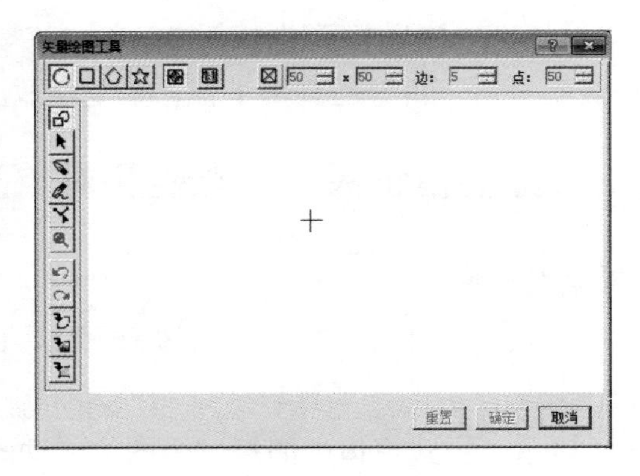

图 6-3-9 “矢量绘图工具”对话框

（3）“插入车床对象”按钮：单击该按钮，可以调出“车床对象编辑工具”对话框，如图 6-3-10 所示。利用该对话框也可以绘制矢量图形、导入矢量图形和将点阵图像转换为矢量图形。该对话框与图 6-3-9 所示“矢量绘图工具”对话框基本一样，使用方法也相同，只是单击“确定”按钮后，在设计演示窗口内形成的对象不一样。

在“百宝箱面板”中，选中左边列表框内的“对象”选项，展开“对象”列表，单击选中“车床对象”选项，即可在右边列表框中显示系统提供的车床对象组成的“车床对象”样式窗口，如如图 6-3-11 所示，即可看到车床对象的立体三维效果。

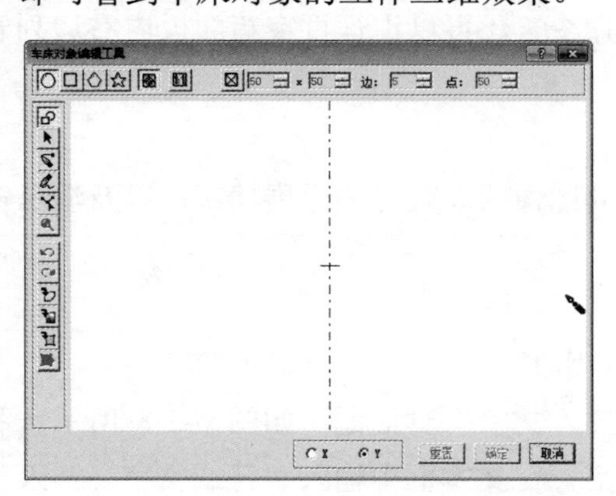

图 6-3-10 “车床对象编辑工具”对话框

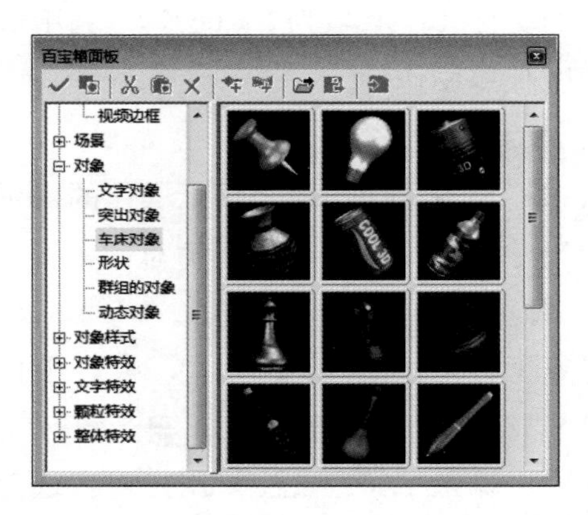

图 6-3-11 “百宝箱面板”内“车床对象”样式窗口

（4）“插入几何对象”按钮：单击该按钮右边的箭头按钮，会弹出一个“几何对象”面板，如图 6-3-12（a）所示。单击该面板内的一个按钮，即可在演示窗口内插入相应的立体几何图形对象。

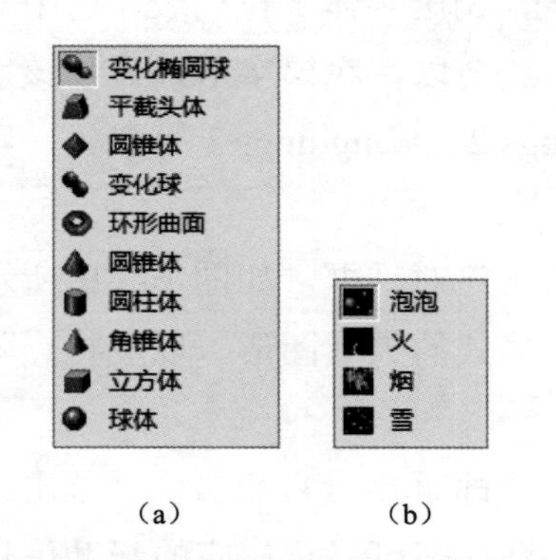

图 6-3-12 “几何对象”面板和“颗粒特效”面板

（5）“插入颗粒特效”按钮：单击该按钮右边的箭头按钮，会弹出一个“颗粒特效”面板，如图 6-3-12（b）所示。单击该面板内的一个按钮，即可在演示窗口内插入相应的立体颗粒特效对象。

（6）“编辑对象”按钮：单击该按钮，可调出“车床对象编辑”对话框和“矢量绘图工具”对话框，同时在“矢量绘图工具”对话框内打开当前对象的轮廓路径图形。

6.3.4 动画工具栏和文本工具栏

1．动画工具栏

动画工具栏如图 6-3-13 所示。该工具栏中各工具的作用如下。

（1）“时间轴面板”按钮：单击该按钮，可以调出“时间轴”面板，此时动画工具栏会被导览工具栏替代。

（2）“从对象清单中选取对象”下拉列表框：用来选择设计演示窗口内的对象，使该对象成为选中的当前对象。

图 6-3-13 动画工具栏

（3）“从特性菜单中选取特性”下拉列表框：用来选择制作动画的属性，即动画画面一帧一帧变化时，是对象的哪项属性在改变。动画属性有方向、大小、色彩、材质、斜角、透明度、纹理、显示/隐藏、光线、相机和背景等。

（4）“上一帧”按钮：单击该按钮，在演示窗口中显示动画的上一帧画面。

（5）“上一关键帧”按钮：单击该按钮，在演示窗口中显示动画的上一关键帧画面。

（6）“下一帧”按钮：单击该按钮，在演示窗口中显示动画的下一帧画面。

（7）“下一关键帧”按钮：单击该按钮，在演示窗口中显示动画的下一关键帧画面。

（8）“时间轴控制区”滑动槽：有两个滑动槽，上边滑动槽内有一个方形滑块，拖曳方形滑块或单击滑槽某处可以使演示窗口中显示动画的某一帧画面。下边滑动槽内有一个或多个菱形图标，指示相应的帧为关键帧，蓝色的菱形图标表示当前帧是关键帧。关键帧就是动画中的转折帧，两个关键帧之间的各个画面可由中文 COOL 3D 自动产生。因此，中文 COOL 3D 可以产生复杂的动画。

（9）“添加关键帧”按钮：单击该按钮，在时间轴控件的下边滑槽中，对应上边滑槽内方形滑块处增加一个蓝色菱形图标，指示该帧为关键帧。

（10）“删除关键帧”按钮：单击关键帧的蓝色菱形图标，再单击该按钮，可以删除一个关键帧，选中的关键帧的蓝色菱形图标也会被删除。

（11）“反向”按钮：单击该按钮，会使动画朝相反的方向变化，即原来从第 1 帧到最后一帧变化，现在改为从最后一帧向第 1 帧变化。

（12）“让移动路径平滑”按钮：单击该按钮，可使移动动画各帧间的变化更平滑。

（13）“当前帧”数字框：单击数字框的微调按钮，或单击其文本框，再输入数字，均可改变该文本框内的数字，从而改变当前帧。

（14）“总帧数”数字框：用来确定数字电影（动画）的总帧数。

（15）“每秒帧数”数字框：用来确定动画播放的速度，即每秒的帧数。

2．文本工具栏

文本工具栏如图 6-3-14 所示。该工具栏中各工具的作用如下。

（1）“增加字符间距”按钮：单击该按钮，可使字符间的水平间距增加。

（2）“减少字符间距”按钮：单击该按钮，可使字符间的水

图 6-3-14 文本工具栏

平间距减小。

（3）“增加行间距”按钮：单击该按钮，可使字符或文字的行距增加。

（4）“减小行间距”按钮：单击该按钮，可使字符或文字的行距减小。

（5）“居左”按钮：单击该按钮，可使文字左对齐。

（6）“居中”按钮：单击该按钮，可使文字居中对齐。

（7）“居右”按钮：单击该按钮，可使文字右对齐。

（8）“分割文字”按钮：单击该按钮，可使当前一串文字分割为一些独立的字。

（9）“转换文字为图形”按钮：单击该按钮，可使当前文字转换为图形。

6.3.5 属性面板和对象管理器

1. 属性面板

属性面板如图 6-3-15 所示，利用“属性面板”可以设置当前对象的属性。单击该面板内的“添加外挂特效”按钮，调出“添加外挂特效”菜单。如果当前选中的对象是一个群组对象，则“添加外挂特效”菜单如图 6-3-16（a）所示；如果当前选中的对象是一个单一对象，则“添加外挂特效”菜单如图 6-3-16（b）所示。选择该菜单内的命令，则“属性面板”中会显示相应的调整参数选项，用来调整选中对象的属性。在“属性清单”下拉列表框中可以选择属性的类别。

添加一种外挂特效后，单击“删除外挂特效”按钮，即可删除刚添加的外挂特效。单击属性面板内下边的“查看缩图”按钮，则会在百宝箱面板内切换到相应的选项，列出相应的图案样式。

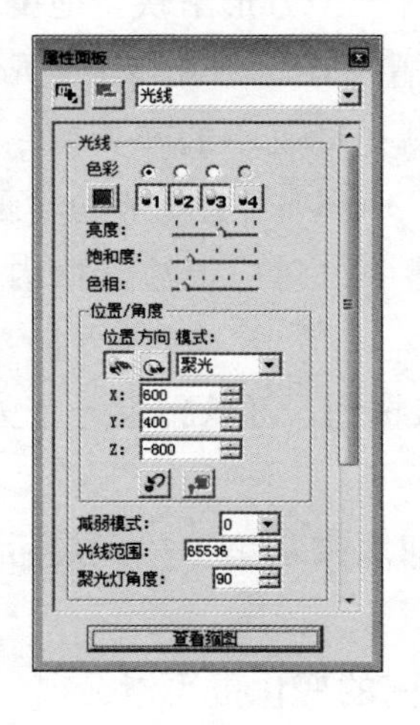

图 6-3-15 属性面板

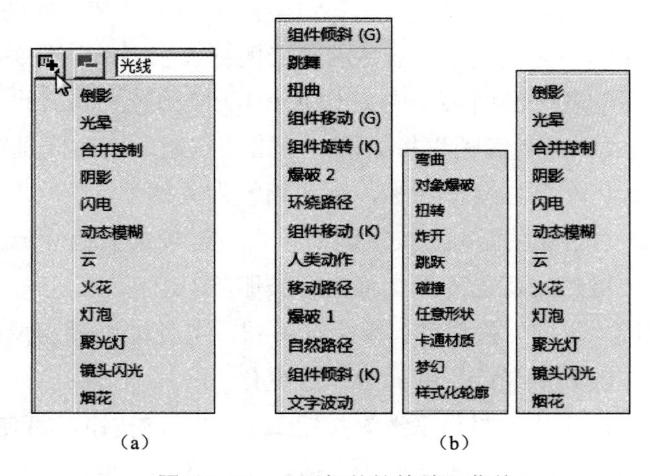

图 6-3-16 “添加外挂特效”菜单

2. 对象管理器

对象管理器如图 6-3-17 所示。其给出了当前动画中对象的组成情况，使用方法如下。

（1）选中对象管理器内的一个对象名称，即可选中设计演示窗口内相应的对象。

（2）单击一个对象名称，再按住 Ctrl 键，同时单击其他对象名称，可以同时选中多个对象，如图 6-3-17（a）所示。单击一个对象名称，再按住 Shift 键，同时单击另一个对象名称，可以同时选中这两个对象之间的所有对象。此时“群组对象”按钮会变为有效，单击该按钮，即可将选中的多个对象组合成一个组合对象，如图 6-3-17（b）所示。

（3）单击对象管理器中的组合对象，“解散群组对象”按钮会变为有效，单击该按钮，即可将选中的组合对象分解为多个对象。

（4）单击对象管理器中的一个或多个对象，再单击“删除对象”按钮，即可删除选中的对象。

（5）单击对象管理器中的一个或多个对象，再单击“锁定/解锁对象”按钮，即可锁定或解锁选中的对象。锁定对象后，该对象名称左边会显示一个小锁图案，如图 6-3-17（c）所示，此时不可以改变锁定对象的属性，也不可以删除锁定对象。解锁该对象后，该对象名称左边的小锁图案消失，此时可以改变锁定对象的属性，也可以删除锁定对象。

（6）单击对象管理器中的一个或多个对象，再单击“启用/停用对象”按钮，即可启用或停用选中的对象。停用对象后，对象名称的左边显示一个小图案，如图 6-3-17（d）所示，则设计演示窗口内这个对象会隐藏起来；启用对象后，对象名称的左边显示的小图案消失，设计演示窗口内这个对象重新显示出来。

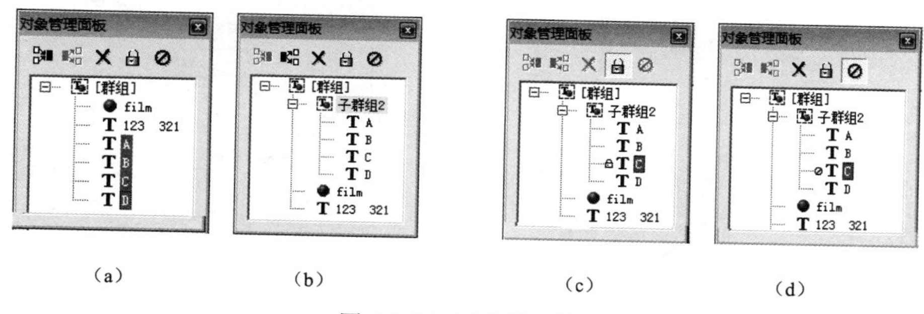

（a）　（b）　（c）　（d）

图 6-3-17　对象管理器

6.3.6　创建文件和导入文件

1．创建图像和 GIF 动画文件

（1）创建图像文件：制作好图像或动画后，选择“文件”→“创建图像文件”命令，可以调出其级联菜单，如图 6-3-18 所示。选择该菜单中的一项命令，即可调出相应的对话框，利用该对话框，可以将制作的动画当前帧画面保存为相应格式的图像文件。

（2）创建 GIF 动画文件：选择“文件”→“创建动画文件”命令，调出“创建动画文件”菜单，如图 6-3-19 所示。选择其内的“GIF 动画文件”命令，调出“存成 GIF 动画文件”对话框。利用该对话框进行相关设置，再单击“保存”按钮，即可将动画保存为 GIF 格式的动画文件。

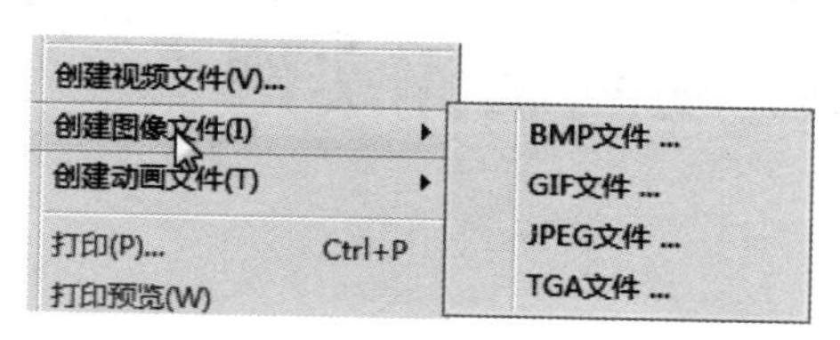

图 6-3-18　“创建图像文件”命令的级联菜单

图 6-3-19　“创建动画文件”菜单

2．创建视频文件

（1）选择“文件”→“导出动画文件”→“输出至 Macromedia Flash（SWF）”命令，调出其级联菜单，如图 6-3-20 所示。选择该菜单中的一项命令，即可将制作的动画保存为 SWF 格式的 Flash 文件。选择“以 JPEG”命令，可以使生成的文件较小。

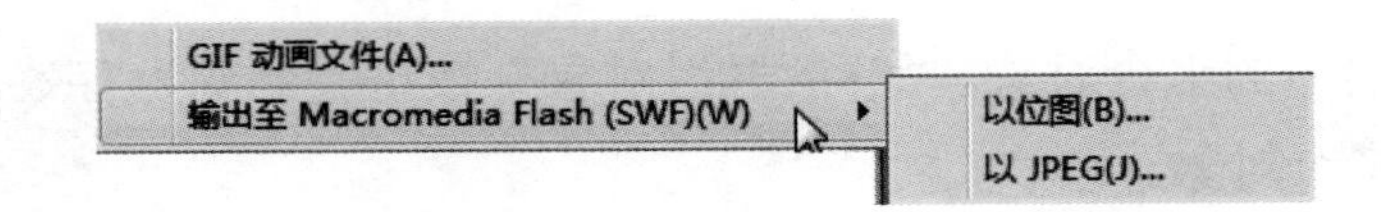

图 6-3-20　“输出至 Macromedia Flash（SWF）”命令的级联菜单

（2）创建 AVI 视频文件：选择“文件”→“创建视频文件”命令，调出“存成视频文件”对话框。在该对话框内的“保存类型”下拉列表框中选中“Microsoft AVI 文件（*.avi）”选项，再在“保存在”下拉列表框中选择“实例”文件夹，如图 6-3-21 所示。接着输入文件名称，单击“保存”按钮，即可将动画存为 AVI 格式的视频文件。

单击“选项”按钮，可以调出“视频保存选项”对话框，切换到“一般”选项卡，如图 6-3-22 所示，用来设置帧速度和帧大小等；切换到其他选项卡，还可以进行其他设置。

图 6-3-21　“存成视频文件”对话框

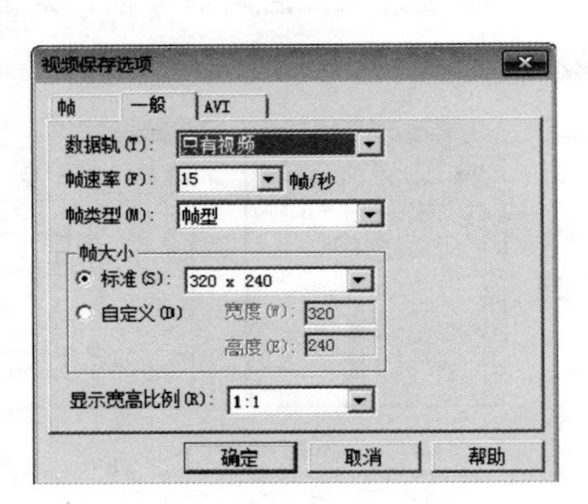

图 6-3-22　“视频保存选项”对话框

3．导入文件

（1）选择“文件”→“导入图形”命令，即可调出“打开”对话框。利用该对话框可以导入 AVI、EMF 或 WMF 格式的图形文件。

（2）选择“文件”→“导入 3D 模型”命令，调出其级联菜单，如图 6-3-23 所示。选择该菜单内的命令，可以调出相应的“打开”对话框。利用该对话框可以导入 DirectX 或 3D Studio 格式的模型文件，这种格式的文件在 Ulead 网站上可以免费下载。

图 6-3-23　“导入 3D 模型”命令的级联菜单

6.4　Ulead COOL 3D 动画制作实例

实例 1　“火烧赤壁”火焰文字动画

“火烧赤壁”火焰文字动画是多媒体中的一种动态标题动画。该动画播放时的一幅画面如图 6-4-1 所示。

（1）选择“文件”→“新建”命令，新建一个演示窗口。选择“项目”→“尺寸”命令，调出“尺寸”对话框，如图 6-4-2 所示。利用该对话框可以调整制作出的图像尺寸，单击“确定”按钮，即可看到演示窗口的尺寸已改变。此处设置图像的尺寸为宽度 10 厘米、高度 6 厘米，如图 6-4-2 所示。

（2）单击对象工具栏中的“插入文字”按钮 **T**，调出“插入文字”对话框。设定隶书字体、字号为 32 磅，然后在文本框内输入“火烧赤壁”4 个汉字，再按 Enter 键，稍等一段时间，演示窗口内即以三维立体的效果显示“火烧赤壁”。同时，在常用工具栏内的“从对象清单中选取对象”下拉列表框中会增加该文字对象的名称“火烧赤壁”。

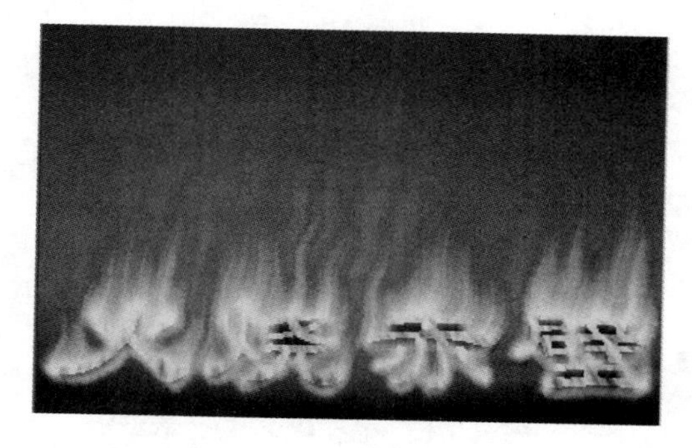

图 6-4-1 “火烧赤壁”火焰文字动画播放时的一幅画面

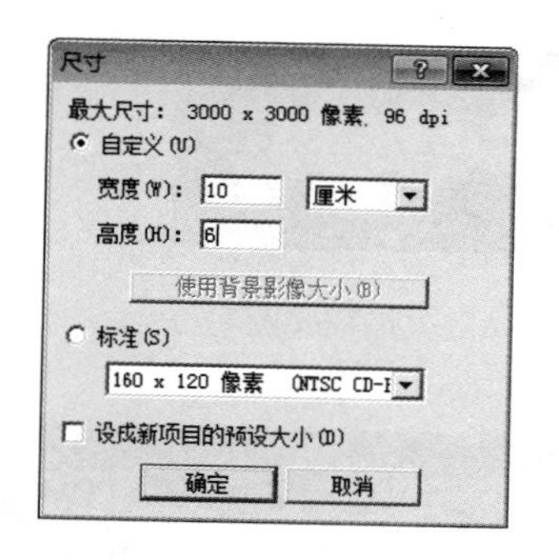

图 6-4-2 “尺寸”对话框

（3）单击“百宝箱面板”中的“对象样式”→“物料属性”→“图像材质”分类名称，调出“图像材质”样式窗口，双击该样式窗口如图 6-4-3 所示的材质图案。

（4）单击“百宝箱面板”中的“场景”→“图像背景”分类名称，“图像背景”样式窗口，双击该样式窗口中如图 6-4-4 所示的云彩背景图案，给设计演示窗口添加云彩背景图案。

（5）单击位置工具栏内的“旋转对象”按钮，垂直向上拖曳“火烧赤壁”文字，使该文字稍微向上倾斜，设置后的效果如图 6-4-5 所示。

图 6-4-3 材质图案

图 6-4-4 云彩背景图案

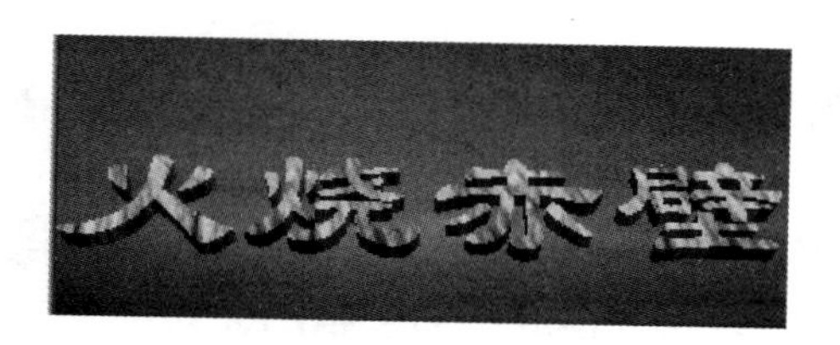

图 6-4-5 演示窗口内的“火烧赤壁”文字

（6）单击“百宝箱面板”中的“整体特效”→“火焰”分类名称，“火焰”样式窗口，双击该样式窗口如图 6-4-6 所示的火焰样式图案。

（7）调出动画工具栏，利用该工具栏设置动画的总帧数为 40 帧，帧速率为 8 帧/秒。单击“时间轴控件”滑动槽中的第 1 个关键帧（第 1 帧），将其属性面板按照图 6-4-7 所示的参数进行调整，其中“火焰色彩”栏的颜色依次设置为黄色、金色和红色。此时可看到演示窗口内的“火烧赤壁”4 个文字加上了较弱的火焰效果。

（8）单击“时间轴控件”滑动槽中的第 2 个关键帧（即第 40 帧），再将其属性栏按照图 6-4-8 所示的参数进行调整，其中“火焰色彩”栏的颜色依次设置为黄色、金色和红色。此时可看到在演示窗口内的“火烧赤壁”4 个文字加上了较强的火焰效果。

动画第 1 帧演示窗口内的“火烧赤壁”4 个文字如图 6-4-9 所示，动画第 40 帧演示窗口内的“火烧赤壁”4 个文字如图 6-4-10 所示，最后以名称“火烧赤壁.gif”保存。

图 6-4-6　火焰样式图案

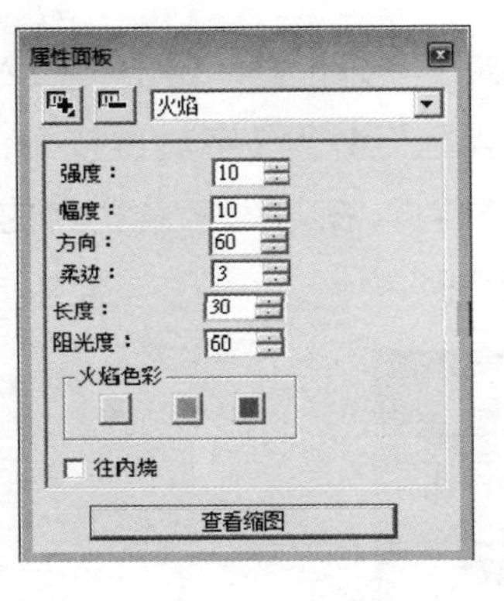

图 6-4-7　设置第 1 帧属性

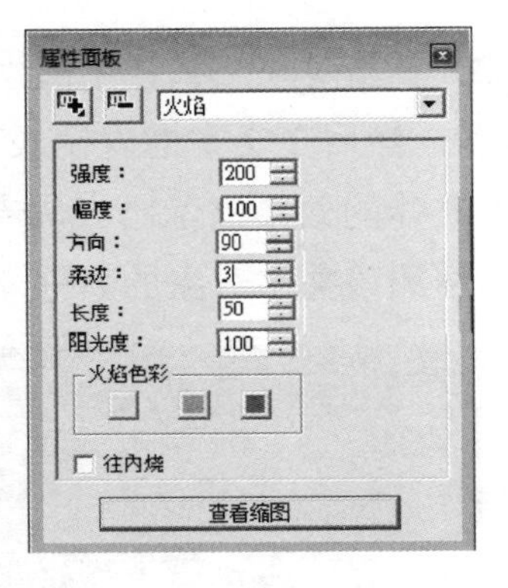

图 6-4-8　设置第 40 帧属性

图 6-4-9　“火烧赤壁”动画的第 1 帧画面

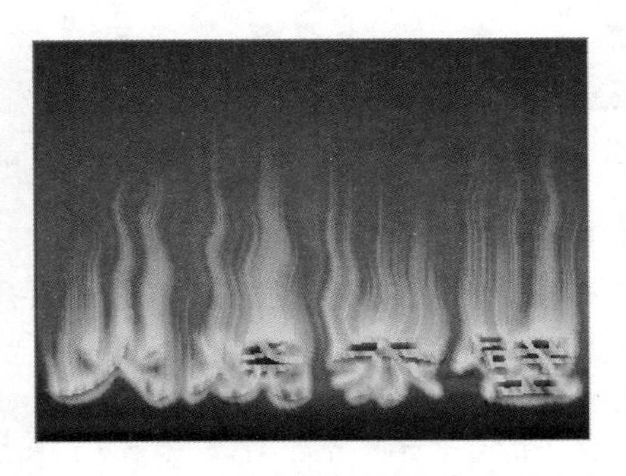

图 6-4-10　“火烧赤壁”动画的第 40 帧画面

实例 2　“转圈文字”动画

“转圈文字”动画播放时，一个星球在自转，“跟我学中文 COOL 3D”文字围绕自转星球转圈。“转圈文字”该动画播放中的 2 幅画面如图 6-4-11 所示。该动画可以作为动态 Logo。

（a）

（b）

图 6-4-11　“转圈文字”动画播放中的 2 幅画面

（1）选择“文件”→“新建”命令，新建一个演示窗口。选择“项目”→“尺寸”命令，调出“尺寸”对话框，利用该对话框设置图像的演示窗口宽度为 8 厘米、高度为 6 厘米。

（2）利用动画工具栏将动画的总帧数设置为 100 帧，播放速度调为 4 帧/秒。单击“时间轴控件”滑动槽中的第 1 个关键帧（第 1 帧）。

（3）单击“百宝箱面板”中的“场景”→“渐层背景”分类名称，调出“渐层背景”样式窗口，双击渐层背景库中如图 6-4-12 所示的图案。此时设计演示窗口内会加入选中的背景图案。

（4）单击“百宝箱面板”左边列表框中的“对象”→“形状”分类名称，双击“形状”样式窗口中如图 6-4-13 所示的图案。此时设计演示窗口内会加入一个星球图像。

（5）单击位置工具栏内的“移动对象”按钮，在位置工具栏内的“X”、“Y”、“Z”数字框中均输入“0”，使导入的星球图像位于演示窗口的正中间；单击“大小”按钮，在位置工具栏内的“X”、“Y”、“Z”数字框中均输入“200”，使导入的形状对象放大，并成为一个圆球。此时设置后的效果如图 6-4-14 所示。

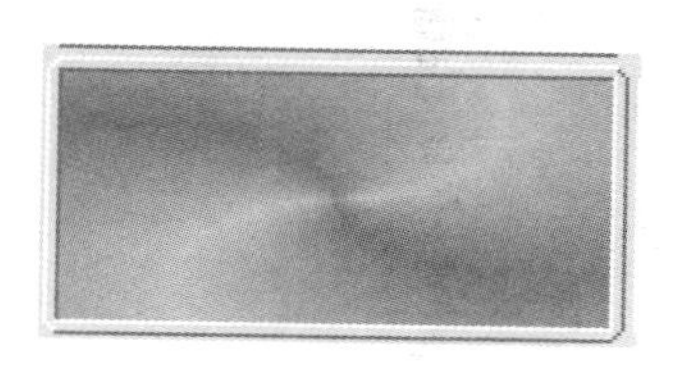

图 6-4-12　渐层背景图案

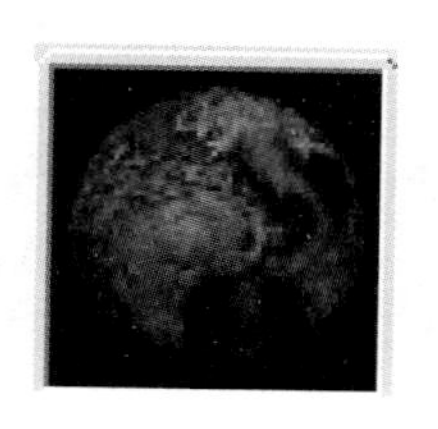

图 6-4-13　形状图案

图 6-4-14　演示窗口内的图像

（6）如果想将背景的图像更换为外部图像，则可以调出属性面板，如图 6-4-15 所示。在“背景模式”下拉列表框中可以选择其他类型，如选择“图像”选项，则会调出“打开”对话框，在该对话框中选择文件夹和图像，如图 6-4-16 所示。单击“打开”按钮，即可更换背景图像，如图 6-4-17 所示。

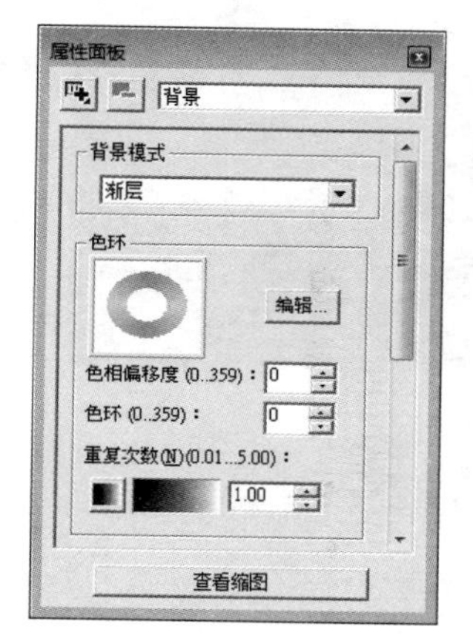

图 6-4-15　属性面板

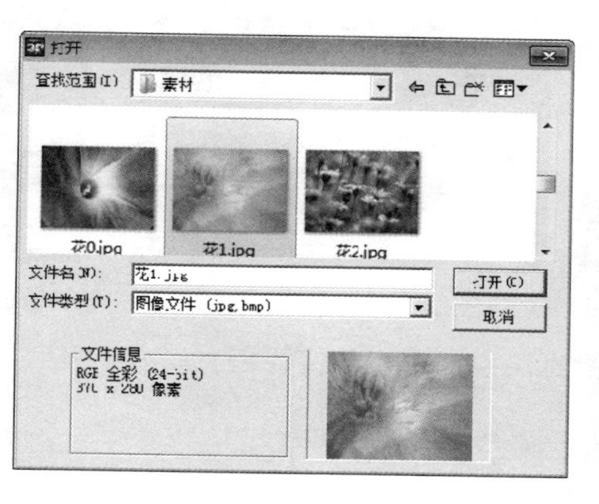

图 6-4-16　“打开”对话框

图 6-4-17　演示窗口内更换的图像

（7）选择“编辑”→“插入文字”命令，调出“插入文字”对话框。设定字体为隶书、字号为 36 磅，加粗，单击文本框，再在文本框内输入“跟我学中文 COOL 3D”文字，然后按 Enter 键，稍等一段时间，演示窗口内就会显示相应的立体文字。同时“从对象清单中选取对象”下拉列表框中会增加该对象的名称“跟我学中文 COOL 3D”。

（8）单击“百宝箱面板”中的“对象样式”→“物料属性”→“图像材质”分类名称，调出图像材质库。双击图像材质库中如图 6-4-18 所示的图案，设置后的效果如图 6-4-19 所示。

（9）单击“百宝箱面板”中的“文字特效”→“自然路径”分类名称，调出“自然路径”样式窗口。双击该样式窗口中倒数第 2 个的路径动画图案，如图 6-4-20 所示。此时，动画工具栏内的“时间轴控件”滑动槽发生了改变，如图 6-4-21 所示。

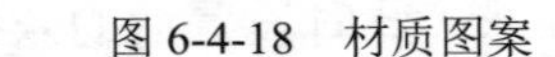

图 6-4-18　材质图案　　图 6-4-19　添加立体文字后的效果　　图 6-4-20　路径动画图案

（10）调出动画工具栏，在“时间轴控件”滑动槽中调整 4 个关键帧菱形图标的位置，如图 6-4-21 所示。至此，整个动画制作完毕。最后将动画以名称“转圈文字.gif”保存。

图 6-4-21　设置后的动画工具栏

实例 3　“演示完毕”动画

“演示完毕”动画播放时，“数字媒体介绍完毕”文字以垂直形式在图像下边出现，并慢慢向上移至顶部，再旋转 90° 展开，同时“再见”文字以垂直形式慢慢从中间旋转 90° 展开。该动画的 2 幅画面如图 6-4-22 所示，动画的背景图案如图 6-4-23 所示。

（a）

（b）

图 6-4-22　“演示完毕”动画播放时的 2 幅画面

图 6-4-23　背景图案

1．文字垂直向上移动

（1）新建图像的演示窗口宽度为 8 厘米、高度为 6 厘米。

（2）调出“属性面板”，在上边的“属性清单”下拉列表框中选中“背景”选项，在“背景模式”下拉列表框中可以选择“图像”选项，调出“打开”对话框，利用该对话框导入外部图像作为背景图像，导入图像后，“属性面板”如图 6-4-23 所示。此时的“属性面板”如图 6-4-24 所示。单击其内的“加载背景影像文件”按钮，可以调出“打开”对话框，重新选择图像文件。

图 6-4-24　属性面板

（3）选择“对象”→“插入文字”命令，调出“插入文字”对话框。设定字体为隶书、字号为 20 磅，加粗，颜色为白色，单击文本框，再在文本框内输入“数字媒体介绍完毕”文字，然后按 Enter 键，演示窗口内会显示相应的立体文字。

（4）单击“百宝箱面板”中的“对象样式”→“物料属性”→“色彩”分类名称，调出“色彩”样式窗口，双击该样式窗口中的红色图案，使文字变为红色，然后将文字移到演示窗口的底部，此时设置后的效果如图 6-4-25 所示。

（5）单击位置工具栏内的“大小”按钮，水平拖曳文字，调整文字的水平宽度。选择“对象”→“分割文字”命令，将“数字媒体介绍完毕”文字分割为 8 个独立的文字对象。此时，在图 6-3-2 所示的“中文 Ulead COOL 3D Studio 1.0 的工作界面”内的“在[对象]清单中选取对象”下拉列表框中和“属性面板”内的“数字媒体介绍完毕”选项变为 8 个选项。

（6）单击位置工具栏内的“旋转”按钮，调出对象管理面板，选中“数”字选项，在位置工具栏内的 Y 数字框中输入“100”，将“数”水平顺时针旋转 90°。采用相同的方法，再分别将“字”、“媒”、“体”、“介”、“绍”、“完”、“毕”7 个文字水平顺时针旋转 90°（Y 数字框中输入的数值会稍有不同，需要调整），此时的图像如图 6-4-26 所示。

（7）在动画工具栏内，将动画的总帧数设置为 80 帧，播放速度调为 6 帧/秒。按住 Shift 键，单击“对象管理面板”内的“数”和“毕”选项，选中 8 个文字选项，再单击“群组对象”按钮，将 8 个独立的文字对象组合成一个名称为“子群组 0”的对象。

（8）将“时间轴控件”滑动槽中的滑块拖曳到第 20 帧处，单击“添加关键帧”按钮，将第 20 帧设置为关键帧。单击位置工具栏内的“移动对象”按钮，垂直向上拖曳“数字媒体介绍完毕”文字，将文字移到演示窗口的上边，如图 6-4-27 所示。

2．文字旋转展开和“再见”文字动画

（1）将动画工具栏内“时间轴控制区”滑动槽中的滑块拖曳到第 40 帧处，再单击“添加关键帧”按钮，将第 40 帧设置为关键帧。

（2）选中“对象管理面板”中的组合对象“子群组 0”选项，如图 6-4-28（a）所示。单击其内的“解散群组对象”按钮，将组合对象“子群组 0”分解为 8 个独立的文字对象。拆分组合后的“对象管理面板”如图 6-4-28（b）所示。

图 6-4-25　加入红色文字的效果

图 6-4-26　旋转 90°文字的效果

图 6-4-27　第 20 帧文字移到上边的效果

（3）单击位置工具栏内的“旋转对象”按钮，选中“对象管理面板”中“数”选项，水平向右拖曳“数”，将“数”水平逆时针旋转 90°。采用相同的方法，再分别将其他 7 个文字水平逆时针旋转 90°，此时，图像效果如图 6-4-29 所示。

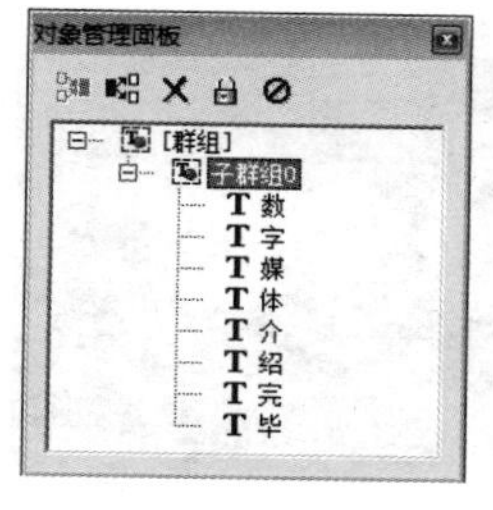

（a）

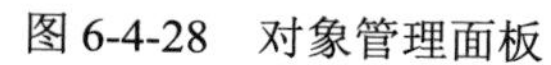

（b）

图 6-4-28　对象管理面板

图 6-4-29　第 25 帧各文字水平旋转 90°

（4）单击第 1 关键帧，再分别输入字体为隶书、字号为 36 磅的文字“再”和“见”，如图 6-4-30 所示。再将它们分别水平顺时针旋转 90°，如图 6-4-31 所示。然后，将它们移到设计演示窗口的中间位置。

（5）将“时间轴控件”滑动槽中的滑块拖曳到第 80 帧处，再单击“添加关键帧”按钮，将第 80 帧设置为关键帧。单击“旋转对象”按钮，再分别将“再”和“见”两个字水平逆时针旋转 90°，如图 6-4-32 所示。

（6）选择“文件”→“创建动画文件”→“GIF 动画文件”命令，调出“存成 GIF 动画文件”对话框。将动画以名称“演示完毕.gif”保存在指定文件夹内。

（7）选择“文件”→“导出动画文件”→“输出至 Macromedia Flash（SWF）”→“以 JPEG”命令，将制作的动画以名称“演示完毕.swf”保存在指定文件夹内。

（8）选择“文件”→“创建视频文件”命令，调出“存成视频文件”对话框。将动画以名称“演示完毕.avi”保存在指定文件夹内。

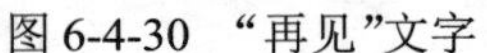

图 6-4-30 “再见”文字

图 6-4-31 水平顺时针旋转 90°

图 6-4-32 第 80 帧各文字水平逆时针旋转 90°

实例 4 “自转金球”动画

“自转金球”动画播放时，一个金色圆球不断自转，同时金色“中文 GIF Animator”文字不断围绕金色圆球转圈。该动画播放时的 2 幅画面如图 6-4-33 所示。

（a）

（b）

图 6-4-33 “自转金球”动画播放时的 2 幅画面

（1）单击“百宝箱面板”中的“组合作品”→“影片”分类名称，调出“影片”样式窗口，如图 6-4-34 所示。双击第 1 个组合图案，此时会新建一个演示窗口，如图 6-4-35 所示。

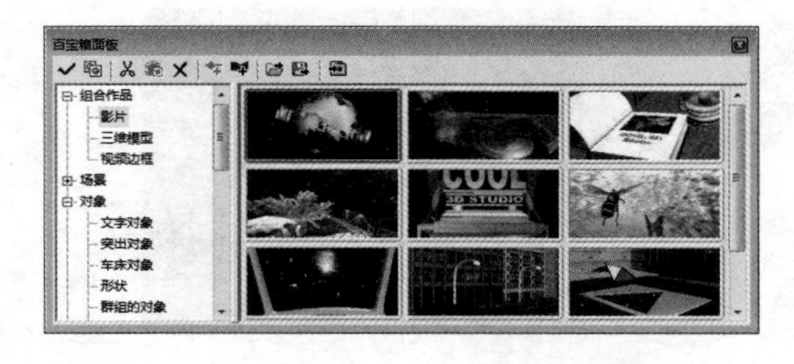

图 6-4-34 “百宝箱面板”的“影片”样式窗口

图 6-4-35 加入组合动画后的画面

（2）调出对象管理面板，选中其内的“COOL 3D STUDIO”文字选项，单击对象工具栏中的“插入文字”按钮，调出“插入文字”对话框。将对话框中的“COOL 3D STUDIO”文字改为“中文 GIF Animator”。

（3）单击“百宝箱面板”中的“场景”→“图像背景”分类名称，“图像背景”样式窗口，双击该样式窗口中的第 5 个图案，设计演示窗口内会加入选中的背景图像，至此整个动画制作完毕，最后将动画以名称“自转金球.gif”保存在指定文件夹内。

实例 5 “魔方旋转”动画

“魔方旋转”动画播放时，一个魔方（6 面有风景、鲜花图像）不断旋转并从小变大。该动画播放时的 3 幅画面如图 6-4-36 所示。

（a）

（b）

（c）

图 6-4-36 “魔方旋转”动画播放时的 3 幅画面

（1）新建一个宽度为 6 厘米、高度为 6 厘米的演示窗口。

（2）单击“百宝箱面板”中的“场景”→“彩色背景”分类名称，调出相应的样式窗口，双击该样式库中的白色背景图案。

（3）单击“百宝箱面板”中的“对象”→“形状”分类名称，调出“形状”样式窗口，双击该样式窗口中如图 6-4-37 所示的魔方形状图案，此时演示窗口内会加入一个可以自转的魔方图像。

（4）单击位置工具栏内的“移动对象”按钮，在其属性栏内“X”、“Y”、“Z”数字框中均输入“0”，使导入的魔方形状对象位于设计演示窗口的正中间，且一面朝正前方。单击位置工具栏内的“大小”按钮，在其属性栏内的“X”“Y”“Z”数字框中均输入“320”，使导入的魔方形状对象放大，此时演示窗口内的魔方形状对象如图 6-4-38（a）所示。

（5）单击“查看”→“工具面板管理”→“属性面板”命令，调出属性面板，在该面板内的“属性清单”下拉列表框中选中“材质”选项，此时“属性面板”如图 6-4-39 所示。

图 6-4-37 魔方图案

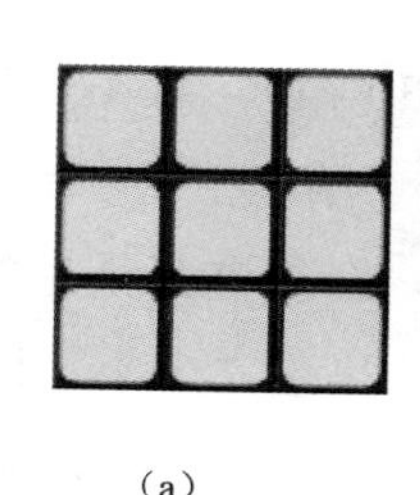

（a）

（b）

图 6-4-38 魔方形状对象

图 6-4-39 属性面板

（6）选择“查看”→“工具面板管理”→“表面工具栏”命令，调出表面工具栏，单击该按钮组中的第 1 个按钮（只单击该按钮，其他按钮弹起），可以选中魔方对象中的一个相应的表面。

在如图6-4-39所示的“属性面板”中单击“将宽度调成外框大小”按钮和“将高度调成外框大小”按钮。单击“属性面板”内的“加载材质影像文件”按钮，调出“打开”对话框，利用该对话框导入一幅风景图像，如图6-4-38（b）所示。

（7）单击表面工具栏按钮组中的第2个按钮（只按下该按钮），再导入第2幅风景图像，然后依次给不同的表面导入不同的风景或鲜花图像。

（8）调出属性面板，在其上边的下拉列表框中选中“背景”选项，在“模式”下拉列表框中选择“图像”选项，调出“打开”对话框，利用该对话框导入外部图像作为背景图像。然后单击位置工具栏内的“旋转对象”按钮，拖曳设计演示窗口内的魔方图像，此时演示窗口内的魔方图像如图6-4-40所示。

（a）

（b）

（c）

图6-4-40　不同角度的魔方图像

图6-4-41　属性面板

（9）在属性面板中的“环绕”栏内，单击“将宽度调成外框大小”和“将高度调成外框大小”2个按钮，使这两个按钮呈弹起状态。垂直向下拖曳“属性面板”下边框，将该面板在垂直方向调大，使属性面板中下边的选项展示出来。

单击“对应”栏中的“改变材质大小”按钮，再在图像材质上拖曳鼠标，可以调整图像材质的大小；单击“移动纹理”按钮，再在图像材质上拖曳鼠标，可以调整图像材质的位置；单击“旋转纹理”按钮，再在图像材质上拖曳鼠标，可以旋转调整图像材质。

（10）在动画工具栏内，将动画的总帧数设置为50帧，播放速度调为8帧/秒。将“时间轴控件”滑动槽中的滑块拖曳到第10帧处，再单击“添加关键帧”按钮，将第10帧设置为关键帧，然后将魔方旋转一定角度。

（11）按照上述方法，再增加第3个关键帧（第30帧）、第4个关键帧（第40帧）和第5个关键帧（第50帧），并将各关键帧的魔方图像适当旋转一定角度。

（12）在选中第20帧时，单击“大小”按钮，在位置工具栏的“X”“Y”和“Z”数字框中分别输入“200”，将魔方图像调小；在选中第30帧时，单击“大小”按钮，在动画工具栏内的“X”“Y”和“Z”数字框中分别输入“300”，将魔方图像调大一些；在选中第50帧时，单击“大小”按钮，在动画工具栏内的“X”“Y”和“Z”数字框中分别输入“350”，将魔方图像调更大。

最后，将动画以名称“魔方旋转.gif”保存在相应文件夹内。

实例 6 “圆球圆环”动画

“圆球圆环”动画播放时的 3 幅画面如图 6-4-42 所示。可以看到圆球在自转，套在圆球外边的圆环围绕圆球转圈，嵌套圆球和圆环四周发出白光。

（a）（b）（c）

图 6-4-42 “圆球圆环”动画播放时的 3 幅画面

1．制作圆环立体图形

（1）新建一个宽度为 8cm、高度为 6cm 的演示窗口，以名称“圆球圆环 1.c3d”保存。

（2）调出属性面板，单击该面板内的“加载背景影像文件”按钮，调出“打开”对话框，如图 6-4-43 所示。利用该对话框导入一幅图像，如图 6-4-44 所示。

（3）选择“对象”→“插入图形”命令，调出“矢量绘图工具”对话框。单击该对话框内左边的“形状”按钮，再单击上边的“椭圆形”按钮。然后拖曳鼠标，绘制一幅正圆形图形。

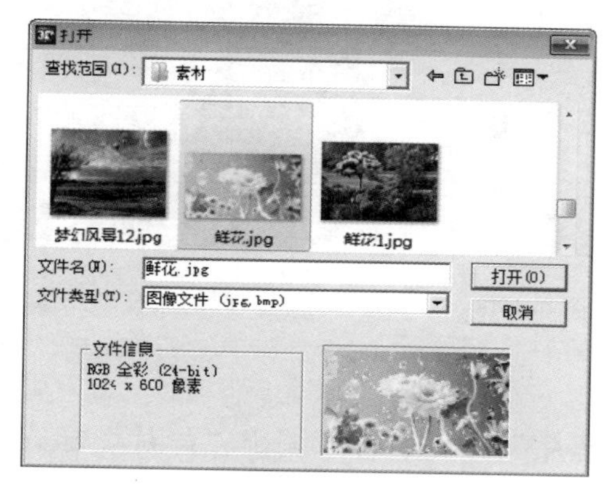

图 6-4-43 “打开”对话框

图 6-4-44 设计演示窗口内的背景图像

（4）单击“对象”按钮，即可选中绘制的圆形，单击“保持宽高比”按钮，在“宽度”或“高度”数字框内输入“300”；在“水平位置”与“垂直位置”数字框内分别输入“0”，如图 6-4-45 所示，调整正圆形图形的位置与大小，水平与垂直位置都为“0”，与正圆外切的矩形的宽与高均为“300”。

（5）单击该对话框中的“确定”按钮，即可在演示窗口内插入在“矢量绘图工具”对话框内绘制的立体图像。单击位置工具栏内的“大小”按钮，在位置工具栏内的“X”“Y”和“Z”数字框中分别输入“200”“200”和“350”，调整图像大小，如图 6-4-46 所示。

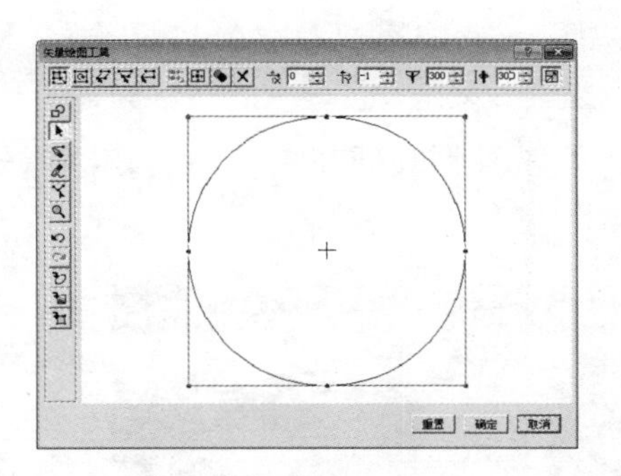
图 6-4-45　“矢量绘图工具”对话框内的圆形

图 6-4-46　设计演示窗口中的图形

（6）在位置工具栏内，单击“移动对象”按钮，在“X”“Y”和“Z”数字框中均输入“0”，使图像处于画面的正中间。单击“旋转对象”按钮，在位置工具栏内的“X”“Y”和“Z”数字框中分别输入“30”“-60”和“0”，使图像旋转一定角度。此时演示窗口内的图像如图 6-4-47 所示。

（7）单击“百宝箱面板”中的“对象样式”→“物料图库”→“金属”分类名称，调出“金属”样式窗口。双击其内第 8 个金属图案，给圆柱形图像表面填充金色金属纹理，此时设计演示窗口内的圆柱形图像如图 6-4-48 所示。

图 6-4-47　旋转一定角度的图像

图 6-4-48　添加金色金属纹理的圆柱形图像

2．制作自转金球和摆动圆环

（1）单击“百宝箱面板”中的“组合作品”→“影片”分类名称，调出“影片”样式窗口，如图 6-4-34 所示。双击其中第 1 个组合图案，此时会新建一个设计演示窗口如图 6-4-35 所示。

（2）单击位置工具栏内的“移动对象”按钮，选中金色自转圆球对象，或者选中“对象管理面板”内的“Subgroup2”选项，或者在动画工具栏内“从对象清单中选取对象”下拉列表框中选择“Subgroup2”选项，选中金色自转圆球对象。

（3）选择“编辑”→“复制”命令，将选中的金色自转圆球对象复制到剪贴板内。单击“圆球圆环.c3d”设计演示窗口的标题栏，使其成为当前设计演示窗口。

（4）选择“编辑”→“粘贴”命令，将剪贴板内的金色自转圆球对象粘贴到当前设计演示窗口内。单击位置工具栏内的“移动对象”按钮，拖曳并调整粘贴的金色自转圆球对象，使其位于金色圆柱体图形的中间。

（5）单击位置工具栏内的“大小”按钮，在该栏内的“X”“Y”和“Z”数字框中分别输入“125”“125”和“125”，调整图像大小，如图 6-4-49 所示。

图 6-4-49 调整图像大小

（6）在动画工具栏内，将动画的总帧数设置为 60 帧，播放速度调为 8 帧/秒。用鼠标将“时间轴控件”滑动槽中的滑块拖曳到第 30 帧处，再单击“添加关键帧”按钮，将第 30 帧设置为关键帧。选中金色圆柱形图形对象，再单击位置工具栏内的“旋转对象”按钮，拖曳鼠标，将圆柱形图形旋转一定角度。

（7）按照上述方法，在动画工具栏内再增加第 3 个关键帧（第 60 帧），并将该关键帧的圆柱形图形适当旋转一定角度。

（8）在动画工具栏内，单击“时间轴控件”滑动槽中的第 1 个关键帧（第 1 帧）。再单击“百宝箱面板”中的“整体特效”→“光晕”分类名称，调出图形样式库，双击该样式库中如图 6-4-50 所示的黄色光晕图案。然后在其“属性面板”中设置“宽度”“透明度”和“柔边”数字框中的数值，光晕的颜色保持为黄色，如图 6-4-51 所示。此时设置后的图像效果如图 6-4-52 所示。

（9）用鼠标将“时间轴控件”滑动槽中的滑块拖曳到第 30 帧处，再单击“添加关键帧”按钮，将第 50 帧设置为关键帧。在其“属性面板”内，设置“宽度”数字框的数值为“12”。至此，整个动画制作完毕。最后以名称“圆球圆环 1.gif”保存。

图 6-4-50 光晕图案

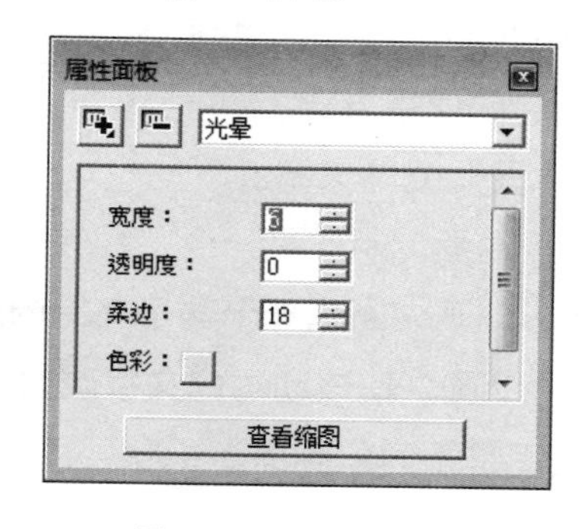

图 6-4-51 属性面板

图 6-4-52 加入光晕后的图像

3．制作自转风景球

（1）选择“文件”→“保存”命令，将动画以名称“圆球圆环 1.c3d”保存。选择“文件”→“另存为”命令，调出“另存为”对话框，将动画以名称“圆球圆环 2.c3d”保存。

（2）单击“百宝箱面板”中的“对象”→“形状”分类名称，调出对象图形样式库，双击“百宝箱面板”对象样式库中如图 6-4-53 所示的彩球形状图案。此时，在演示窗口中会向摆动的金色圆环内加入一个彩球图像。

（3）单击位置工具栏内的“移动对象”按钮，在位置工具栏内“X”、“Y”、“Z”数字框中均输入“0”，使导入的彩球形状对象（Beach ball）位于演示窗口的正中间。单击位置工具栏内的“大小”按钮，在其属性栏内“X”、“Y”、“Z”数字框中均输入“200”，使导入的彩球对象放大，此时演示窗口内的彩球形状对象如图6-4-54所示。

（4）调出属性面板，在下拉列表框中选择“材质”选项，单击其内“材质”栏中的“加载材质影像文件”按钮，调出“打开”对话框，利用该对话框导入一幅风景图像，如图6-4-55所示。

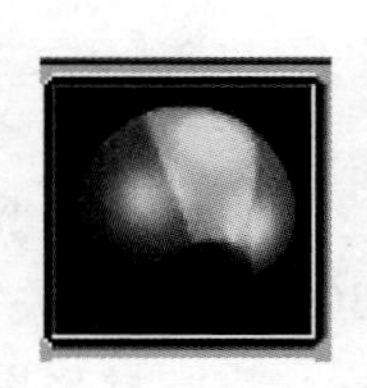

图6-4-53　彩球形状图案

图6-4-54　调整后的彩球对象

图6-4-55　导入风景图像后的自转圆球对象

思考与练习6

1. 进行实际操作，并掌握中文GIF Animator 10.0软件中常用工具栏、属性栏，以及工具面板中各工具的基本使用方法。

2. 进行实际操作，并掌握中文Ulead COOL 3D Production Studio 1.0软件的常用工具栏和其他工具栏中工具的基本使用方法，以及“属性面板”的使用方法。

3. 制作一幅背景为风景图像的“中华人民”立体文字。

4. 参考6.2节中【实例3】“翻转页面”动画，制作另一个“翻转页面”动画，但翻页方向不同。

5. 参考6.2节中【实例5】“公鸡报晓”动画，制作一个豹子飞跑的GIF格式动画。

6. 修改6.4节中【实例2】“转圈文字”动画，使该动画的文字改为“热爱地球热爱大自然”，环绕文字的中间是一个旋转的正方体，正方体各表面是不同的画面。

7. 制作一段从下向上慢慢移动的文字动画。

8. 参看6.4节中【实例4】“自转金球”动画，利用“百宝箱面板”影片库中提供的影片，制作一个动画。

音频和视频格式转换与简单编辑

本章主要介绍一些音频和视频的格式转换和简单编辑软件的使用方法，这类软件种类很多。本章介绍的软件有 FairStars Audio Converter 音频格式转换器、音频转换专家、光盘刻录大师、音频编辑专家、视频编辑专家或视频转换专家、狸窝全能视频转换器等。

7.1 音频格式转换

音频格式的种类很多，常常需要进行音频格式的相互转换。无论采用什么软件进行音频格式的转换，都需要添加要进行格式转换的音频文件、选择转换的音频格式和输出转换了格式的音频文件的保存路径，以及单击“开始”等按钮进行音频格式转换。

7.1.1 FairStars Audio Converter 软件的使用

1．FairStars Audio Converter **软件简介**

FairStars Audio Converter 是一款音频格式转换器软件，它可以将 WAV、RM、RA、RAM、RMJ、RMVB、AIFF、AU、Creative VOC、PVF、PAF、Amiga IFF/SVX、APE、FLAC、OGG、VQF、MP1、MP2、MP3、WMA、WMV、ASF、MP4、M4A、M4B、AAC、AMR、AWB 等格式的文件转换为 WMA、MP3、AAC、AMR、AWB、VQF、OGG、FLAC、APE 和 WAV 格式的文件。

该软件内有音频播放器，可以实时试听待转换的音频文件，也可以播放转换后的音频文件。它还可以单独设置每个文件的转换属性、支持转换时调整音量及保留原文件标签信息、支持直接编辑 ID3

标签、支持以不生成临时文件的方式高速转换、支持鼠标拖曳操作、支持批量转换，同时可以设置自动关机。新版更新了部分编/解码器和修正了原版本的一些小问题。

启动该软件后，FairStars Audio Converter 工作界面如图 7-1-1 所示（还没有添加文件）。从图中可以看到，工作界面内右下角是音频播放器；列表框中是要进行格式转换的音频文件，列出了音频文件的名称、输入格式、长度和大小等属性；最下边是状态栏，显示当前的工作状态、选中文件的路径和文件名称等。

图 7-1-1　Fair Stars Audio Converter 工作界面

2．音频文件的格式转换方法

（1）单击"添加文件"按钮，调出"打开文件"对话框，如图 7-1-2 所示，单击该对话框中的"所有支持的文件"按钮，调出它的下拉列表框，如图 7-1-3 所示，在该列表框内选择一个文件类型选项；在"打开文件"对话框左边的列表框中选择保存音频文件的文件夹，再在右边的列表框中选择要添加的音频文件。单击"打开"按钮，将选中的音频文件添加到 FairStars Audio Converter 工作界面内的列表框中，如图 7-1-1 所示。

另外，如果要同时添加连续排列的多个文件，则可以按住 Shift 键，选中连续排列的多个文件中的第 1 个文件和最后一个文件，即可选中这些连续排列的多个文件；如果要同时添加不连续排列的多个文件，则可以按住 Ctrl 键，分别选中要添加的文件。最后，单击"打开"按钮，将选中的音频文件添加到工作界面内的列表框中。

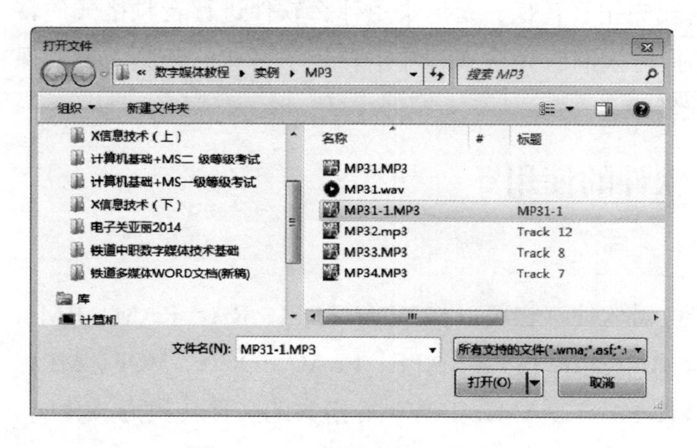

图 7-1-2　"打开文件"对话框

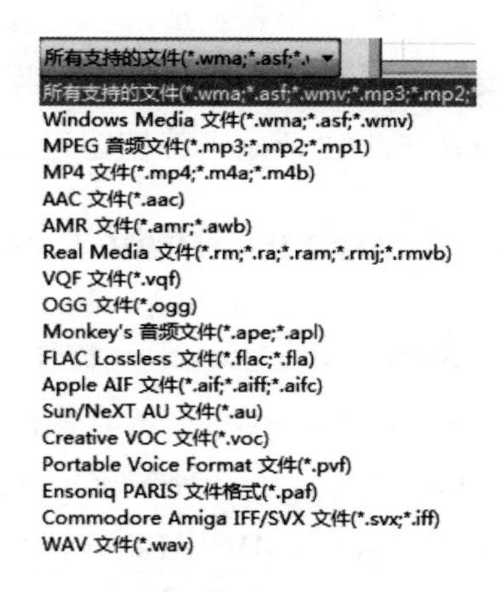

图 7-1-3　所有支持的文件类型列表框

（2）单击"播放当前文件"按钮▶，可以播放列表框中选中的音频文件；单击"停止播放"按钮■，可以停止播放音乐文件；单击"暂停"按钮⏸，可以暂停播放音乐文件；单击"播放上一个文件"

按钮![按钮]，可以播放列表框内的上一个音乐文件；单击“播放下一个文件”按钮![按钮]，可以播放列表框内的下一个音乐文件。

（3）单击“转换类型”下拉列表框的下按钮![转换为 FLAC]（参看图 7-1-1），调出其下拉列表框，选中“转换类型”下拉列表框内的一个输出的转换类型选项，例如选中 WAV 选项，如图 7-1-4 所示。

（4）单击工具栏内的“选项”按钮，调出“选项”对话框，选中左边列表框内的“常规”选项，如图 7-1-5 所示，可以在其右边设置，通过文字可以了解复选框设置的效果。

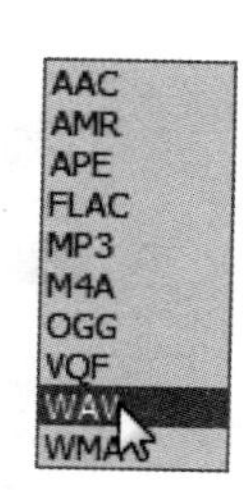

图 7-1-4　转换类型列表

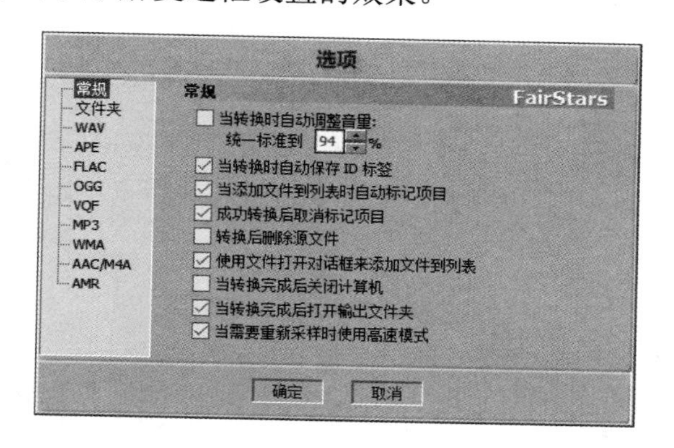

图 7-1-5　“常规”选项

（5）选中左边列表框内的“文件夹”选项，在其右边进行设置，如图 7-1-6 所示（还没有设置）。选中“输出文件夹”栏内的“指定”单选按钮，单击其右边的![按钮]按钮，调出“浏览文件夹”对话框，选中输入文件夹，如图 7-1-7 所示。

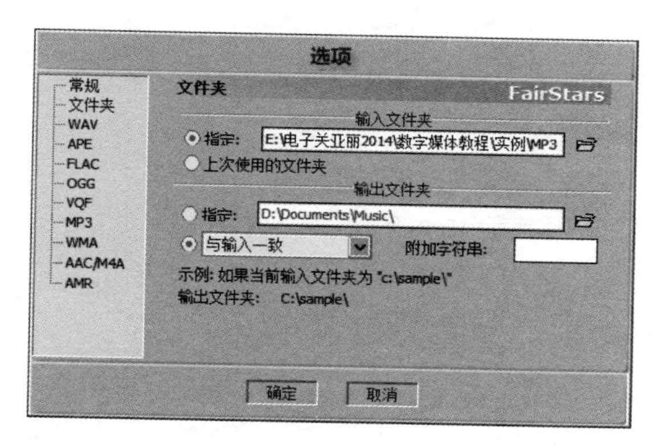

图 7-1-6　“文件夹”选项

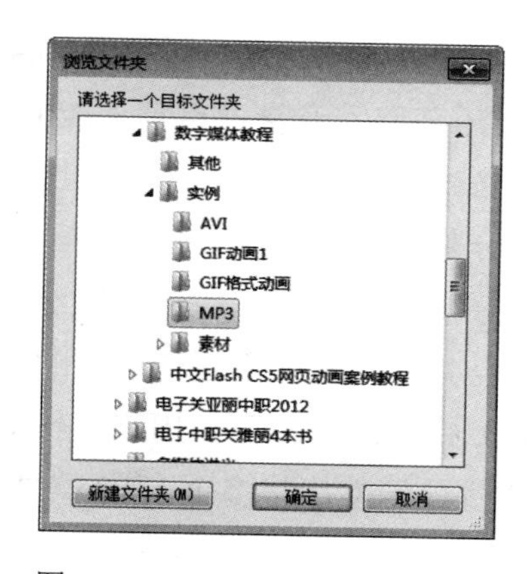

图 7-1-7　“浏览文件夹”对话框

（6）单击“浏览文件夹”对话框内的“确定”按钮，关闭该对话框，此时“选项”对话框中的“文件夹”选项卡内“输入文件夹”栏的文本框中会显示选中文件夹的路径，如图 7-1-6 所示。

（7）选中“选项”对话框中的“文件夹”选项卡内“输出文件夹”栏第 2 个单选按钮，其右边下拉列表框内的列表用来设置输出文件夹的位置，如图 7-1-8 所示，选中“与输入一致”选项，如图 7-1-6 所示。如果选中“指定”单选按钮，也可以单击其右边的![按钮]按钮，调出“浏览文件夹”对话框，选中输出文件夹。

（8）单击“选项”对话框内左边列表框中的其他选项，右边会显示相应音频文件格式属性的设置选项。例如，选中“WAV”选项后的“选项”对话框，如图 7-1-9 所示。在“WAV”选项对话框的三个下拉列表框中可以分别设置“采样率”“采样位数”和“声道”的音频属性。

（9）设置完成各种选项后，单击“确定”按钮，关闭“选项”对话框，回到 FairStars Audio Converter 工作界面。单击其内的“开始”按钮，即可开始进行音频文件的格式转换。完成转换后会弹出一个如图 7-1-10 所示的提示框。

（10）单击提示框内的“是”按钮，关闭提示框，调出保存转换文件的文件夹，即可看到转换后的音频文件。此时还可以单击 FairStars Audio Converter 工作界面内的“添加文件”按钮，调出“打开文件”对话框，利用该对话框打开转换后的音频文件。然后单击“播放当前文件”按钮▶，可以播放刚刚转换后的音频文件。

与输入一致
是输入的子文件夹
与输入是同级文件夹

图 7-1-8　“转换类型”列表

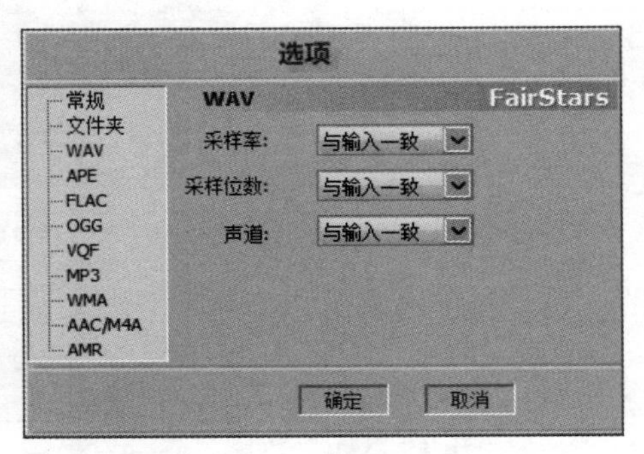

图 7-1-9　“WAV”选项

图 7-1-10　提示框

7.1.2　音频转换专家和光盘刻录大师软件的使用

1．音频转换专家和光盘刻录大师简介

（1）“音频转换专家”是一款操作简单、功能强大的音频转换软件，它是涵盖了音乐格式转换、音乐合并、音乐截取、音量调整等功能的超级音频工具合集。其基本功能如下。

① 音乐格式转换：在不同的音频格式之间互相转换。

② 音乐分割：把一个音乐文件分割成几段。

③ 音乐截取：从音乐文件中截取出精华的一段，用其他文件名保存。

④ 音乐合并：把多个不同或相同的音乐文件合并成一个音乐文件。

⑤ iPhone 铃声制作：可以用来制作 iPhone 手机的铃声音乐文件。

⑥ MP3 音量调整：将多个 MP3 格式文件的音量调整一致。

（2）“光盘刻录大师”是一款操作简单、功能强大的光盘刻录软件，其不仅涵盖了刻录数据光盘、刻录音乐光盘、刻录 DV、光盘备份与复制、制作和刻录光盘映像、光盘擦除和显示光盘信息等功能，而且具有“音频转换专家”（或“音频编辑专家”）软件和“视频格式转换”（或“视频编辑专家”）软件的所有功能，以及 CD/DVD 音/视频提取等多种媒体功能。其基本功能如下。

启动“音频转换专家 8.0”软件，其窗口如图 7-1-11 所示。可以看到，该窗口内有 6 个工具按钮，单击这些按钮，可以分别调出相应的工具窗口。单击下边一栏内的“其他工具”按钮，可以调出另一个“音频转换专家 8.0”软件窗口。

启动“光盘刻录大师 8.0”软件，该软件窗口的“刻录工具”选项卡如图 7-1-12 所示。可以看到，该窗口内有 9 个与光盘制作有关的工具按钮，单击这些按钮，可以分别调出相应的工具窗口。单击下边一栏内的“音频工具”按钮，可以切换到“光盘刻录大师 8.0”软件的“音频工具”选项卡，如图 7-1-13 所示。

图 7-1-11　“音频转换专家 8.0”软件窗口

图 7-1-12　“刻录工具”选项卡

对比图 7-1-11 所示的“音频转换专家 8.0”软件窗口和图 7-1-13 所示的“光盘刻录大师 8.0”软件窗口的“音频工具”选项卡，可以看到，“光盘刻录大师 8.0”软件窗口的“音频工具”选项卡内有 8 个与音频编辑有关的工具按钮，其内 6 个工具按钮与“音频转换专家 8.0”软件窗口内的工具按钮一样，只增加了“音乐光盘刻录”和“CD 音乐提取”两个工具按钮。

本节仅介绍“音频转换专家 8.0”软件中的音乐格式转换功能，其他功能将在下一节介绍。

2．音乐格式转换

（1）单击“音频转换专家 8.0”软件窗口或“光盘刻录大师 8.0”软件窗口“音频工具”选项卡内的“音乐格式转换”按钮，即可启动“音乐格式转换”工具，然后切换到“音乐转换”窗口，如图 7-1-14 所示（还没有添加音乐文件）。

图 7-1-13　“音频工具”选项卡

图 7-1-14　“音乐转换”窗口

（2）单击“添加”按钮，调出“打开”对话框，利用该对话框可以选中一个或多个要转换格式的音乐文件，再单击“打开”按钮，将选中的文件添加到“音乐转换”窗口内左边的列表框中，如图 7-1-14 所示。

（3）单击“删除”按钮，可以删除列表框中选中的音乐文件；单击“清空”按钮，可以将列表框中所有的音乐文件删除；单击“文件信息”按钮，可以调出“文件信息”对话框，其内显示选中音乐文件的有关信息。

（4）音乐文件列表框右边是音乐播放器，单击“播放”按钮，可以在黑色窗口内显示选中音乐文件的播放波形，同时播放该音乐。单击按钮，可以调出音量调整滑槽和滑块，拖曳滑块可以调整播放声音的大小。拖曳进度条中的滑块，可以调整音乐播放的位置。在音乐播放器内还显示音乐文件的名称和播放时间，如图 7-1-15 所示。

（5）单击“下一步”按钮，弹出如图 7-1-16 所示的“音乐转换”窗口，自动切换到“进行转换设置”选项卡。在“输出格式”下拉列表框中可以选择要转换的音频格式，即输出的音频文件的格式。在“输出质量”下拉列表框中可以选择输出的音频文件的质量，该列表框中有“保持音质”“CD 音质”“好音质”和“自定义音质”等选项。

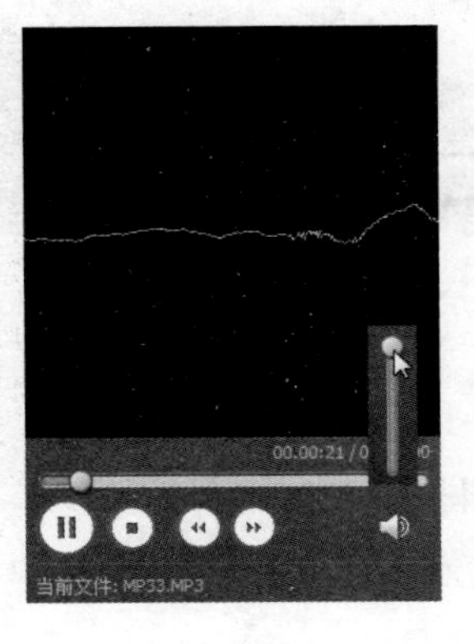

图 7-1-15　音乐播放器

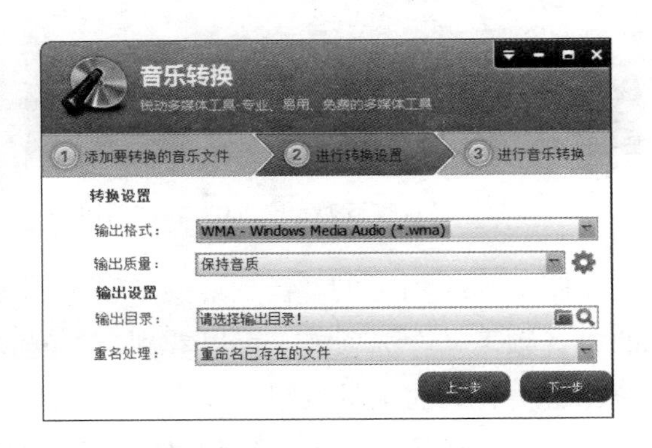

图 7-1-16　“进行转换设置”选项卡

（6）单击按钮，调出“高级设置”对话框，如图 7-1-17 所示。利用该对话框可以设置输出的音频文件的属性。单击“确定”按钮，关闭该对话框，回到“音乐转换”窗口，在“输出质量”下拉列表框中自动选择“自定义音质”选项。

（7）单击按钮，调出“浏览计算机”对话框，利用该对话框可以选择保存输出音频文件的文件夹，如图 7-1-18 所示，单击“确定”按钮，关闭“浏览计算机”对话框，返回到“音乐转换”窗口。单击按钮，调出 Windows 的计算机窗口，在该窗口可以选择保存输出音频文件的文件夹。单击“输出格式”下拉列表框右边的按钮，调出其下拉列表框，在其内可以选择一种转换的音频文件格式，此处选中的选项如图 7-1-16 所示。

（8）单击“音乐转换”窗口内的“下一步”按钮，开始进行音频文件的格式转换，此时“音乐转换”窗口切换到“进行音乐转换”选项卡，如图 7-1-19 所示，其内显示当前转换文件的进度和总进度。如果只添加了一个要转换格式的音乐文件，则当前进度和总进度的百分数是一样的。

（9）转换结束后，显示如图 7-1-20 所示的“转换结果”提示框，单击其内的“确定”按钮，关闭提示框，返回到“音乐转换”窗口，从而完成音乐文件的转换。

图 7-1-17　“高级设置”对话框

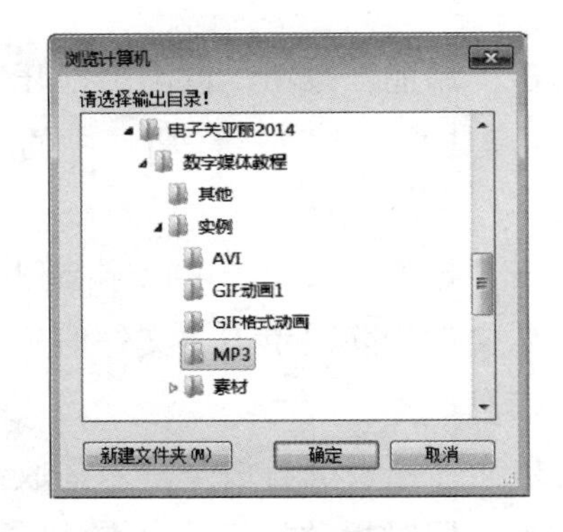

图 7-1-18　“浏览计算机”对话框

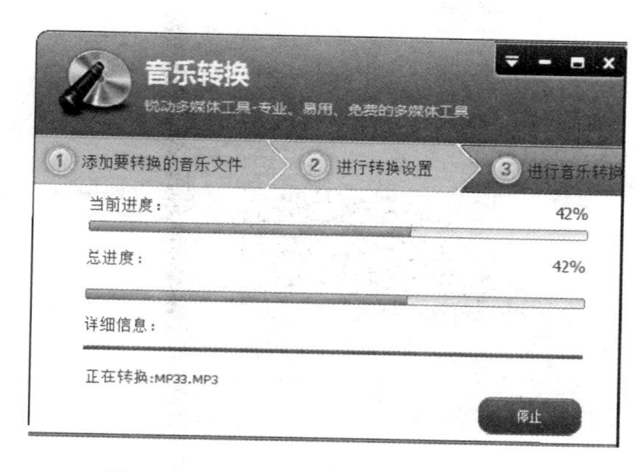

图 7-1-19 “进行音乐转换”选项卡

图 7-1-20 “转换结果”提示框

（10）此时“音乐转换”窗口中的“进行音乐转换”选项卡如图 7-1-21 所示。单击“返回”按钮，可以返回到如图 7-1-19 所示的“音乐转换”窗口中的“添加要转换的音乐文件”选项卡状态。

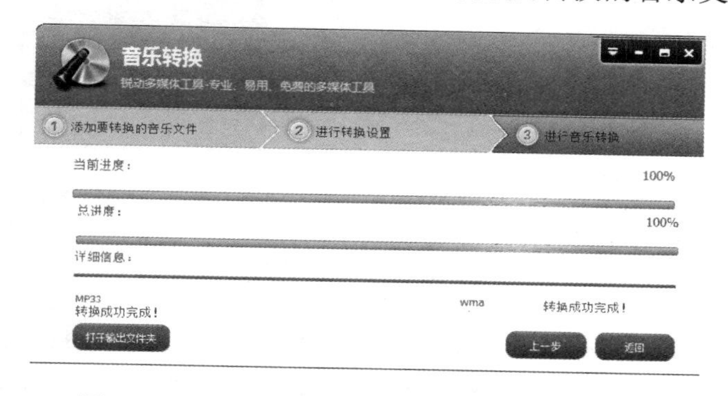

图 7-1-21 转换完成时的“进行音乐转换”选项卡

7.2 音频简单编辑

本章以“音频编辑专家 8.0 软件”为例来进行介绍。启动“音频编辑专家 8.0”软件，它的窗口如图 7-2-1 所示。可以看到，该窗口及图 7-1-11 所示的“音频转换专家 8.0”软件窗口和图 7-1-13 所示的“光盘刻录大师 8.0”软件窗口基本一样。下面介绍使用“音频编辑专家 8.0”软件进行音频编辑的方法。

图 7-2-1 “音频编辑专家 8.0”软件窗口

7.2.1 音乐的分割、截取和合并

1．音乐分割

（1）单击“音频编辑专家 8.0”软件内的“音乐分割”按钮，调出“音乐分割”窗口，如图 7-2-2 所示（还没有添加音频文件和设置保存路径）。

图 7-2-2 “音频编辑专家 8.0”软件的“音乐分割”窗口

（2）单击“添加文件”按钮，调出“请添加音乐文件”对话框，利用该对话框选择“实例→MP3”文件夹内的“MP31.MP3”音频文件（要分割的音频文件），如图 7-2-3 所示。单击“打开”按钮，即可关闭该对话框。在“音频分割”窗口内添加选中的“MP31.MP3”音频文件，显示该文件的参数，其中的音乐播放器变为有效。利用音乐播放器可以播放添加的音频文件。

（3）单击“保存路径”文本框右边的按钮，调出“浏览计算机”对话框，利用该对话框选择保存分割后的音频文件的路径，如图 7-2-4 所示。单击“确定”按钮，关闭该对话框，在“音乐分割”窗口内“保存路径”文本框中添加选中的路径，如图 7-2-2 所示。

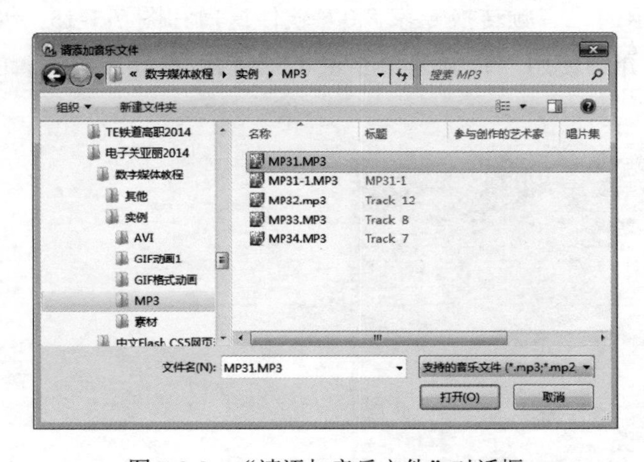

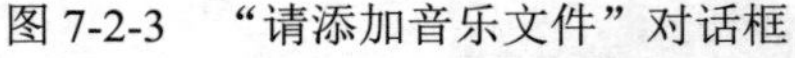
图 7-2-3 “请添加音乐文件”对话框

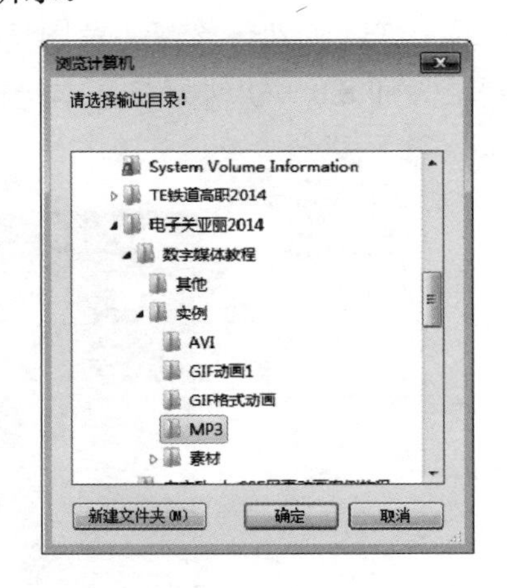

图 7-2-4 “浏览计算机”对话框

（4）单击图 7-2-2 所示“音乐分割”窗口内的“下一步”按钮，调出“音乐分割”窗口中的“设置分割时间”选项卡，如图 7-2-5 所示。其内左边栏用来显示音频文件的长度和大小，设置分割音频

文件的方案；右边显示框用来显示音频文件 2 个声道的波形；下边栏内左边两个按钮用来控制音频文件的播放和停止，右边水平线下边的滑块用来显示音频文件的分割状态，水平线上边的滑块用来调整当前时间，下边的数字框中显示和调整当前时间，右上方显示音频文件的播放总时间。

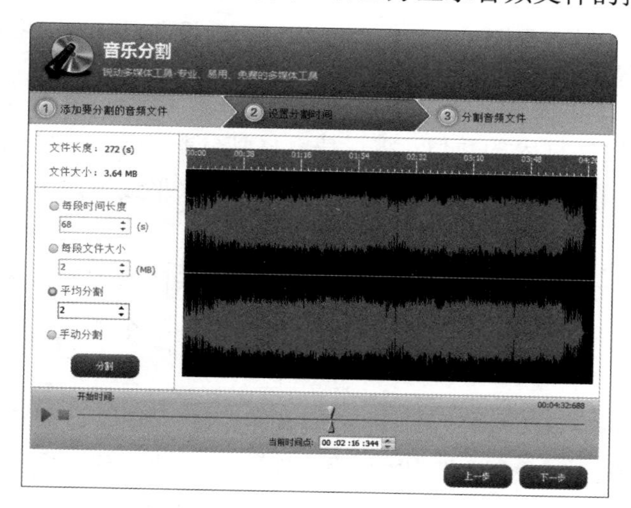

图 7-2-5 “设置分割时间”选项卡

（5）选中左边栏内的“平均分割”单选按钮，调整其下边数字框内的数值，可以确定将音频文件几等分，同时下边栏会显示自动的等分状态。例如，2 等分后的效果如图 7-2-5 所示。如果在数字框内选择 4，则下边栏内的显示状态如图 7-2-6 所示。拖曳“音乐分割”窗口下边栏内水平线上边的滑块，可以改变当前的时间点，该栏内数字框中的数值也会随之改变，显示出滑块指示的当前时间。此时，水平线下边的滑块不可以拖曳移动。

图 7-2-6 4 等分后的“音乐分割”窗口下边栏

（6）选中左边栏内的“每段文件大小”单选按钮，调整其下边数字框内的数值，可以确定第 1 段分割音乐文件的大小。单击“分割”按钮，即可按照设置进行分割（显示的是相应的播放时间分割），同时下边栏会显示分割状态，如图 7-2-8 所示。例如，调整数字框内的数值为“3”，如图 7-2-7 所示，则剩余的音频文件为 0.64MB。如果在数字框内选择 1，则下边栏内的显示状态与图 7-2-6 所示相似，只是“当前时间点”不同。

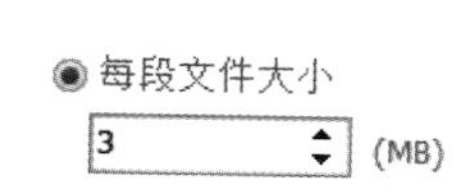

图 7-2-7 “每段文件大小”栏

图 7-2-8 设置每段文件大小后的“音乐分割”窗口下边栏

（7）选中左边栏内的“每段时间长度”单选按钮，调整其下边数字框内的数值，可以确定第 1 段分割音乐文件的时间长度。单击“分割”按钮，即可按照设置进行分割，同时下边栏会显示分割状态。例如，调整数字框内的数值为 100，如图 7-2-9 所示，则剩余的音频文件会自动分为 2 段，第 1 段的时间为 100s（01 分 40 秒），第 2 段的时间为 272−200=72s，如图 7-2-10 所示。

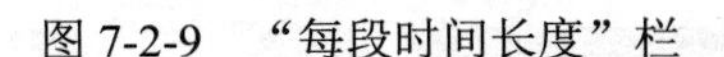

图 7-2-9　“每段时间长度”栏

图 7-2-10　设置每段时间长度后的“音乐分割”窗口下边栏

（8）选中左边栏内的“手动分割”单选按钮，如图 7-2-11 所示。在下边栏内拖曳水平线上边的滑块，参看“当前时间点”数字框内的数值，将滑块移到分割的第 1 段音乐的结束点位置。单击“设置当前时间点为分割点”按钮，即可在滑块指示位置的水平线下边创建一个滑块，其用来指示新创建的分割点位置。

按照上述方法，将水平线上边的滑块拖曳到第 2 段音乐的结束点位置，单击“设置当前时间点为分割点”按钮，即可在滑块指示位置的水平线下边创建一个滑块，其用来指示新创建的分割点位置，如图 7-2-12 所示。

单击“删除当前时间分割点”按钮，即可将蓝色滑块删除，即将它指示的当前时间分割点删除；单击“跳转到上一个时间分割点”按钮，即可将滑块移到左边的时间分割点处，使该时间分割点处的滑块变为蓝色，成为当前时间分割点。单击“跳转到下一个时间分割点”按钮，即可将滑块移到右边的时间分割点处，使该时间分割点处的滑块变为蓝色，成为当前时间分割点，如图 7-2-12 所示。

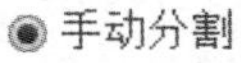

◉ 手动分割

图 7-2-11　“手动分割”单选按钮

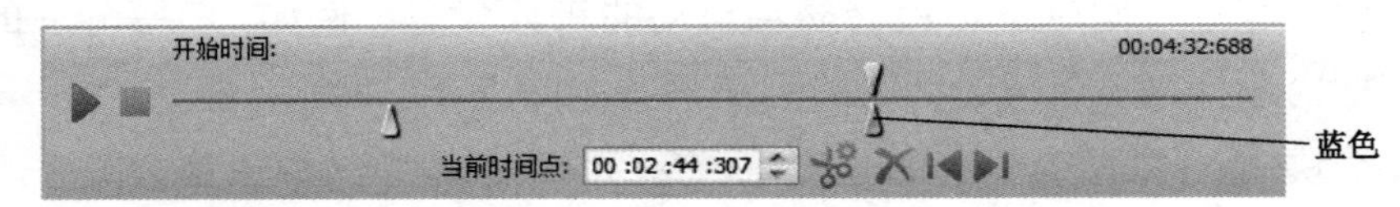

图 7-2-12　设置“手动分割”后的“音乐分割”窗口下边栏

（9）将添加的音频文件分割后，单击“下一步”按钮，调出“音乐分割”窗口中的“分割音频文件”选项卡，显示分割音频文件的进度。分割结束后，弹出一个“分割结果”提示框。单击其内的“确定”按钮，关闭该提示框。“音乐分割”窗口中的“分割音频文件”选项卡如图 7-2-13 所示，其内显示分割文件的时间范围。

（10）单击“分割音频文件”选项卡内的“打开输出文件夹”按钮，可以调出“计算机”窗口，其内显示出分割后的音频文件，如按照图 7-2-10 所示分割后的 3 个文件为“MP31_1.mp3”～“MP31_3.mp3”，如图 7-2-14 所示。单击“返回”按钮，即可返回到“添加要分割的音频文件”选项卡。

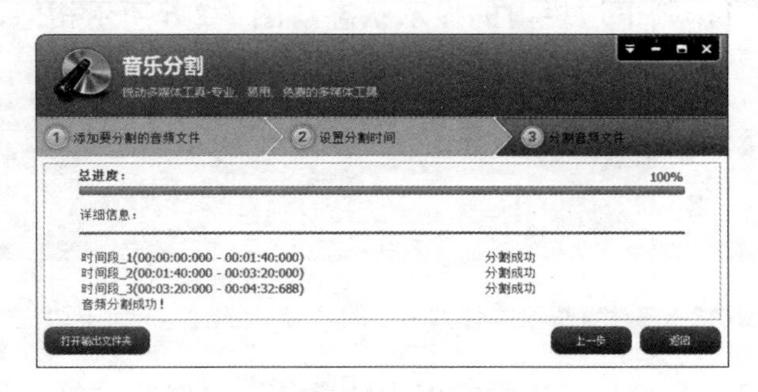

图 7-2-13　“分割音频文件”选项卡

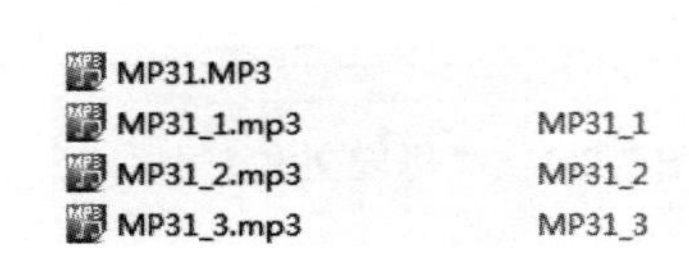

图 7-2-14　输出的分割后音频文件

2．音乐截取

（1）单击图 7-2-1 所示“音频编辑专家 8.0”软件窗口内的“音乐截取”按钮，可以调出“音乐截取”窗口中的“添加要截取的音乐文件”选项卡，如图 7-2-15 所示（还没有添加音频文件和设置截取音乐的输出路径及文件名称）。

（2）单击“添加文件”按钮，调出“请添加音乐文件”对话框，利用该对话框导入“MP31.MP3”音频文件。再单击“保存路径”（保存截取后的音频文件的路径和名称）文本框右边的按钮，调出“请设置保存路径”对话框，利用该对话框选择保存分割后的音频文件的路径和名称，如图 7-2-16 所示。单击“保存”按钮，关闭该对话框，同时确定截取后的音频文件保存路径和名称，此时“音乐截取”窗口中的“添加要截取的音乐文件”选项卡如图 7-2-15 所示。

图 7-2-15 “添加要截取的音乐文件”选项卡

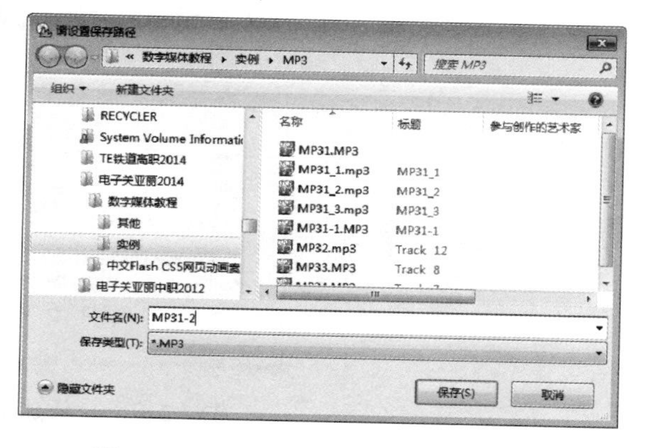

图 7-2-16 “请设置保存路径”对话框

（3）单击“播放”按钮，播放添加的音频文件，边听声音边确定截取音乐的起始位置，将左边的滑块拖曳到该起始位置；接着边听声音边确定截取音乐的终止位置，将右边的滑块拖曳到该终止位置。此时截取音频文件的状态如图 7-2-17 所示。可以看到下边栏内两个数字框中分别给出截取音乐文件的起始时间和终止时间，两个数字框中间显示截取音乐的时间长度。

（4）单击“音乐截取”窗口中“添加要截取的音乐文件”选项卡右下角的“截取”按钮，即可调出“音乐截取”窗口中的“截取音乐”选项卡，显示截取进度，截取完成后，弹出“截取结果”提示框，单击“确定”按钮，关闭该提示框。“音乐截取”窗口中的“截取音乐”选项卡如图 7-2-18 所示，此时已经将截取的音频文件以给定的文件名称保存在指定路径下。

（5）单击“音乐截取”窗口中“截取音乐”选项卡内的“打开输出文件夹”按钮，可以调出“计算机”窗口，显示音频截取文件。单击“截取音乐”选项卡内的“返回”按钮，即可返回到如图 7-2-17 所示音频截取状态的“音乐截取”窗口中的“添加要截取的音乐文件”选项卡。

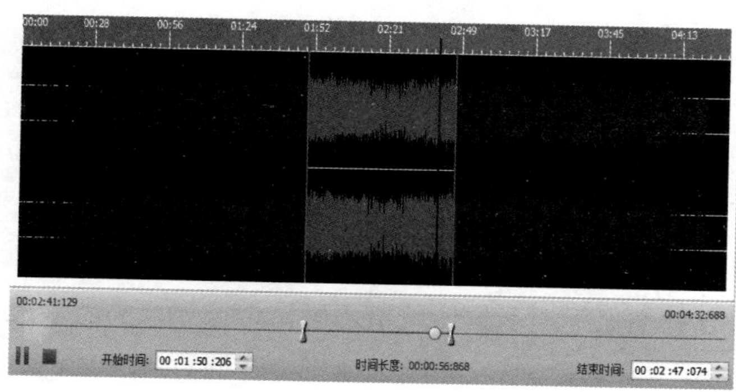

图 7-2-17 音频截取状态

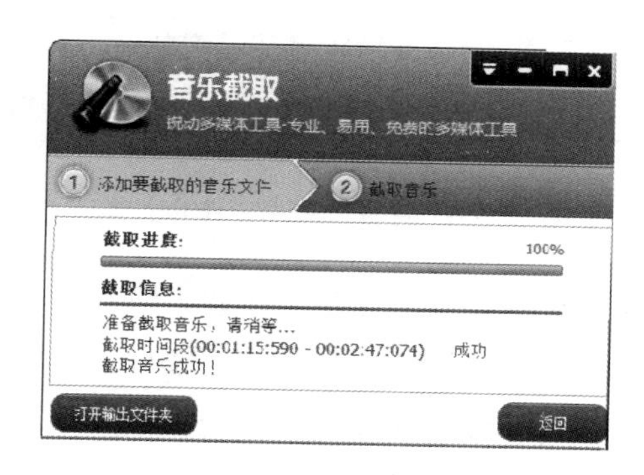

图 7-2-18 “截取音乐”选项卡

3．音乐合并

（1）单击如图7-2-1所示的“音频编辑专家8.0”软件窗口内的“音乐合并”按钮，可以调出“音乐合并”窗口中的“添加要合并的音乐文件”选项卡，如图7-2-19所示（还没有添加音频文件和设置合并音乐的输出路径及名称）。

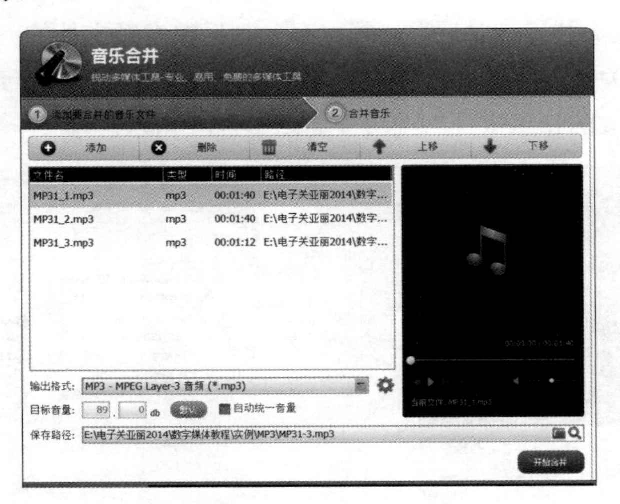

图7-2-19　“添加要合并的音乐文件”选项卡

（2）单击“添加”按钮，调出“请添加音乐文件”对话框，利用该对话框导入“MP31_1.mp3”“MP31_2.mp3”和“MP31_3.mp3”音频文件。再单击“保存路径”（保存合并后的音频文件的路径和名称）文本框右边的按钮，调出“请设置保存路径”对话框，利用该对话框选择保存合并后的音频文件的路径和输入文件的名称。单击“保存”按钮，关闭该对话框，同时确定合并后的音频文件保存的路径和名称。此时“音乐合并”窗口中的“添加要合并的音乐文件”选项卡，如图7-2-19所示。

（3）选中“自动统一音量”复选框，在“目标音量”的两个数字框内输入音量的数值，在“输出格式”下拉列表框中选择一种音频格式选项，如选中“WMA”选项，如图7-2-20所示。单击“输出格式”下拉列表框右边的按钮，调出“高级设置”对话框，如图7-2-21所示。在“输出格式”下拉列表框中选择的音频格式选项不同，“高级设置”对话框中的内容也随之改变，设置完成后单击“确定”按钮，关闭“高级设置”对话框，返回到“音乐合并”窗口中的“添加要合并的音乐文件”选项卡。

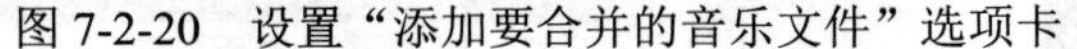
图7-2-20　设置“添加要合并的音乐文件”选项卡

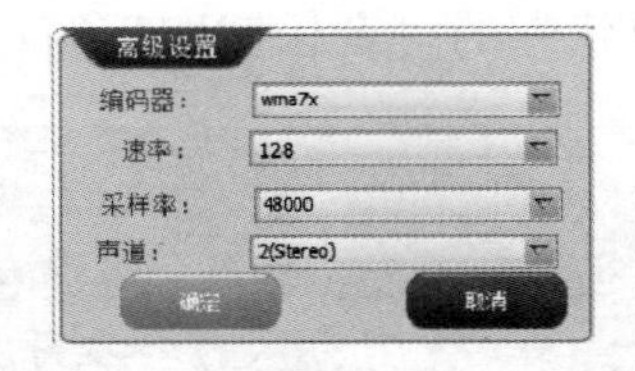

图7-2-21　“高级设置”对话框

（4）单击“开始合并”按钮，进行音频文件合并，同时调出“音乐合并”窗口中的“合并音乐”选项卡，显示合并进度，合并完成后，弹出一个“合并结果”提示框，单击“确定”按钮，关闭该提示框。“音乐合并”窗口中的“合并音乐”选项卡如图7-2-22所示。此时已经将合并的音频文件以给定的文件名称保存在指定路径下。

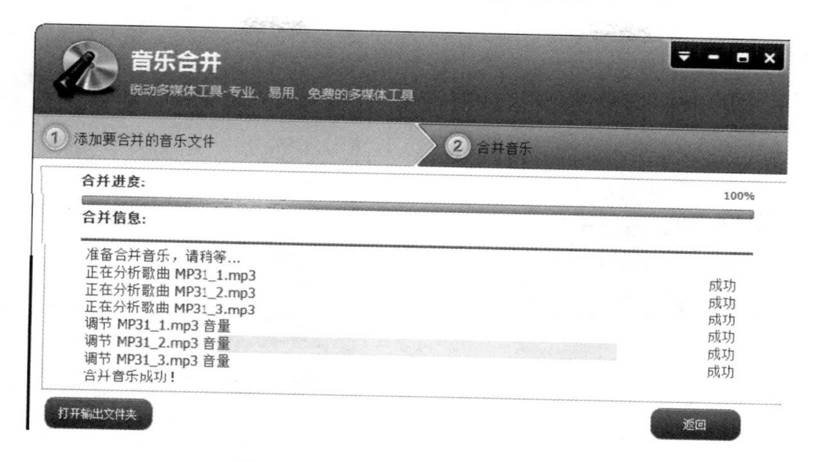

图 7-2-22　“合并音乐”选项卡

（5）单击“音乐合并”窗口中“合并音乐”选项卡内的“打开输出文件夹”按钮，可以调出“计算机”窗口，显示音频合并文件。单击“返回”按钮，即可返回到如图 7-2-19 所示的音频合并状态的“音乐合并”窗口中的“添加要合并的音乐文件”选项卡。

7.2.2　iPhone 铃声制作和 MP3 音量调节

1．iPhone 铃声制作

（1）单击图 7-2-1 所示“音频编辑专家 8.0”软件窗口内的“iPhone 铃声制作”按钮，调出“iPhone 铃声制作”窗口中的“请添加要制作的音乐文件”选项卡，如图 7-2-23 所示（还没有添加音频文件和设置制作 iPhone 铃声音乐文件的输出路径和名称）。

（2）单击“添加”按钮，调出“请添加要制作的音乐文件”对话框，利用该对话框导入“MP31.MP3”音频文件。再单击“保存路径”（应该是保存截取后的音频文件的路径和名称）文本框右边的按钮，调出“请填写保存文件名”对话框，利用该对话框选择保存 iPhone 铃声音乐文件的路径和输入文件的名称，如“IPHONE1”，如图 7-2-24 所示。单击“保存”按钮，关闭该对话框，同时确定保存该音乐文件的路径和输入文件的名称。此时“iPhone 铃声制作”窗口中的“请添加要制作的音乐文件”选项卡如图 7-2-23 所示。

（3）单击“播放”按钮，播放已经添加的音频文件，边听声音边确定截取音乐的起始位置，将左边的滑块拖曳到该起始位置；接着边听声音边确定截取音乐的终止位置，将右边的滑块拖曳到该终止位置。可以看到下边栏内两个数字框中分别给出截取音乐文件的起始时间和终止时间，两个数字框中间显示截取音乐的时间长度。

（4）如果选中窗口内下边的“iPhone 没有越狱（铃声最长 40s）”单选按钮，则在拖曳滑块时会发现，两个滑块之间的间隔不会大于一开始系统给出的间隔（40s），即截取的音频文件的时间长度不会大于一开始系统给出的时间长度。

如果选中窗口内下边的“iPhone 已经越狱（铃声长度没有限制）”单选按钮，则在拖曳滑块时，两个滑块之间的间隔可以调整，即截取的音频文件的时间长度可以大于一开始系统给出的时间长度。

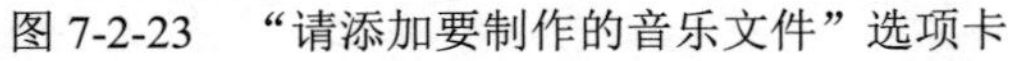

图 7-2-23 “请添加要制作的音乐文件”选项卡

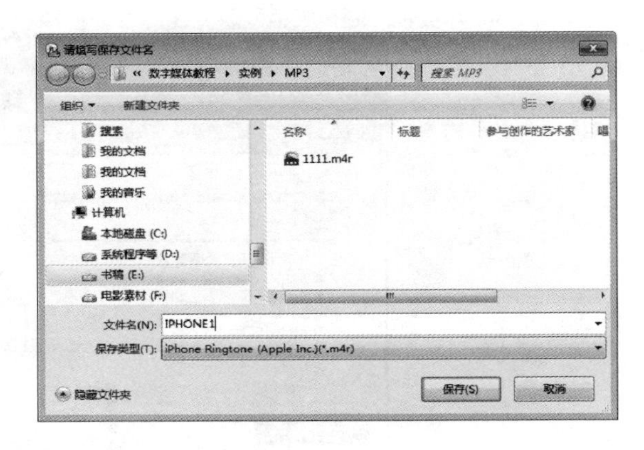

图 7-2-24 “请填写保存文件名”对话框

（5）单击“开始制作”按钮，即可调出“iPhone 铃声制作”窗口中的“制作 iPhone 铃声”选项卡，显示制作进度，完成后会弹出“截取结果”提示框，单击“确定”按钮，关闭该提示框。“iPhone 铃声制作”窗口中的“制作 iPhone 铃声”选项卡如图 7-2-25 所示。此时已经将截取的音频文件以给定的名称保存在指定路径下。

（6）单击“iPhone 铃声制作”窗口中“制作 iPhone 铃声”选项卡内的“打开输出文件夹”按钮，可以调出“计算机”窗口，显示 iPhone 铃声文件。单击“返回”按钮，返回到如图 7-2-23 所示的“iPhone 铃声制作”窗口中“请添加要制作的音乐文件”选项卡。

2．MP3 音量调节

（1）单击如图 7-2-1 所示“音频编辑专家 8.0”软件窗口内的“MP3 音量调节”按钮，调出“MP3 音量调节”窗口中的“添加 MP3 文件”选项卡，如图 7-2-26 所示（还没有添加音频文件和设置音乐文件的目标音量大小）。

（2）单击“添加”按钮，调出“打开”对话框，在该对话框内选择保存 MP3 文件的文件夹，按住 Ctrl 键，选中要添加的 MP3 文件，例如，选中“MP32.mp3”“MP33.mp3”和“MP34.mp3”文件。再单击“打开”按钮，将选中的 MP3 文件添加到“iPhone 铃声制作”窗口中，如图 7-2-26 所示。

（3）在“目标音量”两个数字框内输入音量的数值。单击“默认”按钮，可以使“目标音量”两个数字框内的数值还原为默认值。

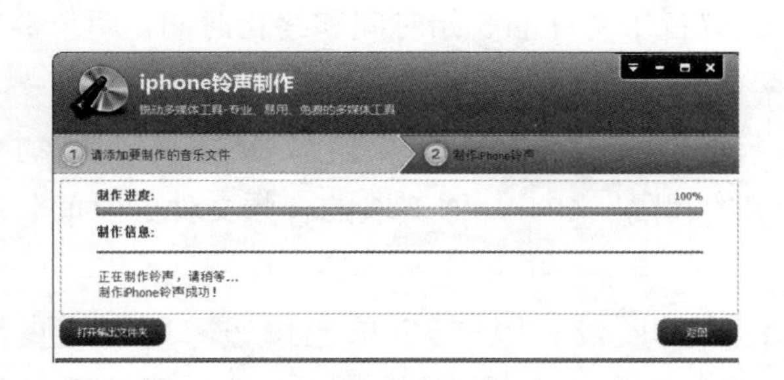

图 7-2-25 “制作 iPhone 铃声”选项卡

图 7-2-26 “添加 MP3 文件”选项卡

（4）单击“开始调节”按钮，即可调出“MP3 音量调节”窗口中的“调节音量”选项卡，显示制作进度，完成后会弹出“调节结果”对话框，单击“确定”按钮，关闭该提示框，从而完成 MP3 音量调节。“MP3 音量调节”窗口中的“调节音量”选项卡如图 7-2-27 所示。

（5）单击“返回”按钮，返回到图 7-2-26 所示的“MP3 音量调节”窗口中的“添加 MP3 文件”选项卡。

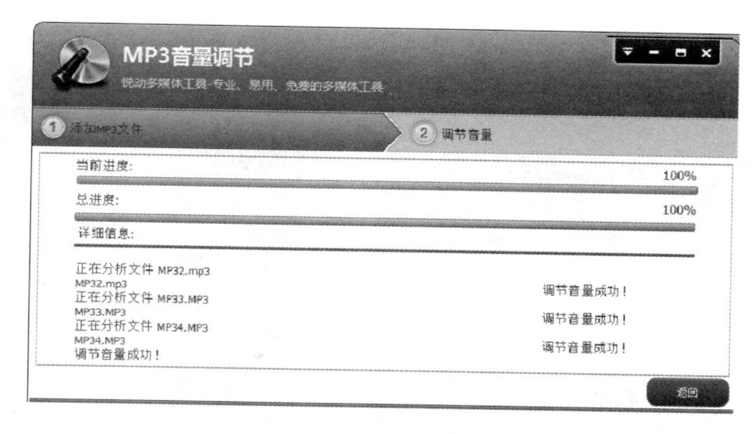

图 7-2-27 “调节音量”选项卡

7.3 视频格式转换

7.3.1 视频编辑专家 8.0 软件的使用

1．视频编辑专家 8.0 软件简介

“视频编辑专家”（或“视频转换专家”）和前面介绍过的“光盘刻录大师”“音频转换专家”，以及“音频编辑专家”等 9 款软件都可以在“锐动天地”网站下载。这些软件均功能较强，操作简单，界面美观，速度快，稳定性好。

“视频编辑专家 8.0”是视频爱好者必备的工具，它的系统需求是 Windows NT/2003/XP、Windows Vista 和 Windows 7/8 等。它包括视频转换、视频分割、视频合并、视频文件截取、配音配乐、视频截图、字幕制作等功能。下面简要介绍其功能。

（1）编辑与转换：可以转换 MPEG 1/2/4、AVI、ASF、SWF、DivX、Xvid、RM（RealVideo）、RMVB（Real 媒体视频）、FLV（Flash 视频格式）、SWF、MOV、3GP、WMV、PMP、VOB、MP2、MP3、MP4（iPhone MPEG-4）、MOV（苹果 QuickTime 格式）、AU、AAC（高级音频编码）、AC3（杜比数字）、M4A（MPEG-4 音频）、WAV、WMA、OGG、FLAC 等各种音频和视频格式，并且具有音量调节、时间截取、视频裁剪、添加水印和字幕等功能。

（2）视频分割：把一个视频文件分割成任意大小和数量的视频文件。

（3）视频文件截取：从视频文件中提取出用户感兴趣的部分，制作成视频文件。

（4）视频合并：把多个不同或相同的音/视频格式文件合并成一个音/视频文件。

（5）配音配乐：给视频添加背景音乐及配音。

（6）字幕制作：给视频添加字幕。

（7）视频截图：从视频中截取精彩画面。

启动“视频编辑专家 8.0”软件后，其窗口如图 7-3-1 所示。

2．视频格式转换

（1）单击“视频编辑专家 8.0”或“视频转换专家 8.0”软件窗口中“视频编辑工具”选项卡内的“编辑与转换”按钮，即可启动“视频转换”窗口中的“选择需要转换成的格式”选项卡，如图 7-3-2 所示。

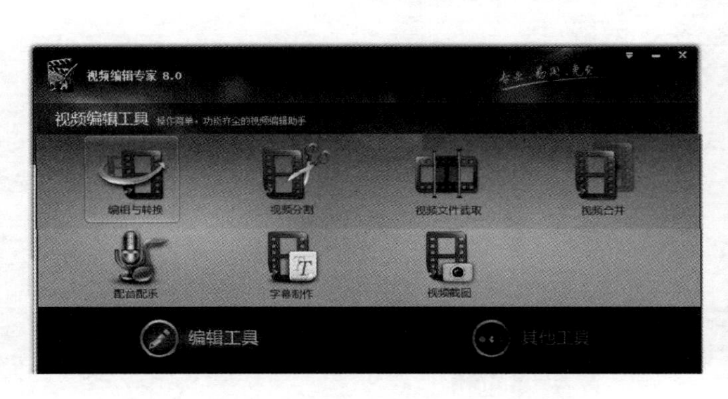

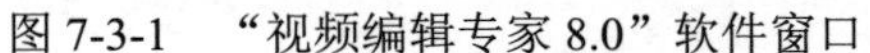
图 7-3-1 “视频编辑专家 8.0”软件窗口

图 7-3-2 “选择需要转换成的格式”选项卡

（2）单击“添加文件”按钮，调出“打开”对话框，如图 7-3-3 所示。利用该对话框可以选中一个或多个要转换格式的视频文件，例如，选中“实例/AVI”文件夹内的“风车.mp4”视频文件，如图 7-3-3 所示。单击“打开”按钮，将选中的文件添加到“视频转换”窗口内，同时调出“选择转换成的格式”对话框，如图 7-3-4 所示。

（3）“选择转换成的格式”对话框内左边列出各种视频和音频格式的类别选项，选中一种类别选项，其右边会显示相应的视频和音频格式选项图标。例如，选中左边栏内的“常见视频文件”选项，再选中右边的“AVI”选项，如图 7-3-4 所示。

（4）单击“选择转换成的格式”对话框内的“确定”按钮，关闭该对话框，从而完成转换成格式的选择，同时切换到“视频转换”窗口中的“添加需要转换的文件”选项卡，如图 7-3-5 所示。利用中间的视频播放器可以播放添加的视频文件。

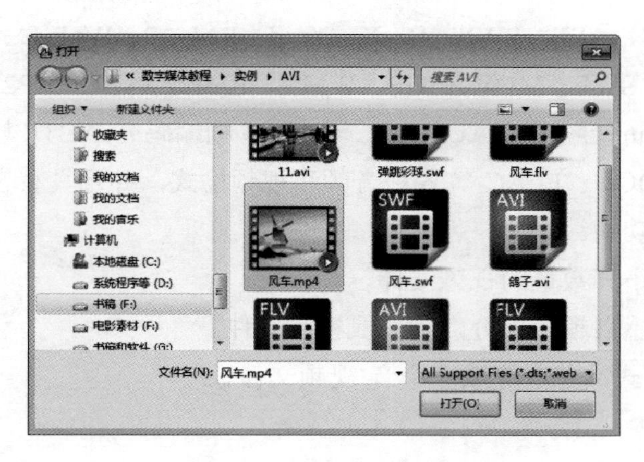

图 7-3-3 “打开”对话框

图 7-3-4 “选择转换成的格式”对话框

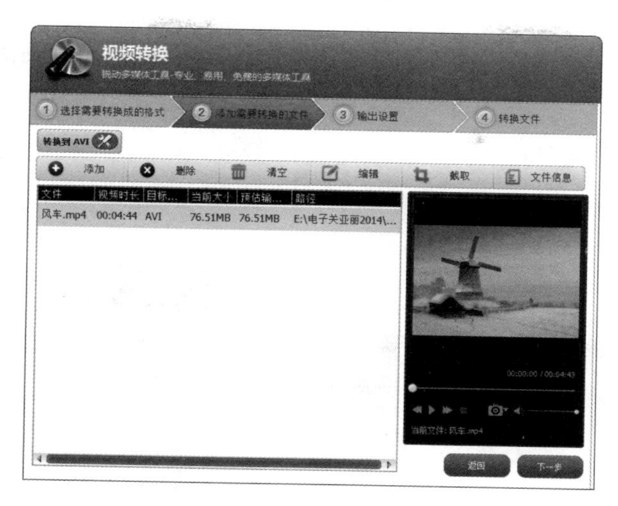

图 7-3-5 “添加需要转换的文件”选项卡

（5）单击视频播放器下边的按钮，调出“快照”菜单，如图 7-3-6 所示，利用该菜单可以选择快照图像的格式，此处选择“jpg”格式。选择该菜单内的“设置快照目录”命令，调出“浏览文件夹”对话框，如图 7-3-7 所示，单击该对话框内的“新建文件夹”按钮，即可在当前文件夹内创建一个新文件夹，将该文件夹的名称改为“AVI”。在视频播放中，选择“快照”菜单内的“快照”命令，即可将视频的当前画面作为快照图像保存在“浏览文件夹”对话框中选中的文件夹内。

（6）单击“删除”按钮，可以删除“视频转换”窗口内选中的视频文件；单击“清空”按钮，可以删除所有添加的视频文件；单击“编辑”按钮，可以调出“视频编辑”对话框中的“裁剪”选项卡，如图 7-3-8 所示。利用该对话框可以调整视频画面的大小和位置。

在“裁剪区域尺寸”栏内的两个数字框中，可以调整视频画面的大小；在“裁剪区域位置”栏内的两个数字框中，可以调整视频画面的位置。在右边的显示框内拖曳绿色矩形框的四角和四边中点的控制柄，可以调整视频画面的大小；拖曳矩形框内中间的控制柄，可以调整视频画面的位置。调整好后，单击“应用”按钮，最后单击“确定”按钮。

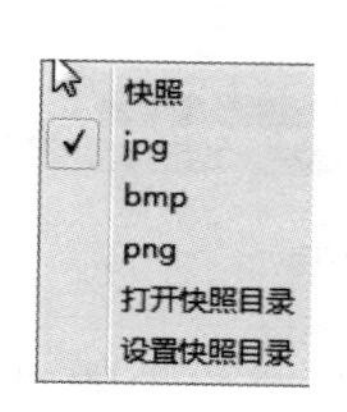

图 7-3-6 “快照”菜单

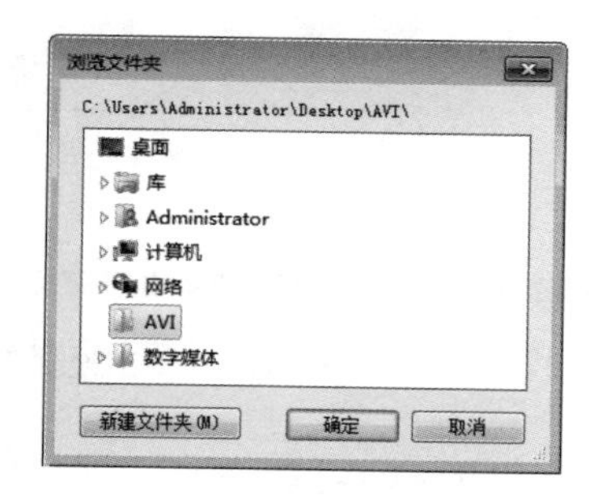

图 7-3-7 “浏览文件夹”对话框

图 7-3-8 “裁剪”选项卡

（7）另外，在“视频编辑”对话框内还可以切换到“效果”“水印”“字幕”和“旋转”选项卡，如图 7-3-9 所示。在“效果”选项卡内可以调整视频的亮度、对比度和饱和度；在“水印”选项卡内可以给视频添加文字或图像水印，上边文本框内的文字是输入文字，在“水平位置”和“垂直位置”栏内可以调整水印文字或图像的位置；在“字幕”选项卡内可以调入字幕文件（扩展名为 SRT 或 ASS）

并添加到视频中，将它们合成一体；在“旋转”选项卡内可以调整视频画面的旋转角度。

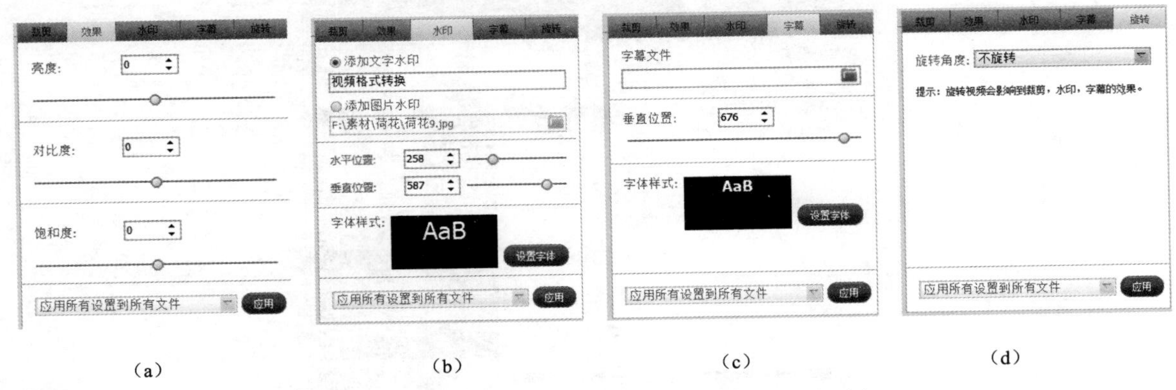

（a）　　（b）　　（c）　　（d）

图 7-3-9　“效果”“水印”“字幕”和“旋转”选项卡

（8）单击“视频转换”窗口内的“截取”按钮，可以调出“视频截取”对话框，如图 7-3-10 所示，利用该对话框可以调整视频播放的起始时间和终止时间。

在“视频截取”对话框单击“播放”按钮▶，可以播放添加的视频文件，通过观看确定截取视频的起始位置，将左边的滑块拖曳到该起始位置，接着确定截取视频的最终位置，将右边的滑块拖曳到该终止位置。可以看到下边栏内两个数字框中分别给出截取视频文件的起始时间和终止时间，两个数字框的中间显示截取视频的时间长度。

（9）调整好后，单击“应用”按钮，最后单击“确定”按钮，关闭该对话框，返回到“视频转换”窗口中的“添加需要转换的文件”选项卡。单击“下一步”按钮，切换到“视频转换”窗口中的“输出设置”选项卡，如图 7-3-11 所示。选中“显示详细设置”复选框，可以设置输出目录。单击“更改目标格式”按钮，调出如图 7-3-4 所示的“选择转换成的格式”对话框，利用该对话框可以重新设置转换的视频格式。

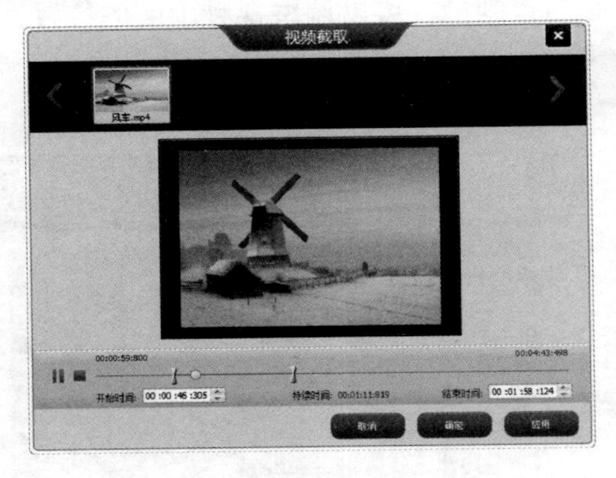

图 7-3-10　“视频截取”对话框

图 7-3-11　“输出设置”选项卡

（10）在“输出设置”选项卡中单击“下一步”按钮，即可切换到“视频转换”窗口中的“转换文件”选项卡，如图 7-3-12 所示。转换完成后会弹出一个“转换结果”提示框，单击其内的“确定”按钮，关闭该提示框。单击“视频转换”窗口中“转换文件”选项卡内的“打开输出文件夹”按钮，可以打开输出文件夹，看到格式转换后的视频文件。单击“返回”按钮（转换完成后，“停止”按钮会变为“返回”按钮），返回到“视频转换”窗口的起始状态。

图 7-3-12 “转换文件”选项卡

7.3.2 狸窝全能视频转换器软件的使用

1．狸窝全能视频转换器简介

狸窝全能视频转换器是一款功能强大、界面友好的音/视频转换及编辑软件。该软件可以在几乎所有流行的视频格式之间相互转换。例如，可以转换的视频格式有 RM、RMVB、VOB、DAT、VCD、SVCD、ASF、MOV、QT、MPEG、WMV、FLV、MKV、MP4、3GP、DivX、XviD 和 AVI 等；可以转换的音频格式有 AAC、CDA、MP3 和 WMA 等；还可以编辑转换为手机、MP4、iPod、PSP 和 Zune 机等移动设备支持的音/视频格式。

狸窝全能视频转换器软件不单提供多种音/视频格式之间的转换功能，还可以在视频转换设置中，对输入的视频文件进行可视化编辑。例如，裁剪视频，给视频加 Logo，截取部分视频转换，不同视频合并成一个文件输出，调节视频亮度、对比度等。可以设置输出视频质量、尺寸、分辨率等，转换速度快，操作极其简便。

启动狸窝全能视频转换器软件，其软件窗口如图 7-3-13 所示。

图 7-3-13 “狸窝全能视频转换器”软件窗口

2．视频格式转换

（1）在“狸窝全能视频转换器”软件窗口内，单击左上角的“添加视频”按钮，调出“打开”对话框，选中一个视频文件，如“节日小熊.avi”视频文件，单击“打开”按钮，关闭该对话框，返回到“狸窝全能视频转换器”软件窗口，如图 7-3-14 所示。

图 7-3-14 “狸窝全能视频转换器”软件窗口

该窗口内右边是视频播放器，单击“播放”按钮▶后开始播放添加的视频，同时“播放”按钮切换为“暂停”按钮⏸。

（2）单击“预置方案”下拉列表框右边的▼按钮，调出“预置方案”面板，如图 7-3-15 所示。选中左边列表框中的一个格式类型选项，即可在其右边列表框中显示相应格式类型中的各项格式选项。在右边列表框中选中一个格式选项，如图 7-3-15 所示。

（3）在“预置方案”面板中单击▼按钮，可以使左边列表框中的格式选项向上移动一位；单击▲按钮，可以使左边列表框中的格式选项向下移动一位；单击“预置方案”面板内的“自定义”按钮，调出“预设置方案自定义”面板，如图 7-3-16 所示，在其内可以设置“预置方案”面板中显示的格式类型选项和格式选项。

图 7-3-15 “预置方案”面板

图 7-3-16 “预设置方案自定义”面板

（4）单击“狸窝全能视频转换器”软件窗口内的“下移”按钮⬇，可以将选中的文件向下移动一位；单击“上移”按钮⬆，可以将选中的文件向上移动一位；单击“删除”按钮✖，可以将选中的文件删除；单击“清空”按钮，可以将所有添加的文件清除。

（5）在“狸窝全能视频转换器”软件窗口内的“视频质量”和“音频质量”下拉列表框中分别可以设置视频质量和音频质量。单击“预置方案”栏右边的“高级设置”按钮，可以调出“高级设置”对话框，如图 7-3-17 所示，利用该对话框可以设置视频和音频的各种属性。设置好后，可以单击“保存为”按钮，用来保存为一种预置方案；单击“确定”按钮，完成高级设置，关闭该对话框。

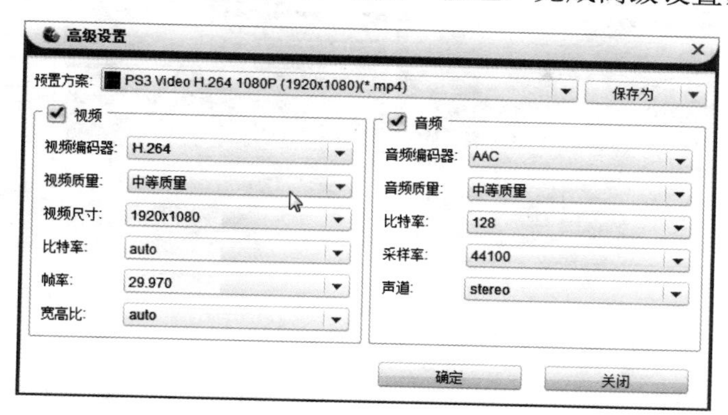

图 7-3-17 “高级设置”对话框

（6）单击“狸窝全能视频转换器”软件窗口中“输出目录”栏内的“选择文件夹”按钮，调出“选择文件夹”对话框，利用该对话框可以设置改变格式的视频文件的输出路径。单击“打开目录”按钮，可以调出保存改变格式的视频文件的文件夹。

如果在“狸窝全能视频转换器”软件窗口选中“应用到所有”复选框，则会将所有设置应用于所有已经添加的视频文件；如果选中“合并成一个文件”复选框，则会在输出格式转换后的视频时，将所有已经添加的视频文件依次连接成一个视频文件。

（7）单击“狸窝全能视频转换器”软件窗口内右下角的按钮，可以进入格式转换过程显示窗口，其中的一个页面如图 7-3-18 所示。可以看到“节日小熊.avi”格式转换失败，“殿堂.avi”格式转换完成，其他两个视频文件格式正在转换中。单击格式转换失败的视频文件右边的按钮，可以重新进行格式转换；单击格式转换完成的视频文件右边的“播放”按钮，可以播放该格式转换成功的视频文件；单击格式转换完成的视频文件右边的“打开目录”按钮，可以打开该视频文件所在的文件夹。

（8）在格式转换过程中，可以在左下角“任务完成后”下拉列表框内选择一个选项，用来设置格式转换任务完成后要进行的操作。格式转换完成后，单击“取消”按钮，即可退出该窗口。

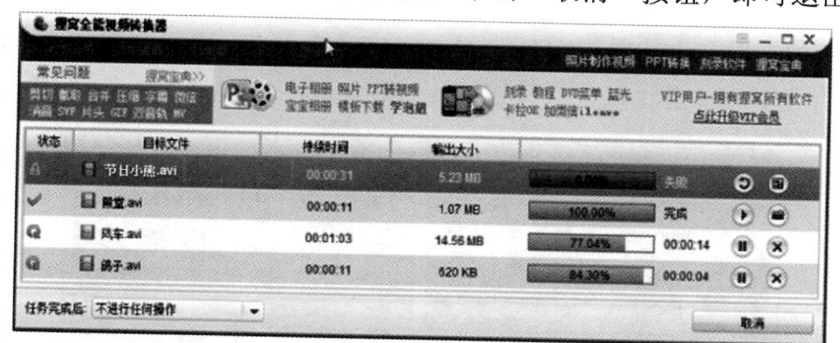

图 7-3-18 格式转换过程中显示的窗口

3．视频简单编辑

在进行视频文件格式转换以前，可以对添加的视频文件进行编辑，具体操作方法如下。

（1）单击“狸窝全能视频转换器”软件窗口内左上角的“视频编辑”按钮，调出“视频编辑”对话框，如图 7-3-19 所示。左边是原始视频画面，右边是输出的视频画面。下边有 4 个标签，单击标签行的标签，可以切换下边的选项卡，利用该对话框可以编辑当前的视频。

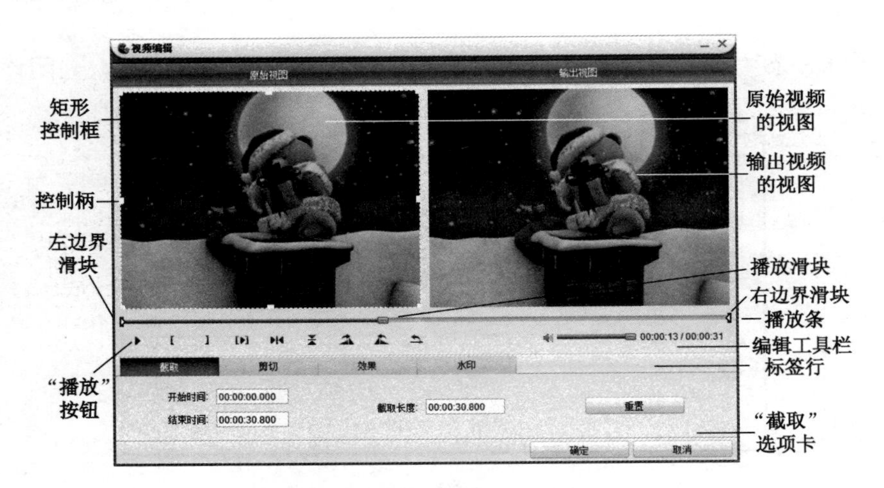

图 7-3-19 “截取”选项卡

（2）单击“播放”按钮，可以播放视频，同时该按钮变为“暂停”按钮；单击“暂停”按钮，可以暂停播放视频，同时该按钮变为“播放”按钮。向右拖曳左边滑块，向左拖曳右边滑块，可以使输出视频的时间段变小。拖曳调整左边滑块和右边滑块，可以调整输出视频的时间段大小。同时下边“开始时间”“结束时间”和“截取长度”数字框内会显示截取视频时间段的相应时间。

单击“左区间”按钮，可以将左边滑块定位到播放滑块处；单击“右区间”按钮，可以将右边滑块定位到播放滑块处；单击“区间播放暂停”按钮，可以在设置的截取区域内播放视频或暂停播放视频；单击“重置”按钮，可以恢复视频截取前的状态。

（3）编辑工具栏内的按钮，从左到右分别是“水平翻转”“垂直翻转”“顺时针旋转 90°”“逆时针旋转 90°”和“重置”按钮，单击这些按钮，可以对视频画面进行相应的调整。

（4）单击“剪切”按钮，切换到“剪切”选项卡。拖曳原始视频视图内矩形控制框四周的控制柄，可以调整矩形控制框的大小；拖曳矩形控制框，可以调整该矩形控制框的位置，如图 7-3-20 所示。在“剪切”选项卡的“缩放”下拉列表框中可以选择有关缩放的选项，在“左”和“上”数字框内可以显示和调整矩形框左边，以及上边距视图左边和上边边缘的距离；在“剪切大小”两个数字框内可以显示和调整矩形框的大小。单击“重置”按钮，可以使矩形控制框还原为原始视图。

图 7-3-20 “剪切”选项卡

（5）切换到“效果”选项卡，如图 7-3-21 所示。在该选项卡内可以调整视频的亮度、对比度、饱和度和音量大小。

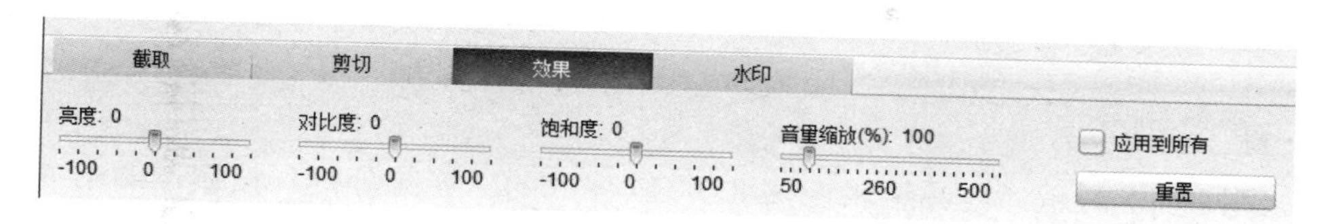

图 7-3-21 “视频编辑”对话框中的“效果”选项卡

（6）切换到“水印”选项卡，选中“添加水印”复选框，选中“文字水印”单选按钮，在其文本框内输入“视频格式转换”文字，如图 7-3-22 所示。在该选项卡内可以调整水印文字的大小、位置和颜色等，还可以设置图像水印及该图像的大小和位置。

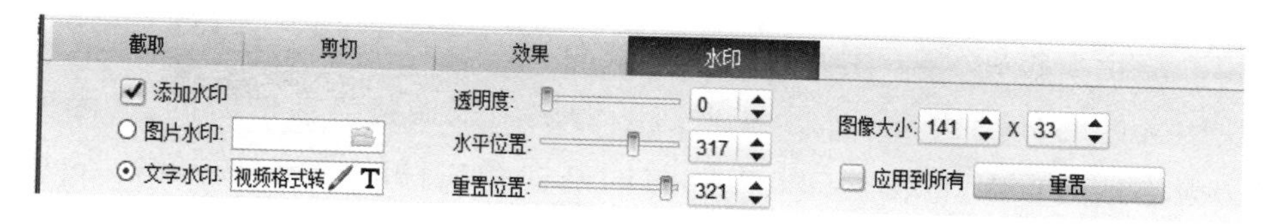

图 7-3-22 “视频编辑”对话框中的“水印”选项卡

（7）单击“图像水印”单选按钮，单击按钮，调出相应的对话框，利用该对话框可以选择一幅图像，用来作为水印图像。在输出视频视图上会显示文字水印或水印图像，通过拖曳调整它们的位置，并拖曳它们四周的控制柄，可以调整它们的大小。

（8）单击“文字水印”栏内的 T 按钮，可以调出“选择字体”对话框，利用该对话框可以设置水印文字的字体；单击按钮，可以调出“选择颜色”对话框，利用该对话框可以设置水印文字的颜色。输出视图内的图片水印和文字水印如图 7-3-23 和图 7-3-24 所示。

图 7-3-23 输出视图内的图片水印

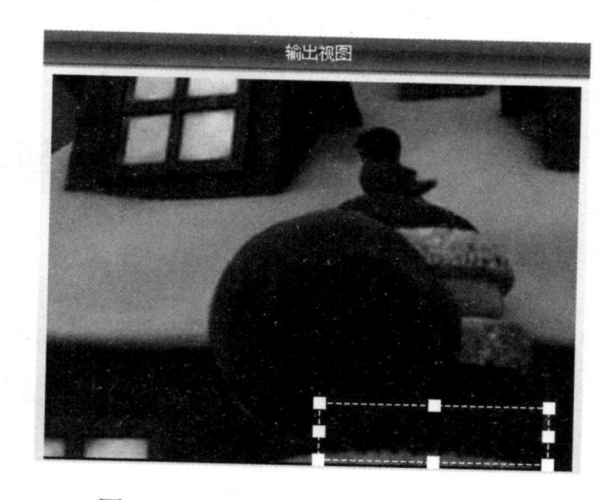

图 7-3-24 输出视图内的文字水印

7.4 视频简单编辑

启动“视频编辑专家 8.0”软件后，它的窗口如图 7-3-1 所示。可以看到，该窗口内有 7 个工具按钮，单击这些按钮，可以分别调出相应的工具窗口。单击下边一栏内的“其他工具”按钮，可以调出另一个“视频编辑专家 8.0”软件窗口。

使用“视频编辑专家 8.0”软件进行视频编辑的方法如下。

7.4.1 视频分割、截取和合并

1．视频分割

（1）单击如图 7-3-1 所示“视频编辑专家 8.0”软件内的“视频分割”按钮，调出“视频分割”窗口，单击“添加文件”按钮，调出“打开”对话框，利用该对话框添加“祖国山河.AVI”视频文件，再设置输出目录，效果如图 7-4-1 所示。

（2）单击“视频编辑专家 8.0”软件窗口内的“下一步”按钮，调出“分割设置”选项卡，如图 7-4-2 所示。其内左边栏用来显示视频文件的时间长度（28s）和大小（7.07MB），用来设置分割视频文件的方案；右边栏用来显示添加的视频；下边栏内左边是视频的“播放”按钮（或“暂停”按钮）和“停止”按钮，用来控制视频文件的播放（暂停）和停止播放，水平线下边的滑块用来显示视频文件的分割状态，水平线上边的滑块用来调整当前的时间，“当前时间点”数字框用来显示和调整当前时间，下边栏右上方的时间是视频文件的播放总时间，左上方的时间是视频播放滑块所在位置的时间。

（3）选中左边栏内的“平均分割”单选按钮，调整其下边数字框内的数值，可以确定将视频文件平均分为几等分，同时下边栏会显示自动的等分状态。例如，2 等分后的效果如图 7-4-2 所示。如果在数字框内选择“3”，如图 7-4-3 所示，单击“分割”按钮，下边栏内显示状态如图 7-4-4 所示。拖曳“视频分割”窗口下边栏内水平线上边的滑块，可以改变当前的时间点，该栏内数字框中的数值会随之改变，给出滑块指示的当前时间。此时，水平线下边的滑块不可以拖曳移动。

图 7-4-1 “视频分割”窗口

图 7-4-2 “分割设置”选项卡

图 7-4-3 “平均分割”栏

图 7-4-4 3 等分后的“视频分割”窗口下边栏

（4）选中左边栏内的“每段文件大小”单选按钮，调整其下边数字框内的数值，可以确定第 1 段分割视频文件的大小。单击“分割”按钮，即可按照设置进行分割（显示的是相应的播放时间分割），同时下边栏会显示分割状态。例如，调整数字框内的数值为“3”，如图 7-4-5 所示，则第 1、2、3 段视频文件大小依次为 3MB、3MB、1.07MB，下边栏显示的分割状态如图 7-4-6 所示。

（5）选中左边栏内的“每段时间长度”单选按钮，调整其下边数字框内的数值，可以确定第 1 段分割视频文件的时间长度。单击“分割”按钮，即可按照设置进行分割，同时下边栏会显示分割状态。例如，调整数字框内的数值为“10”，如图 7-4-7 所示，剩余的视频文件会自动分为 2 段，第 1 段的时间为 10 s，第 2 段的时间为 28−10−10=8（s），下边栏显示的分割状态如图 7-4-8 所示。

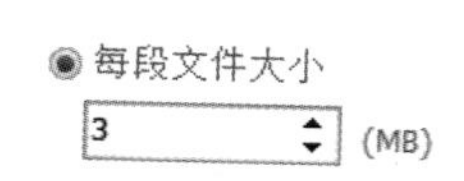

每段文件大小
3
(MB)

图 7-4-5　“每段文件大小”栏

00:00:00:000
00:00:28:999
当前时间点:
00 :00 :12 :300

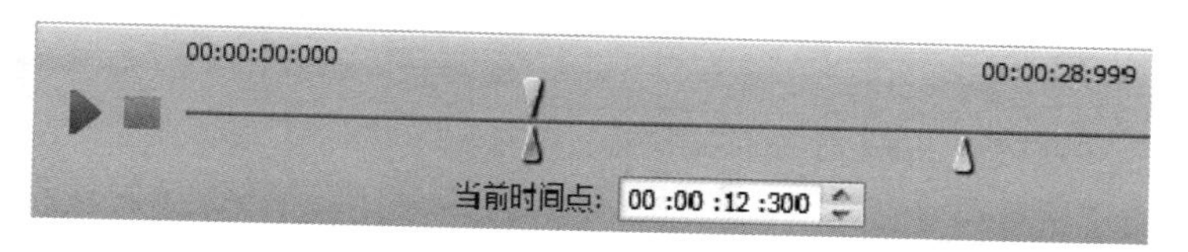

图 7-4-6　设置“每段文件大小”后的“视频分割”窗口下边栏

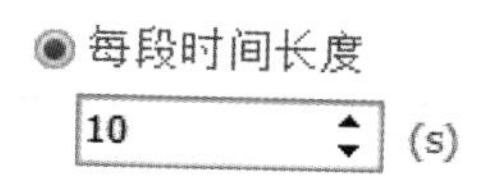

每段时间长度
10
(s)

图 7-4-7　“每段时间长度”栏

00 : 00 : 00 : 000
00 : 00 : 28 : 999
当前时间点:
00 : 00 : 9 : 666

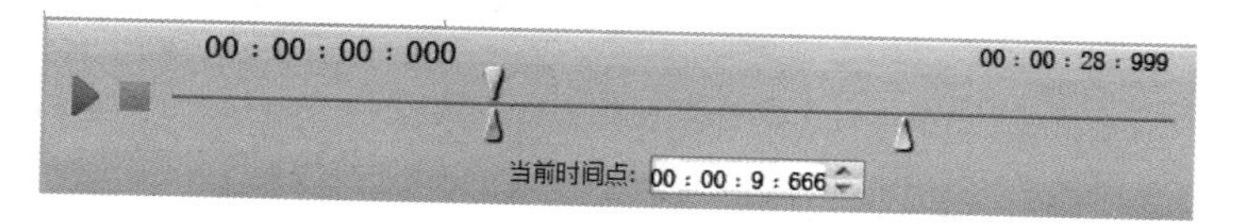

图 7-4-8　设置“每段时间长度”后的“视频分割”窗口下边栏

（6）选中左边栏内的“手动分割”单选按钮，如图 7-4-9 所示。拖曳水平线上边的滑块移到分割的第 1 段视频的结束点位置，单击“设置当前时间点为分割点”按钮，即可在滑块指示位置的水平线下边创建一个滑块，用来指示第 1 段视频的结束点位置。

按照上述方法，将水平线上边的滑块拖曳到第 2 段视频的结束点位置，单击“设置当前时间点为分割点”按钮，即可在滑块指示位置的水平线下边创建一个滑块，用来指示第 2 段视频的结束点位置，如图 7-4-10 所示。

单击“删除当前时间分割点”按钮，即可将蓝色滑块删除，即将蓝色滑块指示的当前时间分割点删除；单击“跳转到上一个时间分割点”按钮，即可将滑块移到左边的时间分割点处，成为当前时间分割点；单击“跳转到下一个时间分割点”按钮，即可将滑块移到右边的时间分割点处，成为当前时间分割点，如图 7-4-10 所示。

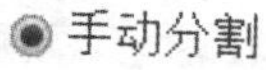

手动分割

图 7-4-9　“手动分割”单选按钮

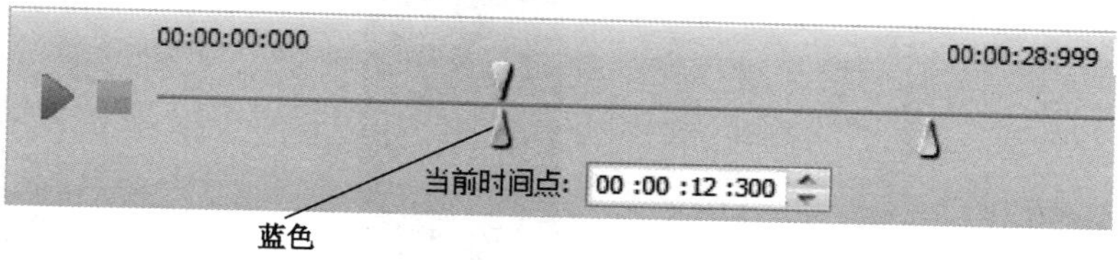

00:00:00:000
00:00:28:999
当前时间点:
00 :00 :12 :300
蓝色

图 7-4-10　设置“手动分割”后的“视频分割”窗口下边栏

（7）将添加的视频文件分割后，单击“视频分割”窗口中的“下一步”按钮，调出“视频分割”窗口“分割视频文件”选项卡显示分割视频文件的进度。分割完成后，会弹出一个“分割结果”提示框。单击其内的“确定”按钮，关闭该提示框，“视频分割”窗口中的“分割视频文件”选项卡如图 7-4-11 所示，其内显示分割文件的时间范围。

（8）单击“分割视频文件”选项卡内的“打开输出文件夹”按钮，可以调出“计算机”窗口，其内显示出分割后的视频文件，例如，按照图 7-4-4 所示分割后的三个文件为“祖国山河_1.avi”～“祖国山河_3.avi”，如图 7-4-12 所示。单击“返回”按钮，即可返回到“添加要分割的视频文件”选项卡。

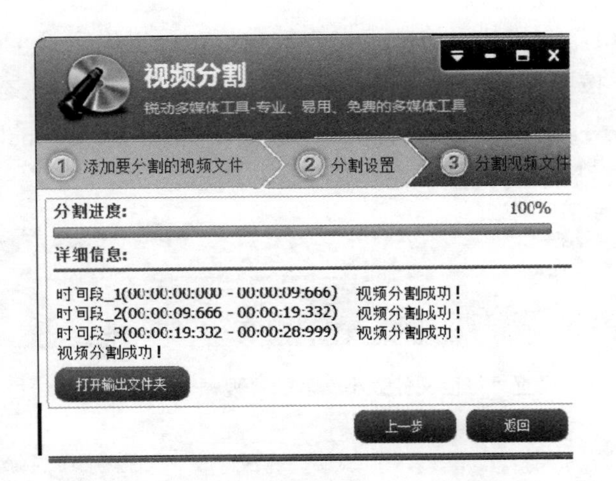

图 7-4-11 “分割视频文件”选项卡

祖国山河.AVI	avi 媒体文件	7,243 KB
祖国山河_1.avi	avi 媒体文件	2,645 KB
祖国山河_2.avi	avi 媒体文件	1,815 KB
祖国山河_3.avi	avi 媒体文件	2,631 KB

图 7-4-12 输出分割后的视频文件

2．视频文件截取

（1）单击如图 7-3-1 所示“视频编辑专家 8.0”软件内的“视频文件截取”按钮，调出“视频截取”窗口中的“添加要截取的视频文件”选项卡，然后单击“添加文件”按钮，调出“打开”对话框，利用该对话框添加“鲜花.wmv”视频文件，再设置输出目录，效果如图 7-4-13 所示。

（2）单击“下一步”按钮，切换到“视频截取”窗口中的“设置截取时间”选项卡，如图 7-4-14 所示。单击下边栏内“播放”按钮▶，即可播放添加的视频文件，通过观看确定截取视频的起始位置，并将左边的滑块拖曳到该起始位置；接着确定截取视频的终止位置，并将右边的滑块拖曳到该终止位置。可以看到，下边栏内两个数字框中分别给出截取视频文件的起始时间和终止时间，两个数字框中间显示截取视频的时间长度。

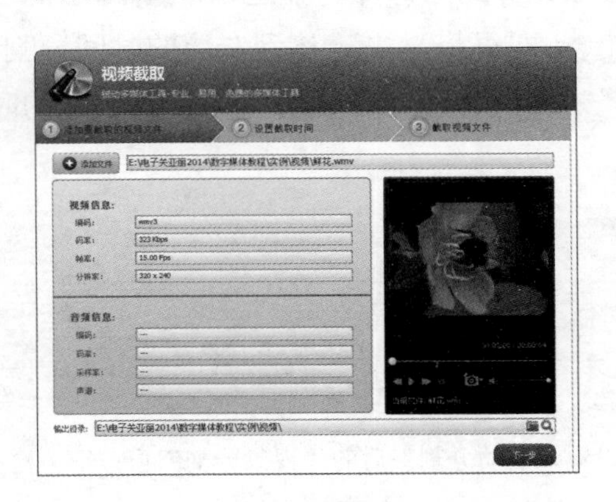

图 7-4-13 “添加要截取的视频文件”选项卡

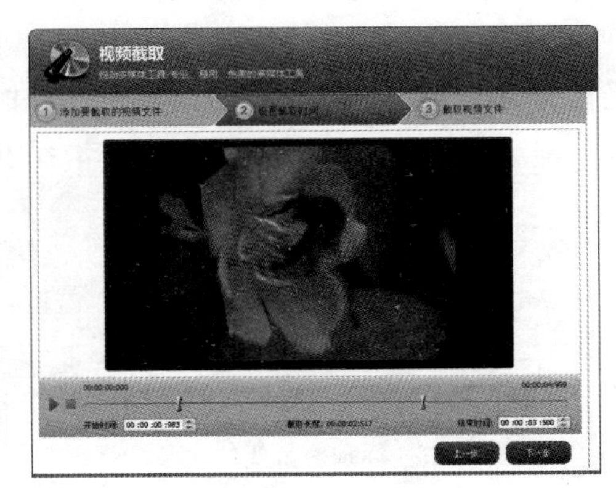

图 7-4-14 “设置截取时间”选项卡

（3）单击“设置截取时间”选项卡内下边的“下一步”按钮，切换到“视频截取”窗口中的“截取视频文件”选项卡，可以显示截取进度，截取完成后，弹出“截取结果”提示框，单击“确定”按钮，关闭该提示框。“视频截取”窗口中的“截取视频文件”选项卡如图 7-4-15 所示。此时已经将截取的视频文件以给定的文件名称保存在指定路径下。

（4）单击“视频截取”窗口中“截取视频文件”选项卡内的“打开输出文件夹”按钮，可以调出保存视频截取文件的文件夹。单击“返回”按钮，即可返回到如图 7-4-13 所示“视频截取”窗口中的“添加要截取的视频文件”选项卡。

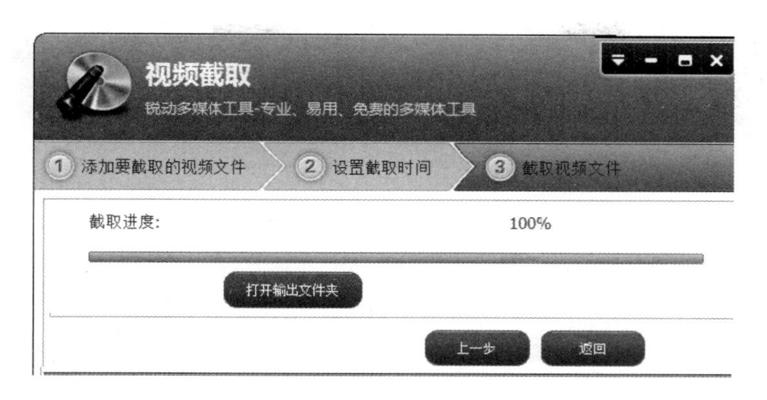

图 7-4-15　“截取视频文件”选项卡

3．视频合并

（1）单击如图 7-3-1 所示“视频编辑专家 8.0”软件窗口中的“视频合并”按钮，调出“视频合并”窗口中的“添加需要合并的文件”选项卡。

（2）单击“添加”按钮，调出“打开”对话框，利用该对话框导入“祖国山河_1.avi”“祖国山河_2.avi”和“祖国山河_3.avi”视频文件。此时 “视频合并”窗口中的“添加需要合并的文件”选项卡如图 7-4-16 所示。

（3）单击“下一步”按钮，切换到“视频合并”窗口中的“输出设置”选项卡，如图 7-4-17 所示，单击“输出目录”文本框右边的按钮，调出“另存为”对话框，利用该对话框选择并保存合并后的视频文件路径和名称。

图 7-4-16　“添加需要合并的文件”选项卡

图 7-4-17　“输出设置”选项卡 1

（4）单击“输出设置”选项卡内的“快速合并”复选框，取消选中该复选框。此时“更改目标格式”按钮和“显示详细设置”复选框变为有效，选中“显示详细设置”复选框，此时“视频合并”窗口中的“输出设置”选项卡如图 7-4-18 所示，在此可以设置视频和音频的属性。

（5）单击“更改目标格式”按钮，调出“选择需要合并成的格式”对话框，如图 7-4-19 所示。利用该对话框可以设置合并视频文件的格式。

（6）设置好格式后单击“确定”按钮，关闭“选择需要合并成的格式”对话框，返回到“视频合并”窗口中的“输出设置”选项卡。单击“下一步”按钮进行视频文件合并，同时显示合并进度，合并完成后，弹出“合并结果”提示框，单击“确定”按钮，关闭该提示框。“视频合并”窗口中的“合并文件”选项卡如图 7-4-20 所示，此时，合并的视频文件以给定的名称保存在指定路径下。

图 7-4-18 “输出设置”选项卡 2

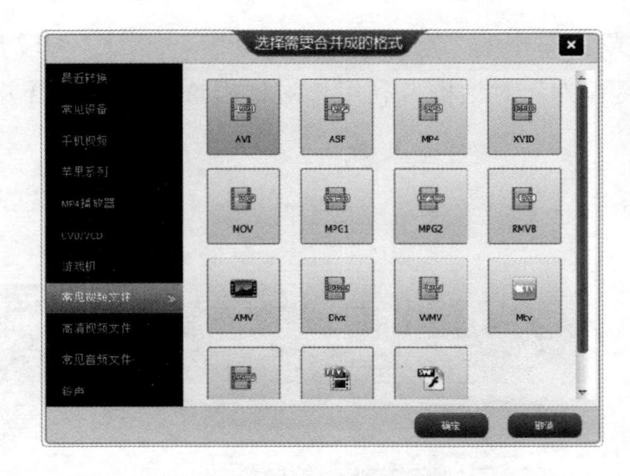

图 7-4-19 “选择需要合并成的格式”对话框

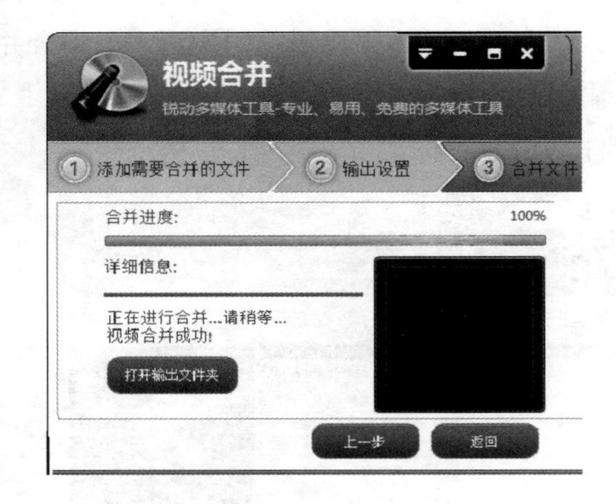

图 7-4-20 “合并文件”选项卡

（7）单击“视频合并”窗口中“合并文件”选项卡内的“打开输出文件夹”按钮，可以调出保存视频合并文件的文件夹。单击“返回”按钮，即可返回到如图 7-4-16 所示的“视频合并”窗口中的“添加需要合并的文件”选项卡。

7.4.2 视频配音配乐、字幕制作和视频截图

1．视频配音配乐

（1）单击如图 7-3-1 所示“视频编辑专家 8.0”软件窗口中的“配音配乐”按钮，调出“视频配音”窗口中的“添加视频文件”选项卡，单击“添加”按钮，添加“殿堂.avi”视频文件，如图 7-4-21 所示。

图 7-4-21 “添加视频文件”选项卡

（2）单击“视频配音”窗口中“添加视频文件”选项卡内的“下一步”按钮，切换到“视频配音”窗口中的“给视频添加配乐和配音”选项卡。单击“新增配乐”按钮，调出“打开”对话框，利用该对话框添加一个外部音乐文件，返回“视频配音”窗口中的“给视频添加配乐和配音”选项卡，可以看到“新增配乐”按钮上新增一条棕色带，表示添加了音乐，如图 7-4-22 所示。

（3）单击“新增配乐”按钮，可以在增添的音乐的左边再增添新音乐。单击“设置音量比例”按钮，可以调出“音量比例设置”对话框，如图 7-4-23 所示，拖曳滑块可以调整配乐和原声的音量比例。

图 7-4-22 “给视频添加配乐和配音”选项卡

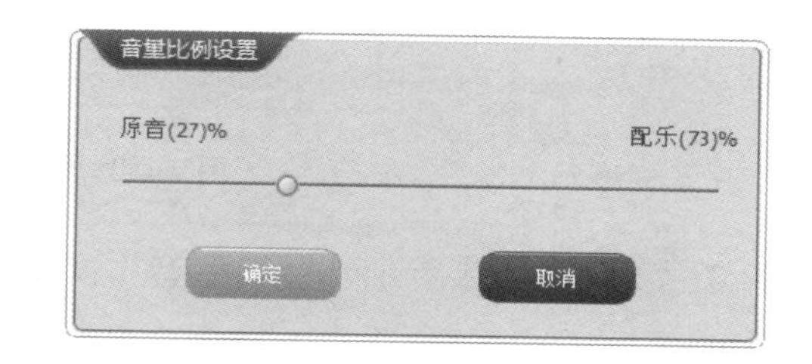

图 7-4-23 “音量比例设置”对话框

单击“删除当前选中的配乐段落”按钮，可以删除当前选中的配乐；单击“清空所有的段落”按钮，可以删除所有添加的乐曲；选中“消除原音”复选框，可以使视频中的原有声音消除。

（4）单击“给视频添加配音和配乐”选项卡内的“下一步”按钮，切换到“视频配音”窗口中的“输出设置”选项卡，如图 7-4-24 所示（还没有设置）。单击“输出设置”选项卡内“输出目录”文本框右边的按钮，调出“另存为”对话框，利用该对话框可以选择输出的目录和输出的添加了音乐的视频文件名称。

在“目标格式”下拉列表框中选择“使用其他的视频格式”选项后，“更改目标格式”按钮和“显示详细设置”复选框会变为有效。单击“更改目标格式”按钮，调出“选择需要合并成的格式”对话框，如图 7-4-19 所示，利用该对话框可以设置配乐或配音后的视频文件的格式。选中“显示详细设置”复选框，可以在其下边显示用于设置视频和音频属性的下拉列表框，并给出视频和音频的属性信息。

此时“视频配音”窗口中的“输出设置”选项卡如图 7-4-24 所示。

图 7-4-24　“输出设置”选项卡

（5）单击“视频配音”窗口中“输出设置”选项卡中的“下一步”按钮，切换到 “进行配乐和配音”选项卡，显示转换进度，转换完成后，弹出“配乐和配音结果”提示框，单击“确定”按钮，关闭该提示框。此时，“视频配音”窗口中的“进行配乐和配音”选项卡如图 7-4-25 所示，表示已经将配乐或配音后的视频文件以给定的文件名称保存在指定路径下。

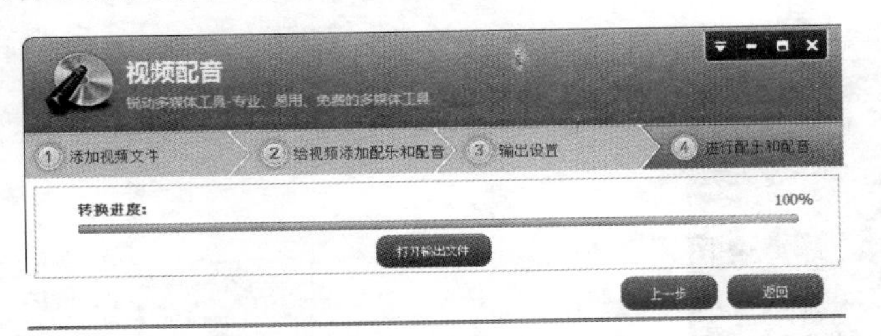

图 7-4-25　“进行配乐和配音”选项卡

（6）在如图 7-4-22 所示“视频配音”窗口中的“给视频添加配乐和配音”选项卡内，单击“配音”标签，切换到“配音”选项卡，如图 7-4-26 所示（还没有进行录音）。

图 7-4-26　“给视频添加配乐和配音”选项卡

（7）单击“高级设置”按钮，调出“录音设置”面板，如图 7-4-27 所示，利用该面板，可以测试话筒录音的效果。单击该面板内的“测试”按钮，即可开始对着话筒录制声音，“录音设置”面板内会显示相应的波形，如图 7-4-28 所示。

单击如图 7-4-28 所示面板内的“立即回放”按钮，可以播放录音效果，此时的“录音设置”面板如图 7-4-29 所示，根据播放的录音效果，设置音量大小等。单击该对话框内的“停止回放”按钮，可以停止录音的播放。单击该面板内右上角的“关闭”按钮，可以关闭“录音设置”面板。

图 7-4-27 “录音设置”面板

图 7-4-28 显示波形的“录音设置”面板

（8）单击图 7-4-26 中的“快捷键设置”链接文字，调出“录音快捷键”对话框，如图 7-4-30（a）所示，单击该对话框内“录音快捷键”后的下三角按钮，调出其列表框，如图 7-4-30（b）所示，可以从中选择一种快捷键。

（9）单击图 7-4-22 所示“给视频添加配乐和配音”选项卡内的“新增配音”按钮或按 F3 键，即可开始播放视频，同时可以通过话筒给视频配音。此时，红色播放指针从左向右移动，红色播放指针左边变为蓝色，表示配音的进度，而“新配音”按钮变为“停止录制”按钮，单击该按钮，可以终止配音。

图 7-4-29 播放录音时的“录音设置”面板

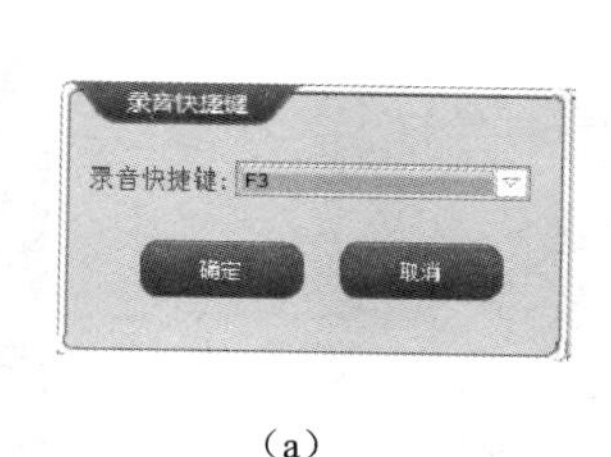

（a）

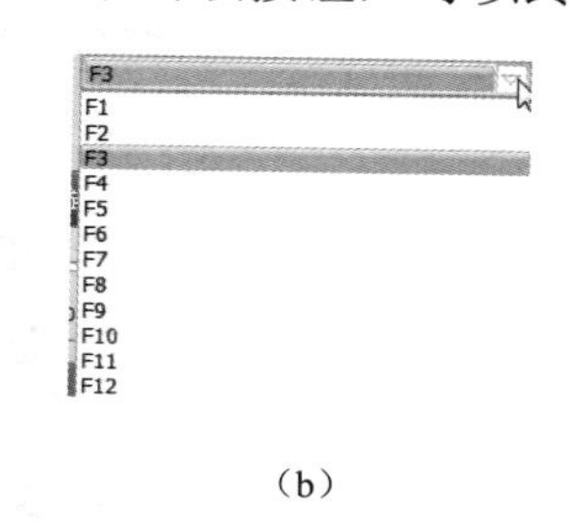

（b）

图 7-4-30 “录音快捷键”对话框及其下拉列表框

2．字幕制作

（1）单击“视频编辑专家 8.0”软件内的“字幕制作”按钮，调出“字幕制作”窗口，单击“添加视频”按钮，添加“节日小熊.AVI”视频文件，选中“自定义位置”和“字体设置应用到所有行”复选框，如图 7-4-31 所示。

（2）单击视频播放器内的“播放”按钮，播放视频的同时记下需要添加新的字幕文字的时间。单击“停止”按钮，停止播放视频，此时播放滑块移到最左边。

（3）单击“新增行”按钮，在“字幕”列表框内第 1 行显示序号 1，开始时间为“00：00：00，000”，结束时间为“00：00：00，000”。再在下边的“结束时间”数字框内修改时间为“00：00：05，000”，同时“字幕”列表框内第 1 行显示的结束时间随之变化。

（4）在“字幕内容”文本框内输入文字，如输入“节日小熊背着礼物来了。”，再单击“新增行”按钮，在“字幕”列表框内第 1 行右边显示“节日小熊背着礼物来了。”文字，在“字幕”列表框内第 1 行显示序号 2，开始时间为“00：00：00，000”，结束时间为“00：00：00，000”。

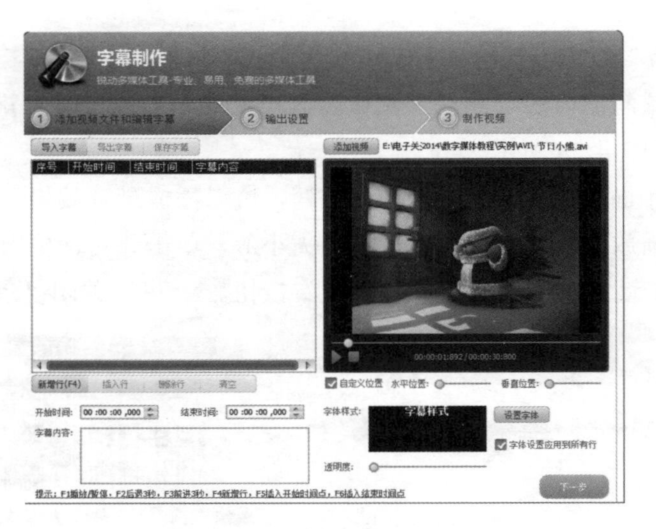

图 7-4-31 “字幕制作”窗口

（5）按照上述方法，继续输入5行字幕文字和设置它们出现的时间，此时“字幕制作”窗口的“字幕”列表框等主要内容如图7-4-32所示。单击“停止”按钮■，在视频播放器视图内显示两条绿色直线，以及字幕文字，如图7-4-33所示。拖曳绿色直线可以调整字幕文字的位置；拖曳“水平位置”和“垂直位置”栏内的滑块，也可以调整字幕文字的位置。在“透明度”栏拖曳滑块，可以改变字幕文字的透明度。

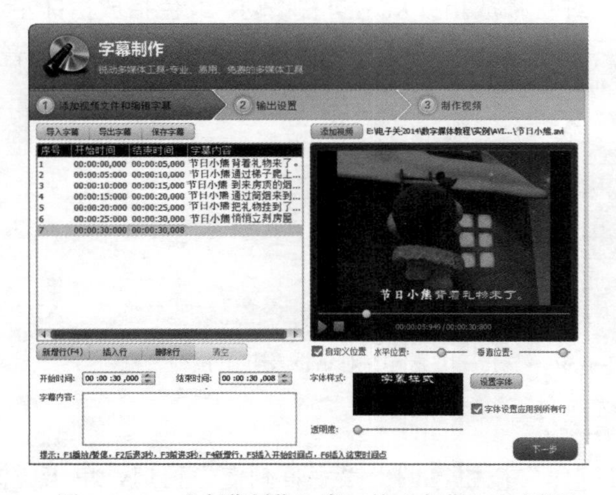

图 7-4-32 “字幕制作”窗口的“字幕”列表框

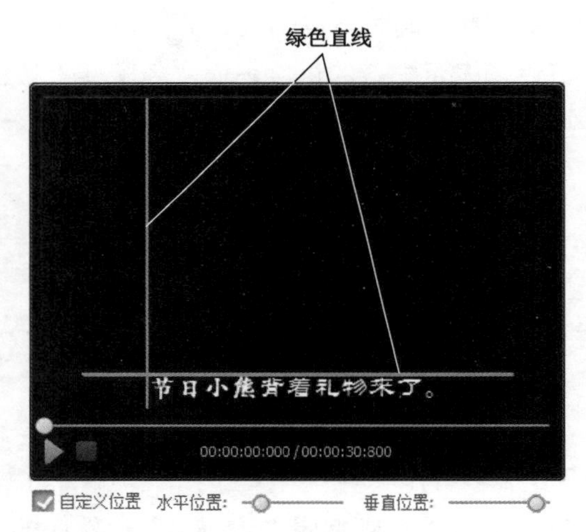

图 7-4-33 视频播放器视图

（6）单击“导出字幕”按钮，调出“另存为”对话框，选择要保存字幕文件的文件夹，在“文件名”的文本框内输入字幕名称，如输入“节日小熊 2.srt”，如图7-4-34所示。然后单击“保存”按钮，即可将字幕以名称“节日小熊 2.srt”保存。

如果修改了字幕，单击“保存字幕”按钮可以将修改的字幕保存，替换原来的字幕文件。如果是第1次单击“保存字幕”按钮，也可以调出“另存为”对话框。

单击“导入字幕”按钮，可以调出“请添加字幕文件”对话框，选择保存字幕文件的文件夹，选中要导入的字幕文件，如图7-4-35所示。单击“打开”按钮，即可将字幕文件中的内容导入“字幕”列表框中。

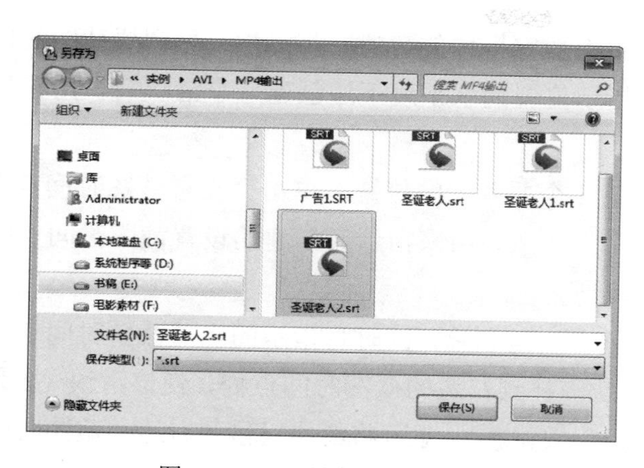

图 7-4-34 “另存为”对话框

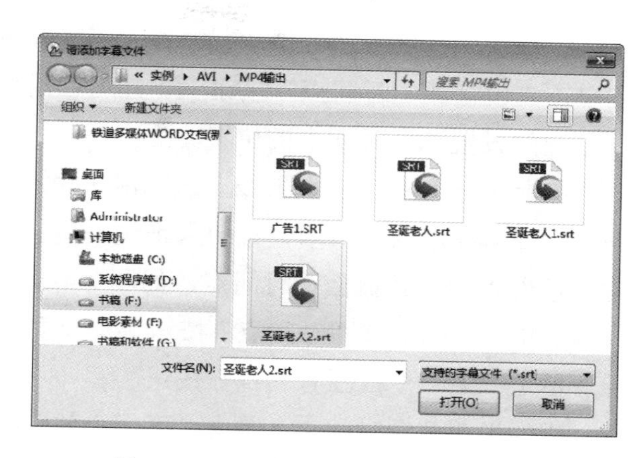

图 7-4-35 “请添加字幕文件”对话框

3．视频截图

（1）单击图 7-3-1 所示“视频编辑专家 8.0”软件窗口中的“视频截图”按钮，调出“视频截图”窗口，单击“加载”按钮，调出“打开”对话框，选择保存视频文件的文件夹，选中并添加“鸽子.avi”视频文件，单击“打开”按钮，关闭该对话框。

（2）单击“输出目录”栏内的按钮，调出“浏览计算机”对话框，利用该对话框可以选择输出截图图像的目录，单击“确定”按钮，关闭该对话框。此时的“视频截图”窗口如图 7-4-36 所示。

（3）在“视频截图”窗口内，中间是视频播放器，其内“当前时间点”数字框中显示“当前时间点”滑块指示的时间。

（4）在左边“截图模式”下拉列表框中有“剧情连拍”和“自定义时间点”选项。如果在“截图模式”下拉列表框中选中“剧情连拍”选项，则“时间间隔”数字框变为有效，用来确定视频播放后间隔多长时间进行视频画面图像的截图。

图 7-4-36 “视频截图”窗口

（5）如果在“截图模式”下拉列表框中选中“自定义时间点”选项，则“时间间隔”数字框变为无效，在视频播放器内水平线下边会显示 4 个按钮。

（6）拖曳水平线上边的滑块，参看“当前时间点”数字框内的数值，将滑块移到要截图的位置。单击“设置截图时间点”按钮，即可在滑块指示位置的水平线下边创建一个滑块，用来指示新创建的设置截图时间点的位置。

再按照上述方法，将水平线上边的滑块拖曳到第 2 个要截图的位置，单击“设置截图时间点”按钮，即可在滑块指示位置的水平线下边创建一个滑块，用来指示新创建的设置截图时间点的位置。接着再创建其他截图时间点，如图 7-4-37 所示。

（7）单击“删除截图时间点”按钮，即可将蓝色滑块删除，同时将指示的当前截图时间点也删除。单击“上一个截图时间点”按钮，即可将滑块移到左边的截图时间点处，使该滑块变为蓝色，成为当前截图时间点。单击“下一个截图时间点”按钮，即可将滑块移到右边的截图时间点处，使该滑块变为蓝色，成为当前截图时间点。

图 7-4-37　在视频播放器下边的水平线处设置截图时间点

思考与练习 7

1. 使用 FairStars　Audio Converter 软件将一组“MP3−1.mp3 ~ MP3−5.mp3”音频文件分别改为一组“MP3−1.wma ~ MP3−5. wma”音频文件。

2. 使用“音频转换专家 8.0”软件将一组“MP3−1.mp3 ~ MP3−5.mp3”音频文件分别改为一组“MP3−1.wav ~ MP3−5. wma”音频文件。

3. 使用“音频编辑专家 8.0”软件将一个音频文件分割为 3 个文件，并将分割的 3 个文件合并为一个文件，再将另一个音频文件中的一部分截取并生成一个音乐文件。

4. 使用“狸窝全能视频转换器”软件将 3 个 MP4 格式的视频文件转换为名字相同的 RMVB 格式的视频文件，再转换为可以在手机中播放的视频文件。

5. 使用“视频编辑专家 8.0”软件给一个视频文件配乐和添加字幕。

6. 使用“视频编辑专家 8.0”软件将一个视频文件中的 3 幅画面截取出来并生成 3 幅图像。

绘声绘影视频编辑

本章介绍使用中文“绘声绘影 X5”（Corel VideoStudio X5）软件的工作界面，以及介绍插入媒体文件、修改参数、创建项目文件、修改项目属性和影片制作步骤等的方法。

8.1 “绘声绘影”工作界面和插入媒体文件

8.1.1 “绘声绘影”软件简介

“绘声绘影”也叫 VideoStudio，其最早是由 Ulead（友立资讯）公司生产的一款一体化视频编辑软件。Ulead 公司是视频、图像制作软件的生产公司。2005 年 3 月，InterVideo 公司收购了 Ulead 公司。2006 年 8 月 Corel 公司收购了 InterVideo 公司。

Ulead 公司的产品简单易用，具有个性化创意的特点，其中几款软件在本书的前面已经介绍过。基于 PC 平台的友立软件主要有以下几种。

PhotoImpact：一套图像处理、网页制作的全能软件。

Ulead Photo Explorer：一套好用的多媒体秀图和管理软件。

Ulead COOL 3D：允许设计者创建极具冲击力的三维图像。

我形我塑：可让您制作出色的相片与项目，供亲朋好友欣赏。

Ulead GIF Animator：可以为网页、简报和多媒体主题制作极具创意的动画。

Corel VideoStudio：一款一体化视频编辑软件。

Ulead MediaStudio Pro：一款完整的数码视频套装软件。

Ulead SmartSaver Pro：从图像和动画优化到图像分割，以及基于表格的图像创作等。

Ulead COOL 360：让您可以快速轻松地将一系列相片转换成 360 度全景化场景和图像。

“绘声绘影”软件是一款功能强大的视频编辑软件，具有图像抓取、录屏和编辑修改功能，其提供超过 100 多种的编制功能与效果，可以导出多种常见的视频格式，支持音频和视频等各种类型的编码，是最简单、好用的 DV、影片剪辑软件，能够完全满足个人和家庭所需的剪辑功能。

“绘声绘影”软件的版本很多，从以前的 Corel VideoStudio 5/7/10/12 等，到后来的 Corel VideoStudio Pro X4/X5/X6/X7/X8 等。目前使用较多的中文版有 Corel VideoStudio Pro X4 和 Corel VideoStudio Pro X5 等。

本章主要介绍中文 Corel VideoStudio Pro X5。其功能和特点简介如下。

（1）简单易用的界面：循序渐进的界面可以指引用户完成创作。具有灵活的工作区，可扩展工作区，可以采用用户喜欢的任何方式进行移出、拖动和放置等操作。

（2）完整的屏幕录制：为用户提供了屏幕捕获功能，可以捕捉完整屏幕或局部屏幕，捕获并共享幻灯片、演示文稿、产品演示、游戏或教程。可以将文件放入 VideoStudio 时间线，并添加标题、效果或声音。

（3）超多丰富的模板库：可以选择拖动各种即时项目到视频画面中，快速制作视频。

（4）提供 1 个“视频”轨道和 21 个“覆叠”轨道，以及其他轨道，使制作内容丰富。

（5）便捷的导入和输出：可以从光盘、设备或文件中导入各种格式的视频，在 iPad、iPhone、PSP 及其他移动设备上播放。可以将视频输出为各种常用的文件格式，从蓝光光盘到网络皆可使用。

（6）高速运行：它针对 Intel、AMD 和 NVIDIA 的新型 CPU 和 CPU/GPU 处理做了进一步优化，可进一步发挥多核 CPU 的优势，明显提高运行速度。

（7）HTLM5 支持：可以立即创建和输出真正的 HTML5 网络作品，图像、标题和视频均可用于 HTML 5 网页或独立用作 HTML 5 网页，支持输出 MP4 和 WebM HTML 5 视频格式。

（8）增强媒体库：可以将模板库直接加到媒体库，创建自己的模板或从其他处导入模板并将其储存在库中。

（9）导入多图层图形：导入分层的 PaintShop Pro 文件，在 PaintShop 中创建多层模板和效果并将其导入多个轨道中，这对复合模板和多轨合成来说非常方便。

（10）DVD 制作：增加了 DVD 刻录功能和工具，你可以记录 DVD 影片字幕、打印光盘标签或直接将 ISO 刻录到光盘。

此外，其还具有 DSLR 定格动画、DSLR 放大模式、超高清视频支持、可变速度、屏幕捕捉、字幕编辑器、轨道切换、新增滤镜、渲染、转场和视频特效插件、可定制的随机转场特效等功能和特点。

8.1.2 “绘声绘影 X5”软件的工作界面简介

双击 Windows 桌面上的 Corel VideoStudio Pro X5 图标，进入中文“绘声绘影 X5”软件的工作界面，执行“文件”→“将媒体文件插入到时间轴”→“插入视频”命令，弹出“浏览视频”对话框，利用该对话框导入一个视频文件。此时“绘声绘影 X5”软件的工作界面如图 8-1-1 所示。

由图 8-1-1 可以看出，“绘声绘影 X5”软件的工作界面主要由标题栏、菜单栏、“步骤”栏、“预览”面板、“媒体素材”面板及“时间轴和故事”面板等组成。

各面板内都有一些按钮和缩略图等选项，将鼠标指针移到工作界面各面板内的按钮和缩略图上时，均会显示它的名称和作用等文字信息。下面简要介绍“绘声绘影 X5”软件工作界面内各部分面板的作用。

图 8-1-1 "绘声绘影 X5"软件的工作界面

1．"预览"面板

"预览"面板用来预览"时间轴"面板、"故事"面板或素材库内选中的媒体素材。选"时间轴"面板、"故事"面板或素材库内的一个素材缩略图，稍等片刻后，即可在"预览"面板的预览窗口中看到选中的视频第 1 帧画面、图像或音乐图标。选中素材库内的即时项目、标题、转场或滤镜选项，也可以在"预览"面板内显示相应的效果，在"时间轴"面板内选中一个视频素材画面，"预览"面板如图 8-1-2 所示（还没有调整开始标记和结束标记）。其内各按钮等选项的作用如下。

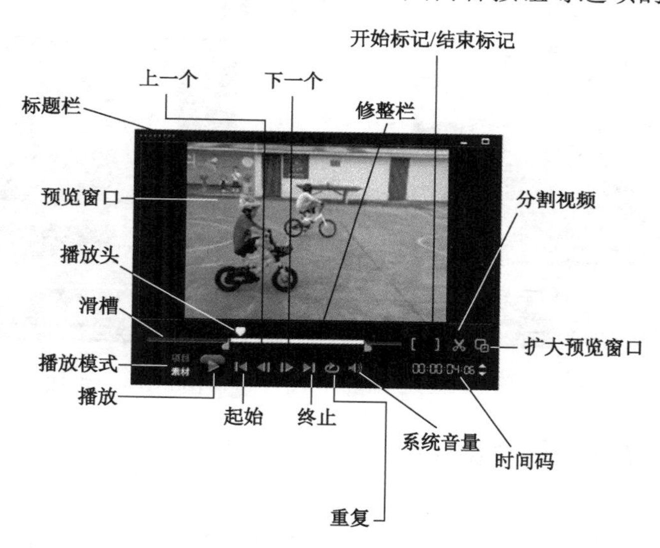

图 8-1-2 "预览"面板（视频素材）

（1）"播放"按钮：单击该按钮，即可在预览窗口内播放选中的视频、图像或音频文件，同时"播放"按钮变为"暂停"按钮，播放头会向右移动；单击"暂停"按钮，可以暂停文件的播放，同时"暂停"按钮变为"播放"按钮，播放头暂停移动。

（2）播放模式切换：单击"项目"按钮，可以播放整个项目内的所有内容；单击"素材"按钮，可以播放选中素材的内容。

（3）修整栏：水平拖曳滑槽上左边的黄色起始修整标记（飞梭）到要裁剪的视频起始位置处，

水平拖曳滑槽上右边的黄色结束修整标记（飞梭）到要裁剪的视频结束位置处，即可设置好裁剪出来的视频片段，如图8-1-2所示。另外，拖曳播放头到要裁剪的视频起始位置处，单击“开始标记”按钮，即可将黄色起始修整标记移到播放头所处的位置；拖曳播放头到要裁剪的视频结束位置处，单击“结束标记”按钮，即可将黄色结束修整标记移到播放头所处的位置。

在创建修整栏后，单击“播放”按钮，可以从修整栏黄色起始修整标记处播放，到黄色结束修整标记处终止；按住Shift键，单击“播放”按钮，可以从滑槽最左边开始播放，到滑槽最右边终止。

（4）按钮组：从左到右分别是“起始”“上一个”“下一个”和“终止”按钮。单击“起始”按钮，播放头会移到滑槽的最左边；单击“终止”按钮，播放头会移到滑槽的最右边。

当设置修整栏且播放头位于修整栏内时，单击“起始”按钮，播放头会移到起始修整标记处；再单击该按钮，播放头会移到滑槽的最左边。当设置修整栏且播放头位于修整栏内时，单击“终止”按钮，播放头会移到终止修整标记处；再单击该按钮，播放头会移到滑槽的最右边。

单击“上一个”按钮，播放头会向左移动一个最小单位；单击“下一个”按钮，播放头会向右移动一个最小单位。时间码内的数值会减少或增加一个最小单位。

（5）选中音频和图像素材后的“预览”面板：选中“时间轴”面板、“故事”面板或素材库内的一个音乐或声音图标，则“预览”面板（音频素材）如图8-1-3所示。在预览窗口内显示的是音频图案，其他和图8-1-2所示的“预览”面板（视频素材）一样。

选中“时间轴”面板、“故事”面板或素材库内的一个图像图标，则“预览”面板（图像素材）如图8-1-4所示。在预览窗口内显示的是选中的图像，没有黄色起始滑块和黄色结束滑块。另外，“开始标记”按钮、“结束标记”按钮和“分割视频”按钮都变为无效。

图8-1-3 “预览”面板（音频素材）

图8-1-4 “预览”面板（图像素材）

（6）“系统音量”按钮：单击该按钮，会弹出一个彩色的音量调节器，垂直拖曳音量调节器右边滑槽内的圆形滑块，可以调节音量的大小。

（7）时间码：其左边的数字框内由“：”分割为四组两位数字，单击其内一组数字，即可选中该组数字，通过键盘输入数字，可改变选中的数字，也可以单击时间码内右边的按钮，来增加选中的数字；单击时间码内右边的按钮，来减少选中的数字。

（8）“扩大预览窗口”按钮：单击该按钮，可以将“预览”窗口放大，占满整个屏幕；再单击扩大的“预览”窗口内的“最小化”按钮，可以使“预览”窗口恢复到原来的状态。

（9）“重复”按钮：单击该按钮，可设置循环播放，以后再单击“播放”按钮时，即可循环播放当前的项目内容，或者视频、音频和图像等素材。

（10）“分割视频”按钮：拖曳播放头到要裁剪的视频切割点位置处，此时的“预览”面板和“视频”轨道如图 8-1-5 所示。将鼠标指针移到该按钮上，会显示“按照飞梭栏的位置分割素材”提示文字。单击“分割视频”按钮，在播放头可处将当前视频分割成两部分，此时的“预览”面板和“视频”轨道如图 8-1-6 所示。

图 8-1-5 “预览”面板和“视频”轨道

图 8-1-6 将视频分割成两部分时的“预览”面板和“视频”轨道

2.“媒体素材”面板

“媒体素材”面板用来保存图像、视频、音频等媒体素材，还保存用于制作影片所需的即时项目、转场效果、动画标题文字、色彩（图形）和滤镜素材等。单击“媒体”按钮，“媒体素材”面板如图 8-1-7 所示。“媒体素材”面板内各按钮等选项的作用及使用方法如下。

图 8-1-7 “媒体素材”面板（视频素材）

（1）素材库显示类型切换栏：该栏位于“媒体素材”面板内的左边，它右边依次是“素材管理栏”和素材库。其内有 6 个垂直排列的按钮，从上到下分别是“媒体”按钮、“即时项目”按钮、“转场”按钮、“标题”按钮、“图形”按钮和“滤镜”按钮，这些按钮用来切换素材库内显示内容的类型。单击不同的按钮，素材库会切换其内的素材。

（2）素材库：单击“媒体”按钮，该按钮变为黄色按钮，同时素材库内显示系统自带的“媒体”素材内容，此时的素材库就是“媒体”素材库，如图 8-1-7 所示。单击素材库显示类型切换栏内的其他按钮，素材库会切换到相应类型的素材库，例如，“即时项目”素材库、“转场”素材库……“滤镜”素材库。

（3）媒体类型切换栏：其内有一行控制按钮，它们的作用简介如下。

① 其内的三个按钮，用来切换素材库内显示的素材类型。单击“显示视频”按钮，

该按钮变为黄色的“隐藏视频”按钮，素材库内会显示视频素材的第 1 帧画面；再单击该按钮，按钮又变为“显示视频”按钮，素材库内的视频素材被隐藏。单击“显示照片”按钮或“隐藏照片”按钮，可以显示或隐藏素材库内的图像素材；单击“显示音频文件”按钮或“隐藏音频文件”按钮，可以显示或隐藏素材库内的音频素材图案。

② “列表视图”按钮和编辑图视图”按钮，单击“列表视图”按钮，该按钮变成黄色，其右边的“编辑图视图”按钮由黄色变为灰色，素材库内列表显示素材内容如图 8-1-8 所示。

单击“编辑图视图”按钮，该按钮变成黄色，其左边的“列表视图”按钮由黄色变为灰色，素材库内以另一种形式列表显示素材内容。

③“对素材库中的素材排序”按钮，单击该按钮，调出它的菜单，如图 8-1-9 所示。选择其内的命令选项，可以设置素材库内素材文件排顺序的依据。

④ “添加”按钮 添加，单击该按钮，即可在下面的“素材管理”栏内新建一个名称为“文件夹”的文件夹。右击该名称，调出它的快捷菜单，选择该菜单内的“重命名”命令，可以将该名称进行修改，如改为“风景”；选择该菜单内的“删除”命令，可以删除该文件夹。

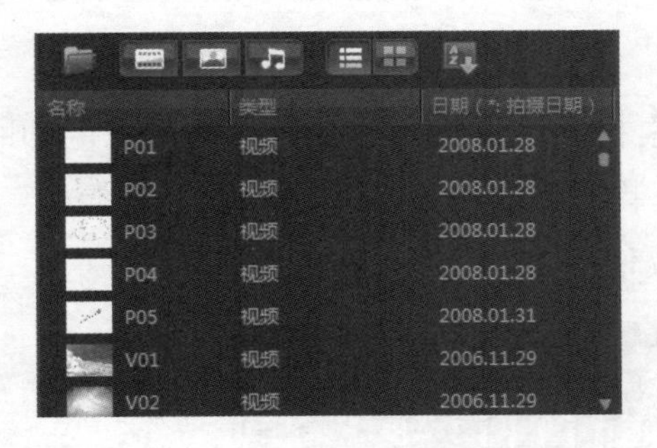

图 8-1-8　列表显示素材的素材库

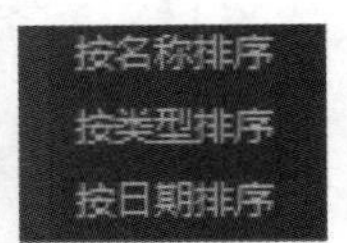

图 8-1-9　“对素材库中的素材排序”菜单

（4）“导入媒体文件”按钮：单击该按钮，调出“浏览媒体文件”对话框，如图 8-1-10 所示。在该对话框中可以选中外部的视频、音频、图像或图形媒体文件，再单击“打开”按钮，即可将选中的素材文件导入素材库中。

另外，还可以直接从 Windows 的“资源管理器”或“计算机”窗口内将素材文件拖曳到素材库中，从而将该素材添加到素材库中。也可以利用“文件”菜单中的命令将外部素材添加到素材库中。

图 8-1-10　“浏览媒体文件”对话框

（5）素材库中的素材对象：在素材库中，单击一个素材对象，可以选中该素材，同时在“预览”面板内显示该素材的画面或图案。按住 Ctrl 键，单击素材库中的多个素材对象，可以同时选中这些素材对象；按住 Shift 键，单击素材库中的起始素材对象和终止素材对象，可以选中从起始素材对象到终止素材对象的多个素材对象。

将鼠标指针移到素材库中的素材对象上右击，弹出素材对象的快捷菜单，选择其内的命令，可以查看素材的属性，以及复制、删除和粘贴素材对象，也可以按场景分割素材等。

（6）添加素材到“故事”面板或“时间轴”面板：拖曳素材库中的素材对象到“故事”面板或“时间轴”面板中，即可将该素材对象添加到“故事”面板或“时间轴”面板中。

单击“时间轴”面板内左上角的“故事面板视图”按钮，可以将“时间轴”面板切换到“故事”面板；单击“故事”面板内左上角的“时间轴视图”按钮，可将“故事”面板切换到“时间轴”面板。

（7）单击“浏览”按钮 浏览，调出 Windows 资源管理器，如图 8-1-11 所示。利用 Windows 资源管理器可以选择要添加的素材文件，将选中的素材文件拖曳到素材库内，即可添加该素材。

（8）“即时项目”素材库：是“模板”素材库。单击“即时项目”按钮，该按钮变为黄色按钮，同时素材库内显示系统自带的“即时项目”素材内容。“即时项目”素材库如图 8-1-12 所示，也可以添加外部项目文件到素材库内。

图 8-1-11　资源管理器

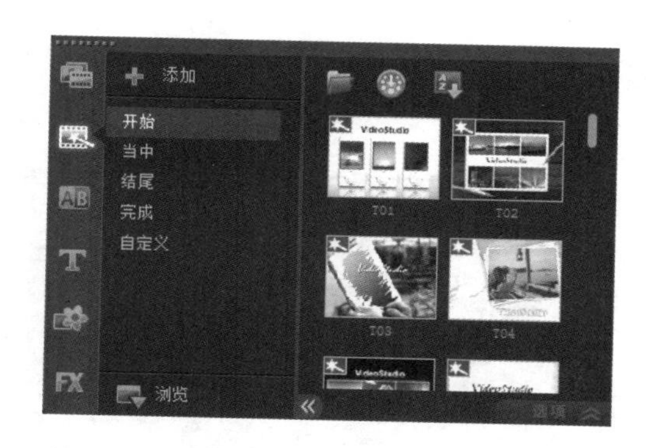

图 8-1-12　“媒体素材”面板（即时项目）

（9）导入项目模板：单击“导入一个项目模板”按钮，调出“选择一个项目模板”对话框，如图 8-1-13 所示。利用该对话框可以导入一个外部项目模板文件（扩展名为“.vpt”）到指定的项目模板文件夹内。

（10）Corel Guide 面板：单击“绘声绘影 X5”软件窗口右上角的“获取更多内容”按钮，调出 Corel Guide 面板（首页），如图 8-1-14 所示。

Corel Guide 面板提供了有关应用程序的最新信息、查找技巧、教程和帮助，可以下载新的视频样式、字体、音乐和项目模板，也可以获得用于视频编辑的新工具，包括免费试用软件和优惠软件等，还提供最新的 Corel VideoStudio 版本更新、各种帮助和视频教程等。Corel Guide 面板有 4 个选项卡，其作用介绍如下。

① 单击“首页”标签，切换到“首页”选项卡，如图 8-1-14 所示。“首页”选项卡内有一个介绍 Corel VideoStudio X5 新功能的视频，其内下边提供了两款最新版本软件的下载链接，单击“单击此处”

链接文字，即可进入相应的网页。

图 8-1-13 “选择一个项目模板”对话框

图 8-1-14 Corel Guide 面板（首页）

② 单击“了解详情”标签，切换到“了解详情”选项卡，如图 8-1-15 所示。“了解详情”选项卡内有一个介绍 Corel VideoStudio X5 使用方法的视频，单击右侧列表框内的选项，可以切换左边视频播放器内播放的视频内容。

③ 单击“实现更多功能”标签，切换到“实现更多功能”选项卡，如图 8-1-16 所示。“实现更多功能”选项卡内提供了大量免费的项目样本等，供用户下载使用。单击其内列表框中选择好的项目选项中的“立即下载”按钮，即可进行该项目的下载和安装，并导入到素材库中。

④ 单击“消息”标签，切换到“消息”选项卡，其内会显示关于 Corel VideoStudio 软件的最新消息。

图 8-1-15 “了解详情”选项卡

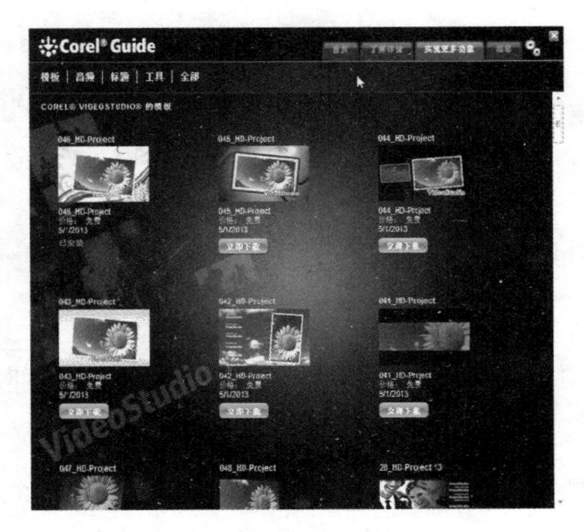

图 8-1-16 “实现更多功能”选项卡

3.“转场”素材库

单击“转场”按钮，该按钮变为黄色，同时素材库内显示系统自带的转场效果内容，如图 8-1-17 所示。“转场”素材库简介如下。

（1）选中素材库内的一个转场效果动画，即可在“预览”面板内显示该转场效果画面，单击“预览面板内的“播放”按钮，可以看到转场的动画效果。拖曳一种转场效果动画到“故事”面板或“时间轴”面板中，即可将选中的转场效果添加到“故事”面板或“时间轴”面板中，将转场效果动画插入轨道中的两个图像或视频素材之间，从而完成两个媒体素材之间的转场切换。上述操作基本也适用于后边要介绍的“标题”“图形”和“滤镜”效果。

（2）将鼠标指针移到如图 8-1-17 所示的下拉列表框上，会显示“画廊”提示文字，单击该下拉列表框（即“画廊”下拉列表框），会调出它的“画廊”列表，如图 8-1-18 所示。选选择该列表中的选项，可以切换其下边素材库内的转场效果类型。如果选择“画廊”下拉列表中的“全部”选项，则可以在素材库内展示全部转场效果动画。

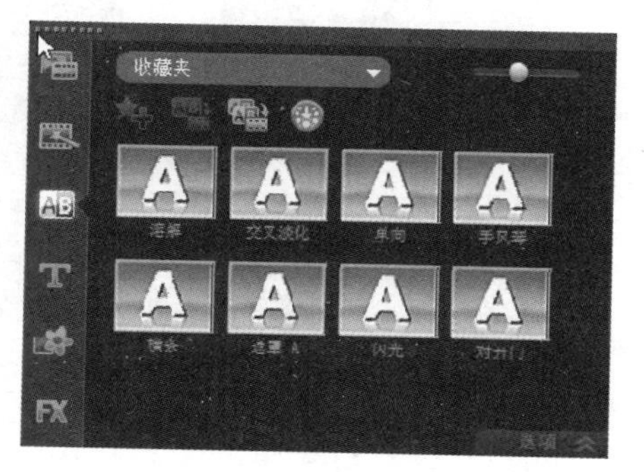

图 8-1-17 “媒体素材”面板（转场）

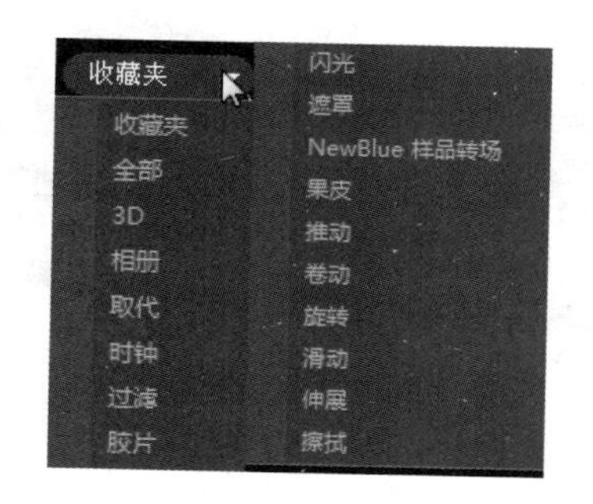

图 8-1-18 “画廊”列表

（3）在“画廊”下拉列表框右边有一个滑槽与滑块，拖曳滑块，可以调整素材库内转场效果动画画面的大小。

（4）在“画廊”下拉列表框的下边有 4 个按钮，选中一个转场效果动画画面后，这四个按钮按钮都变为有效（没选中转场效果动画画面前，只有右边两个按钮有效）。这 4 个按钮从左到右依次是“添加到收藏夹”按钮“对视频轨应用当前效果”按钮“对视频轨应用随机效果”按钮和“获取更多内容”按钮。

在“画廊”下拉列表框下边有四个按钮，选中一个转场效果动画画面后，这四个按钮（没选中转场效果动画画面前，只有右边两个按钮有效）都变为有效。这四个按钮从左到右依次是“添加到收藏夹”按钮、“对视频轨应用当前效果”按钮、“对视频轨应用随机效果”按钮和“获取更多内容”按钮。几个按钮的作用简介如下。

① 单击“添加到收藏夹”按钮，即可将当前选中的转场效果保存到收藏夹内，以后选择“画廊”下拉列表中的“收藏夹”选项后，即可在素材库内显示收藏夹内保存的转场效果。

② 单击“对视频轨应用当前效果”按钮，即可将当前转场效果应用于“视频”轨道。

③ 单击“对视频轨应用随机效果”按钮，即可将素材库内的一个随机的转场效果应用于“视频”轨道。

④ 单击“获取更多内容”按钮，可调出 Corel Guide 面板。

4．“标题”素材库

“标题”素材库：单击“标题”按钮，该按钮变为黄色，同时素材库内显示系统自带的动画标题文字内容，如图 8-1-19 所示。下拉列表框，其内有“收藏夹”“标题”和“添加文件夹”选项，表示有“收藏夹”和“标题”文件夹。选择“添加文件夹”选项，可以调出“标题库”对话框，利用该对话框可以在“画廊”下拉列表框内创建新的文件夹，以及编辑和删除新建的文件夹。

“画廊”下拉列表框右边（或下边）有“添加到收藏夹”按钮和“获取更多内容”按钮。在“画廊”下拉列表框右边有一个滑槽与滑块，拖曳滑块可调整素材库内素材的显示大小。单击“添加到收藏夹”按钮，可以将选中的标题素材添加到收藏夹内。

5．“图形”素材库

单击“图形”按钮，该按钮变为黄色，同时，素材库内显示系统自带的图形图案，在上边的下拉列表框中选择“色彩”选项，即可在素材库内显示图形的色彩图案，如图 8-1-20 所示。

图 8-1-19　“媒体素材”面板（标题）

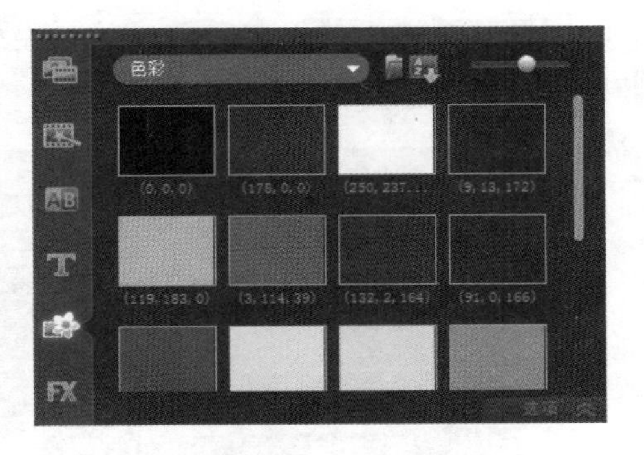

图 8-1-20　“媒体素材”面板（图形–色彩）

在“画廊”下拉列表框右边有“导入媒体文件”按钮、“对素材库中的素材排序”按钮和滑槽及滑块。在“画廊”下拉列表框内有“色彩”“对象”“边框”和“Flash 动画”选项，选择“色彩”选项后的“媒体素材”（图形）面板如图 8-1-20 所示；选择“对象”选项后的“媒体素材”（图形）面板如图 8-1-21 所示；选择“边框”选项后的“媒体素材”（图形）面板如图 8-1-22 所示；选择“Flash 动画”选项后的“媒体素材”（图形）面板如图 8-1-23 所示。

6．“滤镜”素材库

“滤镜”素材库：单击“滤镜”按钮，该按钮变为黄色，同时素材库内显示系统自带的滤镜效果动画，如图 8-1-24 所示。在“画廊”下拉列表框右边有“获取更多内容”按钮和滑槽及滑块。

图 8-1-21　“媒体素材”面板（图形-对象）

图 8-1-22　“媒体素材”面板（图形-边框）

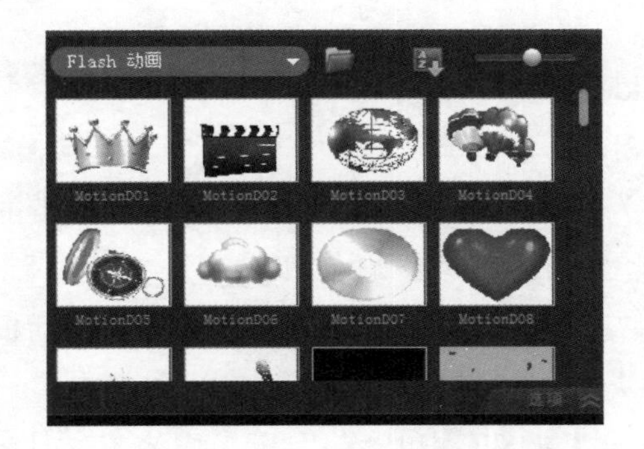

图 8-1-23　“媒体素材”面板（图形-Flash 动画）

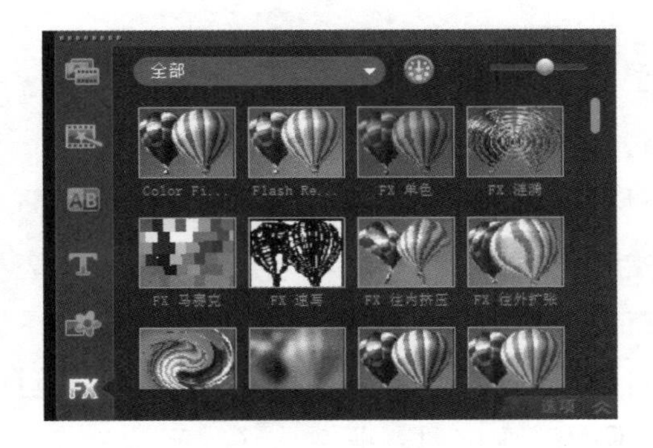

图 8-1-24　“媒体素材”面板（滤镜）

7.“时间轴和故事”面板

（1）“时间轴和故事”面板的组成：“时间轴和故事”面板有“时间轴视图”和“故事板视图”两种模式。如果“时间轴和故事”面板显示“故事板视图”模式，单击“时间轴视图”按钮，可切换到“时间轴视图”模式，此时的“时间轴和故事”面板称为“时间轴”面板，如图 8-1-25 所示。时间轴实质上是项目时间轴，也是项目中素材的编辑区域。

如果“时间轴和故事”面板显示“时间轴视图”模式，单击“故事板视图”按钮，可切换到“故事板视图”模式，此时的“时间轴和故事”面板也称为“故事板”面板，如图 8-1-26 所示。

在“时间轴和故事”面板内无论切换到何种模式，该面板的上部都有一行控制按钮。第 2 行右边有调整轨道内项目图案大小栏和项目区间，如图 8-1-25 所示。

（2）“时间轴视图”模式：“时间轴”面板由独立的“视频”“覆叠”“标题”“声音”和“音乐”轨道（从上到下）组成，如图 8-1-25 所示。其包含时间标尺、播放头等。“时间轴”面板可以精确地处理影片的流程。

“时间轴视图”模式允许微调效果并执行精确到帧的修整和编辑。时间轴模式可以根据素材在每个轨道上的位置，来准确显示影片中事件发生的时间和位置，在此显示为较短序列，也可以方便地从素材库中将各种素材拖曳到时间轴上的相应轨道，还可以通过直接用鼠标拖曳来调整这些素材的前、后位置。

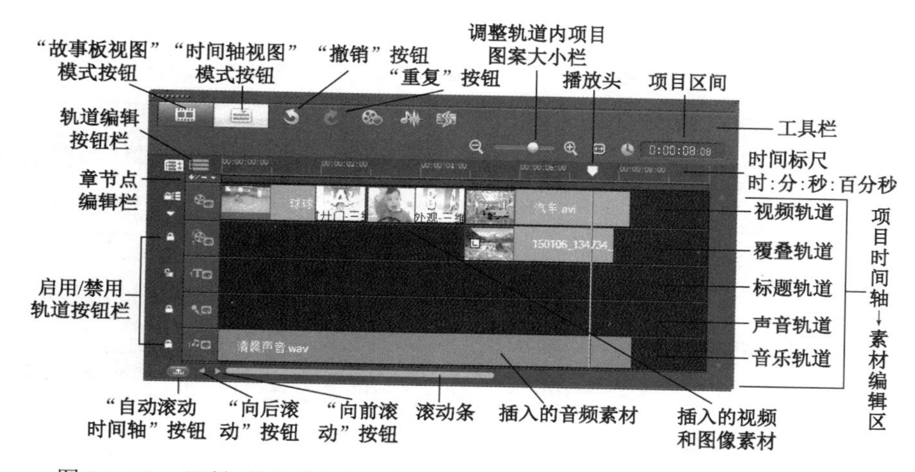

图 8-1-25 “时间轴和故事”面板的“时间轴视图”模式（“时间轴”面板）

（3）“故事板视图”模式：“故事板”面板内提供“视频”轨道内的所有视频和图像素材，以及素材之间的转场效果图案，如图 8-1-26 所示。可从素材库中将视频和图像素材拖曳到“故事板”面板内，也可以通过直接用鼠标拖曳来调整这些素材的前、后位置。

图 8-1-26 “时间轴和故事”面板的“故事板视图”模式（“故事板”面板）

（4）调整轨道内项目图案大小栏：在“时间轴”面板的该栏中，单击“缩小”按钮，可以将“时间轴”面板内轨道中各种素材图案缩小，时间标尺中的数据会相应变化，保持原来素材图案的起始位置和终止位置的时间标注不改变；单击“放大”按钮，可以将“时间轴”面板内轨道中各种素材图案放大；拖曳滑块，也可以调整“时间轴”面板内轨道中各种素材图案的大小。单击“将项目调到时间轴窗口大小”按钮，可以将“时间轴”面板内轨道中各种素材图案的大小调整到与整个轨道的大小一致。

（5）项目区间：其内显示整个项目的播放时间长度，从左到右4组两位数字分别为小时、分钟、秒和百分秒。

（6）控制按钮：“时间轴和故事”面板内左上角的两个按钮分别是“故事板视图”按钮和“时间轴视图”按钮。单击“撤销”按钮，可以撤销刚刚完成的一步操作，再单击“撤销”按钮，可以撤销刚刚进行过的倒数第2步操作……在单击“撤销”按钮后，“重复”按钮变为有效，单击“重复”按钮，可以重复刚刚撤销的一步操作。“时间轴和故事”面板内右上边的3个按钮从左到右依次为“录制/捕获选项”按钮、“混音器”按钮和“自动音乐”按钮。

（7）轨道管理按钮：单击“轨道管理器”按钮，调出“轨道管理器”对话框，如图8-1-27所示，利用该对话框可以设置“覆叠”轨道、“标题”轨道和“音乐”轨道的个数。“覆叠”轨道最多可以有21个，“标题”轨道最多可以有2个，“音乐”轨道最多可有3个。

将鼠标指针移到“禁用视频轨”按钮上，该按钮会变亮，单击该按钮，“视频”轨道内的素材和“预览”面板内的素材都会隐藏，再单击该按钮，素材又会显示出来；单击“禁用/启动覆叠轨”按钮，可以在显示和隐藏“覆叠”轨道内素材之间切换；单击“禁用/启动标题轨”按钮，可以在显示和隐藏“标题”轨道内标题素材之间切换；单击“禁用/启动声音轨”按钮，可以在显示和隐藏“声音”轨道内的声音素材之间切换；单击“禁用/启动音乐轨”按钮，可以在显示和隐藏“音乐”轨道内的音乐素材之间切换。

（8）每个轨道左边都有一个小锁按钮，单击该按钮，可以启用或禁用相应轨道的连续编辑功能。单击视频轨小锁按钮上边的“连续编辑选项”按钮，可以调出其菜单，显示各轨道的连续编辑状态，如图8-1-28所示，选中其内“启用连续编辑”选项，可以启用和禁用所有选中轨道的连续编辑功能；选择其内第2栏内的选项，该选项只有在选中“启用连续编辑”选项的情况下才有效，可以在启用和禁用相应轨道之间切换；第3栏内的两条命令分别用来选择是否全不和全部选所有第2栏中的选项。

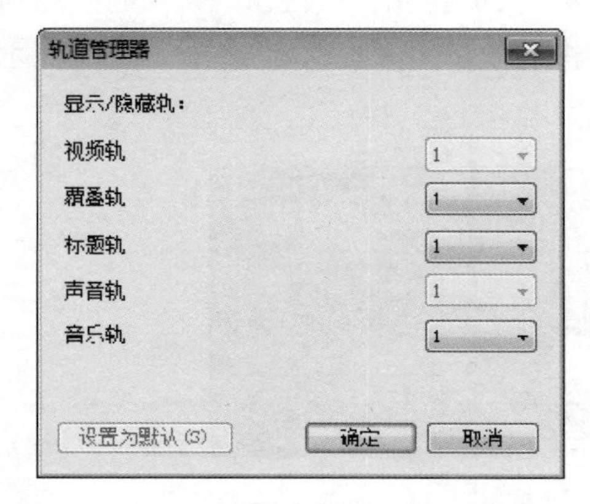

图8-1-27　“轨道管理器”对话框

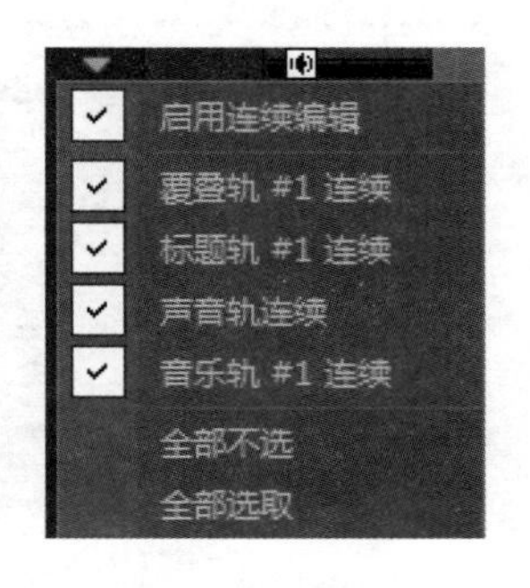

图8-1-28　“连续编辑选项”菜单

8．**项目时间轴**

“时间轴和故事”面板切换到“时间轴”模式，此时的“时间轴”，即“项目时间轴”就是项目中素材的编辑区域，其由独立的“视频”“覆叠”“标题”“声音”和“音乐”轨道（从上到下）组成，如图 8-1-25 所示。几个轨道的特点如下。

（1）“视频”轨道：用来放置图像和视频素材。“视频”轨道最多可有一个轨道。

（2）“覆叠”轨道：可以将视频和图像素材放置在“覆叠”轨道中，“覆叠”轨道中的素材会覆叠“视频”轨道中相同位置的素材，制作出画中画等效果。放置在此轨道中的素材会被自动应用 Alpha 通道，以获得透明效果。可以使“覆叠”轨道和“视频”轨道中的两个素材交织。在“覆叠”轨道内插入有声音的视频素材时，音频与视频会自动分开。“覆叠”轨道最多可以有 21 个轨道。

要创建带有透明背景的覆叠素材，可先创建 32 位 Alpha 通道 AVI 视频文件或带有 Alpha 通道的图像文件。可以使用 CorelDRAW 和 Photoshop 等软件来创建这些素材文件。

（3）“标题”轨道：标题是决定视频作品成败的关键因素。在视频作品中通常缺少不了各种文字（如副标题和字幕等）。它们可以贯穿于整个项目，作为开幕和闭幕的字幕、场景标题及文字介绍等。通过“绘声绘影”软件在几分钟内就可创建出带动画效果的专业化标题。“标题”轨道最多可以有 2 个轨道。

（4）“声音”轨道：用来放置声音素材，也可以放置其他音乐素材。“声音”轨道最多可以有 1 个轨道。

（5）“音乐”轨道：用来放置背景音乐素材，也可以放置其他声音素材。“音乐”轨道最多可以有 3 个轨道。

8.1.3 插入媒体文件

前面介绍了单击“导入媒体文件”按钮，调出“浏览媒体文件”对话框，如图 8-1-10 所示，利用该对话框可以导入外部的视频、音频、图像或图形媒体文件到素材库中。利用这种方法和直接拖曳的方法是效果一样的。下面介绍利用菜单命令导入外部各种素材到素材库中的方法。

1．**插入媒体文件到素材库**

（1）插入视频文件到素材库：选择“绘声绘影 X5”软件窗口菜单栏内的“文件”→“将媒体文件插入到素材库”命令，调出其菜单，如图 8-1-29 所示。选择该菜单内的不同命令，可以调出相应的浏览素材对话框，利用这些对话框可以插入不同的素材到素材库内。下面介绍插入视频素材的操作方法。

① 在“媒体素材”面板（视频素材）中，单击“添加”按钮，即可在下面栏中新建一个名称为“文件夹”的文件夹，再将该名称修改为“人物”，选中“人物”文件夹，确保插入的外部视频素材添加到“人物”文件夹中。

② 选择“文件”→“将媒体文件插入到素材库”→“插入视频”命令，调出“浏览视频”对话框，如图 8-1-30 所示。

③ 在“查找范围”下拉列表框中选中“视频”文件夹，单击“文件类型”下三角按钮，弹出“文件类型”下拉列表框，如图 8-1-31 所示。可以看到，插入的视频素材类型很多，有 AVI、FLC、FLV、GIF、MOV（需要安装苹果播放器 QuickTime）、WMV、MP4、VSP（Corel VideoStudio 项目文件）和 SWF 等，此处选择“所有格式”选项，在“文件”列表框中选择要插入的视频文件，如“球球 1.mp4”，

如图 8-1-30 所示。

④ 单击媒体类型切换栏内的“显示视频”按钮▬，该按钮变为黄色。

⑤ 单击“打开”按钮，即可将“球球 1.mp4”视频文件插入素材库内的“人物”文件夹中，也可以在“文件”列表框中选中多个视频文件，单击“打开”按钮后将多个选中的视频文件一次插入素材库内的“人物”文件夹中，如图 8-1-32 所示。

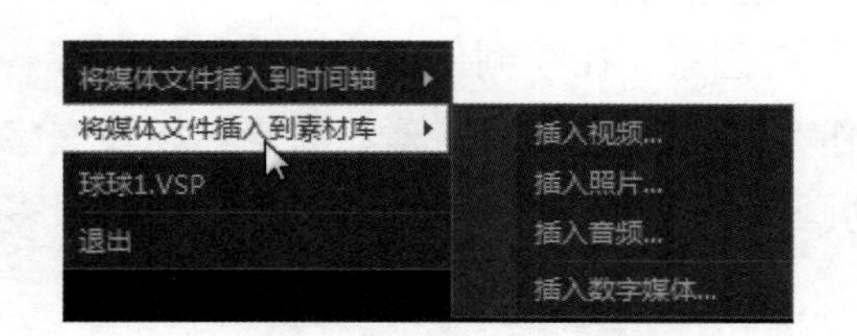

图 8-1-29　“将媒体文件插入到素材库”级联菜单

图 8-1-30　“浏览视频”对话框

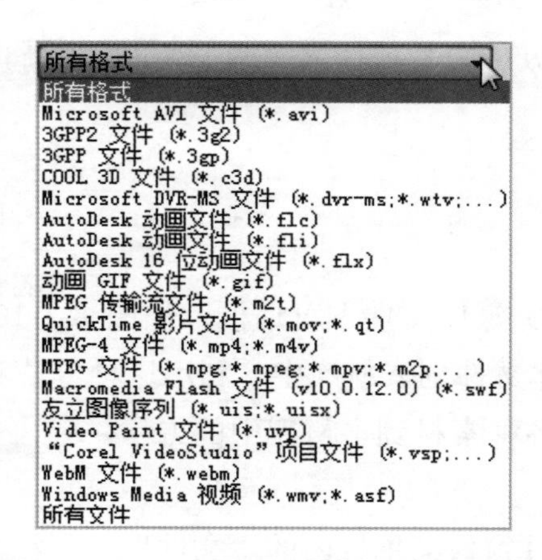

图 8-1-31　“文件类型”列表框（浏览视频）

图 8-1-32　素材库“人物”文件夹内插入的素材

（2）插入图像到素材库“风景”文件夹。具体操作方法如下。

① 在“媒体素材”面板内，单击“添加”按钮＋ 添加，即可在下面栏内新建一个名称为“风景”的文件夹，选中该文件夹，确保插入的外部照片素材添加到“风景”文件夹中。

② 选择“文件”→“将媒体文件插入到素材库”→“插入照片”命令，调出“浏览照片”对话框，如图 8-1-33 所示，其“文件类型”下拉列表框如图 8-1-34 所示，可以看到，插入的图像素材类型很多，其中，GIF 格式图像是文件中插入的第一幅图像。

③ 单击媒体类型切换栏内的“显示照片”按钮▬，该按钮变为黄色。

④ 选中一个或多个图像文件，单击“打开”按钮，即可将选中的图像文件一次性插入素材库内的“风景”文件夹中。

（3）插入音频文件到素材库“音频”文件夹中。具体操作方法如下。

① 在“媒体素材”面板中，单击“添加”按钮，即可在下面栏内新建一个名称为“音频”的文件夹，选中该文件夹，确保插入的外部音频素材添加到“音频”文件夹中。

② 选择“文件”→“将媒体文件插入到素材库”→“插入音频”命令，调出“浏览音频”对话框，如图 8-1-35 所示，其“文件类型”下拉列表框如图 8-1-36 所示。

图 8-1-33　“浏览照片”对话框

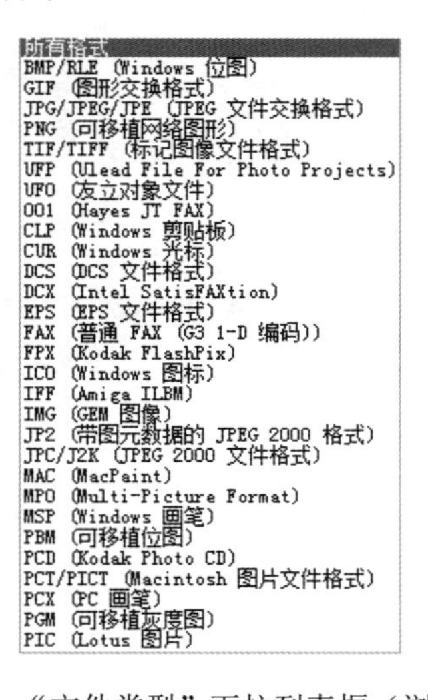

图 8-1-34　“文件类型”下拉列表框（浏览照片）

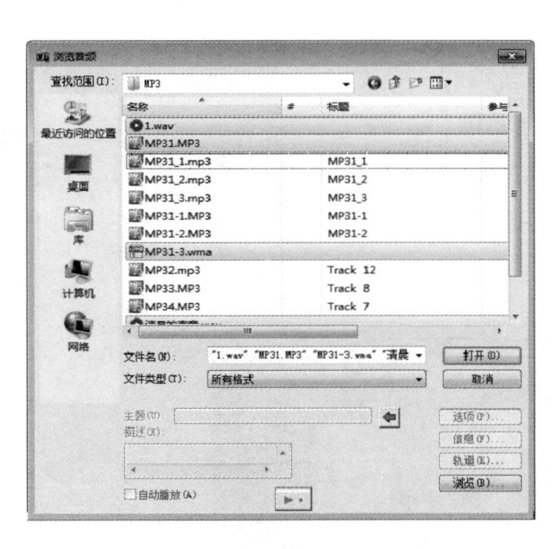

图 8-1-35　“浏览音频”对话框

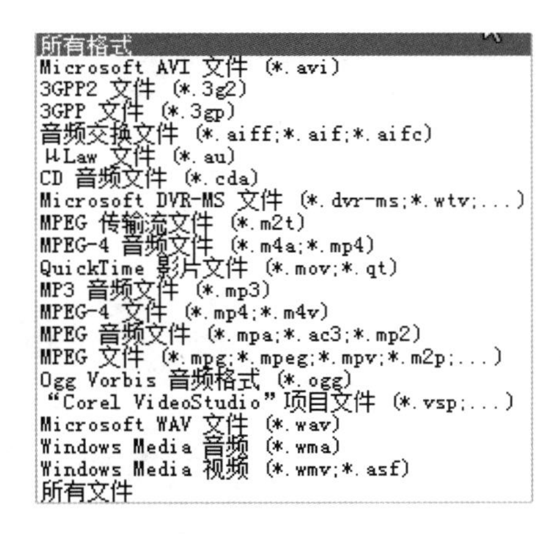

图 8-1-36　“文件类型”下拉列表框（浏览音频）

③ 单击媒体类型切换栏内的“显示音频文件”按钮，该按钮变为黄色。

④ 选中一个或多个音频文件，单击“打开”按钮，即可将选中的图像文件一次性插入素材库内“音频”文件夹中。

（4）插入数字媒体文件到素材库“数字媒体”文件夹中。具体操作方法如下。

① 在“媒体素材”面板内，单击“添加”按钮，在其下面栏内新建一个名称为“数字媒体”的文件夹，选中该文件夹，确保插入的外部数字媒体素材添加到该文件夹中。

② 选择“文件”→“将媒体文件插入到素材库”→“插入数字媒体”命令，调出“从数字媒体导入”对话框，如图 8-1-37 所示（列表框中还没有已经添加的源文件夹）。

③ 单击“选取‘导入源文件夹’”按钮或文字，调出“选取‘导入源文件夹’”列表框，在该列表框中找到存放数字媒体文件的文件夹，并选中文件夹名称左边的复选框，如图 8-1-38 所示。

图 8-1-37 “从数字媒体导入”对话框

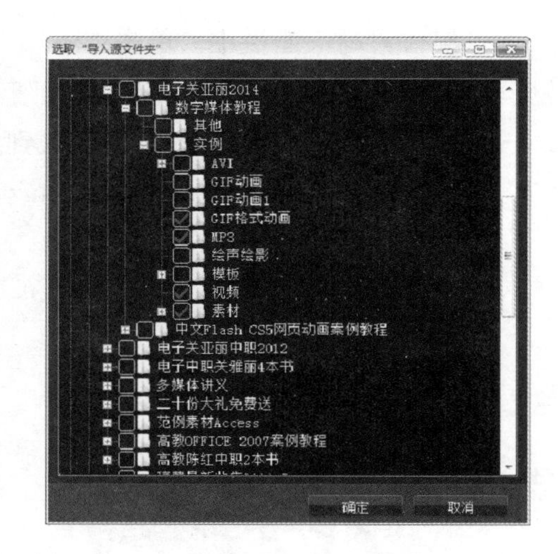

图 8-1-38 “选取‘导入源文件夹’”列表框

④ 单击“确定”按钮，关闭该列表框，返回到“从数字媒体导入”对话框，如图 8-1-37 所示，单击列表框中的源文件夹路径名称，可以选中该源文件夹。

⑤ 单击按钮，可以上移选取的源文件夹项目；单击按钮，可以下移选取的源文件夹项目；单击按钮，可以删除选取的源文件夹项目；单击按钮，可以展开列表框，同时该按钮变为按钮；单击按钮，可以收起列表框，同时该按钮变为按钮。

⑥ 删除第 3 个源文件夹项目，选中最后一个源文件夹项目（“素材”文件夹），再单击“起始”按钮，则切换到如图 8-1-39 所示的“从数字媒体导入”对话框。

⑦ 在“从数字媒体导入”对话框内的列表框中，将鼠标指针移到上边一排按钮上，就会显示按钮的名称，从名称就可以了解按钮的作用。单击“显示图片”按钮，使该按钮变亮，可以在下列表框中显示选中源文件夹内的图像。

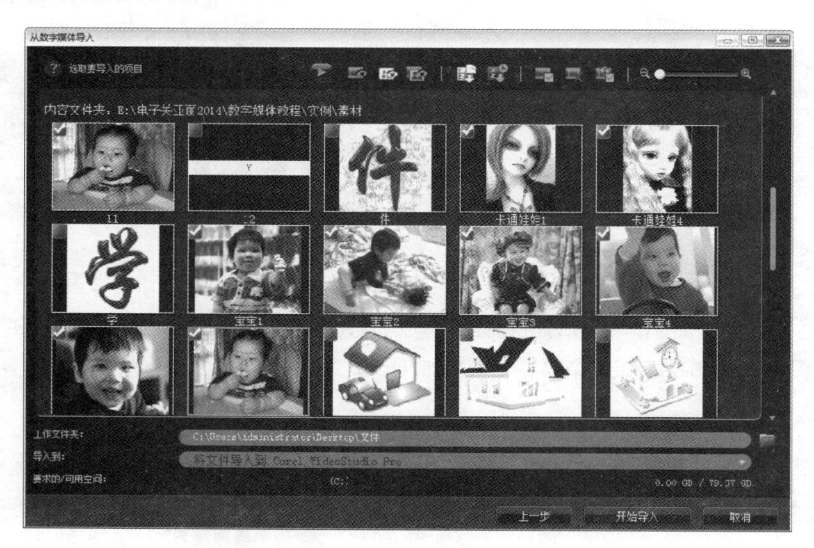

图 8-1-39 “从数字媒体导入”对话框

⑧ 选中要插入图像左上角的复选框，如图 8-1-39 所示，再单击“开始导入”按钮，即可将选中的多个图像文件（也可以是其他文件）插入素材库内的“数字媒体”文件夹中。此时，素材库内“数字媒体”文件夹中的素材画面如图 8-1-40 所示。

图 8-1-40　素材库内“数字媒体”文件夹中的素材画面

2．插入媒体文件到时间轴面板

（1）插入视频文件到素材库中。具体操作方法如下。

① 选择“文件”→“将媒体文件插入到时间轴”→“插入视频”命令，调出“浏览视频”对话框，与图 8-1-30 所示基本一样。

② 单击“浏览视频”对话框内的“预览”按钮，可以在该按钮的上边显示选中视频文件的画面，同时“预览”按钮消失，单击“播放”按钮，即可播放选中的视频文件，同时“播放”按钮变为“暂停”按钮，如图 8-1-41 所示；单击“暂停”按钮，可以暂停视频的播放，同时“暂停”按钮变为“播放”按钮；再单击“播放”按钮，即可从暂停处继续播放选中的视频文件，同时“播放”按钮变为“暂停”按钮。

③ 如果视频本身自带声音，则在播放视频画面的同时也同步播放视频中的声音。如果视频文件中有标题和描述文字，则会在“主题”文本框和“描述”列表框中显示相应内容。单击“最近使用的目录”按钮，弹出其菜单，该菜单中列出最近使用过的目录，如图 8-1-42 所示，选中其内的目录选项，即可在“查找范围”下拉列表框中输入相应的目录。

④ 选中“自动播放”复选框，在“文件”列表框中选中其他视频文件后，即可自动播放选中视频文件中的画面和声音；选中“静音”复选框，在播放选中的视频文件时不会播放视频文件中的声音。

⑤ 单击“浏览视频”对话框中的“打开”按钮，即可将选中的视频文件插入“绘声绘影 X5”软件工作界面内的时间轴面板中，如图 8-1-1 所示。

图 8-1-41　播放选中的视频文件

图 8-1-42　“最近使用的目录”菜单

（2）插入照片文件到时间轴面板：选择“文件”→“将媒体文件插入到时间轴”→“插入照片”命令，调出“浏览图片”对话框，选择文件夹、文件类型，再选中要插入的图像。单击“打开”按钮，在第 1 行“视频”轨道内右边插入选中图像，如图 8-1-43 所示（还没有插入其他媒体对象）。

（3）插入字幕文件到时间轴面板：选择“文件”→“将媒体文件插入到时间轴”→“插入字幕”命令，调出“打开”对话框，利用该对话框可以插入 UTF 或 SRT 格式的字幕文件，效果如图 8-1-43 中第 3 条轨道（“标题”轨道）所示。

（4）插入音频文件到时间轴面板：选择“文件”→“将媒体文件插入到时间轴”→“插入音频”

→“到声音轨”命令，调出“打开音频文件”对话框，利用该对话框可以插入一个选中的音频文件到第4条轨道（“声音”轨道），如图8-1-43所示。

（5）插入声音文件到时间轴面板：选择“文件”→“将媒体文件插入到时间轴”→“插入音频”→“到音乐轨”命令，调出“打开音频文件”对话框，利用该对话框可以插入一个选中的音频文件到第5条轨道（“音乐”轨道），如图8-1-43所示。

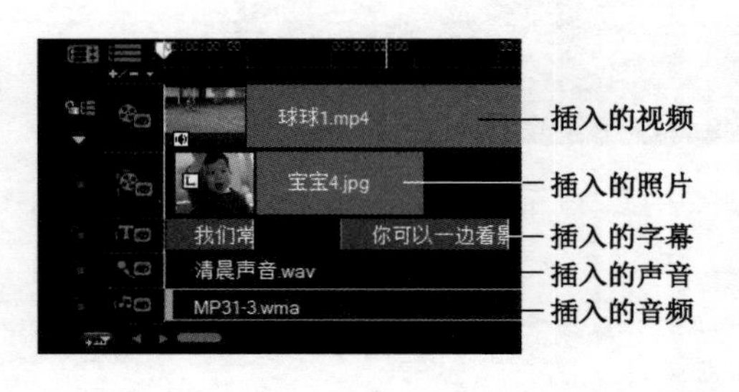

图8-1-43　时间轴面板内各轨道插入的媒体素材

（6）插入数字媒体文件到时间轴面板：选择“文件”→“将媒体文件插入到时间轴”→“插入数字媒体”命令，调出“从数字媒体导入”对话框，如图8-1-37所示。以后的操作和前面介绍过的一样，只是最后根据插入的素材不同，将素材插入到不同的轨道。

（7）插入频闪照片到时间轴面板：选择“文件”→“将媒体文件插入到时间轴”→“插入要应用时间流逝/频闪的照片”命令，调出“浏览照片”对话框，选中需要的几个图像文件（建议从连续拍摄的一组照片中选择），如图8-1-44所示。单击“打开”按钮，关闭“浏览照片”对话框，调出“时间流逝/频闪”对话框，如图8-1-45所示（还没有设置）。

在“保留”数字框内设置保留图像的帧数（如2），在“丢弃”数字框内设置图像丢弃的帧数（此处为2），表示整个素材按照间隔保留2帧和移除2帧；在“帧持续时间”栏内第3个文本框（秒）内输入“5”，在帧持续时间中指定各个帧的曝光时间，如图8-1-45所示。

图8-1-44　“浏览照片”对话框

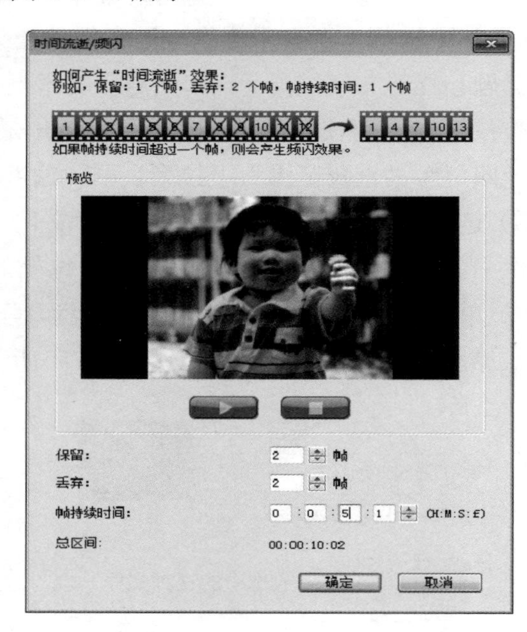

图8-1-45　“时间流逝/频闪”对话框

单击“播放”按钮，可以预览图像的帧设置效果。单击“确定”按钮，即可在时间轴“视频”轨道内原素材的右边插入2幅图像，组成一个频闪的照片动画，如图8-1-46所示。同时将图8-1-44所示“浏览照片”对话框中选中的图像插入素材库选中的文件夹中。

图 8-1-46　时间轴“视频”轨道内插入的 2 幅图像（组成频闪照片动画）

（8）拖曳素材到“时间轴”面板：用鼠标拖曳素材库内的素材到“时间轴”面板内相应的轨道，松开鼠标左键，即可将被拖曳的素材添加到鼠标指针指示的位置。如果在拖曳素材时按住 Ctrl 键，则被拖曳的素材会替代松开鼠标左键时指针指示位置处的素材。

（9）复制“时间轴”或“故事板”面板内的素材：右击“时间轴”或“故事板”面板内的素材，调出该素材的快捷菜单，选择该菜单内的“复制”命令，然后将鼠标指针移到要复制素材的位置，当鼠标指针呈形状时单击，即可在单击处粘贴所要复制的素材。

3．绘图创建器

选择“绘声绘影 X5”软件窗口内菜单栏中的“工具”→“绘图创建器”命令，调出“绘图创建器”对话框，如图 8-1-47 所示。该对话框用来绘制图形，以及录制绘制图形的过程，并生成一个绘制图形的动画。该对话框内有很多选项，将鼠标指针移到这些选项上，即可显示该选项的名称。下面简要介绍这些选项的作用，以及绘制图形和制作绘制图形过程动画的方法。

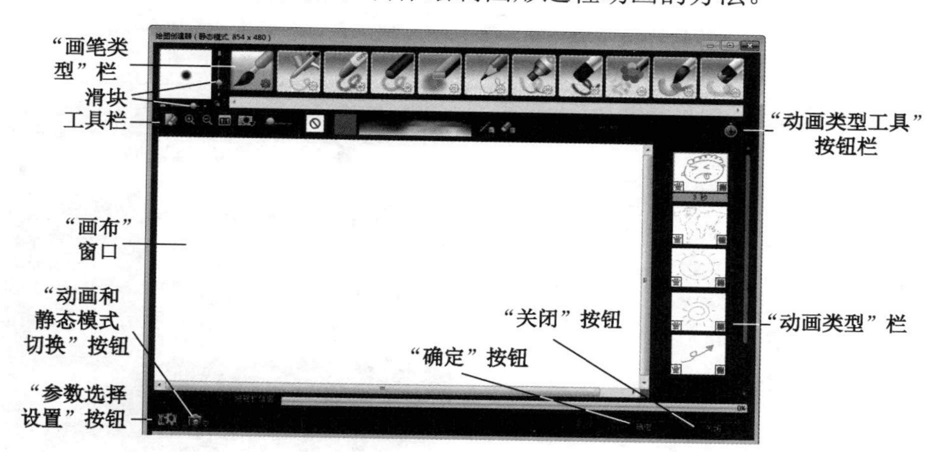

图 8-1-47　“绘图创建器”对话框

（1）滑块：在“绘图创建器”对话框内的左上角有水平滑块和垂直滑块，拖曳“笔刷宽度”滑块（水平滑块），可以调整画笔笔刷的宽度；拖曳“笔刷高度”滑块（垂直滑块），可以调整画笔笔刷的高度。在调整过程中，从左边的显示框内可以看到调整效果。

（2）“画笔类型”栏：在“绘图创建器”对话框内最上边一行有 11 个图案按钮，用来设置画笔笔触的类型，将鼠标指针移到这些按钮上，即可显示该按钮的名称，即显示单击该按钮后设置的画笔笔触类型。

（3）工具栏中的工具：工具栏中工具的图标、名称和作用如表 8-1-1 所示。

表 8-1-1　工具栏中工具的图标、名称和作用

图　　标	名　称	作　　用
	清除预览窗口	单击该按钮或按 Ctrl+N 组合键，可以将“预览”窗口（“画布”窗口）清除干净
	放大	单击该按钮，可将“预览”窗口内的图形放大
	缩小	单击该按钮，可将“预览”窗口内的图形缩小
1:1	实际大小	单击该按钮，可将“预览”窗口内的图形还原为实际大小
	背景图像选项	单击该按钮，可调出“背景图像选项”对话框，如图 8-1-48 所示。利用该对话框可以设置背景颜色或背景图像
	透明度调整	拖曳其内的滑块，可以调整“预览”窗口内背景图像透明度值的大小
	纹理选项	单击该按钮，可调出“纹理选项”对话框，如图 8-1-49 所示。利用该选项可以设置笔触的纹理类型
	色彩选取器	单击该按钮，可调出颜色面板，用来设置画笔笔触的颜色
	色彩选取工具	单击该按钮，选中其复选框，鼠标指针变为吸管形状，单击其左边的调色板，可以选取相应的颜色作为画笔笔触的颜色
	擦除模式	单击该按钮，选中其复选框，鼠标指针变为橡皮擦形状，在“预览”窗口内绘制的图形上拖曳即可擦除绘制的图形
	撤销	单击该按钮，可撤销刚刚完成的一步操作
	重复	单击该按钮，可重复进行刚撤销的一步操作
开始录制	开始录制	单击该按钮，即可开始录制绘图过程，该按钮变为停止录制，单击“停止录制”按钮可停止录制，同时将录制的动画保存在“动画类型”栏内

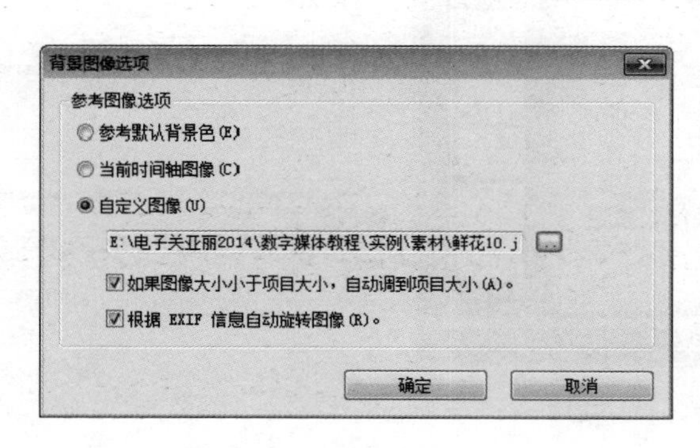

图 8-1-48　“背景图像选项”对话框

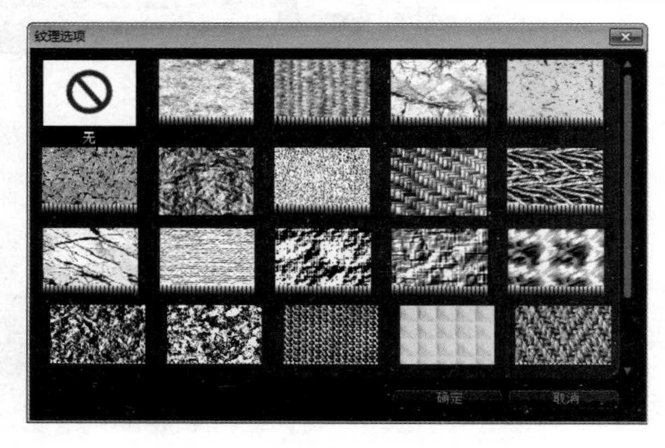

图 8-1-49　“纹理选项”对话框

（4）“背景图像选项”对话框的设置：在“背景图像选项”对话框中，选中“自定义图像”单选按钮，其下边的三行选项会变为有效，如图 8-1-48 所示。单击按钮，调出“打开图像文件”对话框，如图 8-1-50 所示，选择一幅背景图像，单击“打开”按钮，关闭该对话框，则将选择的图像设置为背景图像，同时按钮左边的显示框内会显示背景图像的路径。显示框下边的两个复选框用来设置背景图像的大小等参数。

（5）“参数选择设置”按钮：该按钮在图 8-1-47 所示“绘图创建器”对话框内的左下边，单击该按钮，调出“参数选择”对话框，如图 8-1-51 所示。在“默认录制区间”栏的数字框中可以设置动画录制的默认时间。选中“默认背景色”复选框，则会调出颜色面板，利用该面板可以设置一种背景颜色。如果在图 8-1-48 所示“背景图像选项”对话框内选中“参考默认背景色”单选按钮，则可以使

用“参数选择”对话框中设置的颜色作为“预览”窗口的背景色。

（6）“画布”窗口：也是“预览”窗口，用来绘制图形和播放绘制图形的过程。

（7）“动画类型”栏：其内有多个不同的动画类型，选中其中一个图案，即可设置要创建的动画类型。将鼠标指针移到图案上，会显示选中该图案后的动画类型的特点。

图 8-1-50 “打开图像文件”对话框

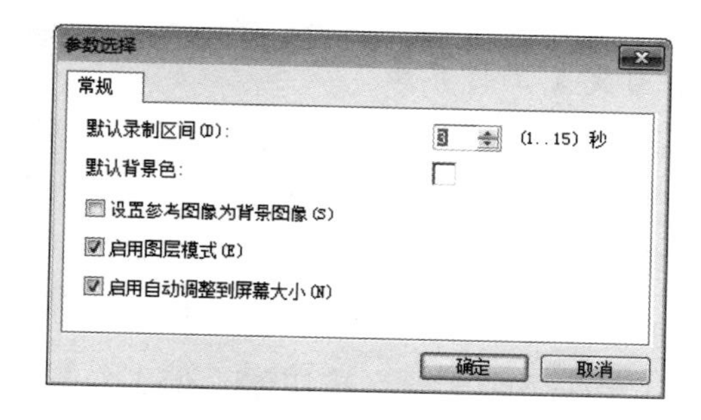

图 8-1-51 “参数选择”对话框

（8）“动画类型工具”按钮栏：其内有三个按钮，从左到右依次是“播放选中的画廊条目”按钮或按钮，

① “播放选中的画廊条目”按钮或按钮：单击该按钮右边的按钮，会调出它的快捷菜，选择该菜单内的“录制回放”选项，“播放选中的画廊条目”按钮变为形状，以后可以快速播放选中的录制动画；选择该菜单内的“项目回放”选项后“播放选中的画廊条目”按钮变为形状，单击该按钮，可以以正常速度播放选中的录制动画。

②“删除选中的画廊条目”按钮：单击该按钮，可以删除“动画类型”栏内的录制动画或快照照片。

③“更改选择的画廊区间”按钮：在“动画类型”栏内选中录制动画，单击该按钮，调出“区间”对话框，在其内“区间”数字框中可以修改动画的录制时间，如图 8-1-52 所示。

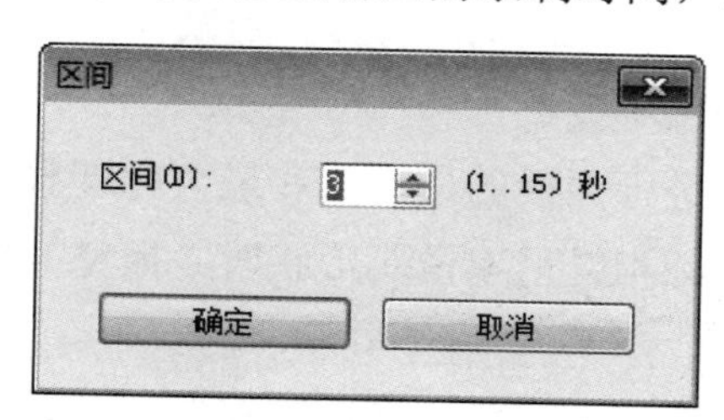

图 8-1-52 “区间”对话框

（9）“动画和静态模式切换”按钮：单击该按钮，可以调出它的快捷菜单，选择该菜单内的“动画模式”选项，则“绘图创建器”对话框内工具栏中会显示“开始录制”按钮 开始录制；选择该菜单内的“静态模式”选项，再单击“预览”窗口内部，则“绘图创建器”对话框内工具栏中会显示“快照”按钮 快照。

单击“快照”按钮 快照，可以将“预览”窗口内的画面生成一幅快照图像，保存在“动画类型”栏内。

（10）单击“绘图创建器”对话框内的“确定”按钮（见图 8-1-47 “绘图创建器”对话框），关闭该对话框，即可将画廊内选中的录制动画和快照图像保存。

8.2 制作影片基本操作

8.2.1 自定义工作界面和参数选择

1. 自定义工作界面

“绘声绘影 X5”软件的默认工作界面如图 8-1-1 所示。用户可以根据自己的习惯进行工作界面的自定义。自定义工作界面主要是调整“预览”面板、“媒体素材”面板，以及“时间轴和故事”面板的大小和位置，再以一个名称保存，供以后切换使用。自定义工作界面的操作方法如下。

（1）工作界面控制：单击工作界面的“最小化”按钮，可以将工作界面最小化到 Windows 的状态栏；单击“最大化”按钮，使工作界面占满全屏幕，可以进行全屏幕编辑；单击“还原”按钮，使工作界面还原为原始大小，此时可以调整工作界面的位置和大小。单击工作界面的“关闭”按钮，可以关闭“绘声绘影 X5”软件。

（2）调整面板的位置：“预览”面板、“媒体素材”面板及“时间轴和故事”面板内的左上角都有一个图标，拖曳该图标或面板标题栏，可以将相应的面板移出工作界面内的默认位置，即使面板处于活动状态。双击面板的图标或面板标题栏，可以将面板移到其他位置或移回原来的默认位置。

如果 3 个面板都在系统的默认状态，则拖曳“绘声绘影 X5”软件工作界面的标题栏，可以在移动工作界面框架的同时同步移动 3 个面板。

（3）调整面板的大小：将鼠标指针移到工作界面的边缘处，当鼠标指针呈双箭头形状时，拖曳鼠标，即可在拖曳的方向调整工作界面的宽度或高度；将鼠标指针移到工作界面内水平排列面板之间的边缘处，当鼠标指针呈形状时，水平拖曳，可以调整水平排列面板的宽度比例，而总宽度不变；将鼠标指针移到工作界面内垂直排列面板之间的边缘处，当鼠标指针呈形状时，垂直拖曳，可以调整垂直排列面板的高度比例，而总高度不变。

当面板处于活动状态时，可以进行面板的最小化和最大化调整，还可以调整各个面板的大小。将鼠标指针移到面板的边缘处，当鼠标指针呈双箭头形状时，拖曳鼠标，即可在拖曳的方向调整面板的宽度或高度。

（4）移动面板：拖曳图标或面板标题栏，可以移动该面板，在将面板移动时，会有一个浅蓝色矩形框随之移动，随着鼠标指针的移动，会在工作界面区域或面板内的四边中点出现四个停靠标记，用来指示移动面板的停靠位置，将浅蓝色矩形框移到一个停靠标记上，即可将该面板停靠在相应的位置。例如，拖曳“预览”面板到“媒体素材”面板，会在“媒体素材”面板内出现 4 个停靠指示标记，如图 8-2-1 所示。将浅蓝色矩形框移到右边的停靠指示标记上，即可将“预览”面板停靠到“媒体素材”面板的右边。

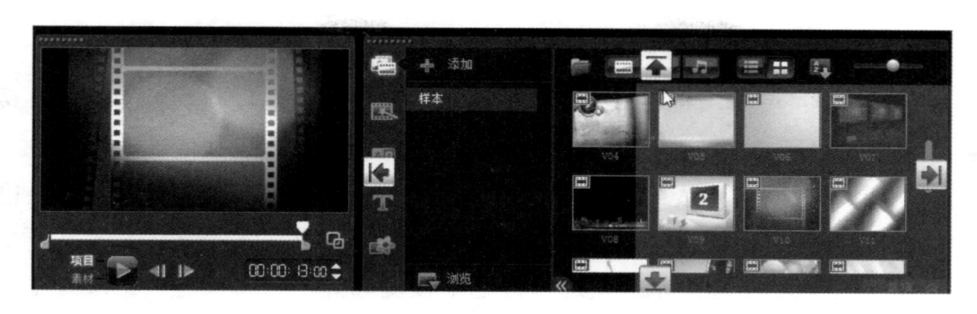

图 8-2-1　4 个停靠指示标记

（5）保存自定义工作界面布局：选择“设置”→“布局设置”→“保存至”命令，调出“保存至”菜单，如图 8-2-2（a）所示。选择其内的“自定义#1”选项或其他选项，即可将当前自定义工作界面布局并保存。

（6）切换自定义工作界面布局：选择“设置”→“布局设置”→“切换到”命令，调出“切换到”菜单，如图 8-2-2（b）所示。选择其内的“自定义#1”选项或其他选项，即可切换到相应的自定义工作界面的布局状态。

2．参数选择

选择“设置”→“参数选择”命令，调出“参数选择”对话框，该对话框有 5 个选项卡，用来进行各种参数的设置，包括一些项目文件等的默认参数设置。下面简要介绍各选项卡的设置。

（1）“界面布局”选项卡的设置：切换到“界面布局”选项卡，如图 8-2-3 所示，可以用来进行界面布局的设置，即切换自定义工作界面布局。

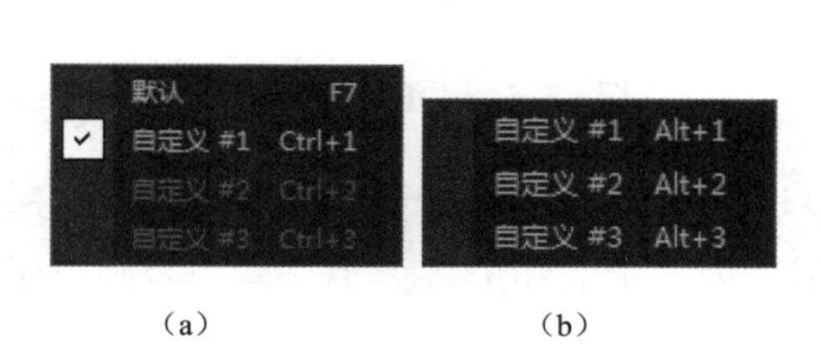

（a）　（b）

图 8-2-2　“保存至”菜单和“切换到”菜单

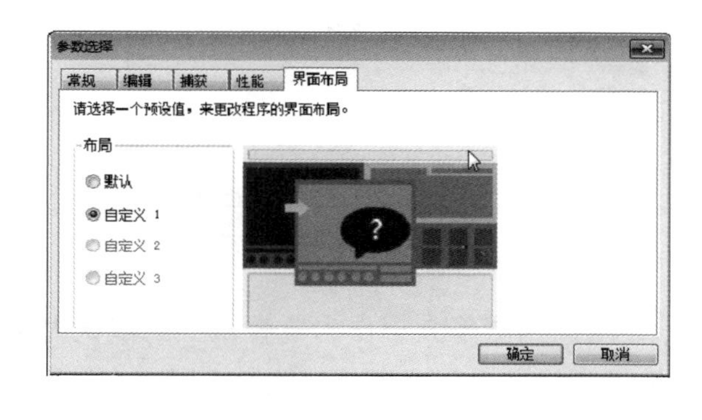

图 8-2-3　“界面布局”选项卡

（2）“常规”选项卡的设置：切换到“常规”选项卡，如图 8-2-4 所示，该选项卡内主要参数设置的作用如下。

① 设置默认的撤销级数：单击工具栏上的“撤销”按钮可以撤销的操作步数。

② “重新链接检查”：选中该复选框后，在将素材库内的素材拖曳到“时间轴”面板上时，会自动检查该素材是否还存在，如果不存在，则调出一个提示框，提示重新链接。

③ “工作文件夹”：单击按钮，可以调出“浏览文件夹”对话框，用来设置保存项目制作工作过程中临时文件的文件夹。通常选择非硬盘 C 内的文件夹，如“临时文件夹”。

④ “素材显示模式”：在该下拉列表框内可以选择素材在“时间轴”面板内的显示模式，即设置“时间轴”面板内各素材显示“图像和名称”“图像”或“名称”。

⑤ “媒体库动画”：选中“媒体库动画”复选框，则素材库内的场景切换和滤镜图案是动画画面，

否则为一幅图像。

⑥ “自动保存间隔”：就是项目文件自动保存的间隔时间，即在创建项目文件后，系统可以经过一段时间后自动保存该项目文件，这个默认时间是 10min，可以修改该数值。

⑦ “背景色”：可以更改“预览”窗口内的背景色，默认是黑色，单击“背景色”色块，可以调出一个颜色面板，选中其内的一个色块，即可修改“预览”窗口内的背景色。

⑧ “在预览窗口中显示轨道提示”复选框：选中该复选框，当“预览”窗口内显示“覆叠”轨道内的素材时，会显示“覆叠”轨道的编号。

（3）“编辑”选项卡的设置：切换到“编辑”选项卡，如图 8-2-5 所示，该选项卡内主要参数设置的作用如下。

① “应用色彩滤镜”复选框：选中该复选框，右边的两个单选按钮变为有效，选中一个单选按钮，可以用来设置电视信号制式。

② “重新采样质量”下拉列表框：在该下拉列表框中可以选择一种采样品质，有“好”“更好”和“最佳”3 种采样品质可选，品质越好，加工的速度会越慢。

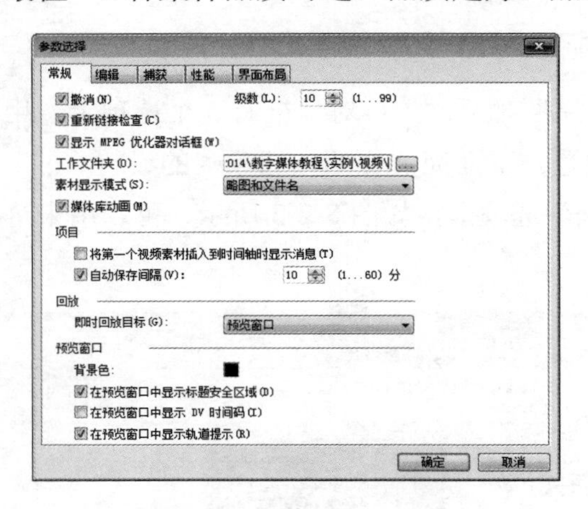

图 8-2-4　“常规”选项卡

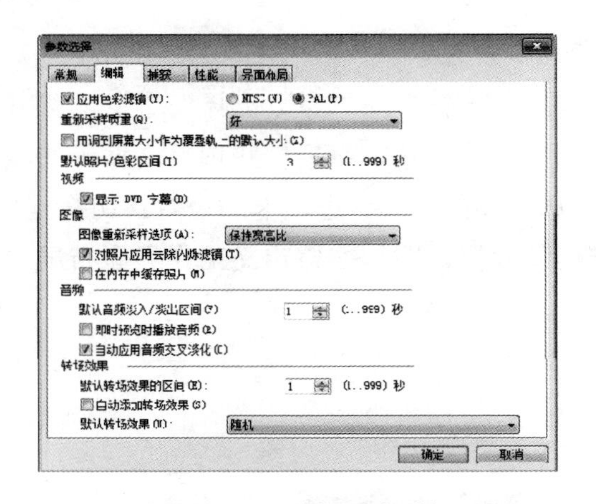

图 8-2-5　“编辑”选项卡

③ “用调到屏幕大小作为覆叠轨上的默认大小”复选框：如果选中该复选框，则将素材库内的图像或视频素材拖曳到“覆叠”轨道上时，在“预览”窗口内显示的和屏幕大小一样，否则显示的为原始大小，通常不选中该复选框。

④ “默认照片/色彩区间”数字框：设置默认照片/色彩区间的秒数大小，即将素材库内的照片或色彩素材拖曳到轨道内后，在轨道内占据的长度（秒数）。

⑤ 在“视频”“图像”“音频”和“转场效果”栏内可以设置相应的一些默认参数选项，如可以设置转场区间在轨道上放置时默认的秒数大小等。

（4）“捕获”选项卡的设置：切换到“捕获”选项卡，如图 8-2-6 所示，利用该选项卡主要可以设置捕获前、后的默认参数，如捕获图像时图像的默认格式等。

（5）“性能”选项卡的设置：切换到“性能”选项卡，如图 8-2-7 所示，利用该选项卡主要可以进行如下参数的设置。

① 用来设置是否启用智能代理，默认为“启用智能代理”。

② 设置当视频画面分辨率大于某个值时，可以自动创建代理，以及设置代理文件夹。

③ 如果选中“自动生成代理模板”复选框，则可以设置自动生成代理模板；如果不选中“自

动生成代理模板”复选框，则下边的选项变为有效，单击“模板”按钮，可以人工设置模板。

④ 用来设置在编辑过程中和文件创建时是否启用硬件解码器加速及硬件加速优化。

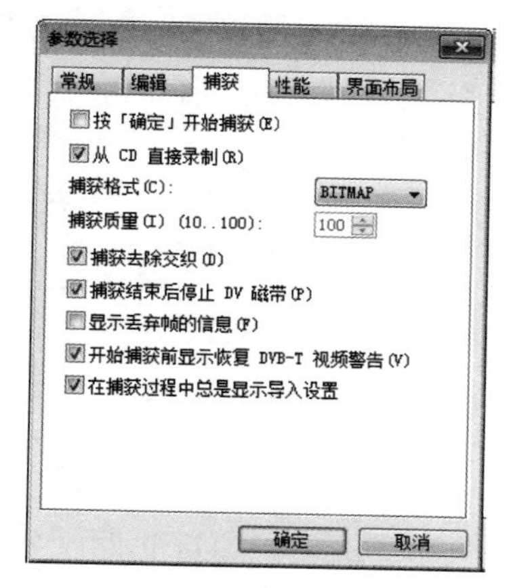

图 8-2-6　“捕获”选项卡

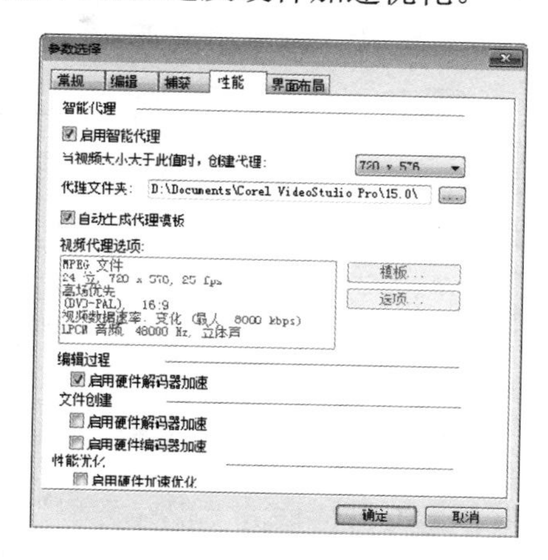

图 8-2-7　“性能”选项卡

8.2.2　创建项目文件和修改项目属性

1．创建、打开和保存项目文件

（1）创建新项目文件：在启动“绘声绘影 X5”软件后，会自动打开一个新项目，用来制作视频作品。新项目的默认名称为“未命名”。如果是第一次使用“绘声绘影 X5”软件，那么新项目将使用初始默认设置。否则，新项目将重新使用上次使用过的设置。

在保存新项目后，如果要创建另一个新项目，则可以选择“文件”→“项目”命令或按 Ctrl+N 组合键，通过这些方法都可以创建一个名称为“未命名”的新项目。

（2）创建新 HTML5 项目：选择“文件”→“HTML5 项目”命令或按 Ctrl+M 组合键，可调出一个“Corel VideoStudio Pro”提示框，如图 8-2-8 所示。单击该提示框内的“确定”按钮，即可创建一个新的 HTML5 项目。如果选中该提示框内的复选框，以后则不会再出现该提示框。HTML5 项目和普通项目的不同之处是原来的“视频”轨道变为“背景轨道#1”，如图 8-2-9 所示，还可以建立具有链接交互功能的项目。

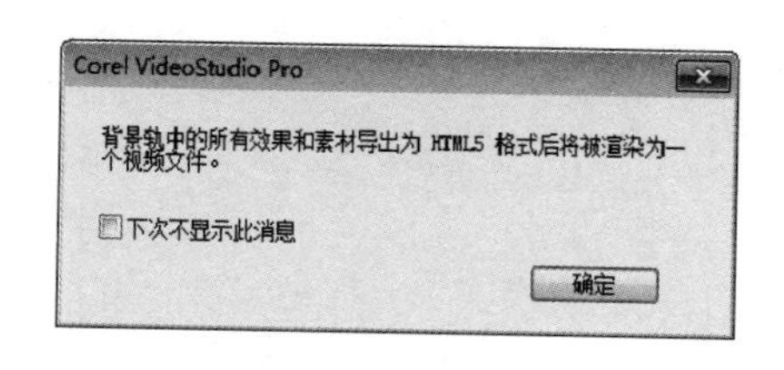

图 8-2-8　提示框

图 8-2-9　原来的视频轨道变为背景轨道

（3）打开已有的项目文件：选择“文件”→“打开项目”命令或按 Ctrl+O 组合键，会调出“打开”对话框，如图 8-2-10 所示。在该对话框内的“文件类型”下拉列表框中选中一个类型选项，在“文件名”下拉列表框中选中要打开的项目文件（VSP 格式文件），如“球球 1.VSP”项目文件，单击“打开”按钮，即可打开选中的项目文件。

（4）项目文件另存为：选择“文件”→“另存为”命令或按 Ctrl+O 组合键，调出“另存为”对话框，如图 8-2-11 所示。

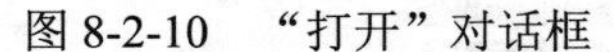

图 8-2-10　“打开”对话框

图 8-2-11　“另存为”对话框

在“另存为”对话框内“保存类型”下拉列表框中选择一个类型选项，项目文件以 VSP 文件格式保存，HTML5 视频项目以 VSH 文件格式保存。在“文件名”文本框内输入项目文件的名字，如“球球 3.VSP”，单击“保存”按钮，即可将当前的项目文件以名称“球球 3.VSP”保存。“保存类型”下拉列表框中的类型有 Corel VideoStudio X3、Corel Video Studio X4 和 Corel Video Studio X5 三个选项。

（5）保存项目文件：选择“文件”→“保存”命令或按 Ctrl+S 键，即可将已经保存过，并进行修改后的项目文件以原来的名称保存。如果在此之前项目没有进行过保存，则会调出如图 8-2-11 所示的“另存为”对话框。

（6）使用智能包保存项目：如果要备份项目或传输项目到其他计算机，则对视频项目打包会很有用。此外，还可以使用“智能包”功能中包含的 WinZip 的文件压缩技术，将项目打包为压缩文件或文件夹，准备上传到在线存储位置。

打开一个项目（如“球球 3.VSP”）或者将当前制作好的项目保存，然后选择“文件”→“智能包”命令，调出“Corel VideoStudio Pro”提示框，该提示框用来提示是否确定保存项目，如图 8-2-12 所示。

单击“是”按钮，调出“智能包”对话框。在该对话框内选择将项目打包为一个文件夹或压缩文件，设置保存压缩文件或文件夹的路径，命名新建项目文件夹和文件的名称，如图 8-2-13 所示。单击“确定”按钮，关闭该对话框，即可创建压缩后的文件或文件夹。

图 8-2-12　提示框

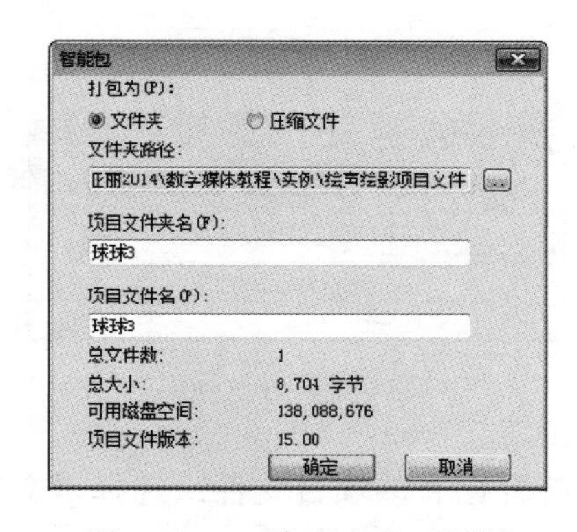

图 8-2-13　“智能包”对话框

关于智能代理的默认参数设置在图 8-2-7 所示的“性能”选项卡内进行。

2．修改项目属性

（1）选择“文件”→“项目属性”命令，调出“项目属性”对话框，利用该对话框可以重新设置该项目的属性，包括主题名称和文件格式等，如图 8-2-14 所示。单击“编辑”按钮，调出“项目选项”对话框中的“Corel VideoStudio”选项卡，该选项卡用来设置电视制式和音频声道等。

（2）切换到“常规”选项卡，如图 8-2-15（a）所示，利用该选项卡可以设置帧速率、帧类型、帧大小与显示宽高比等。切换到“压缩”选项卡，如图 8-2-15（b）所示，利用该选项卡可以设置介质类型、质量大小（质量大，速度就小）、视频数据速率、音频格式、音频类型和音频频率等。

在进行自定义项目的设置时，建议将自定义项目设置与捕获视频镜头的属性设置相同，以避免视频图像变形，从而可以进行平滑回放，而不会出现跳帧现象。

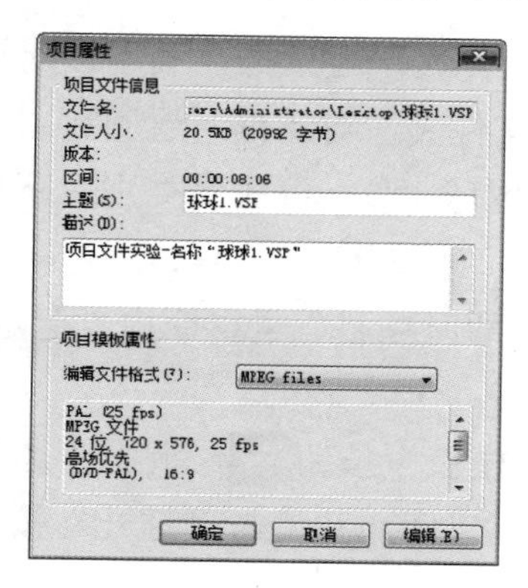

图 8-2-14　“项目属性”对话框

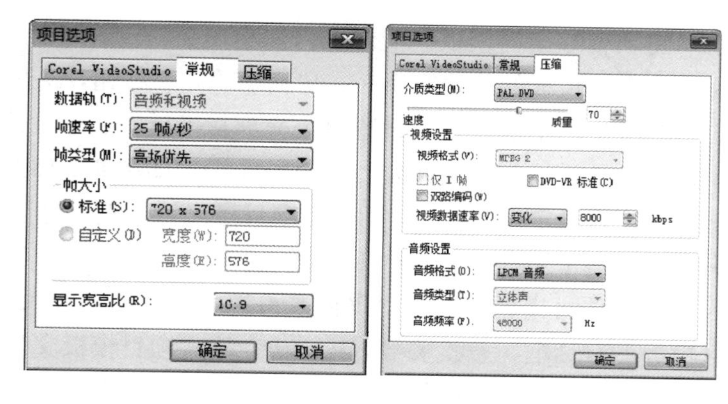

（a）“常规”选项卡　　（b）“压缩”选项卡

图 8-2-15　“项目选项”对话框

3．使用“即时项目”模板

可以使用“即时项目”模板来创建视频项目或自定义模板，操作方法如下。

（1）打开“即时项目”模板：“即时项目”模板也就是前面介绍过的“即时项目”素材库内的素材，单击“即时项目”按钮，在素材库内即可调出系统的“即时项目”模板，也包含用户自己创建的“即时项目”模板。

（2）应用“即时项目”模板：在“添加”按钮下边的文件夹列表框内选中一个文件夹，即选择一个模板类别，再将“即时项目”模板的缩略图拖曳到时间轴轨道内原有素材的前面或后面，即可将拖曳的项目内容插入到各个轨道的相应位置。

另外，也可以右击项目模板缩略图，调出其快捷菜单，如图 8-2-16 所示。选择该快捷菜单内的“在开始处添加”或“在结尾处添加”命令，即可在时间轴轨道的开始处或结尾处添加该项目模板内容的缩略图。只有在右击的项目模板是自定义模板时，快捷菜单内的“删除”命令才有效，选择该命令，可以删除右击的自定义项目。

（3）创建“即时项目”模板：打开想要保存为模板的视频项目，或者将制作好的项目保存。然后选择“文件”→“导出为模板”命令，调出一个“Corel VideoStudio Pro”提示框，提示是否确实保存项目，如图 8-2-17 所示。单击“是”按钮，调出“将项目导出为模板”对话框，如图 8-2-18 所示。移动滑块可以显示不同的画面，选择想要用于模板缩略图的画面。

图 8-2-16 快捷菜单

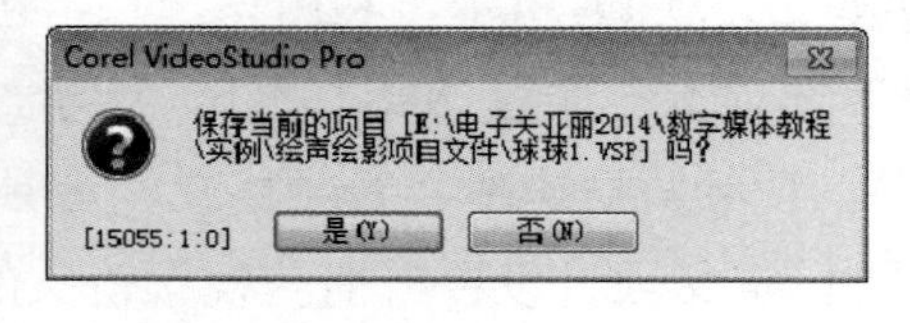

图 8-2-17 提示框

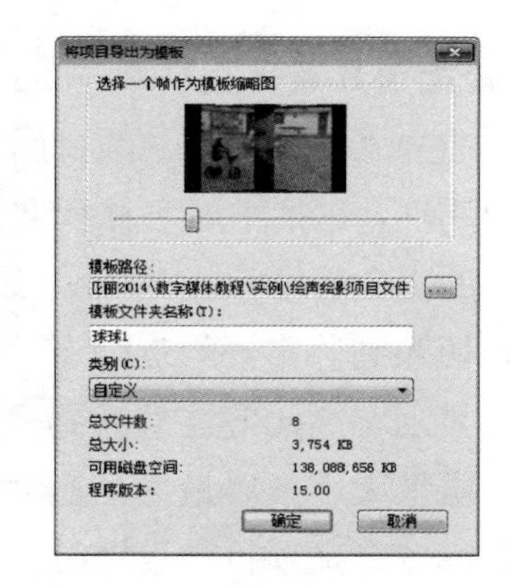

图 8-2-18 “将项目导出为模板”对话框

在“将项目导出为模板”对话框内，单击按钮，调出“浏览文件夹”对话框，利用该对话框选择保存自定义模板的路径文件夹，单击“确定”按钮，关闭“浏览文件夹”对话框，返回到“将项目导出为模板”对话框。接着设置自定义项目模板的名称（此处为“球球 1”），再在“类别”下拉列表框中选择一种模板类别（此处为“自定义”），如图 8-2-18 所示。

最后单击“确定”按钮，关闭“将项目导出为模板”对话框，在“即时项目”素材库内“自定义”文件夹中创建一个名称为“球球 1”的自定义项目模板。

（4）导入项目模板：单击“媒体素材”面板内的“导入一个项目模板”按钮，调出“选择一个项目模板”对话框，查找要导入的 VPT 格式项目模板文件，选中该文件，并单击“打开”按钮，即可将选中的自定义项目模板导入到素材库的当前文件夹内。

8.3 “步骤”栏和影片制作步骤

“绘声绘影”软件采用逐步式的操作流程，通常可以按照顶部“步骤”栏上的“捕获”“编辑”和“分享”3 个条目从左到右执行，这些步骤可以指导用户创建完整的影片。单击“步骤”栏内的条目按钮，可以直接进入相应的步骤，该按钮以黄色显示。在实际操作中，不一定每次都操作所有的步骤，也不必完全按照步骤出现的次序进行操作。

“绘声绘影”软件通过操作项目文件（*.vsp），可以随意编辑项目中的素材，而无须担心破坏原始文件。因为所有的修改，如剪辑、编辑、转场效果等均被保存在项目文件中，项目文件是未完成的影片，仅可以在“绘声绘影”软件中打开。多个不同的项目可以使用相同的素材。使用项目文件创建影片的实际过程在“分享”步骤中执行。

8.3.1 影片制作的捕获步骤

将视频录制到计算机的过程称为捕获，在“绘声绘影”软件启动前应连接好数码摄像机和摄像头，然后启动“绘声绘影”软件，“绘声绘影”软件可以立刻检测到捕获设置，如数码摄像机、摄像头等。如果当前未安装捕获驱动程序，则程序将自动进入“编辑”状态。如果当前已经安装捕获驱动程序，则程序将自动进入“捕获”状态。

单击“步骤”栏中的“捕获”按钮，可以进入“捕获”状态（“捕获”步骤），此时的“媒体素材”面板切换到“捕获”面板，如图 8-3-1 所示。可以看到，捕获分为 5 种类型，单击不同的类型按钮，即可进入相应的捕获状态。

1．捕获视频

在捕获视频状态下，可以将摄像头或摄像机摄制的视频直接录制到计算机硬盘中。摄像头或摄像机中的视频可以被捕获成单个文件或自动分割成多个文件。此步骤允许用户捕获视频文件和静态图像文件。操作方法如下。

（1）单击“捕获”面板中的“捕获视频”按钮，“素材库”面板切换到“捕获视频”面板，“预览”窗口内显示计算机摄像头摄制的画面，“时间轴和故事”面板切换到摄像头的“信息”面板，该面板内显示摄像头的一些技术参数，如图 8-3-2 所示。

（2）在“捕获视频”面板内，在“来源”下拉列表框中选择捕获设备，默认选中“USB2.0 PC CAMERA”选项，即通过 USB2.0 接口连接摄像头；在“格式”下拉列表框默认选中“DVD”选项；单击“捕获文件夹”按钮，调出“浏览文件夹”对话框，利用该对话框选择一个用于放置捕获文件的文件夹。

选中“捕获到素材库”复选框，在其下拉列表框选择一个“素材库”面板中的保存素材的文件夹，单击右边的按钮，可以调出“添加新文件夹”对话框，如图 8-3-3 所示，在其内“文件夹名称”文本框内输入具体的名称，单击“确定”按钮，创建新文件夹。

（3）单击“捕获视频”面板中的“选项”按钮，调出“选项”快捷菜单，单击该菜单内的“视频属性”命令，调出“视频属性”对话框，如图 8-3-4 所示，利用该对话框可以调整视频画面的亮度、对比度、饱和度和清晰度等参数，拖曳滑块调整时可以同步看到视频画面的变化。

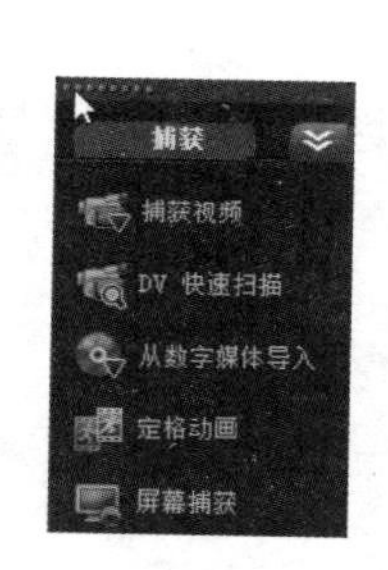

图 8-3-1 “捕获”面板

图 8-3-2 捕获视频状态下的工作界面

（4）单击“选项”快捷菜单内的“捕获选项”命令，调出“捕获选项”对话框，如图 8-3-5 所示，默认选中“插入到时间轴”复选框，单击“确定”按钮，保证在录制完视频后，所录制的视频可插入到时间轴的“视频”轨道内。

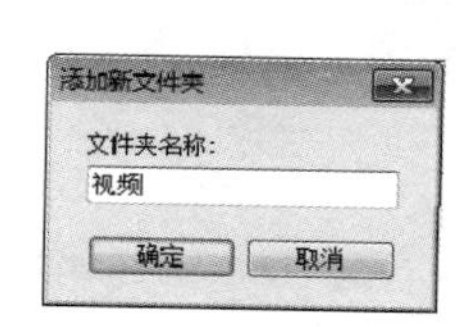

图 8-3-3 “添加新文件夹”对话框

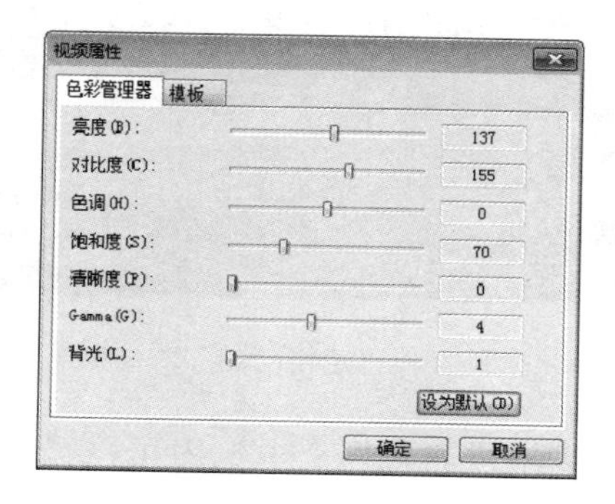

图 8-3-4 “视频属性”对话框

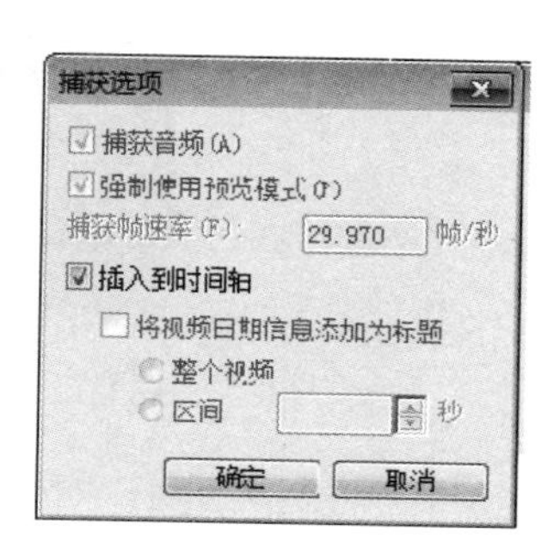

图 8-3-5 “捕获选项”对话框

（5）调整好摄像头的位置和角度，单击“捕获视频”按钮，即可开始录制摄像头设置的视频，在“捕获视频”面板内“区间”栏的数字框中会显示视频录制的进度。单击“停止捕获”按钮，即可停止视频的录制，“预览”窗口内恢复显示第 1 帧画面，素材库内指定的文件夹中保存了录制的视频，同时插入到时间轴内。

（6）单击“抓拍快照”按钮，可以将摄像头当前摄制的画面以图像文件形式保存在指定文件夹内，同时该图像素材也会被保存到素材库指定的文件夹中，也会插入到时间轴的“视频”轨道内。

（7）单击“步骤”栏的“编辑”按钮，可以切换到“绘声绘影”软件的工作界面的编辑状态。可以看到，录制的视频和抓拍的图像均被添加到数据库和时间轴内。如果打开前面设置的保存录制视频的文件夹，则可以看到录制好的视频和图像文件。

2．DV 快速扫描

单击“捕获”面板中的“DV 快速扫描”按钮，“素材库”面板切换到“DV 快速扫描”面板，该面板内的选项与图 8-3-2 所示界面中的选项相似，设置方法也基本相同。

3．从数字媒体导入

单击“捕获”面板中的“从数字媒体导入”按钮，调出“从数字媒体导入”对话框，如图 8-1-39 所示。之后的操作参见前面介绍的内容。

4．定格动画

定格动画是指录制动画中一定时间间隔的画面，这些画面图像组合在一起可以构成一个定格动画。例如，拍摄太阳逐渐升起、昙花开放的过程等定格动画。

（1）单击“捕获”面板中的“定格动画”按钮，调出“定格动画”对话框，如图 8-3-6 所示（下边一栏内还没有图像）。利用该对话框可以获取视频中的一些画面，这些画面可以是等间隔时间自动拍摄的，也可以是由拍摄者控制拍摄的。

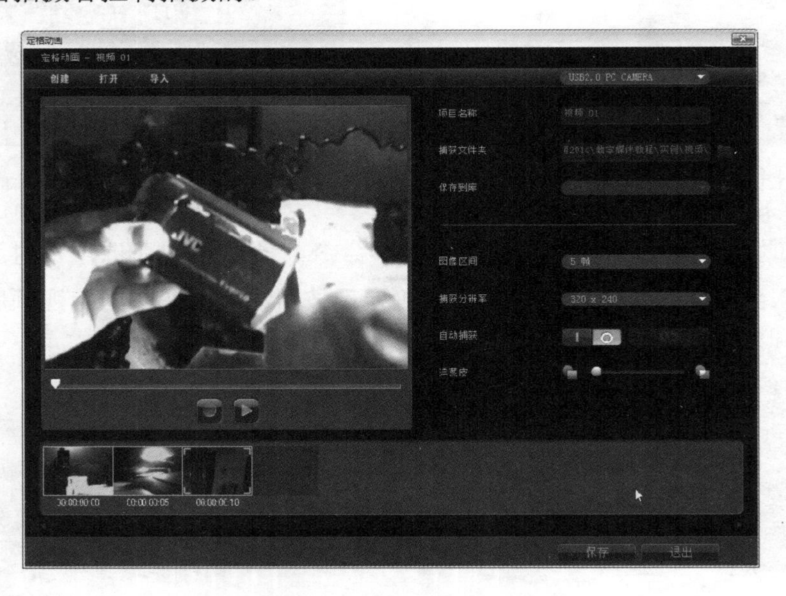

图 8-3-6　“定格动画”对话框

（2）在“定格动画”对话框中，“项目名称”文本框内可以输入项目名称，默认是“视频 01”；在“捕获文件夹”栏内可以设置捕获后文件存放的文件夹；“保存到库”下拉列表框用来选择捕获文件保存到素材库的文件夹；“图像区间”下拉列表框用来选择捕获的定格动画画面持续的帧数；“捕获分辨率”下拉列表框用来选择图像的分辨率。

（3）单击“自动捕获”栏内的“启用自动捕获”按钮，该按钮变为黄色，中间的“禁用自动捕获”按钮变为黑色，右边的“设置时间”按钮变为有效，此时进入自动捕获状态。

单击“禁用自动捕获”按钮，该按钮变为黄色，“启用自动捕获”按钮变为黑色，此时进入禁用自动捕获状态。

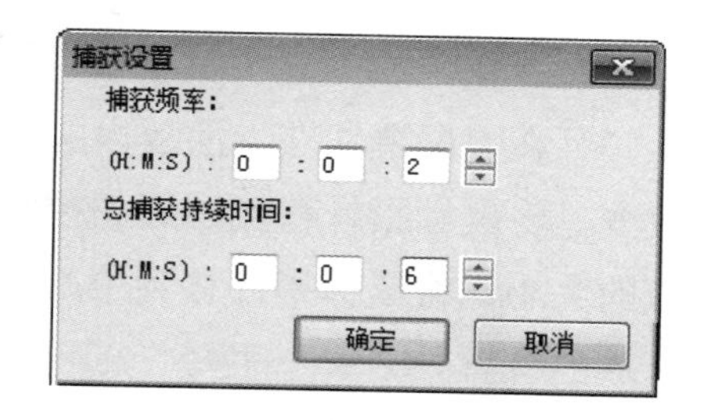

图 8-3-7　“捕获设置”对话框

（4）在自动捕获状态下，单击“设置时间”按钮，调出“捕获设置”对话框，如图 8-3-7 所示。在“捕获频率”栏内可以设置自动捕获图像的时间间隔，3 个文本框内的数值从左到右依次为小时、分钟和秒；在“总捕获持续时间”栏内可以设置自动捕获图像的总时间，3 个文本框内的数值从左到右依次为小时、分钟和秒。设置完成后，单击“确定”按钮。

（5）拖曳“洋葱皮”栏内的滑块，可以调整洋葱皮效果的大小。

（6）在自动捕获状态下，单击“开始自动捕获”按钮，即可自动捕获照相，同时该按钮变为绿色，表示停止自动捕获。自动捕获照相是按照设置好的参数进行的，完成全部自动拍摄后录制的图像有 3 幅。在自动捕获状态下，单击“停止自动捕获”按钮，可以提前终止自动捕获拍照。

在自动捕获状态下，单击 “开始自动捕获”按钮，可以捕获拍照一幅图像，再单击该按钮，又可以捕获拍照一幅图像，如此持续捕获，在此过程中不会出现“停止自动捕获”按钮。

（7）捕获完成后，单击“播放”按钮，可以连续播放捕获的图像，形成一个定格动画。

（8）单击“保存”按钮，可以将捕获的几幅图像保存到指定文件夹，同时导入素材库内指定的文件夹中，并插入时间轴的“视频”轨道内。单击“退出”按钮，关闭该对话框，返回到图 8-3-6 所示的“定格动画”对话框。

5．屏幕捕获

屏幕捕获的功能与第 3 章介绍的“录屏大师”软件和 SnagIt 软件的录屏基本一样，只是功能少一些。下面简要介绍屏幕捕获的方法。

（1）单击“捕获”面板中的“屏幕捕获”按钮，调出“屏幕捕获”面板，如图 8-3-8（a）所示，同时，在屏幕上会产生一个矩形录屏区域，其四周有 8 个控制柄，中心有一个控制柄，如图 8-3-8（b）所示。

（a）

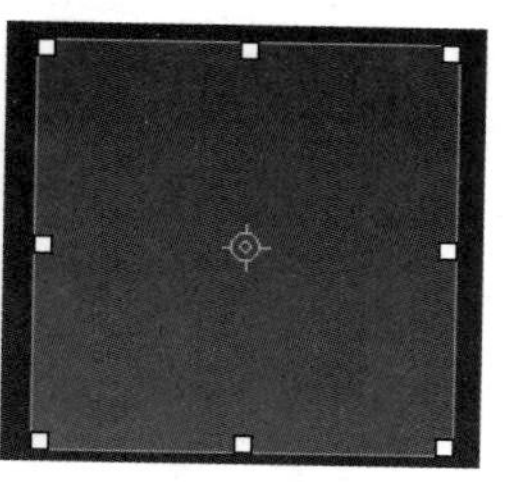

（b）

图 8-3-8　“屏幕捕获”面板和矩形录屏区域

（2）在“屏幕捕获”面板内，单击“锁定纵横比”按钮，使该按钮变为“解除纵横比”按钮，处于“锁定纵横比”状态。此时如果在“宽”或“高”数字框内修改数值，则另一个数字框内的数值也会随之改变，并保持原宽高比不变。

单击“解除纵横比”按钮，使该按钮变为“锁定纵横比”按钮，处于“解除纵横比”状态。此时，在“宽”或“高”数字框内修改数值，则另一个数字框内的数值不会随之改变。

（3）在“屏幕捕获”面板内的“宽”和“高”数字框中修改数值后，矩形录屏区域的大小也会随之改变。将鼠标指针移到四周的控制柄处，当鼠标指针呈双箭头状时，拖曳鼠标，可以调整矩形录屏区域的大小；将鼠标指针移到中心的控制柄处，当鼠标指针呈小手状时，拖曳鼠标，可以改变矩形录屏区域的位置。

（4）单击“手绘选定内容”按钮，使该按钮变为黄色，此时，在屏幕上拖曳出一个矩形（通常是包围一个工作界面的矩形轮廓），如图 8-3-9 所示，该矩形区域为录制屏幕视频的区域。如果要使该矩形区域的宽高比不固定，则应处于解除纵横比状态（按钮为“解除纵横比”按钮）；如果要使该矩形区域的宽高比固定，则应处于锁定纵横比状态（按钮为“锁定纵横比”按钮）。

（5）单击“设置”按钮 设置，可以展开“屏幕捕获”面板，如图 8-3-10 所示。单击“设置”按钮 设置，可以将展开的“屏幕捕获”面板收起，如图 8-3-8（a）所示。

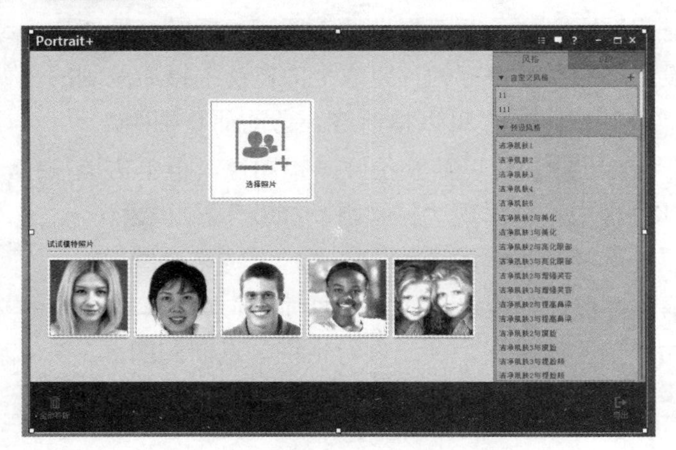

图 8-3-9　包围一个工作界面的矩形录屏区域和它的控制柄

图 8-3-10　“屏幕捕获”面板

（6）在展开的“屏幕捕获”面板内，将鼠标指针移到各按钮上，可以显示各按钮的名称，从而了解了各按钮的作用。可以设置捕获的视频文件的名称、保存文件夹、视频格式、是否录音、是否启用系统音频、确定监视器等。

（7）单击“开始录制”按钮或按 F11 键，即可开始录制，该按钮变为“恢复录制”按钮，并最小化到 Windows 状态栏。单击 Windows 状态栏内的按钮，调出“屏幕捕获”面板，单击其内的“恢复录制”按钮或按 F11 键，可以继续录制屏幕视频。单击“停止录制”按钮或按 F10 键，可停止录制屏幕视频。

（8）单击“屏幕捕获”面板内的“关闭”按钮，关闭该面板，返回到“绘声绘影 X5”软件的工作界面。单击“步骤”栏内的“编辑”按钮，切换到影片的“编辑”状态，可以看到素材库内增加了新录制的视频文件，并在指定文件夹内保存有刚录制的视频文件。

另外，单击“时间轴”或“故事”面板内工具栏中的“录制/捕获选项”按钮，调出“录制/捕获选项”对话框，如图 8-3-11 所示。其中，“定格动画”“DV 快速扫描”“数字媒体”和“捕获视频”功能前面已经介绍过了，其余几个捕获功能，读者可以在软件的提示下进行操作，操作方法比较简单。

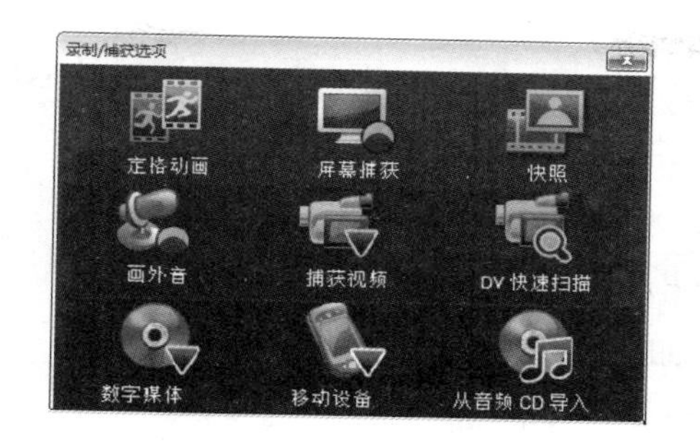

图 8-3-11 “录制/捕获选项”对话框

8.3.2 影片制作的编辑步骤

单击“步骤”栏中的“编辑”按钮，可以进入影片的“编辑”状态。在该状态下，可以整理、编辑和修整项目中使用的各种素材，也可以将素材库中的各种素材拖曳到“故事”面板或“时间轴”面板的轨道中。在“预览”“媒体素材”和“故事”及“时间轴”面板内都可以进行素材的编辑，也可以在“故事”模式或“时间轴”模式中编辑项目，在其“选项”面板中修改素材的属性。例如，可以给视频素材中的音频素材应用淡入/淡出效果，可以调整视频素材的播放速度、也可将大量的视频滤镜应用到素材上、旋转图像素材等。

1．图像编辑

（1）选中“故事”面板或“时间轴”面板内的图像素材，单击“媒体素材”面板内右下角的“选项”按钮，展开“选项”面板，“选项”按钮变为，如图 8-3-12 所示；单击按钮，收起“选项”面板，该按钮变为。

（2）“照片区间”栏内显示的是选中图像的播放时间，其由小时、分钟、秒和百分秒 4 部分组成，右边的两个按钮用来调整数值的大小。选中一组数字后，该数字闪烁，表示可以通过单击按钮或键盘输入来修改数值。修改“照片区间”栏内的数值后，可以看到“时间轴”面板轨道内选中的图像水平长度发生变化，表示播放时间改变了。

（3）单击“将照片逆时针旋转 90°”按钮，可以使选中的图像逆时针旋转 90°；单击“将照片顺时针旋转 90°”按钮，可以使选中的图像顺时针旋转 90°。

（4）单击“色彩校正”按钮，调出“色彩校正”面板，如图 8-3-13 所示。利用该面板可以调整选中图像的白平衡和色彩。如果将鼠标指针移到该面板内的一些按钮上，则可以显示这些按钮的名称或作用。

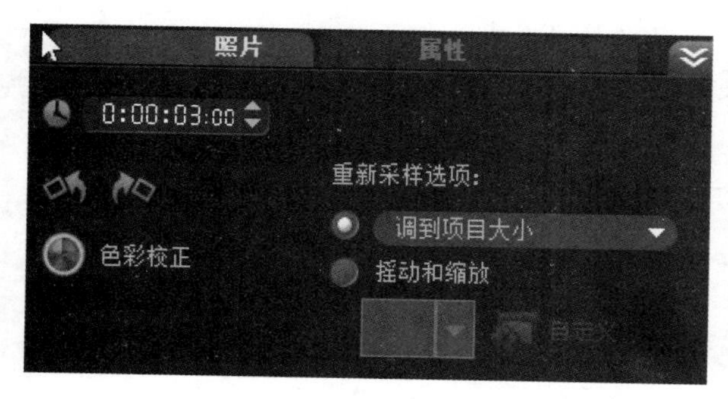

图 8-3-12 “选项”面板

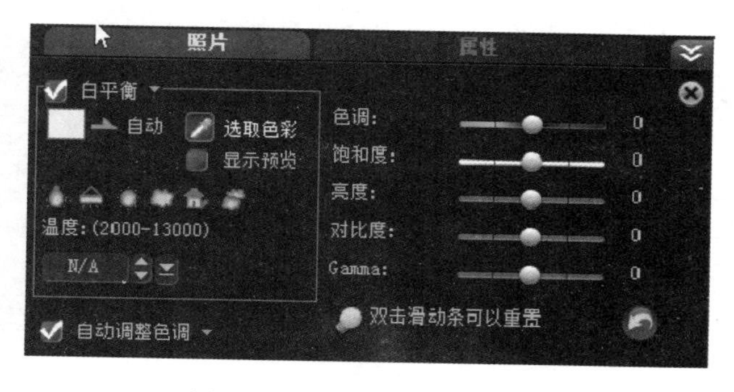

图 8-3-13 “色彩校正”面板

（5）调整色彩和亮度：在“色彩校正”面板内，拖曳右边栏中的圆形滑块，可以调整选中图像素材的色调、饱和度、亮度、对比度和Gamma，在拖曳滑块调整的同时，可以在“预览”面板内看到调整效果。双击滑块，可以使该滑块回到原位置；单击按钮，可以使所有滑块回到原位置，并还原图像素材的原始色彩设置。

选中“自动调整色调”复选框，即可自动调整选中的图像色调，单击“自动调整色调”复选框右边的按钮，调出其快捷菜单，如图8-3-14所示，选择该菜单内“最亮”“较亮”“一般”“较暗”或“最暗”选项中的一个，可设置色调的不同等级。

（6）“白平衡”调整：在“白平衡”栏内，通过消除由冲突的光源和不正确的相机设置导致的不需要的色偏，来恢复图像的自然色温。例如，在图像或视频素材中，白炽灯照射下的物体可能显得过红或过黄。要获得自然效果，需要在图像中确定一个代表白色或中性灰的参考点（也称为白点）颜色。标识白点的具体调整方法如下。

① 自动计算白点：单击“自动”按钮，可以自动选择与图像总体色彩相配的白点，调整白平衡。

② 手动选取白点色彩：单击“选取色彩”按钮，“显示预览”复选框变为有效，选中该复选框，即可在右边显示预览图像，将鼠标指针移到预览图像内，此时，鼠标指针会变为滴管图标，单击图像中的一种颜色，设置该点颜色为白色，调整白平衡。

③ 白平衡预设：将鼠标指针移到按钮栏内的按钮上，即可显示该按钮的名称，以及了解该按钮的作用。单击该按钮栏内的按钮，通过匹配特定光条件或情景，自动选择白点，调整白平衡。

④ 温度：“温度”栏下边的文本框和它的配套按钮、用于指定光源的温度，以开氏温标（K）为单位。较低的值表示钨光、荧光和日光情景，而较高的值表示云彩、阴影和阴暗。单击按钮可调整文本框内的温度数值；单击按钮，会显示一个滑槽和滑块，如图8-3-15所示。拖曳滑块可调整文本框内的温度数值，还可以直接在文本框修改温度值。

⑤ 色彩调整：单击白平衡箭头按钮，调出“白平衡”菜单，如图8-3-16所示。选择其内不同的选项，可以设置一种色彩强度。

选中“媒体素材”面板内的图像素材，单击“选项”按钮，展开“选项”面板，其内右边“重新采样选项”栏中的选项会变为无效。

（7）重新采样选项：选中“重新采样选项”单选按钮，单击右边的按钮，调出其下拉列表框，其内有“保持宽高比”和“调到项目大小”两个选项可供选择。

（8）预置摇动和缩放效果的应用：选中“摇动和缩放”单选按钮，使其下边的选项变为有效。单击“摇动和缩放”下三角按钮，调出其列表框，如图8-3-17所示。

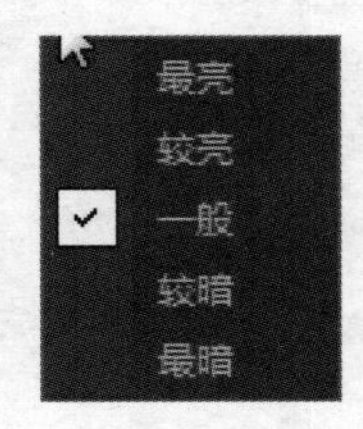

图8-3-14 “自动调整色调”菜单

图8-3-15 调整光源的温度

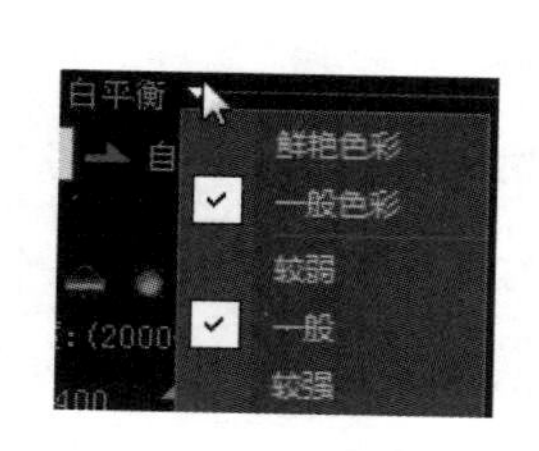

图 8-3-16　“白平衡”菜单

图 8-3-17　“摇动和缩放”列表框

单击“摇动和缩放”列表框内的一个动态图案，即可将该摇动和缩放效果应用到选中的图像，模拟视频相机的摇动和缩放效果，这个也称为“Ken Burns 效果”。应用了摇动和缩放效果的图像的左上角会添加一个■标记。

右击“时间轴”面板中的图像，调出其快捷菜单，选择该菜单内的“自动摇动和缩放”命令，即可给该图像应用摇动和缩放效果。同时在图 8-3-12 所示的“选项”面板中选中“摇动和缩放”单选按钮，应用了摇动和缩放效果的图像的左上角会添加一个■标记。

（9）自定义摇动和缩放效果的应用：选中“选项”面板内的“摇动和缩放”单选按钮，单击“自定义”按钮，调出“摇动和缩放”对话框，如图 8-3-18 所示。

“摇动和缩放”对话框中的各选项允许用户自定义摇动和缩放效果，并可通过实际操作了解它们的作用。下面简要介绍其中部分选项的作用和基本操作方法。

① 拖曳左边“原图”窗口中矩形虚线框（选取框）四角的黄色正方形控制柄，可以调整矩形虚线框的大小，同时调整图像的大小，此时在右边的窗口内会显示放大图像的效果。

② 在左边“原图”窗口中，红色“十”字标记■代表图像素材中的开始关键帧，白色“十”字标记■代表图像素材中的结束关键帧。拖曳开始关键帧的红色“十”字标记■，可以调整矩形虚线框的位置。拖曳结束关键帧的白色“十”字标记■到要作为结束点的位置，可以调整摇动和缩放效果。

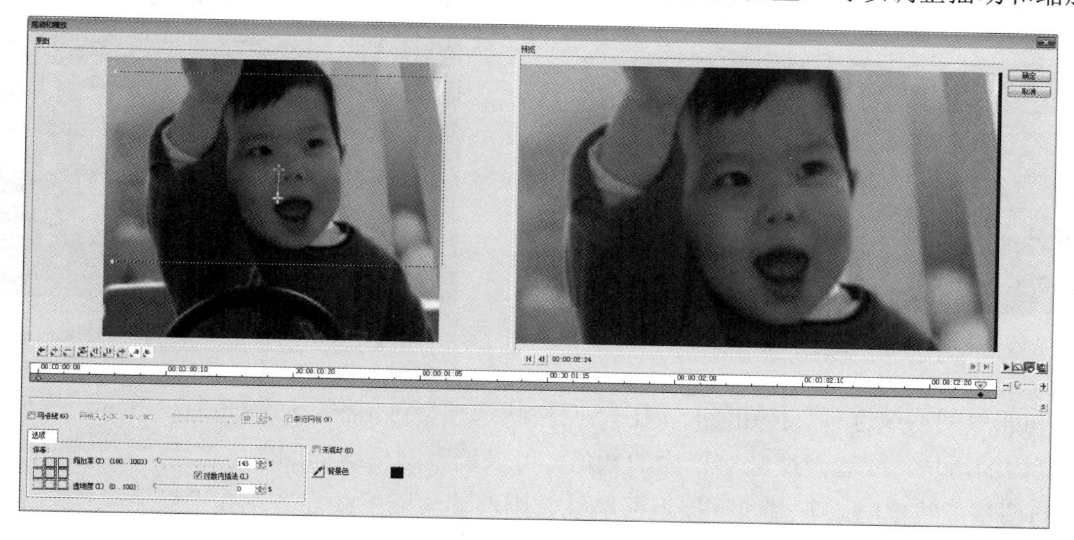
图 8-3-18　“摇动和缩放”对话框

③ 在“摇动和缩放”对话框内左下角“选项”选项卡内的停靠框（由 9 个彩色正方形按钮组成）中，单击其内的按钮，即可将选取框移到“原图”窗口内的相应固定位置。“选项”选项卡如图 8-3-19 所示。

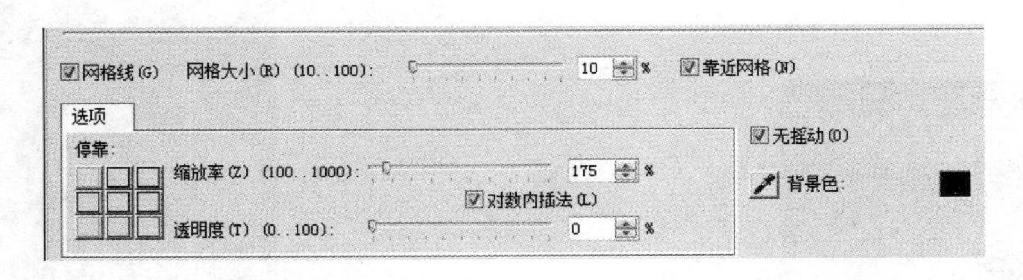

图 8-3-19 “选项”选项卡

④ 在“缩放率”栏内拖曳滑块，或者改变数字框内的数值，可以改变选取框的大小，同时调整图像的大小。

⑤ 在“透明度”栏内拖曳滑块，或者改变数字框内的数值，可以调整图像的透明度。

⑥ 选中“网格线”复选框，“原图”窗口中的线变成网格线，调整“网格大小”栏的滑块，可以调整网格线间距的百分比。选中“靠近网格”复选框，可以在移动调整红色或白色“十”字标记时，自动定位到网格线的交叉点处。

⑦ 选中“无摇动”复选框，则白色“十”字标记消失。此时不可以调整图像摇动。

⑧ 将鼠标指针移到其他按钮上，会显示其名称，了解其的作用。完成设置和调整后，单击“确定”按钮，可以将设置好的摇动和缩放效果应用于选中的图像。

如果在放大或缩小固定区域时不摇动图像，则应选择无摇动。如果要添加淡入/淡出效果，则应增大透明度，图像将淡化到背景色。单击“背景色”颜色框选择一种颜色，或者使用滴管工具在“图像窗口”上选择一种颜色。

（10）调整素材大小或变形素材：选中“时间轴”面板“视频”轨内的一个图像素材，单击“选项”面板内的“属性”标签，切换到“属性”选项卡，如图 8-3-20 所示。

选中“变形素材”复选框，可在“预览”窗口内显示一个矩形虚线框和 8 个黄色控制柄，以及四角的 4 个绿色控制柄；选中“显示网格线”复选框，可在“预览”窗口内显示网格线，如图 8-3-21 所示。

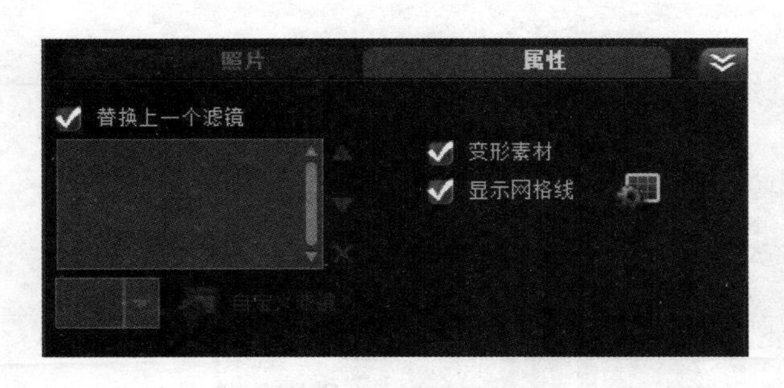

图 8-3-20 “属性”选项卡

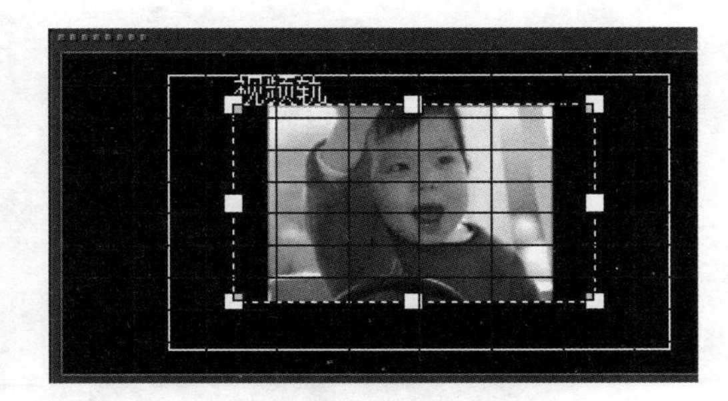

图 8-3-21 “预览”窗口内显示网格线

（11）单击“网格线选项”按钮，调出“网格线选项”对话框，如图 8-3-22 所示。拖曳调整“网格大小”栏内的滑块，或者改变数字框内的数值，可以调整网格线的间距。选中“靠近网格”复选框，可以在移动调整虚线框时，若虚线框接近网格线，则自动与网格线靠齐。在“线条类型”下拉列表框中选择一种线条类型。单击“线条色彩”色块，会调出颜色面板，如图 8-3-23 所示，可以用来设置线条颜色。单击“确定”按钮，关闭该对话框。

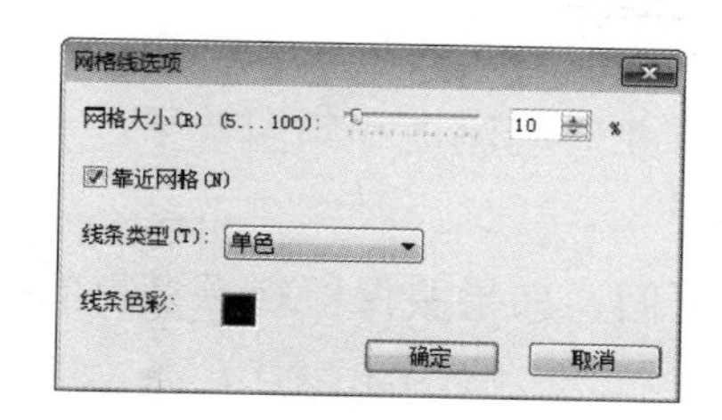

图 8-3-22 “网格线选项”对话框

图 8-3-23 颜色面板

（12）在“预览”窗口内拖曳矩形虚线框四角的黄色控制柄，可以调整图像的大小，如图 8-3-24（a）所示；拖曳矩形虚线框四边中间的黄色控制柄，可以调整图像的宽度或高度，如图 8-3-24（b）所示；拖曳矩形虚线框四角上的绿色控制柄，可以使图像倾斜，如图 8-3-24（c）所示。

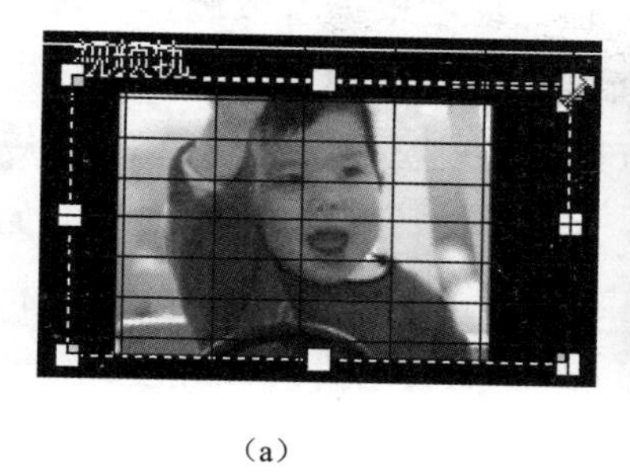

（a）

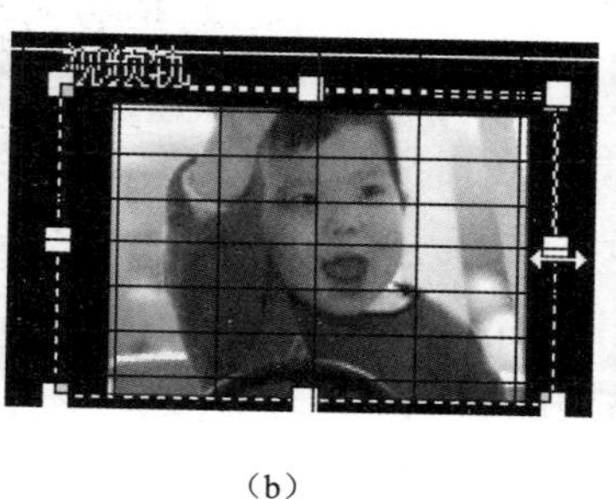

（b）

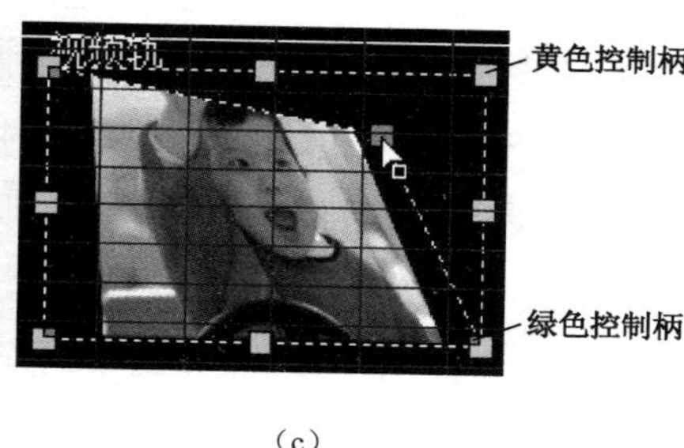

（c）

图 8-3-24 图像变形调整

2．视频编辑

（1）选中“故事”面板或“时间轴”面板内的视频素材，单击“媒体素材”面板内右下角的“选项”按钮，展开“选项”面板，切换到“视频”选项卡，如图 8-3-25 所示。当选中的视频内部包含音频时，其中的“音频”栏无效。

（2）“视频区间”栏内显示的是选中视频的播放时间，其由小时、分钟、秒和百分秒四部分组成，右边的两个按钮用来调整数值大小。选中一组数字后，该数字闪烁，表示可以通过微调按钮或键盘输入来修改数值。

（3）反转视频：选中“反转视频”复选框，即可使选中的视频反转，从“预览”面板中可以看到视频反转的效果，即从后向前播放的效果。

（4）速度/时间流逝：单击“速度/时间流逝”按钮，调出“速度/时间流逝”对话框，如图 8-3-26 所示。

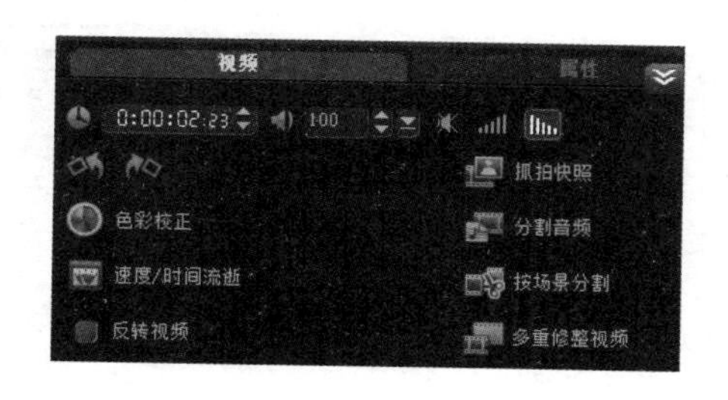

图 8-3-25 “选项”面板中的“视频”选项卡

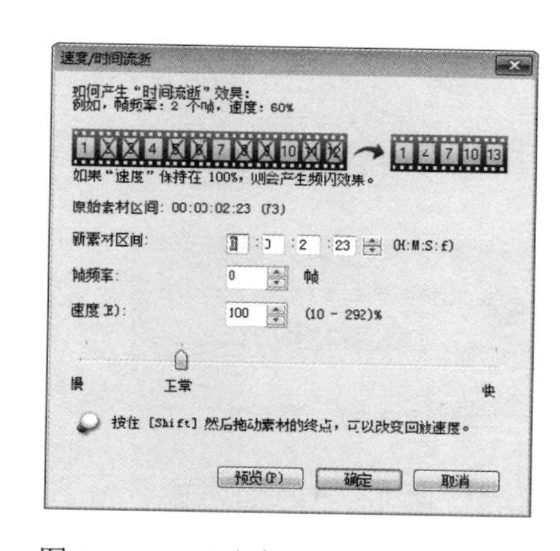

图 8-3-26 “速度/时间流逝”对话框

利用该对话框可以修改视频的播放速度，将视频设置为慢动作，可以强调动作，或者设置快速的播放速度，为视频营造滑稽的气氛。还可以移除一些帧，产生时间流逝和频闪效果。下面简要介绍调整视频素材的速度和时间流逝属性的方法。

① 在“新素材区间”栏内可以设置视频素材的播放区间。如果要保留视频素材的原始区间，则不用更改原始数值。

② 在“帧频率”数字框内设置视频播放过程中每隔一定时间要移除的帧数量。“帧频率”中的数值越大，视频中的时间流逝效果越明显。如果采用默认值“0”，则会保留视频素材中的所有帧。

如果“帧频率”数字框内的数值大于1，且素材区间不变，则会产生频闪效果。如果“帧频率”数字框内的数值大于1，且素材区间缩短，则会产生时间流逝效果。

③ 在“速度”数字框（数值范围为10%～1000%）内输入一个值，或者根据参数选择（慢、正常或快）拖曳滑块，可以调整视频播放速度。该数值越大，视频的播放速度越快。

④ 在“时间轴”面板上，将鼠标指针移到一些素材的右边终点处，当鼠标指针呈黑色箭头状时，水平拖曳可以调整素材的宽度，即播放的时间。按住Shift键，将鼠标指针移到一些素材（如音频素材）的右边终点处，当鼠标指针呈白色箭头状时，水平拖曳可以改变播放速度。如果素材的左边有空间，则将鼠标指针移到素材左边的起始处水平拖曳，也可以改变播放的时间或速度。

⑤ 单击“预览”按钮，可查看设置效果。单击“确定”按钮完成设置，关闭该对话框。

（5）抓拍快照：单击“抓拍快照”按钮，即可对“预览”面板内视频当前画面进行拍照，并将拍照获得的画面保存到“媒体素材”面板内选中的当前文件夹中。

（6）按场景分割：在“时间轴”面板上选择所捕获的DV AVI文件或MPEG文件，将“预览”面板内视频的起始标记和终止标记调整到它的原始默认状态。单击该按钮，可以调出一个提示框，如图8-3-27所示。单击“是”按钮，关闭该对话框，调出“场景”对话框，如图8-3-28所示。

利用“场景”对话框，可以检测视频文件中的不同场景，然后自动将该文件分割成多个素材文件。检测场景的方式取决于视频文件的类型。在捕获的DV AVI文件中，有以下两种场景的检测方法。

① DV录制时间扫描：根据拍摄日期和时间来检测场景，再将它们分割成不同的文件。

在“扫描方法”下拉列表框中可以选择“DV录制时间扫描”或“帧内容”选项，单击“选项”按钮，调出“场景扫描敏感度”对话框，在其内拖曳滑块可以设置敏感度级别，此值越高，场景检测越精确。

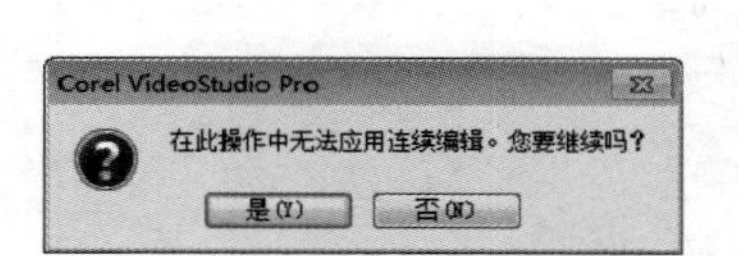

图8-3-27　提示框

图8-3-28　“场景”对话框

单击“扫描”按钮，“绘声绘影”软件立即扫描整个视频文件并列出检测到的所有场景。选择要连接在一起的所有场景，然后单击“连接”按钮，可以将检测到的部分场景合并到单个素材中。加号

（+）和一个数字表示该特定素材所合并的场景数目。

单击“分割”按钮，可以撤销已完成的所有“连接”操作。

② 按照“帧内容”检测内容的变化，如画面变化、镜头转换、亮度变化等，然后将它们分割成不同的文件。在 MPEG-1 或 MPEG-2 文件中，只能根据内容的变化来检测场景（按帧内容检测）。

（7）多重修整视频：多重修整视频功能是按场景分割，由程序自动完成，将一个视频分割成多个片段的另一种方法，它可以完全控制要提取的素材，以便于只包含想要的场景。

单击图 8-3-25 所示“视频”选项卡内的“多重修整视频”按钮，调出一个提示框，提示必须将素材的属性重置为默认设置。单击该提示框内的“确定”按钮，关闭该对话框，调出“多重修整视频”对话框，如图 8-3-29 所示。其内各选项的作用如下。

图 8-3-29 “多重修整视频”对话框

① 单击“播放”按钮，查看整个素材，以确定在该对话框中标记视频片段的位置。

② 拖曳“时间轴缩放”滑块，可以选择要显示的帧数，也可以选择显示每秒一帧的最小分割。拖曳“帧水平移动”滑块（也称为播放头），直到到达要用作第一个片段的起始帧的视频部分为止。单击“设置开始标记”按钮，创建一个开始标记。接着拖曳“帧水平移动”滑块到要终止该视频片段的位置，单击“设置结束标记”按钮。此时，会在下边栏内显示该视频片段的一幅缩略图，如图 8-3-30 所示。

重复进行步骤①和步骤②，直到标记出要保留的所有视频片段为止，如图 8-3-30 所示。

图 8-3-30 修整的视频片段缩略图

要标记开始和结束的一个视频片段，还可以在播放视频时按 F3 和 F4 键。

③ 单击“反转选取”按钮或按 Alt+I 组合键，可以在标记保留素材片段和标记剔除素材片段

之间进行切换。

④ “快速搜索间隔”栏内用于设置帧之间的固定间隔，并以设置值浏览影片。

单击“向后搜索”按钮或按 F6 键，可以以固定时间间隔量向前浏览视频。单击“向前搜索”按钮或按 F5 键，可以以固定时间间隔量向后浏览视频。利用时间间隔数字框 0:00:14:24 可以调整时间间隔量，默认情况下，时间间隔量是 15s。

⑤ “多重修整视频”对话框中视频播放器内各按钮的作用如表 8-3-1 所示。

表 8-3-1 视频播放器内各按钮的作用

按 钮	名 称	快捷键	作 用
	播放	Space	播放视频文件；按 Shift+Space 组合键或按住 Shift 键并单击该按钮，可以只播放所选视频片段
	起始	Home	移动到修整过的视频片段的起始帧
	结束	End	移动到修整过的视频片段的结束帧
	转到上一帧	←	移动到视频的上一帧
	转到下一帧	→	移动到视频的下一帧
	重复	R	重复播放视频
	停止	S	暂停播放视频，单击“播放”按钮可以继续播放

⑥ “播放修整的视频”按钮，只播放前面截取的几个视频片段。单击“确定”按钮，保留的视频片段即可插入到“时间轴”面板的“视频”轨道内。

⑦ “自动检测电视广告”按钮用来自动检测电视广告。

⑧ “检测敏感度”栏可以设置检测的灵敏度。

⑨ 单击“删除”按钮，可以删除选中的视频片段。

⑩ 单击“确定”按钮，完成视频片段的设置，关闭该对话框，将加工的视频片段添加到“时间轴”面板内的“视频”轨道中。

3．音频编辑

（1）加工视频中的音频：选中“故事”面板或“时间轴”面板内的有音频成分的视频素材，展开“选项”面板，切换到“视频”选项卡，如图 8-3-25 所示，其中的“音频”栏有效。其内各选项的作用如下。

① “素材音量”栏：在“素材音量”文本框内可以输入音频的音量大小数值（最大值为 500，最小值为 0）；单击“素材音量”按钮中的两个微调按钮，可以调整“素材音量”文本框内音量数值的大小；单击按钮，可以调出“音量调整”面板，如图 8-3-31 所示，拖曳其内的滑块，可以调整音量的大小。

② “静音”按钮：单击该按钮，可以将选中的视频中声音在静音和放音之间切换。

③ “淡入”按钮：单击该按钮，可以将选中的视频中声音在开始时逐渐变大。

④ “淡出”按钮：单击该按钮，可以将选中的视频中声音在结束时逐渐变小。

（2）分割音频：选中“时间轴”面板内的有音频成分的视频素材，展开“选项”面板，切换到“视频”选项卡，单击其内的“分割音频”按钮，即可将视频中的声音独立出来，并导入到“声音”轨道，名称与视频素材的名称一样，如图 8-3-32 所示。

图 8-3-31 “音量调整”面板

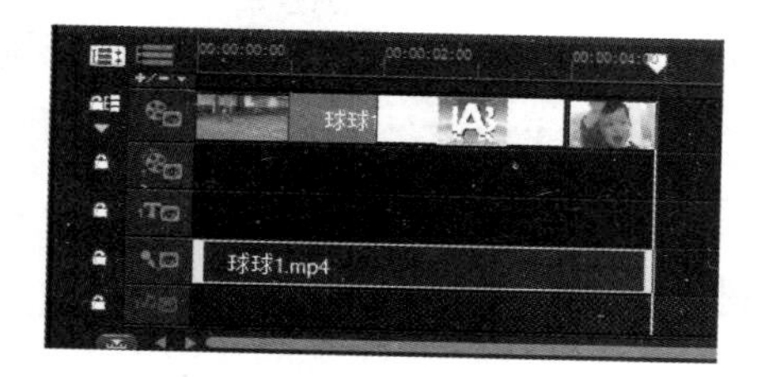

图 8-3-32 “时间轴”面板

（3）音频滤镜：选中“时间轴”面板内“音乐”或“声音”轨道中的音频素材，展开“选项”面板的“音乐和声音”选项卡，如图 8-3-33 所示。其中，第 1 行各选项的作用前面已经介绍过，单击“速度/时间流逝”按钮，会调出如图 8-3-26 所示的“速度/时间流逝”对话框。单击“音频滤镜”按钮，会调出“音频滤镜”对话框，如图 8-3-34 所示。在其内左边“可用滤镜”列表框中选中一种滤镜，“添加”按钮会变为有效，单击“添加”按钮，可将选中的滤镜移到右边的“已用滤镜”列表框中。在其内右边“已用滤镜”列表框中选中一种滤镜，“删除”按钮和“全部删除”按钮会变为有效，单击“删除”按钮，可将选中的滤镜删除；单击“全部删除”按钮，可以删除“已用滤镜”列表框中的所有滤镜。

图 8-3-33 “音乐和声音”选项卡

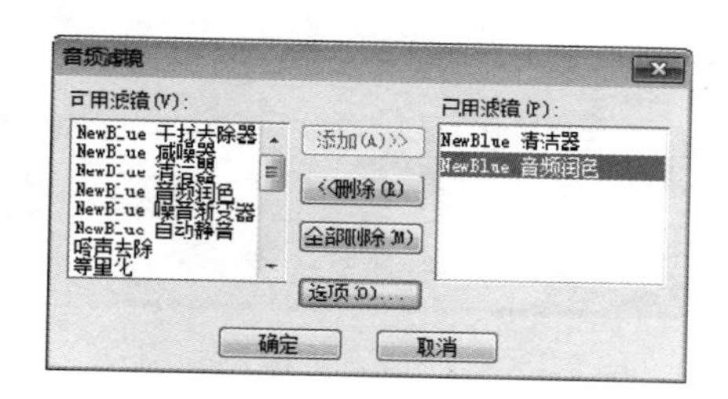

图 8-3-34 “音频滤镜”对话框

选中列表框中的滤镜选项，单击“选项”按钮，即可调出相应的滤镜参数设置对话框，用来调整该滤镜参数。

例如，选中“已用滤镜”列表框中的“NewBlue 音频润色”滤镜选项，单击“选项”按钮，即可调出“NewBlue 音频润色”对话框，如图 8-3-35 所示，该对话框可以用来调整该滤镜的一些参数。再如，选中“可用滤镜”列表框中的“删除噪音”滤镜选项，单击“选项”按钮，即可调出如图 8-3-36 所示的“删除噪音”对话框，该对话框可以用来调整该滤镜的一些参数。

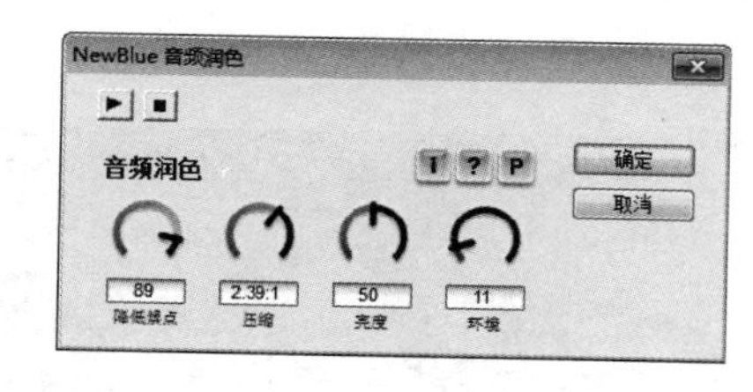

图 8-3-35 “NewBlue 音频润色”对话框

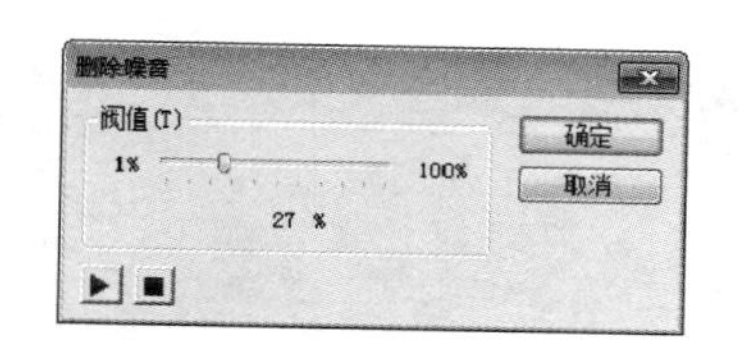

图 8-3-36 “删除噪音”对话框

8.3.3 转场、标题、图形和滤镜效果编辑

1. 转场编辑

将素材库中的图像或视频素材拖曳到“故事”面板或“时间轴”面板的“视频”轨道或“覆叠”

轨道中，再将转场素材库内的一个转场图案拖曳到两个素材之间，在它们之间会生成一个场景转换效果图案。在“预览”面板内播放整个项目，可以看到两个图像或视频素材画面在切换时的转场效果。

应用不同的转场，可以获得许多有趣的效果。转场效果可以应用于视频和图像、图像和图像、视频和视频素材之间。

选中“故事”面板或“时间轴”面板中的转场图案，展开“选项”面板，可以切换到“转场”选项卡。在该选项卡内会显示所选转场效果的属性，也可以修改这些属性参数，自定义转场效果样式，从而准确地控制转场效果在影片中的运行方式。选中不同的转场图案，“转场”选项卡的内容也会不一样。

例如，选中的转场图案是“手风琴-三维”转场图案，则“转场”选项卡如图 8-3-37 所示；选中的转场图案是“横条-卷动”转场图案，则“转场”选项卡如图 8-3-38 所示。单击其内“色彩”色块，可以调出一个颜色面板，单击其内的一个色块，即可修改三维效果或卷动效果的背景色；单击图 8-3-37 所示“转场”选项卡（1）中“方向”栏内的按钮或其他按钮，可以改变手风琴动画的方向；单击图 8-3-38 所示“转场”选项卡（2）中“方向”栏内的按钮或其他按钮，可以改变画面卷动的方向。

图 8-3-37 “转场”选项卡（1）

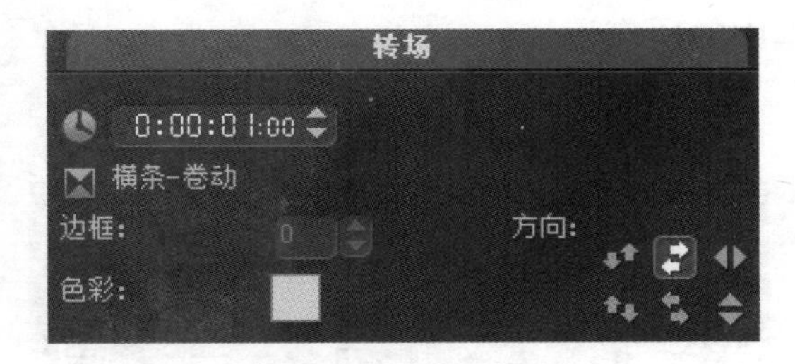

图 8-3-38 “转场”选项卡（2）

2．标题编辑

将如图 8-1-19 所示“媒体素材”面板中标题素材库的标题素材图案拖曳到“标题”轨道内，选中“标题”轨道内的标题图案，在“预览”面板内可以看到添加的标题文字，如图 8-3-39 所示。选中“预览”面板内的标题文字，展开“选项”面板，切换到“编辑”选项卡，如图 8-3-40 所示。

另外，选中“标题”轨道内部，再双击“预览”面板，即可进入标题文字的输入和编辑状态，同时“选项”面板中的“编辑”选项卡如图 8-3-40 所示。在“编辑”选项卡内，将鼠标指针移到各选项上，会显示各选项的名称。“编辑”选项卡内各选项的作用如下。

（1）“区间” 0:00:03:00：用来设置标题文字的播放时间。

图 8-3-39 “预览”面板

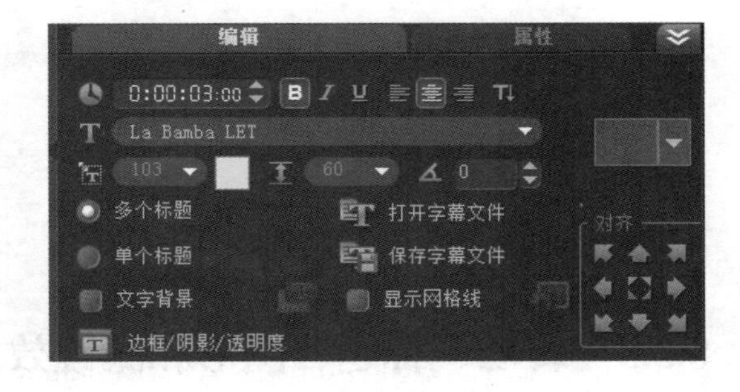

图 8-3-40 “选项”面板中的“编辑”选项卡

（2）按钮组：从左到右分别是“加粗”“斜体”“下画线”“居左”“居中”和“居右”按钮。单击各按钮，即可进行相应的设置。

（3）“将方向更改为垂直”按钮：单击该按钮，将标题文字改为垂直方向。

（4）“字体”下拉列表框：用来选择一种字体。

（5）“字体大小”下拉列表框：用来选择字体的大小。

（6）“色彩”色块：单击该色块，调出颜色面板，用来设置文字的颜色。

（7）“行间距”下拉列表框：单击该下拉列表框会弹出下拉列表，用来选择行间距的大小。

（8）“按角度旋转”数字框：用来设置标题的旋转角度。

（9）“多个标题”和“单个标题”单选按钮：选中“多个标题”单选按钮，可以输入多个标题文字；选中“单个标题”单选按钮，会调出“Corel VideoStudio Pro”提示框，提示只可以输入一个标题文字和其他有关信息，如图 8-3-41 所示。单击“是”按钮，“预览”窗口内只有一个标题文字。

（10）“文字背景”复选框：选中该复选框，单击该复选框右边的“自定义文字背景的属性”按钮，调出“文字背景”对话框，如图 8-3-42 所示。在“背景类型”栏内可以选择一种类型，再在下拉列表框中选择一种背景图形，如图 8-3-43 所示。在“放大”数字框中设置背景图形的大小。

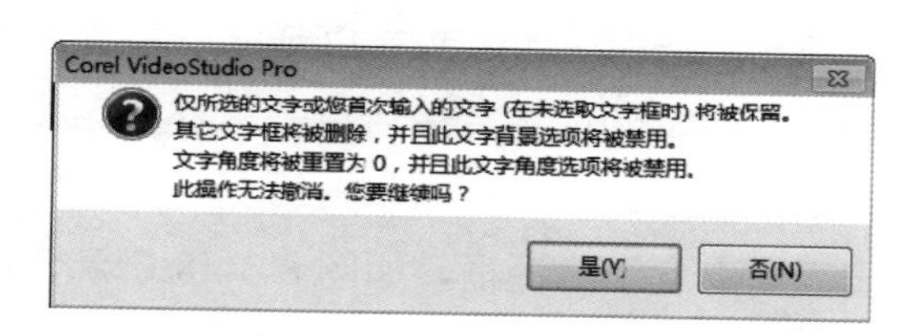

图 8-3-41 “Corel VideoStudio Pro”提示框

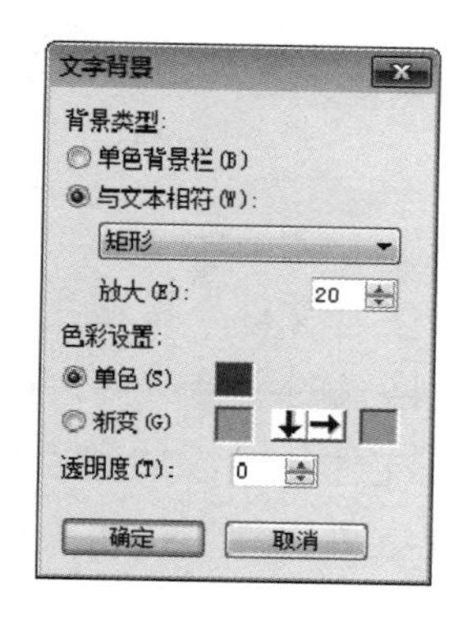

图 8-3-42 “文字背景”对话框

按照图 8-3-42 所示的参数进行设置后的标题文字和背景图形如图 8-3-44 所示。

图 8-3-43 “背景类型”列表框

选中“单色”单选按钮后，单击色块，可以调出颜色面板，利用该面板可以设置标题文字背景图形的颜色。选中“渐变”单选按钮，依次单击两个色块，调出颜色面板，用来设置标题文字背景图形渐变颜色的起始颜色和终止颜色，再在“透明度”数字框内设置透明度的数值，如图 8-3-45 所示，最后单击“确定”按钮。

（11）“边框/阴影/透明度”按钮：单击该按钮，调出“边框/阴影/透明度”对话框中的“边框”选项卡，如图 8-3-46（a）所示，利用该选项卡可以设置边框的颜色和大小，以及透明度等属性。设置好边框的属性后切换到“阴影”选项卡，如图 8-3-46（b）所示，利用该选项卡可以设置文字的阴影。将鼠标指针移到“边框/阴影/透明度”对话框内的各选项上，可以显示各选项的名称和作用。

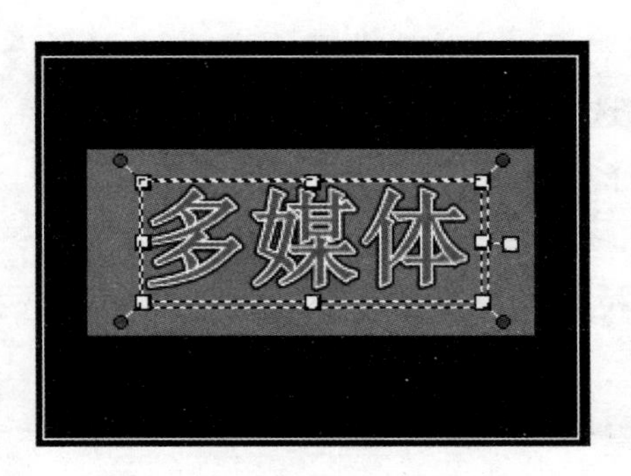

图 8-3-44　标题文字和背景图形

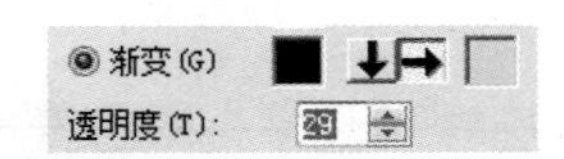

图 8-3-45　设置渐变色

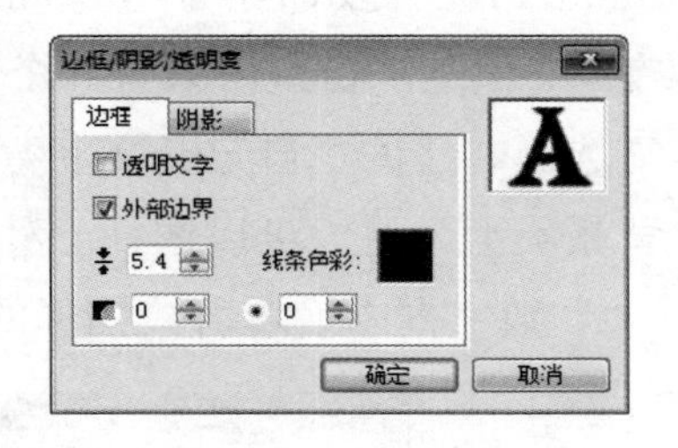

（a）

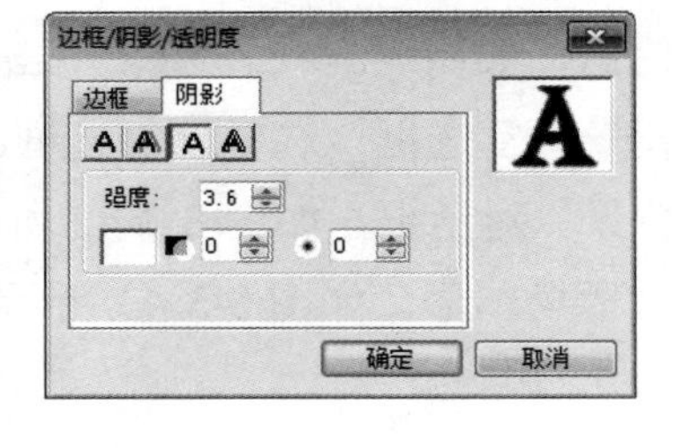

（b）

图 8-3-46　“边框/阴影/透明度”对话框

（12）“打开字幕文件”按钮：单击该按钮，调出“打开”对话框，如图 8-3-47 所示。在其内选择扩展名为 UTF 格式的字幕文件，可以设置字体、字体颜色、阴影颜色等，最后单击“打开”按钮，打开选中的字幕文件，并添加到“预览”窗口和“标题”轨道内。

（13）“保存字幕文件”按钮：单击该按钮，可以调出“另存为”对话框，如图 8-3-48 所示，用来保存当前的标题文字。

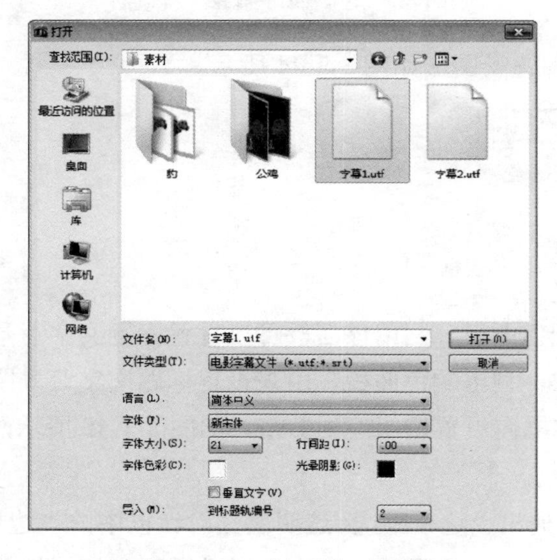

图 8-3-47　“打开”对话框

图 8-3-48　“另存为”对话框

（14）“选取标题样式预设”下拉列表框：单击该下拉列表框，可以调出“选取标题样式预设”列表，如图 8-3-49 所示。单击其内的图案，即可给当前标题文字添加一种预设好的样式。

（15）“对齐”栏：单击该栏内的按钮，可以设置标题文字的位置和对齐方式。将鼠标指针移到按钮上，可以显示各按钮的名称和作用。

（16）“显示网格线”复选框和“网格线选项”按钮：单击“网格线选项”按钮，可以调出“网格线选项”对话框，如图 8-3-22 所示。

（17）切换到“选项”面板中的“属性”选项卡，如图 8-3-50 所示。选中“应用”复选框，在下边的列表框中选中一种动画图案，即可将该动画添加到选中的标题文字。

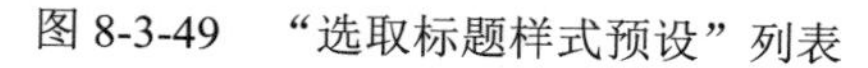

图 8-3-49　“选取标题样式预设”列表

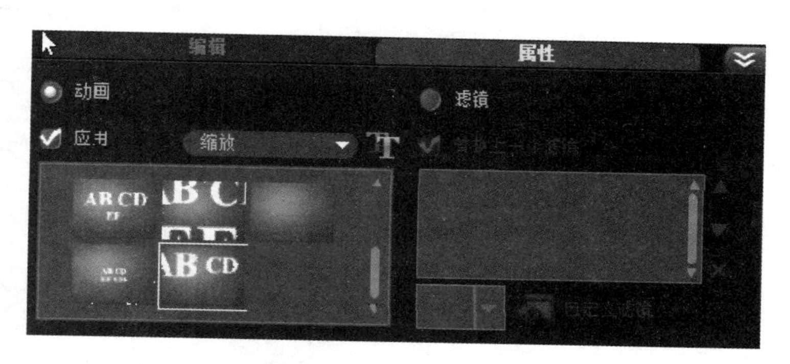

图 8-3-50　“选项”面板中的“属性”选项卡

3．图形编辑

单击“媒体素材”面板内的“图形”按钮，调出“图形”素材库，其内显示系统自带的图案，如图 8-1-20 至图 8-1-23 所示。将其内图案拖曳到“故事”面板内或“时间轴”面板的“视频”轨道内。选中“覆叠”轨道内的图案，展开“选项”面板中的“属性”选项卡，如图 8-3-51（a）所示，切换到“编辑”选项卡，如图 8-3-51（b）所示。

选中“视频”轨道内的色彩图案，展开“选项”面板中的“属性”选项卡，该选项卡只有图 8-3-51（a）所示选项卡内下边的部分内容；切换到“色彩”选项卡，“色彩”选项卡与图 8-3-51（b）所示“编辑”选项卡基本一样。“属性”选项卡和“编辑”选项卡内各选项的作用如下。

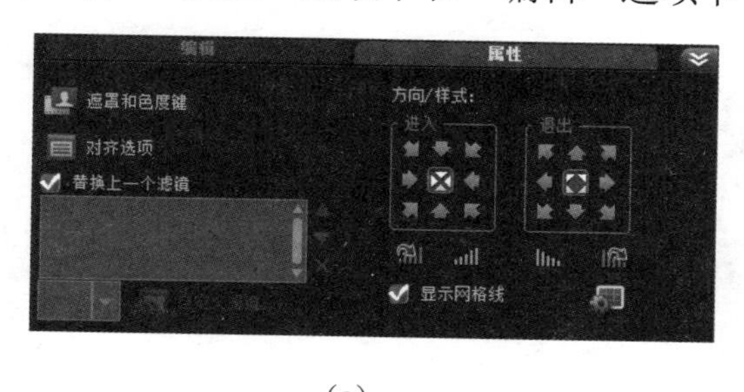

（a）

（b）

图 8-3-51　“选项”面板中的“属性”选项卡和“编辑”选项卡

（1）“色彩区间” 0:00:02:00：用来设置色彩图案的播放时间。

（2）“色彩选取器”按钮：单击该按钮，调出颜色面板，用来设置颜色。

（3）“对齐选项”按钮：单击该按钮，调出“对齐选项”菜单，如图 8-3-52 所示。利用其内的菜单命令，可以调整选中素材对象的大小、位置、变形等参数。

（4）“方向/样式”栏：其内各选项的作用如图 8-3-53 所示。

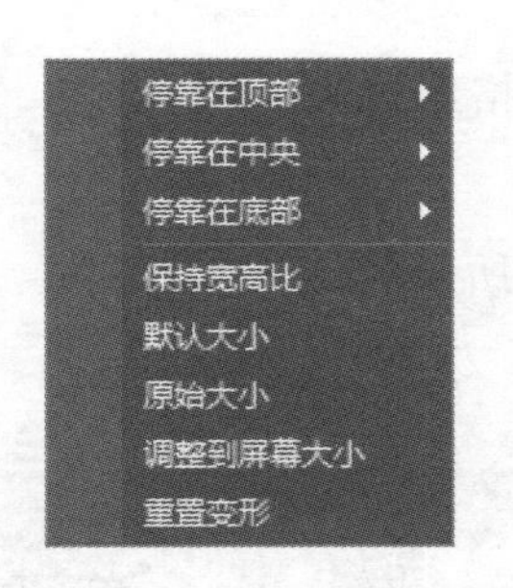

图 8-3-52 “对齐选项”菜单

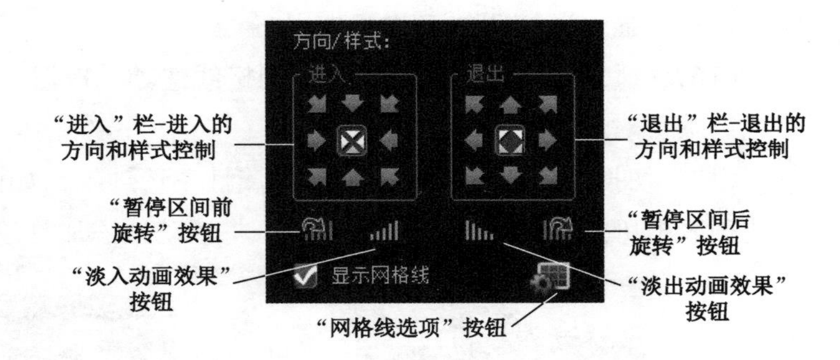

图 8-3-53 “方向/样式”栏

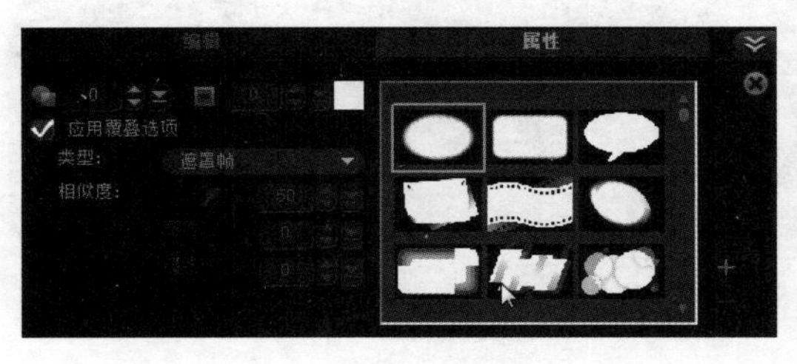

图 8-3-54 “遮罩和色度键”面板

（5）“遮罩和色度键”按钮：单击该按钮，调出“遮罩和色度键”面板，其内有一个“类型”下拉列表框，如果前面选择的是“覆叠”轨道内色彩图案，则“类型”下拉列表框内只有“遮罩帧”选项；如果前面选择的“覆叠”轨道内的边框、对象或 Flash 动画图案，则“类型”下拉列表框内有“遮罩帧”和“色度键”两个选项。

如果在“类型”下拉列表框内选择“遮罩帧”选项，则“遮罩和色度键”面板如图 8-3-54 所示，选中“遮罩图形”列表框内的一个形状图案，即可为覆叠素材添加遮罩或镂空形状图形，可以将这些形状图形调整为不透明或透明。“遮罩和色度键”面板内各选项的作用如下。

① “透明度”数字框：用来设置图形的透明度。单击按钮，可以调出一个有滑槽和滑块的面板，拖曳滑块，可以调整图形的透明度值。

② “边框大小和颜色”栏：左边的数字框用来设置边框大小，右边是选择边框颜色的色块。

③ 添加遮罩项：单击“添加遮罩项”按钮，调出“浏览照片”对话框，如图 8-3-55 所示。选中一个或多个图像文件（可以使用任何图像文件），单击“打开”按钮，可以调出一个“Corel VideoStudio Pro”提示框，如图 8-3-56 所示。

图 8-3-55 “浏览照片”对话框

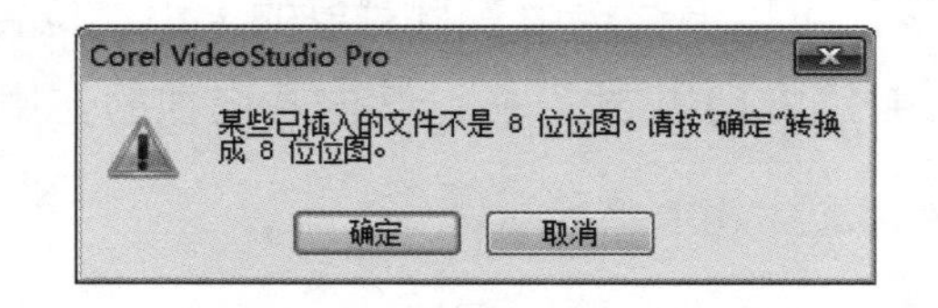

图 8-3-56 “Corel VideoStudio Pro”提示框

单击“确定”按钮，即可将选中的图像文件作为遮罩导入“遮罩和色度键”面板“遮罩图形”列表框内的后边。可以使用 Corel PaintShop Pro 和 CorelDRAW 等软件来创建图像遮罩。

④ 删除遮罩项：选中“遮罩和色度键”面板“遮罩图形”列表框内添加的遮罩项，单击“删除遮罩项”按钮▬，即可将选中的遮罩项删除。

（6）在“类型”下拉列表框内选择“色度键”选项后的“遮罩和色度键”面板，如图 8-3-57 所示，此时，“遮罩和色度键”面板中“相似度”栏内各选项变为有效。选择“色度键”选项可以使素材中的某一特定颜色变为透明并将“视频”轨道中的素材显示为背景。对“覆叠”轨道内素材应用色度键的具体方法如下。

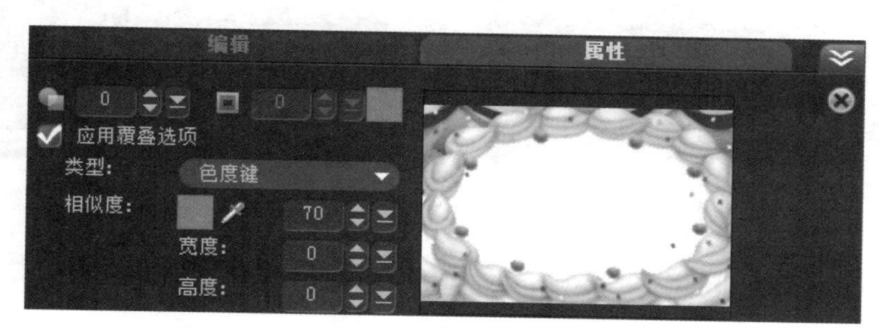

图 8-3-57 “遮罩和色度键”面板

① 选中“覆叠”轨道内的一个框架图形，此时“预览”窗口内的图像如图 8-3-58（a）所示。

② 在“相似度”栏中，单击“滴管工具”按钮，再单击右边框架图像内的一种颜色（如中心部位的白色），则在“预览”窗口内可以立即看到图像的相应颜色变为透明色（渲染为透明色），如图 8-3-58（b）所示。

③ 在“相似度”栏内单击色块，调出颜色面板，利用该面板也可以设置要透明的颜色。

④ 在“相似度”栏内调整第 1 行“针对遮罩的色彩相似度”数字框内的数值，调整要渲染为透明色的色彩范围；调整第 2 行“修剪覆叠素材的宽度”数字框内的数值，再调整“覆叠”轨道内选中框架素材的宽度；调整第 3 行“修剪覆叠素材的高度”数字框内的数值，再调整“覆叠”轨道内选中框架素材的高度。

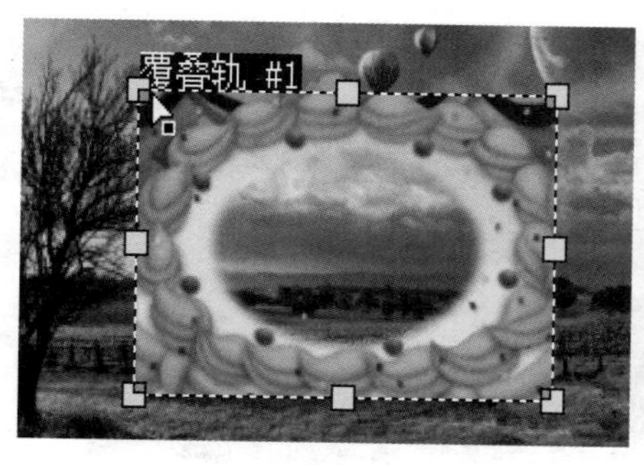

（a）不带色度键

（b）带色度键

图 8-3-58 没有应用色度键和应用色度键对比

⑤ 完成设置后单击“关闭”按钮，即可关闭“遮罩和色度键”面板，返回到“选项”面板。

4．滤镜效果编辑

单击“媒体素材”面板中的“滤镜”按钮FX，该按钮变为黄色，同时素材库内显示系统自带的滤镜效果动画，如图 8-1-24 所示。将素材库内的滤镜效果动画图案拖曳到“视频”或“覆叠”轨道内的图像、视频、图形等素材对象上，即可给该素材对象添加滤镜效果，此时在图像等素材对象图案中的左上角会显示一个图图标。

选中“视频”或“覆叠”轨道内添加了滤镜效果的素材对象图案，展开“选项”面板，切换到“属性”选项卡，如图 8-3-59（a）所示；切换到“编辑”选项卡，如图 8-3-59（b）所示。可以看到，其与图 8-3-51 所示的“选项”面板中的“属性”选项卡和“编辑”选项卡相比增加了一些选项。下面介绍这些新增选项的作用。

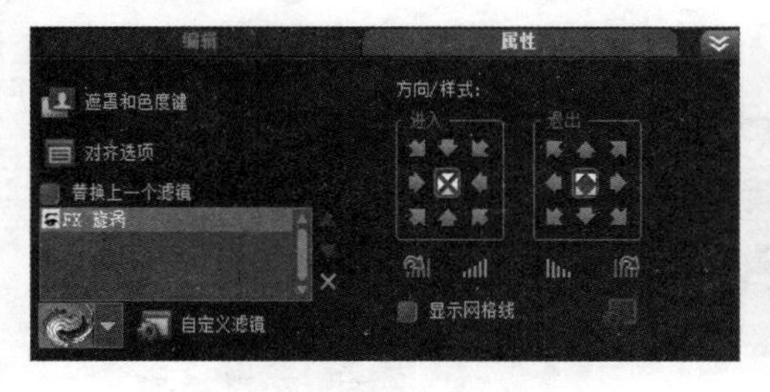

（a）“属性”选项卡

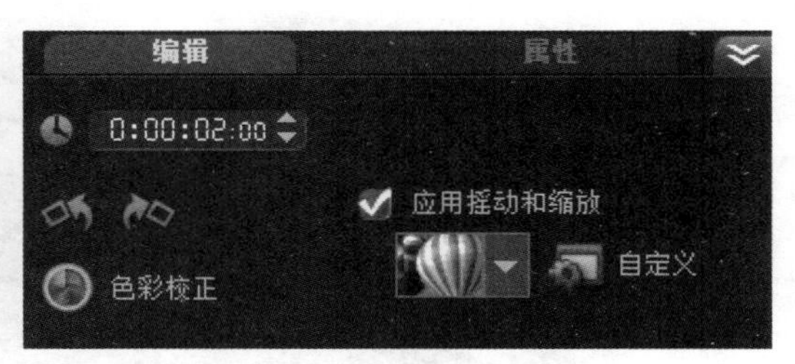

（b）“编辑”选项卡

图 8-3-59　添加了滤镜效果的对象的“选项”面板

（1）单击“属性”选项卡中的“滤镜样式”按钮，调出“滤镜样式”面板，如图 8-3-60 所示，其内列出选中滤镜类型的几种不同样式图案，单击样式图案，可以更换滤镜样式。

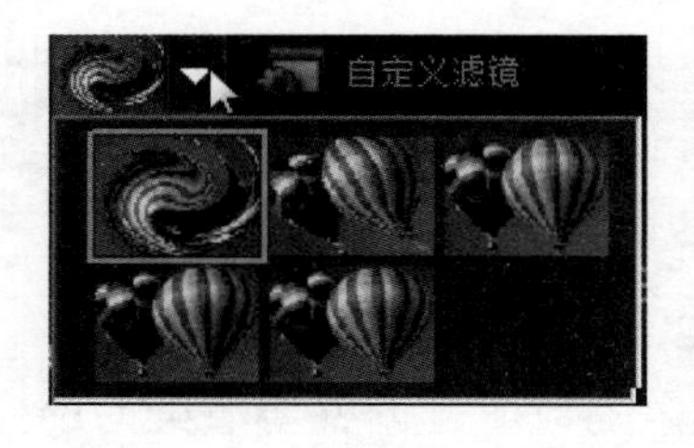

图 8-3-60　“滤镜样式”面板

（2）应用多个滤镜：默认情况下，素材所应用的滤镜总会由拖曳添加到素材上的新滤镜替换原有滤镜。取消“替换上一个滤镜”复选框，可以对单个素材应用多个滤镜。“绘声绘影 X 5”软件最多可以向单个素材应用 5 个滤镜。如果一个素材应用了多个视频滤镜，单击“上移滤镜”按钮和“下移滤镜”按钮，可改变滤镜的次序。改变视频滤镜的顺序会对素材产生不同效果。单击“删除”按钮，可以删除选中的滤镜。

（3）单击“自定义滤镜”按钮，调出“FX 漩涡”对话框，如图 8-3-61 所示。可以看到，该对话框内的左边是原图，右边是添加滤镜效果后的动画画面。在对项目进行渲染时，只有启用的滤镜才能被包含到影片中。

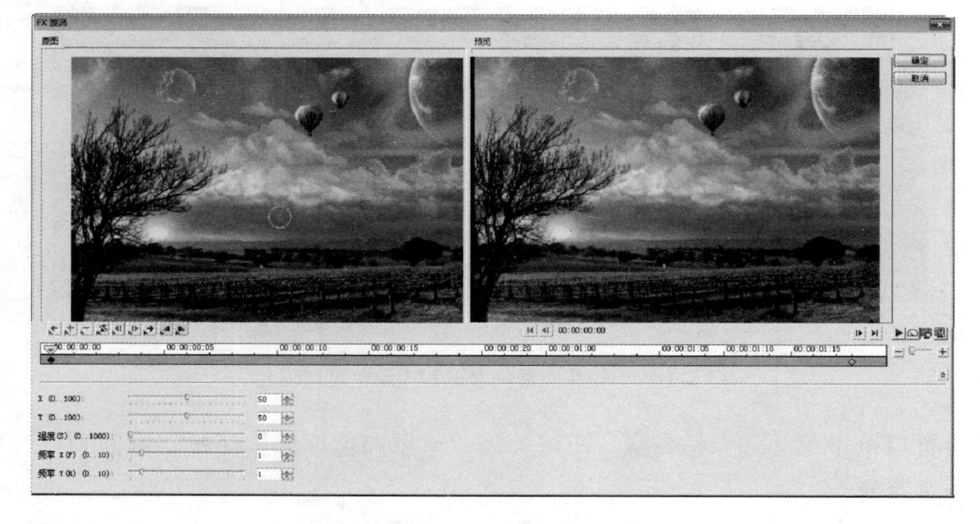

图 8-3-61　“FX 漩涡”对话框

“FX 漩涡”对话框内主要选项的作用如下。

① 在该对话框内的左下角有 5 行滑槽与滑块，以及数字框，用来调整图像滤镜的参数，在调整过程中可以同时在右边观察到调整的效果。拖曳滑块或直接修改数字框中的数值都可以改变相应的参数。使用不同的滤镜，其参数选项会不一样。

这里，在“X”、“Y”“强度”“频率 X”和“频率 Y”数字框中可以调整动画关键帧的属性参数。

② “添加关键帧”按钮：拖曳播放头到非关键帧处，“添加关键帧”按钮变为有效，单击该按钮，可以在播放头指示的位置添加一个素材中的关键帧，为关键帧设置视频滤镜参数。在时间轴栏关键帧处新增一个关键帧标记◆，当前关键帧标记的颜色为红色，如图 8-3-62 所示。

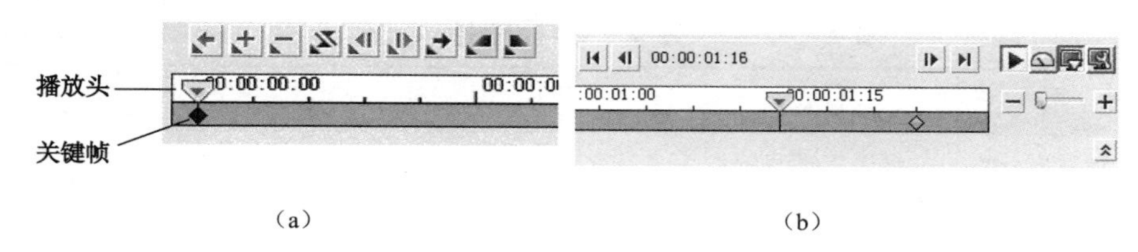

（a）　　（b）

图 8-3-62　原始图和 FX 漩涡效果图的控制按钮

③“删除关键帧”按钮：单击该按钮，可以删除当前关键帧（当前关键帧标记为◆）。

④“翻转关键帧”按钮：单击该按钮，可以翻转时间轴中关键帧的顺序，即以最后一个关键帧为开始关键帧，以第 1 个关键帧为结束关键帧。

⑤“转到下一个关键帧”按钮：将播放头移动到下一关键帧处。

⑥“转到上一个关键帧”按钮：将播放头移动到上一关键帧处。

⑦“淡入”按钮和“淡出”：单击这两个按钮，可以分别确定滤镜上的“淡入”和“淡出”点。

⑧“将关键帧移到左边”按钮：单击该按钮，可以将当前关键帧左移一帧。

⑨“将关键帧移到右边”按钮：单击该按钮，可以将当前关键帧右移一帧。

⑩“转到起始帧”按钮：将播放头移到起始关键帧。

⑪ “左移一帧”按钮：单击该按钮，可以将播放头左移一帧。

⑫ “右移一帧”按钮：单击该按钮，可以将播放头右移一帧。

⑬ “转到终止帧”按钮：将播放头移到终止关键帧。

⑭ “播放”按钮：在右上边的显示框内显示添加滤镜后的动画效果，预览所做的更改。

⑮ “播放速度”按钮：单击该按钮，可以调出一个“播放速度”菜单，选中其内的一个选项，即可设置一种相应的播放速度。

⑯ “启用设备”按钮：单击该按钮，可以选择显示设备。

⑰ “更换设备”按钮：单击该按钮，可以调出“预览回放选项”对话框，用来更换设备。

8.3.4　影片制作的分享步骤

单击“步骤”栏内的“分享”标签，切换到“分享”步骤的“分享”面板，如图 8-3-63 所示。在“分享”步骤中，可以将创建的项目生成（也称渲染）保存为视频文件（AVI 和 MPEG 等格式）、音频文件（WAV 和 MP3 等格式）和刻录成 VCD、SVCD 或 DVD 等光盘（通过向导来完成）。

图 8-3-63　“分享”面板

“分享”面板中有 8 个按钮，其作用如表 8-3-2 所示。

表 8-3-2　“分享”面板中各按钮的作用

图　标	名　称	作　用
	创建视频文件	可以将项目保存为多种文件格式和视频设置的视频文件，还可以将项目输出为 3D 格式的视频文件
	项目回放	清空屏幕，并在黑色背景上显示整个项目或所选片段。如果有连接到系统的 VGA-TV 转换器、摄像机或录像机，则还可以输出到磁带，它还允许在录制时手动控制输出设备
	创建声音文件	将视频项目中音频轨道的音频内容保存为单独的音频文件。如果将同一个声音应用到其他图像上，或要将捕获的现场表演的音频转换成声音文件，则此功能尤其有用
	DV 录制	允许使用 DV 摄像机将所选视频文件录制到 DV 磁带上
	创建光盘	启动光盘制作向导，以 AVCHD、DVD 或 BDMV 格式将项目刻录到各种光盘中
	HDV 录制	可以使用 HDV 摄像机将所选视频文件录制到 DV 磁带上
	导出到移动设备	创建可导出版本的视频文件，可以在 iPhone、iPad、iPod Classic、iPod Touch、Pocket PC、Nokia 等手机、Windows Mobile-based Device 设备和 SD（安全数字）卡等外部设备上使用
	上传到网站	允许使用 Vimeo、YouTube、Facebook 和 Flickr 账户在线共享视频

下面对一些重要内容做进一步介绍。

1．创建视频文件和音频文件

（1）在将整个项目渲染为影片文件之前，务必将其保存为 VSP 格式的项目文件，这样随时可以返回项目并进行编辑。

（2）单击“分享”面板内的“创建视频文件”按钮，调出“创建视频文件”菜单，其内给出要创建视频文件的多个选项，如图 8-3-64 所示。

（3）选择“创建视频文件”菜单中的一种视频输出格式，如选择“WMV”→“WMV HD 1080 25p”命令，调出“创建视频文件”对话框，如图 8-3-65 所示，该对话框中“保存类型”下拉列表框内的选项是依据选择的视频输出格式自动确定的。“名称”栏和“属性”列表框内分别显示要保存视频的名称和属性。

图 8-3-64 “创建视频文件”菜单

图 8-3-65 “创建视频文件”对话框（1）

选择保存视频文件的文件夹，在“文件名”文本框内输入文件名称，单击“选项”按钮，调出“Corel VideoStudio Pro”对话框，如图 8-3-66 所示。利用该对话框可以进行一些视频创建和渲染特点的设置，设置完后单击“确定”按钮，关闭该对话框。

单击“创建视频文件”对话框内的“保存”按钮，调出“渲染”面板，开始进行视频渲染（将项目内容转换为相应格式的视频文件），其中的一幅画面如图 8-3-67 所示。在渲染过程中，单击按钮，可以在“预览”面板内预览渲染效果和停止预览渲染效果之间切换；单击按钮和按钮，可以在暂停渲染和继续渲染之间切换；按 Esc 键，可以终止渲染。

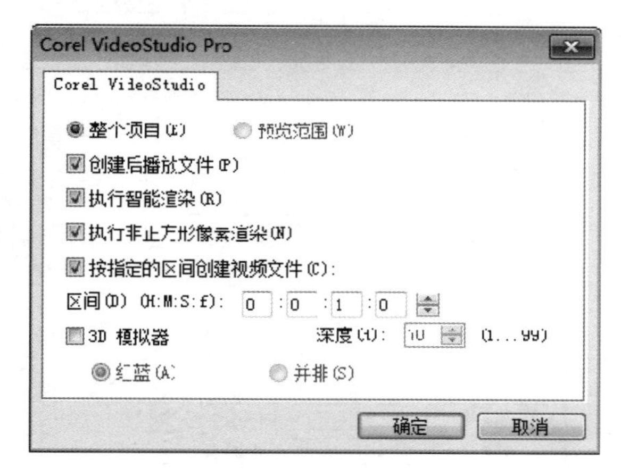

图 8-3-66 “Corel VideoStudio Pro”对话框（1）

图 8-3-67 “渲染”面板

（4）选择“创建视频文件”菜单中的“与第一个视频素材相同”命令，可以调出“创建视频文件”对话框，利用该对话框可以使用视频轨上第一个视频素材的设置来将当前项目保存为一个指定视频文件。

（5）选择“创建视频文件”菜单中的“与项目设置相同”命令，调出“创建视频文件”对话框，利用该对话框可以使用当前项目的设置将项目输出为视频文件。也可以选择“设置”→“项目属性”命令，调出“项目属性”对话框，利用该对话框来使用当前项目的设置。

（6）选择“创建视频文件”菜单中的“MPEG 优化器”命令，可以调出“MPEG 优化器”对话框，利用该对话框可以查看视频和音频设置，也可以设置转换文件的大小。单击“接受”按钮，关闭该对话框，调出“创建视频文件”对话框，利用该对话框可以优化 MPEG 影片的渲染效果，将项目输出为视频文件。

（7）选择“创建视频文件”菜单中的“自定义”命令，调出“创建视频文件”对话框，如图 8-3-68 所示，在该对话框内的“保存类型”下拉列表框中可以选择一种视频文件格式，单击“保存”按钮，可以将项目输出为选定格式的视频文件。单击“选项”按钮，可以调出“视频保存选项”对话框，如图 8-3-69 所示，用来进行视频创建和渲染特点的设置。

切换到“视频保存选项”对话框中的“常规”选项卡，如图 8-3-70 所示，用来设置帧速率、帧类型和帧大小等属性。切换到“AVI”选项卡，如图 8-3-71 所示，用来设置 AVI 格式视频的数据类型、音频格式和音频属性等参数。

图 8-3-68 “创建视频文件”对话框（2）

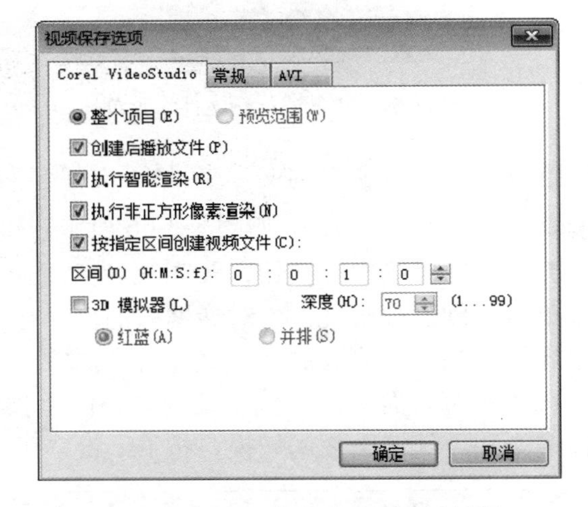

图 8-3-69 “视频保存选项”对话框

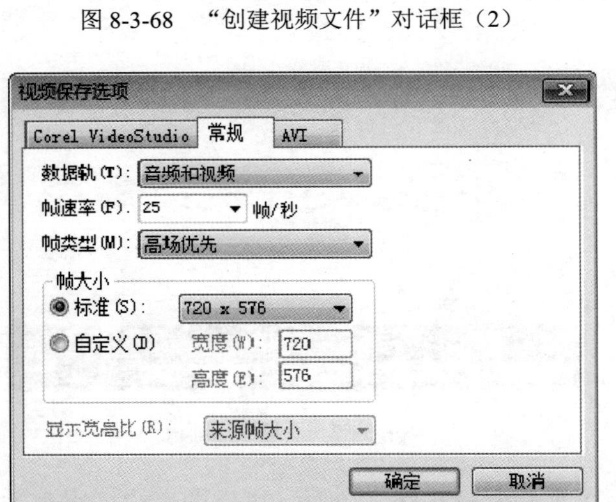

图 8-3-70 “常规”选项卡

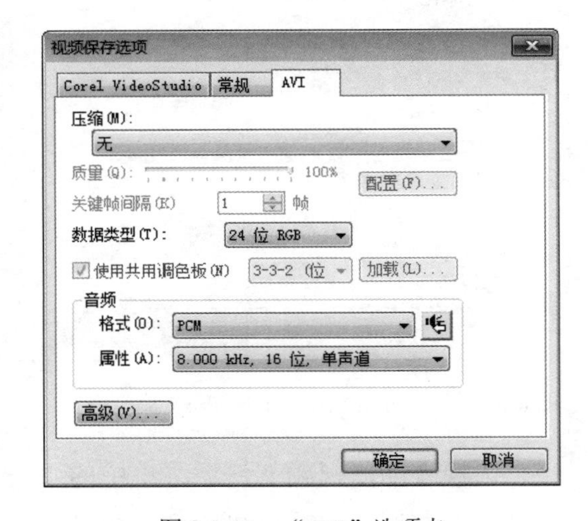

图 8-3-71 “AVI”选项卡

（8）创建声音文件：单击“分享”面板内的“创建声音文件”按钮，调出“创建声音文件”对话框，如图 8-3-72 所示。该对话框内可以选择的音频文件格式如图 8-3-73 所示。利用该对话框可以将项目的音频部分保存为指定格式的声音文件，也可以创建 M4A、OGG、WAV 或 WMA 格式的音频文件。

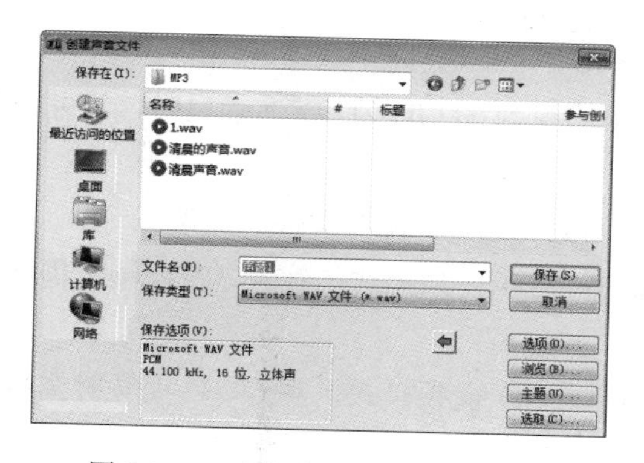

图 8-3-72　“创建声音文件”对话框

图 8-3-73　音频文件的格式

2. 创建 3D 视频文件

绘声绘影软件可以创建 3D 影片或将普通的 2D 视频转化为 3D 视频文件。使用此功能并结合兼容的 3D 工具，只需几个简单的步骤就可以在屏幕上观看 3D 视频。

（1）在“分享”面板中选择“创建视频文件”菜单中的“3D”命令，调出“3D”菜单，如图 8-3-74 所示，选择其内命令下的一个子命令，调出“Corel VideoStudio Pro”提示框，如图 8-3-75 所示。

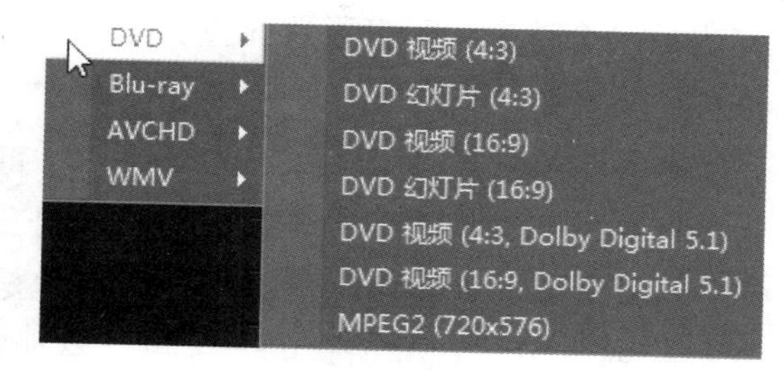

图 8-3-74　“3D”菜单

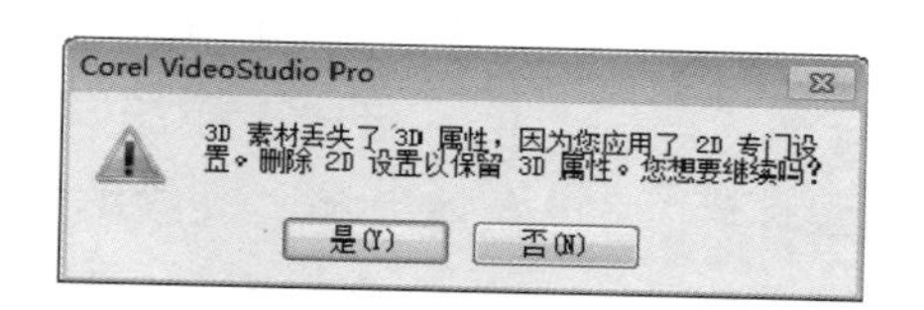

图 8-3-75　“Corel VideoStudio Pro”提示框

此选项只有在使用标记的 3D 媒体素材且未应用 2D 滤镜或效果时才可以使用。

（2）单击“是”按钮，关闭该提示框，调出“创建视频文件”对话框，如图 8-3-76 所示。单击该对话框内的“选项”按钮，调出“Corel VideoStudio Pro”对话框，如图 8-3-77 所示。

图 8-3-76　“创建视频文件”对话框（3）

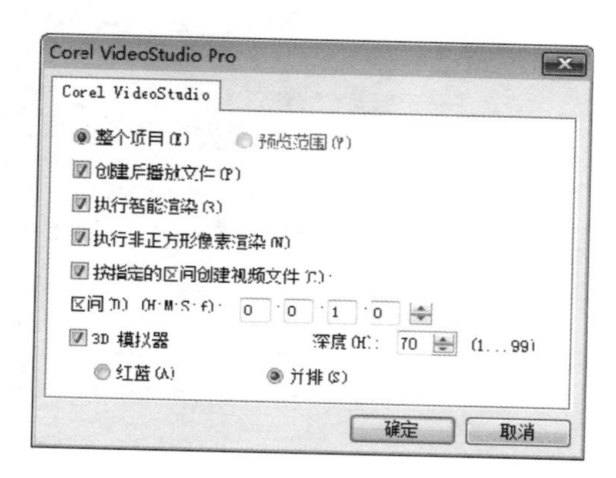

图 8-3-77　“Corel VideoStudio Pro”对话框（2）

根据 3D 项目中所使用的媒体素材的属性，启用以下其中一个选项：

① “3D 模拟器”复选框：在“时间轴”面板内有可模拟为 3D 的 2D 媒体素材时，该复选框才有效。

② “深度”数字框：在该数字框内输入一个数值，用来调整 3D 视频文件的深度。

③ “红蓝”单选按钮：选中该单选按钮，设置“红蓝”3D 视频模式，观看 3D 视频时需要红色和蓝色立体 3D 眼镜，无须专门的显示器。

④ “并排”单选按钮：选中该单选按钮，设置“并排”3D 视频模式，观看 3D 视频时需要偏振光 3D 眼镜和可兼容的偏振光显示器。

观看 3D 视频需要一个可以支持 3D 视频播放的软件。

（3）“名称”栏和“属性”列表框内分别显示要保存的视频的名称和属性。选择要保存 3D 视频文件的文件夹，在“文件名”文本框内输入文件的名称，单击“保存”按钮，即可将项目以选定的文件类型和输入的文件名保存。

3．创建光盘——添加媒体

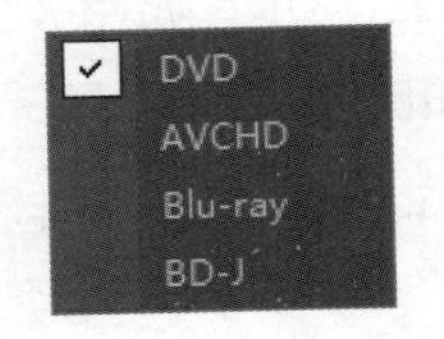

图 8-3-78 “创建光盘”菜单

单击“分享”面板内的“创建光盘”按钮，调出“创建光盘”菜单，如图 8-3-78 所示。选中其内的一个选项，即可设置光盘类型，如选中“DVD”，表示刻录的光盘为 DVD 光盘。

在单击 DVD 选项后，会调出一个“Corel VideoStudio Pro”对话框中的“1 添加媒体”选项卡，如图 8-3-79 所示。可以看到，该对话框内左边有“添加媒体”“编辑媒体”和“高级编辑”栏，下边列表框中是项目内各段视频的图案，右边是视频播放器和编辑器。下边的列表框和右边的视频播放器及编辑器与图 8-3-29 所示的“多重修整视频”对话框内的相应部分完全一样。“Corel VideoStudio Pro”对话框中“1 添加媒体”选项卡的各选项的作用如下。

图 8-3-79 “Corel VideoStudio Pro”对话框（3）

（1）添加媒体：将鼠标指针移到“添加媒体”栏内的图案按钮上，在“添加媒体”文字的右边会显示该按钮的名称，并提供相应的帮助，同时还会显示图案按钮的名称。

① 单击左起第 1 个“添加视频文件”按钮，会调出“打开视频文件”对话框，如图 8-3-80 所示。利用该对话框选择一个或多个视频文件，单击“打开”按钮，关闭该对话框，在“Corel VideoStudio Pro”对话框内下边列表框中会显示所选择的视频图案，表示添加了该视频素材。

② 单击左起第 2 个“添加 VideoStudio 项目文件”按钮，会调出“打开”对话框，如图 8-3-81 所示。利用该对话框选择一个或多个项目文件，单击“打开”按钮，在“Corel VideoStudio Pro”对话框内下边列表框中会显示所选择的项目图案，表示添加了该项目素材。

图 8-3-80 “打开视频文件”对话框

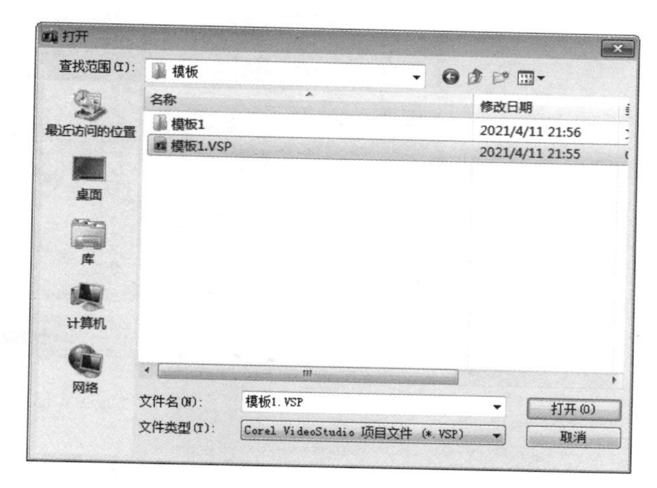

图 8-3-81 “打开”对话框

③ 单击左起第 3 个“数字媒体”按钮，会调出“从数字媒体导入”对话框，如图 8-3-82 所示。其与图 8-1-37 所示的“从数字媒体导入”对话框基本一样，可以导入一个或多个视频素材到“Corel VideoStudio Pro”对话框内下边的列表框中，表示添加了这些视频素材。

④ 单击左起第 4 个“硬盘/外部设备导入媒体文件”按钮，会调出“从硬盘/外部设备导入媒体文件”对话框，如图 8-3-83 所示。利用该对话框可以从硬盘/外部设备导入一个或多个视频素材到“Corel VideoStudio Pro”对话框内下边的列表框中，表示添加了这些视频素材。

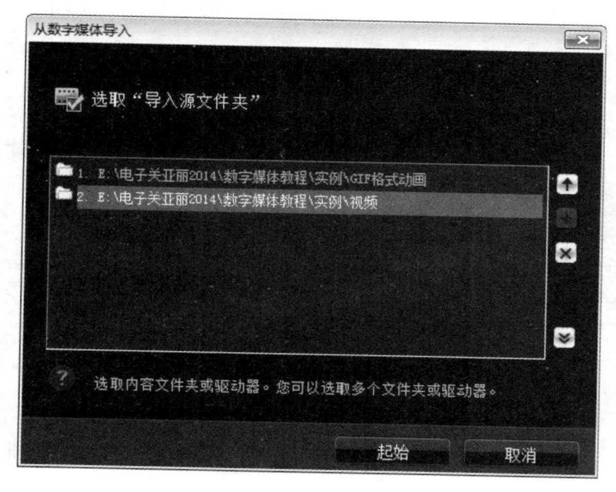

图 8-3-82 “从数字媒体导入”对话框

图 8-3-83 “从硬盘/外部设备导入媒体文件”对话框

通过上述操作，导入多个视频素材和项目素材后，“Corel VideoStudio Pro”对话框如图 8-3-84 所示，下边的列表框中显示出导入素材的首帧画面。

图 8-3-84　“Corel VideoStudio Pro”对话框（4）

（2）编辑媒体：选中“Corel VideoStudio Pro”对话框下边列表框中的一个素材图案，如最左边的“球球 1”视频素材画面。

① 单击“编辑媒体”栏内的“添加/编辑章节”按钮，切换到“添加编辑章节”对话框。其下边的列表框中显示要添加章节的素材，如图 8-3-85（a）所示，单击其中的“撤销”按钮，可以撤销刚刚完成的操作。

② 将鼠标指针移到“自动添加章节”按钮，会显示相应的帮助信息，如图 8-3-85（b）所示。单击该按钮，调出“自动添加章节”对话框，单击“确定”按钮，即可根据视频中场景的变化自动添加场景号。

③ 单击“当前选取的素材”下拉列表框，如图 8-3-85（c）所示，可以选择其他导入的素材，再给其他素材自动添加章节号。

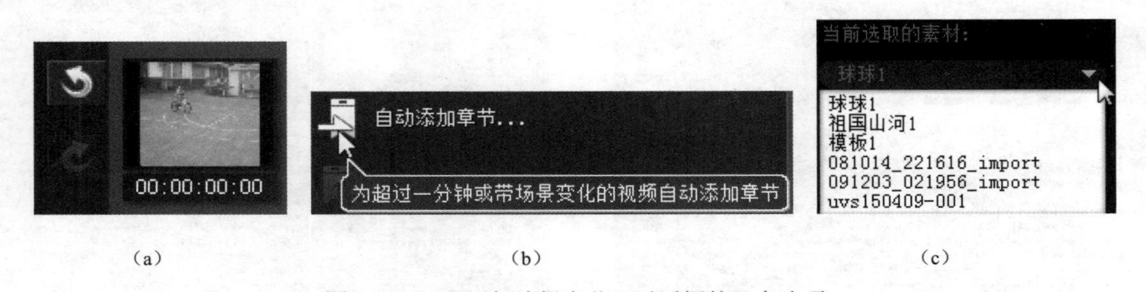

（a）　　（b）　　（c）

图 8-3-85　“添加编辑章节”对话框的几个选项

④ 自动添加章节号后的“添加/编辑章节”对话框如图 8-3-86 所示。可以看到“球球 1”视频素材的总章节号为 3，划分情况在右边的播放器内可以看到，左边还增加了“删除章节”和“删除所有章节”2 个按钮。单击“删除章节”按钮，可以删除视频素材内选中的章节片段；单击“删除所有章

节”按钮，可以删除视频素材内所有的章节片段。

图 8-3-86 “添加/编辑章节”对话框

⑤ 单击“确定”按钮，关闭“添加/编辑章节”对话框，完成项目中所有素材的章节添加和编辑工作，返回到如图 8-3-84 所示的“Corel VideoStudio Pro”对话框。

（3）高级编辑：“高级编辑”栏内有 3 个按钮和 2 个复选框：其中“编辑字幕”按钮的作用在后面介绍。下面简要介绍其他 2 个按钮和 2 个复选框的作用。

① “多重修整视频”按钮，即按场景分割：单击该按钮，可以调出“多重修整视频”对话框，它和图 8-3-29 所示基本一样。

② “导出所选素材”按钮：选中下边列表框中的一个素材图案，如最左边的“球球 1”视频素材画面。单击“导出所选素材”按钮，调出“保存视频文件”对话框，如图 8-3-87 所示，利用该对话框可以将选中的素材保存在指定的文件夹中。

③ “创建菜单”复选框：选中该复选框后，刻录出的 DVD 光盘有菜单，选择菜单命令，可以控制浏览相应的视频。

④ “将第一个素材用作引导视频”复选框：选中该复选框后，刻录出的 DVD 光盘将第一个素材用作引导视频。

（4）编辑字幕：创建和编辑字幕的方法简述如下。

① 调出图 8-3-79 所示的“Corel VideoStudio Pro”对话框，播放选中的视频素材，记录各章节视频（一段视频）的起始时间和终止时间。

② 单击“高级编辑”栏内的“编辑字幕”按钮，调出“编辑字幕”对话框，如图 8-3-88 所示。如果已有字幕，则要重新修改字幕，可单击“导入字幕文件”栏内的“删除”按钮。

③ 启动 Windows 的“记事本”程序，其内输入如下内容：

图 8-3-87 “保存视频文件”对话框

图 8-3-88 “编辑字幕”对话框

1
00：00：00，000 --> 00：00：02，000
球球骑自行车
2
00：00：02，000 --> 00：00：04，000
球球照片 1
3
00：00：04，000 --> 00：00：08，000
红色汽车出库

然后以名称“字幕 1.utf”（UTF 和 SRT 格式文件都是字幕文件）保存在指定的文件夹内。

上边第 1 行数字表示字幕序号，第 2 行“00：00：00，000 --> 00：00：02，000”表示起始时间到终止时间，第 3 行文字是字幕文字。

④ 在“编辑字幕”对话框内，单击“导入字幕文件”栏内的第 1 行按钮，调出“打开”对话框，利用该对话框选择扩展名为 UTF 或 SRT 格式的字幕文件，单击“打开”按钮，即可将选中的字幕文件标识的字幕文字在一定的时间段添加到视频画面中。

⑤ 在“导入字幕文件”栏内第 2 行“代码页”下拉列表框中选择一种用于代码页的字体；在“偏移时间”栏中调整字幕文字的出现时间；在“文字格式”栏内，设置字幕文字的字体、字号和风格；在“文字颜色”栏内，设置文字外观、边框和背景颜色。

⑥ 单击“确定”按钮，关闭“编辑字幕”对话框，返回到“Corel VideoStudio Pro”对话框，播放选中的视频素材，并观察添加的字幕情况。

4．创建光盘——菜单和预览

（1）添加和编辑媒体素材后，“Corel VideoStudio Pro”对话框中的“1 添加媒体”选项卡如图 8-3-84 所示。单击“下一步”按钮，切换到“2 菜单和预览”选项卡，如图 8-3-89 所示。该选项卡内左边有两个选项卡，默认切换到“画廊”选项卡。

（2）“2 菜单和预览”选项卡内右边是视频菜单编辑窗口，它的下边是控制按钮栏等。在“画廊”

选项卡内的下拉列表框中可以选择一种菜单模板类型，选中其下边列表框中的图案，即可应用相应的菜单模板，右边视频菜单编辑窗口内的菜单也会随之改变。

（3）在“当前显示的菜单”下拉列表框中选择一个菜单选项，上边显示该菜单的背景图像和主题及各级菜单文字。单击选中文字，可以拖曳控制柄，调整文字的大小；将鼠标指针移到文字中心，当鼠标指针呈 2 个双箭头形状时，拖曳文字，即可调整文字的位置；双击文字，进入文字的编辑状态，可以进行文字内容的修改。

图 8-3-89 “2 菜单和预览”选项卡

（4）单击控制按钮栏内的“添加注解菜单”按钮，即可切换到注解菜单编辑状态，如图 8-3-90 所示，在上边的视频菜单编辑窗口内可以设计和编辑注解菜单。

（5）单击控制按钮栏内的“删除注解菜单”按钮，即可删除注解菜单。单击控制按钮栏内的“添加修饰”按钮，调出“打开”对话框，如图 8-3-91 所示。利用该对话框可以给菜单界面添加系统自带的一些图案，也可以添加其他外部图案。

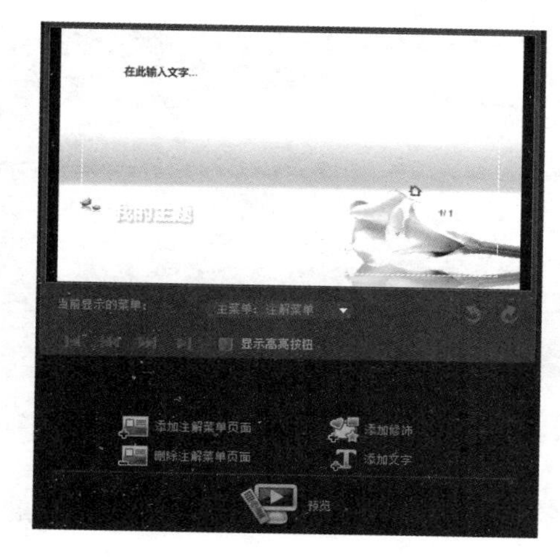

图 8-3-90 注解菜单编辑状态

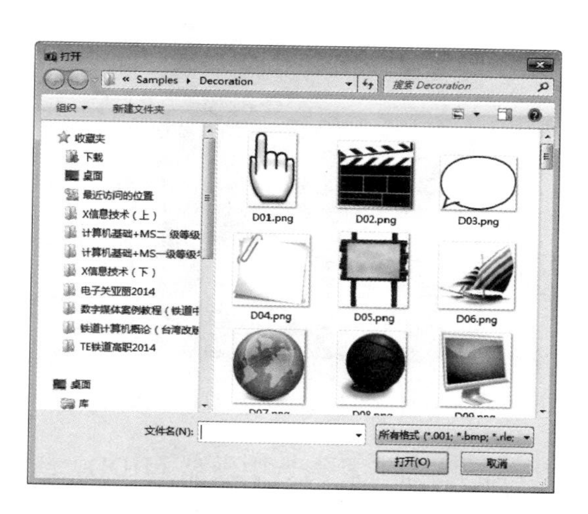

图 8-3-91 “打开”对话框

（6）单击控制按钮栏内的“添加文字”按钮，可以在菜单界面上添加新的文字。

（7）切换到“菜单和预览”选项卡左边的“编辑”选项卡，如图8-3-92所示。利用该选项卡内的各选项，可以进行菜单的各种属性编辑。

（8）单击“预览”按钮，即可切换到“预览”窗口，如图8-3-93所示。此时，可以模拟播放光盘的效果，包括用遥控器控制的效果等。

图8-3-92　“编辑”选项卡

图8-3-93　“预览”窗口

（9）单击“后退”按钮，返回到如图8-3-89所示的对话框，单击“下一步”按钮，切换到“Corel VideoStudio Pro”对话框中的“输出”选项卡，利用该选项卡可以完成光盘刻录机等参数的设置，并进行光盘的最后刻录工作。

5．导出到移动设备

（1）单击“分享”面板中的“导出到移动设备”按钮，调出“导出到移动设备”菜单，如图8-3-94所示。选中其内的一个选项，即可保存为这种设备可以播放的文件。例如，选择“导出到移动设备”菜单内的“iPod MPEG-4（320×240）”选项，调出“将媒体文件保存至硬盘/外部设备”对话框，如图8-3-95所示。

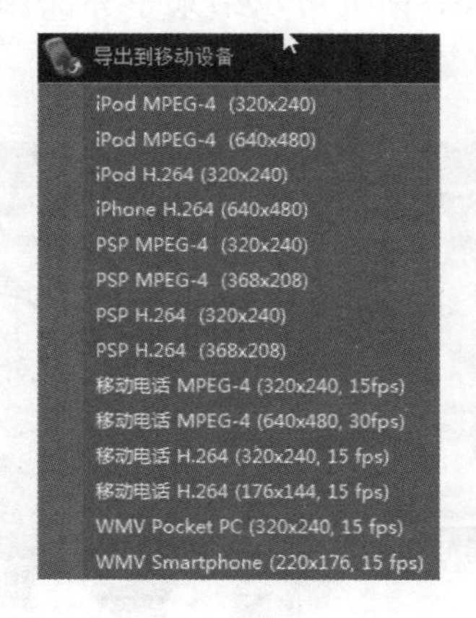

图8-3-94　“导出到移动设备”菜单

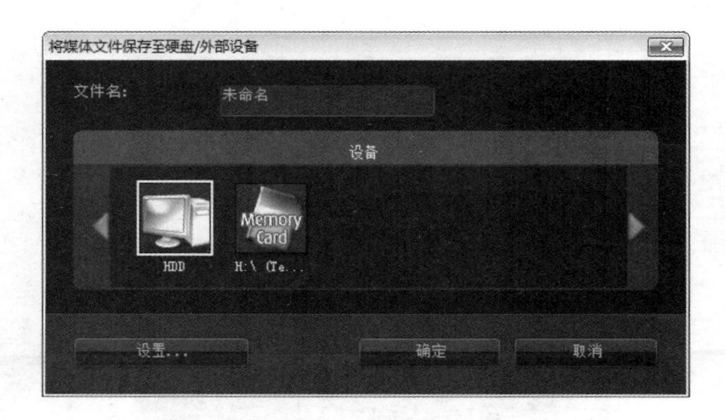

图8-3-95　“将媒体文件保存至硬盘/外部设备”对话框

（2）在“设备”栏内选中硬盘（HDD）或其他外部设备，在“文件名”文本框内输入文件的名称。

（3）单击“设置”按钮，调出“设置”对话框，如图8-3-96所示。单击该对话框内的“浏览”按钮…，调出“浏览计算机”对话框，选中保存导出视频文件的文件夹，如图8-3-97所示。单击“确定”按钮，关闭该对话框，返回到“设置”对话框。

（4）单击“确定”按钮，关闭“设置”对话框。再单击“将媒体文件保存至硬盘/外部设备”对话框内的“确定”按钮，即可导出指定设备类型的视频文件到指定硬盘或其他外部设备。

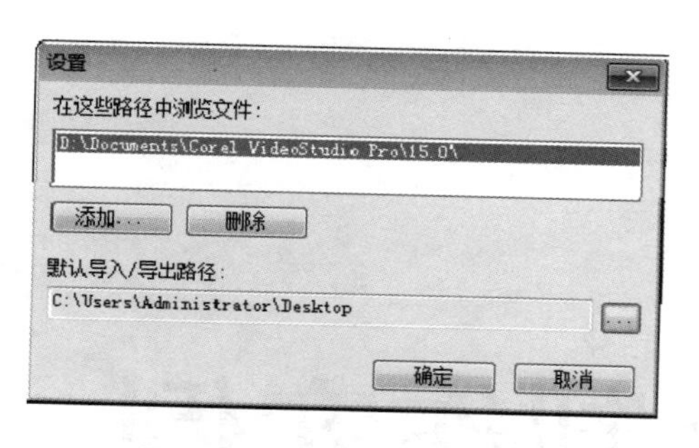

图 8-3-96　“设置”对话框

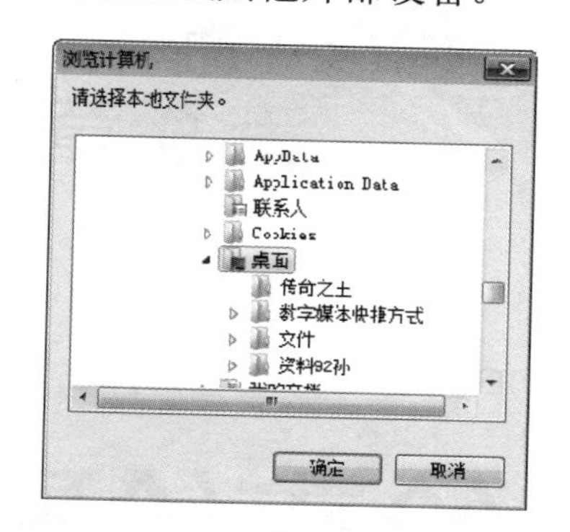

图 8-3-97　“浏览计算机”对话框

思考与练习 8

1. 中文“绘声绘影”软件是哪个公司的产品？它具有什么特点？该公司还有哪些较流行的软件？中文“绘声绘影 X5”软件的英文名称是什么？

2. 简要介绍中文“绘声绘影 X5”软件“预览”面板的使用方法。

3. 新建一个“绘声绘影”的项目文件，在素材库内添加 3 个名称分别为“图像”“音频”和“视频”的文件夹，在这 3 个文件夹内分别插入外部的 2 个图像、2 个图像和 2 个视频素材。

4. 利用“绘图创建器”对话框绘制一个小房子图形，将绘制过程生成一个动画，并将绘制结果生成一幅快照图像。最后，将该动画和图像分别保存到素材库的“动画”和“图像”文件夹内。

5. 自定义一个工作界面，再以名称“自定义#2”保存。切换到默认的工作界面，再切换到自定义的“自定义#2”工作界面。

6. 利用摄像头捕捉一段视频，并保存在素材库的“视频”文件夹内。录制一段定格动画，动画中各帧之间的时间间隔为 5 秒，将它也保存在素材库的“视频”文件夹内。录制一段 Word 软件的操作过程，生成一个视频，并保存在素材库的“视频”文件夹内。

7. 将素材库中的 2 幅图像和 2 个视频素材分别添加到“时间轴”面板内的“视频”轨道中，将素材库中的 2 个音频素材分别添加到“时间轴”面板内的“声音”和“音乐”轨道中，在 2 幅图像之间和 2 个视频素材之间添加不同的转场，给一幅图像和一个视频素材添加不同的滤镜效果。最后，分别编辑“时间轴”面板内的不同素材，以及添加的转场和滤镜效果。

8. 在“时间轴”面板内的“标题”轨道中，添加两行标题文字，并进行文字的各种设置。在“视频”轨道内添加 2 种不同的图形，并进行图形编辑。最后，将编辑好的项目以名称“我的第一个视频.avi”保存在硬盘中。

第9章

绘声绘影影片制作实例

本章介绍使用中文“绘声绘影”（Corel VideoStudio X5）软件编辑和加工制作视频的5个基本实例。可以结合实例学习“绘声绘影”软件的使用方法和使用技巧。

实例1　宝宝照片展示

“宝宝照片展示”视频播放后，会依次展示几幅宝宝照片图像，展示各幅宝宝照片图像的切换使用了不同的切换方法。该视频播放时的6幅画面如图9-1-1所示。该视频的制作方法如下。

图9-1-1　“宝宝照片展示”视频播放时的6幅画面

1. 添加外部素材到素材库

（1）启动中文“绘声绘影”（Corel VideoStudio X5）软件，新建一个项目，执行菜单栏中的“文件”→“另存为”命令，调出“另存为”对话框，在“保存在”下拉列表框中选择“实例”文件夹下的“绘声绘影”文件夹，在“保存类型”下拉列表框内选择第 1 个选项，再在“文件名”文本框中输入“宝宝照片展示”，单击“保存”按钮，即可将当前项目以名称“实例 1　宝宝照片展示.vsp”保存。

（2）单击“步骤”栏内的“编辑”按钮，切换到“编辑”状态，单击“媒体”按钮，该按钮变为黄色，同时素材库内显示“媒体”素材内容。单击“添加”按钮，即可在下面的“素材管理”栏内新建一个名称为“文件夹”的文件夹。右击该名称，调出它的快捷菜单，选择该菜单内的“重命名”命令，进入文件夹名称的编辑状态，将名称改为“宝宝”，再单击“宝宝”文件夹。

（3）执行“文件”→“将媒体文件插入到素材库”→“插入照片”命令，调出“浏览照片”对话框，如图 9-1-2 所示。在“文件类型”下拉列表框内默认选中“所有格式”选项；单击“查找范围”下拉列表框，选中“素材”文件夹，如图 9-1-3 所示。

（4）按住 Shift 键，依次单击“宝宝 1.jpg”图像文件和“宝宝 6.jpg”图像文件，同时选中“宝宝 1.jpg”～“宝宝 6.jpg”之间的 6 个图像文件。

（5）单击“浏览照片”对话框内的“打开”按钮，关闭该对话框，同时将选中的 6 个图像文件导入素材库的“宝宝”文件夹中。

（6）单击“显示照片”按钮，该按钮即变为“隐藏照片”按钮，同时可以显示素材库内“宝宝”文件夹中导入的“宝宝 1.jpg”～“宝宝 6.jpg”图像素材。

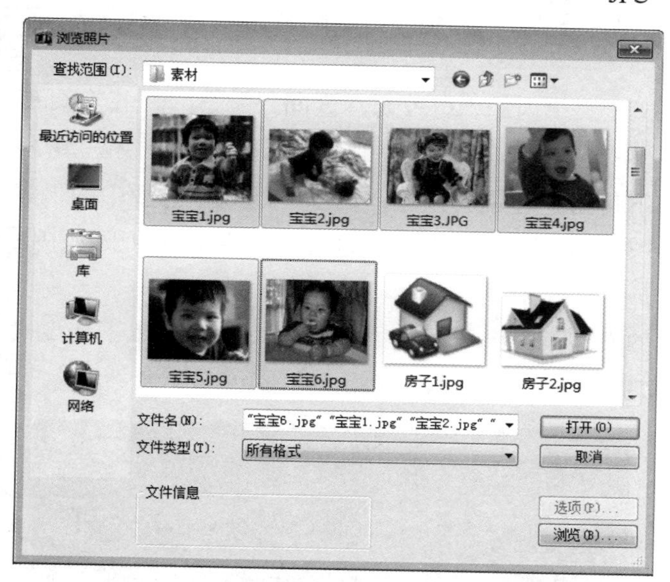

图 9-1-2　“浏览照片”对话框

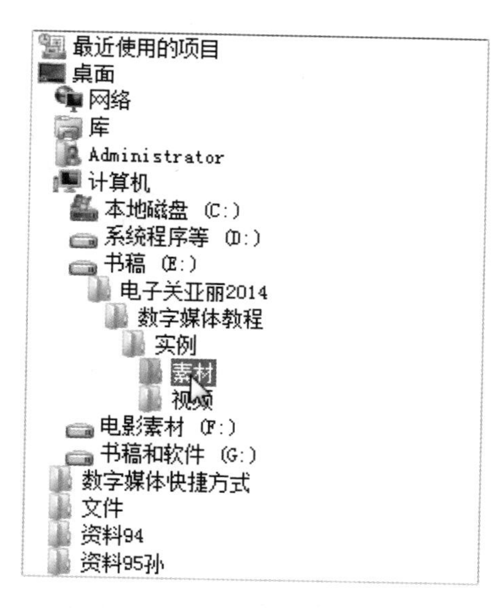

图 9-1-3　“查找范围”下拉列表框

2．制作图像转场动画

（1）按住 Shift 键，依次单击“媒体素材”面板内素材库中“宝宝 1.jpg”图像文件和“宝宝 6.jpg”图像文件，同时选中“宝宝 1.jpg”～“宝宝 6.jpg”之间的 6 个图像文件，如图 9-1-4 所示。

（2）将选中的图像拖曳到“故事”面板的“视频”轨道中，并将这些图像依次导入“故事”面板的“视频”轨道中，各图像之间留一些空隙，如图 9-1-5 所示。

图 9-1-4 “媒体素材”面板（同时选中6个图像文件）

图 9-1-5 “故事”面板的“视频”轨道中导入的6幅宝宝照片图像

（3）右击第1幅图像，调出它的快捷菜单，选择该菜单内的“更改照片区间”命令，调出“区间”对话框，将秒（s，最大值为59）和分（f，最大值为25）文本框内的数值分别修改为“4”和“0”，如图9-1-6所示。选中第1幅图像，单击素材库右下角的“选项”按钮，调出“选项”面板中的“照片”选项卡，如图9-1-7所示，利用它可以改变选中图像的显示时间（照片区间），也可以改变选中图像的一些属性。

另外，选中图像图案，将鼠标指针移到该图案的右边，当出现一个黑色大箭头时，水平拖曳鼠标，可以调整图像图案的宽度，即调整图像的显示时间。

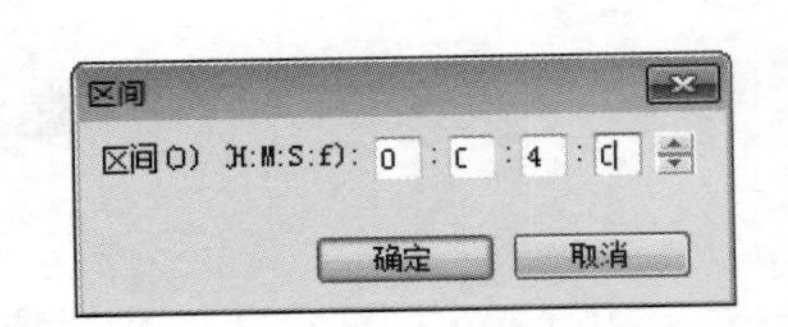

图 9-1-6 “区间”对话框

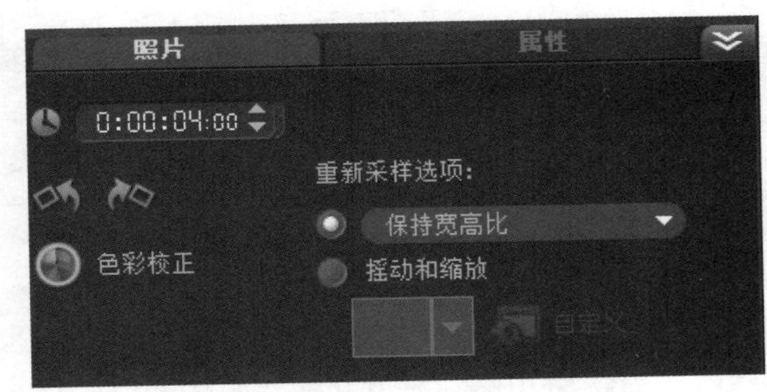

图 9-1-7 “选项”面板中的“照片”选项卡

按照上述方法，将“视频”轨道内其他5幅图像的显示时间均调为4 s 0 f。

（4）单击素材库左边的“转场”按钮，将素材库切换到转场效果的素材库，在“画廊”下拉列表框中选择“全部”选项，在素材库内显示全部转场效果的图案。

（5）将素材库内的一种转场效果动态图案拖曳到“故事”面板中“视频”轨道内第1、2幅图像之间。再将素材库内其他种类的转场效果动态图案拖曳到“故事”面板中“视频”轨道内其他两幅图像之间，如图 9-1-8 所示。

图 9-1-8 “故事”面板“视频”轨道中的 6 幅宝宝照片图像及它们之间的转场效果

（6）可以将素材库内的一种转场效果图案拖曳到“故事”面板中“视频”轨道内的一种转场效果图案上，即可更换场景转换效果。

如果要在“视频”轨道中插入新的图像，则可以拖曳“媒体素材”面板内素材库中的图像到“故事”面板中“视频”轨道内要插入图像的位置。

（7）右击“故事”面板中“视频”轨道内的转场效果图案，调出其快捷菜单，选择该菜单内的“打开选项面板”命令，调出转场效果的“选项”面板，如图 9-1-9 所示。这和单击素材库右下角“选项”按钮的作用一样。该面板内最上边一行的时间码用来调整场景效果的作用时间。场景效果的作用时间通常同时播放两边的图像，因此该时间的调整在一定的时间范围内有效，该时间范围的大小与两边图像的播放时间（区间）有关。

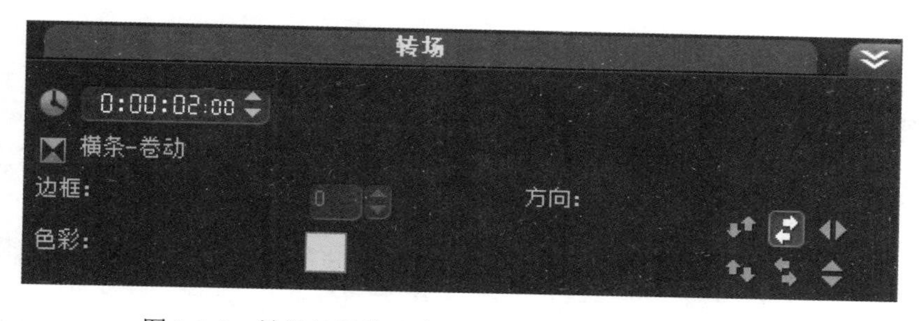

图 9-1-9 转场效果的“选项”面板中的“转场”选项卡

（8）单击“故事”面板内左上角的“时间轴视图”按钮，可将“故事”面板切换到“时间轴”面板，如图 9-1-10 所示。

图 9-1-10 “时间轴”面板“视频”轨道中的 6 幅宝宝照片图像及其转场效果

（9）单击“步骤”栏内的“分享”按钮，切换到“分享”状态，再单击“创建视频文件”按钮，调出其快捷菜单，选择该菜单内的“自定义”命令，调出“创建视频文件”对话框，在该对话框内的“保存在”下拉列表框中选中“绘声绘影”文件夹，再在“保存类型”下拉列表框内选中“Microsoft AVI 文件（*.avi）”选项，在“文件名”文本框内输入“实例 1　宝宝照片展示”文件名。

然后，单击“保存”按钮，即可关闭“创建视频文件”对话框，调出一个“渲染”面板，显示渲染过程，如图 9-1-11 所示。渲染完成后，即可将当前加工的项目文件以名称“实例 1　宝宝照片展示.avi”保存在“绘声绘影”文件夹中。

正在渲染：34% 完成... 按 ESC 中止。

图 9-1-11　生成视频文件中的渲染

实例 2　我的假日

“我的假日”视频播放时，一些红色的文字从视频画面的下边缓慢地自下向上移动，最后消失，然后显示一种浅棕色的背景，背景上显示“我的假日”立体文字。视频播放时的画面如图 9-2-1 所示。该视频的制作方法如下。

图 9-2-1　“我的假日”视频播放时的画面

1．制作滚动字幕动画

（1）启动中文“绘声绘影”软件，新建一个项目，执行菜单栏中的“文件”→“另存为”命令，调出“另存为”对话框，将当前项目以名称“实例 2　我的假日.vsp”保存在“绘声绘影”文件夹内。

（2）单击“媒体素材”面板中的“媒体”按钮，同时在素材库内显示系统自带的“媒体”素材内容，单击“样本”文件夹；单击“显示视频”按钮，该按钮变为黄色；按住 Ctrl 键，并单击其内的“V01.wmv”和“V02.wmv”视频图案，如图 9-2-2 所示。

（3）将“时间轴和故事”面板切换到“故事”面板，将素材库内选中的“V01.wmv”和“V02.wmv”两个视频拖曳到“故事”面板中的“视频”轨道中，如图 9-2-3 所示。可以看到，两个视频图案之间有一定空隙。

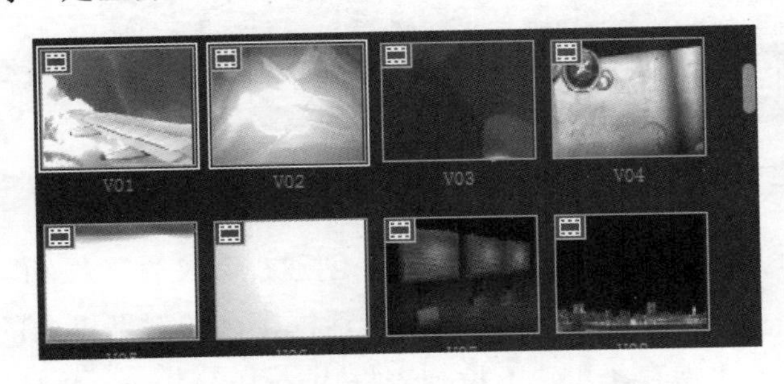

图 9-2-2　素材库中的“媒体”素材内容

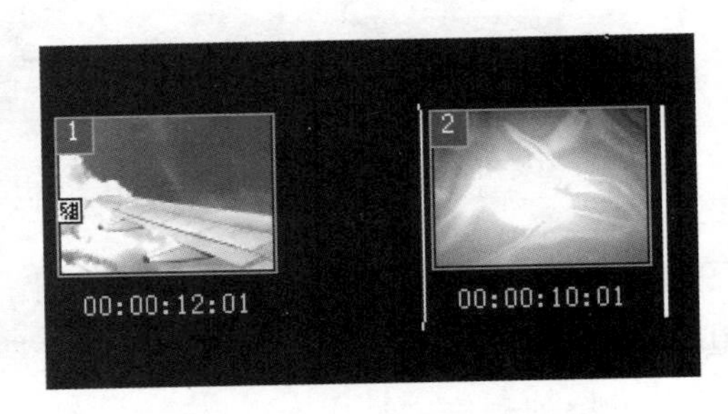

图 9-2-3　“故事”面板内的视频素材

（4）单击“媒体素材”面板中素材库显示类型切换栏内的“标题”按钮，该按钮变为黄色，同时素材库内显示系统自带的动画标题文字内容。在“画廊”下拉列表框内选择其内的“标题”选项，此时素材库中的“标题”素材内容如图 9-2-4 所示。拖曳右上角的滑块，可以调整素材库内标题文字动画图案的大小。

图 9-2-4 素材库中的“标题”素材内容

（5）单击“故事”面板内左上角的“时间轴视图”按钮，将“故事”面板切换到“时间轴”面板。将素材库中从下向上滚动显示的标题文字（第 3 个图案）拖曳到“时间轴”面板的“标题”轨道内，如图 9-2-5 所示（标题文字还是默认的英文）。

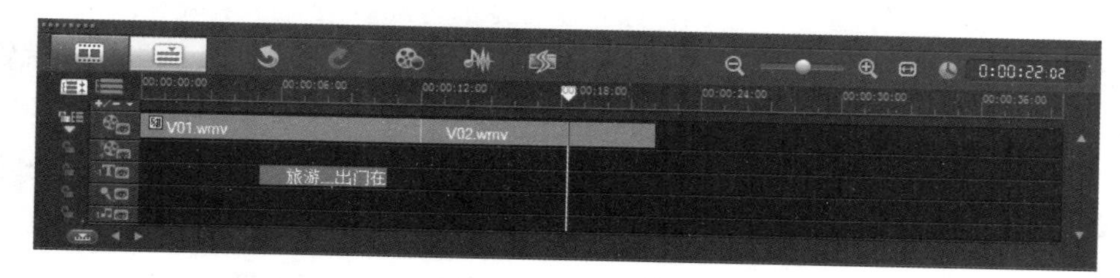

图 9-2-5 “时间轴”面板

（6）选中“时间轴”面板中“标题”轨道内导入的标题文字动画，将“时间轴”面板内的播放指针移到标题文字动画图案内偏左边的位置，使标题文字在“预览”窗口内显示出来。选中“预览”窗口内的标题文字，此时“预览”面板和标题文字“选项”面板中的“编辑”选项卡如图 9-2-6 所示。

（7）在标题文字的“选项”窗口内，“字体”下拉列表框中选择“宋体”选项，设置字体为宋体；在“字号”下拉列表框内选择“43”选项，设置字号为“43”；再设置字间距为“100”、颜色为红色，加粗。在“预览”窗口中的矩形文本框内双击，进入文字的编辑状态，将原文字删除，再输入一些文字。

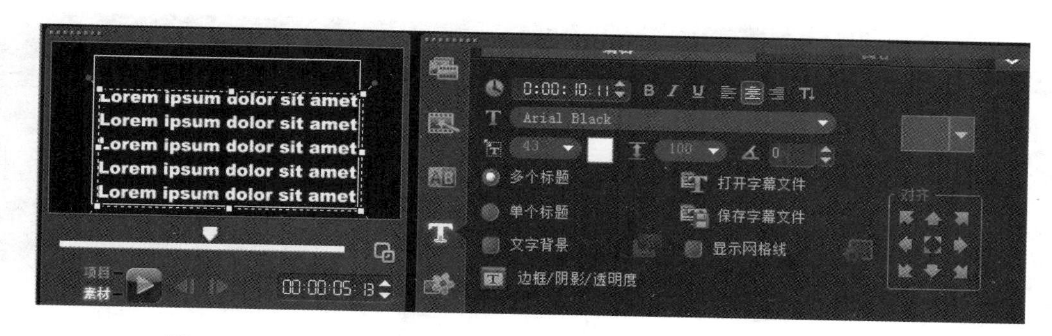

图 9-2-6 “预览”面板和标题文字“选项”面板中的“编辑”选项卡

（8）在“时间轴”面板内选中标题文字动画图案，将播放指针移到标题文字动画图案内偏左边的位置。在“预览”窗口的显示框下边垂直向上拖曳，将输入的文字移到画面的下边，如图 9-2-7 所示。

（9）在“时间轴”面板内选中标题文字动画图案，将播放指针移到标题文字动画图案内偏右边的位置。在“预览”窗口内垂直向上拖曳文字框到画面的上边，如图 9-2-8 所示。

图 9-2-7 “预览”窗口内滚动字幕动画设置（1）

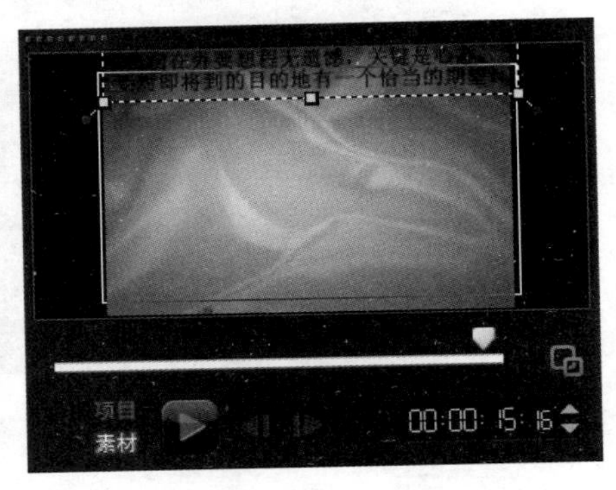

图 9-2-8 “预览”窗口内滚动字幕动画设置（2）

2．制作“我的假日”标题

（1）“时间轴”面板中“标题”轨道内滚动字幕的显示时间较短。如果调整滚动字幕的显示时间，则可以选中“时间轴”面板内“标题”轨道中的滚动字幕图案，在“选项”面板中“编辑”选项卡内的“区间”栏中单击事件数字框，在秒处输入“16”。

（2）单击“时间轴”面板中的“标题”轨道，即可看见“标题”轨道内的滚动字幕长度增加了。水平拖曳“标题”轨道内的滚动字幕图案，调整其位置，如图 9-2-9 所示。

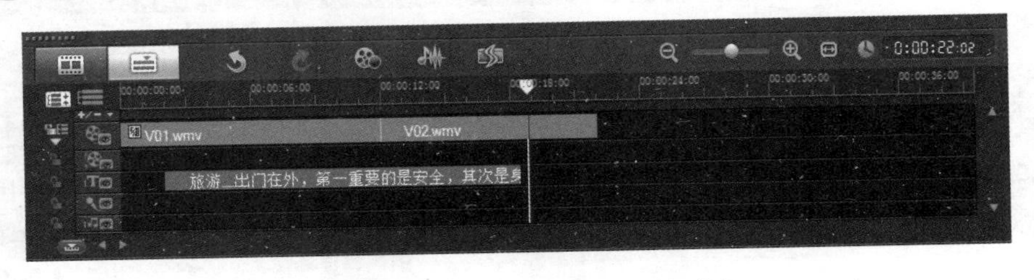

图 9-2-9 调整后的“时间轴”面板

（3）将素材库中倒数第 5 个闪光标题文字图案拖曳到“时间轴”面板中“标题”轨道内末尾处（播放指针指示的位置，如图 9-2-9 所示），如图 9-2-10 所示。如果“视频”轨道内“V01.wmv”视频图案的宽度不够，则可以在其“选项”面板中的“编辑”选项卡内重新设置其宽度。

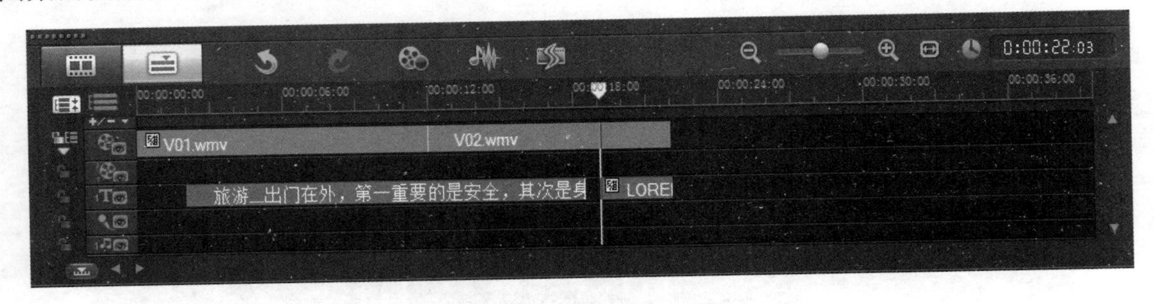

图 9-2-10 “时间轴”面板

（4）选中“标题”轨道内新插入的标题文字图案，将鼠标指针移到该标题图案的右边，当出现一个黑色大箭头 LOREM 时，向右拖曳鼠标，可以使该标题图案增长，其右边缘与“视频”轨道中视频图案的右边缘对齐；向左拖曳鼠标，可以使该标题图案缩短。

将鼠标指针移到该标题图案的左边，当出现一个黑色大箭头 LOREM 时，向左拖曳鼠标，可以使该标题图案增长，向右拖曳鼠标，可以使该标题图案缩短，此时，标题“选项”面板中“编辑”选项卡内“区间”栏中的时间变为“00：00：03：22”。

（5）按照前面介绍的方法，选中“标题”轨道内新插入的标题图案，在“预览”窗口内选中原有文字，并将这些文字中的第 1 行大号文字改为“我的假日”，字体改为“华文行楷”，字号改为“120”。此时“预览”面板和标题文字“选项”面板中的“编辑”选项卡如图 9-2-11 所示。再将“预览”面板中第 2 行小号文字改为“WO DE JIARI”，字号改为“40”，字体不变。

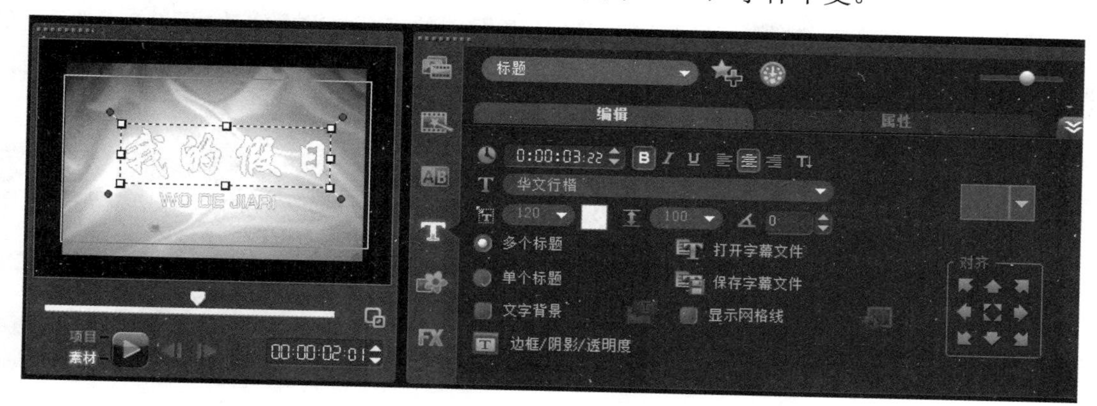

图 9-2-11　“预览”面板和标题文字“选项”面板中的“编辑”选项卡

（6）单击“步骤”栏内的“分享”按钮，切换到“分享”状态，单击“创建视频文件”按钮，调出其快捷菜单，单击该菜单内的“自定义”命令，调出“创建视频文件”对话框，并利用该对话框将当前加工的项目文件以名称“实例 2 我的假日.avi”保存在“绘声绘影”文件夹中。

实例 3　给视频配音和添加字幕

“给视频配音和添加字幕”视频播放时，在视频画面中的下边有一些后添加的蓝色文字，同时后添加的背景音乐也在播放。视频播放时的 2 幅画面如图 9-3-1 所示。

图 9-3-1　“给视频配音和添加字幕”视频播放时的 2 幅画面

该视频的制作方法如下。

1．给视频配音

（1）启动中文“绘声绘影”软件，新建一个项目，将当前项目以名称“实例 3　给视频配音和添加字幕.vsp”保存在“绘声绘影”文件夹内。

（2）单击“步骤”栏内的“编辑”按钮，再单击“媒体”按钮，然后单击“添加”按钮 添加，添加一个名称为“视频”的文件夹，并单击“视频”文件夹。

（3）选择“文件”→“将媒体文件插入到素材库”→“插入视频”命令，调出“浏览视频”对话框，利用该对话框将“绘声绘影”文件夹内的“殿堂.wmv”视频文件导入素材库的“视频”文件夹中。再参考上述方法，将“绘声绘影”文件夹内的“清晨的声音.wav”音频文件导入素材库的“音频”文件夹中。

（4）将“殿堂.wmv”视频文件拖曳到“时间轴”面板中的“视频”轨道中，再将“音频”文件夹中的“清晨的声音.wav”音频文件拖曳到“时间轴”面板中的音乐轨道中，如图9-3-2所示（还没有调整音频播放时间的长度）。

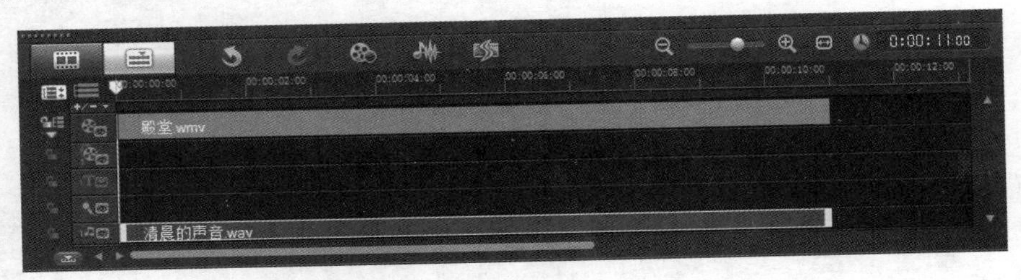

图9-3-2 “时间轴”面板

（5）选中“时间轴”面板“音乐”轨道中导入的“清晨的声音.wav”音频图案，并在“预览”面板内播放选中的音频文件。根据播放情况，在“预览”面板内拖曳和滑块，调整裁剪一段音乐，如图9-3-3所示。

（6）调出选中音频的“选项”面板，单击“淡入”按钮和“淡出”按钮，如图9-3-4所示。在“时间轴”面板内，把鼠标指针移到音频图案的右边，当出现一个黑色大箭头时，向右拖曳鼠标，可以使该音频图案增长，其右边缘与“视频”轨道中视频图案的右边缘对齐。另外，在“选项”面板内还可以调整播放的时间等。

图9-3-3 “预览”面板

图9-3-4 “选项”面板中的“音乐和声音”选项卡

2．给视频添加文字

（1）选中“时间轴”面板中的“标题”轨道后，在“预览”面板内双击，或者在“时间轴”面板中的“标题”轨道内双击，都可以进入标题文字的输入状态，然后输入文字“这是一个三维动画”。输入的文字如图9-3-5（a）所示。拖曳选中输入的文字，在“选项”面板中的“编辑”选项卡内，设置字体为“华文行楷”、字号为“57”、颜色为蓝色，其他设置如图9-3-5（b）所示。

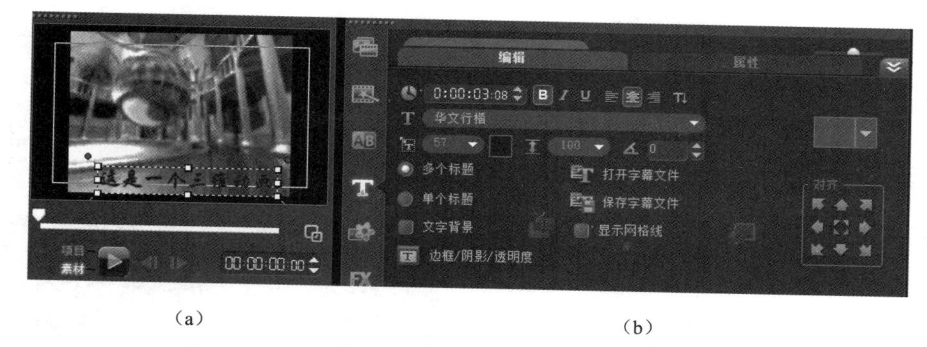

（a） （b）

图 9-3-5 “预览”面板和标题文字“选项”面板中的“编辑”选项卡

（2）在“时间轴”面板中的“标题”轨道内，将鼠标指针移到标题图案的右边，当出现一个黑色大箭头⟺时，向右拖曳鼠标，可以使该标题图案增长，其右边缘与“视频”轨道中视频图案的右边缘对齐。选中“标题”轨道内的标题图案，水平拖曳可以调整标题图案的位置。

（3）按照上述方法，在“时间轴”面板中“标题”轨道内的不同位置，分别输入文字“三维效果逼真”和“欢迎下次再来观赏”。这两段标题文字的属性设置和第 1 段标题文字的一样。此时的“时间轴”面板如图 9-3-6 所示。

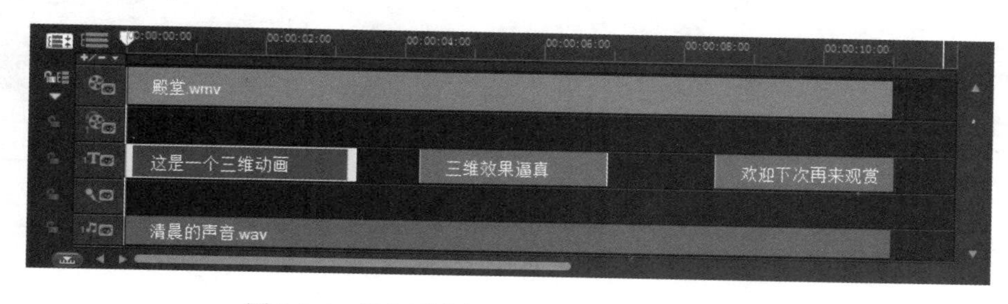

图 9-3-6 输入两段标题文字的“时间轴”面板

（4）双击“时间轴”面板中“标题”轨道内的第 1 段标题图案，在“预览”面板内选中标题文字。单击“选项”面板内的“属性”标签，切换到“属性”选项卡。选中“动画”单选按钮，再选中“应用”复选框，在其右边的下拉列表框内选择“弹出”选项，选中其下边列表框中的第 2 个图案，如图 9-3-7 所示。

上述操作设置了第 1 段标题文字以单个文字依次弹出的方式显示，即设置该段文字的动画效果。

（5）按照上述方法，继续设置第 2、3 段标题文字的动画效果。可以在下拉列表框中选择其他动画类型，再在下边列表框中选择不同的图案。

（6）单击“步骤”栏内的“分享”按钮，切换到“分享”状态，单击“创建视频文件”按钮，调出其快捷菜单，执行该菜单内的“自定义”命令，调出“创建视频文件”对话框，利用该对话框将当前加工的项目文件以名称“实例 3 给视频配音和添加字幕.avi”保存在“绘声绘影”文件夹中。

图 9-3-7 标题文字的“选项”面板中的“属性”选项卡

实例4　迎接新的一天

“迎接新的一天”视频播放时，一艘海上帆船航行的视频逐渐由亮变暗，接着以马赛克方式逐渐消失，显示出野生动物园的视频。

“迎接新的一天”视频播放时的5幅画面如图9-4-1所示。该视频的制作方法如下。

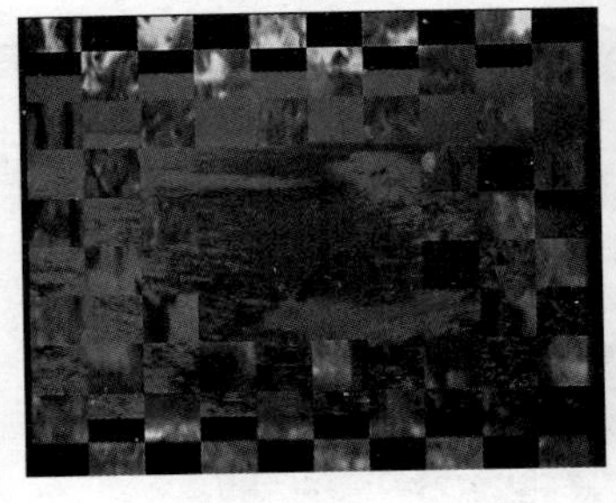
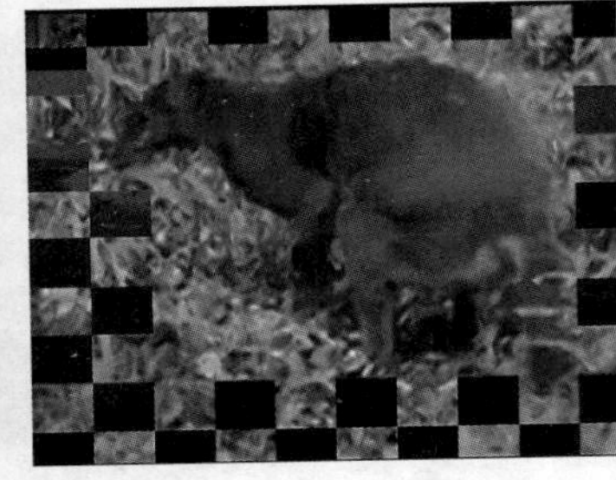

图9-4-1　“迎接新的一天”视频播放时的5幅画面

1．制作由亮变暗的视频

（1）启动中文“绘声绘影”软件，新建一个项目，将当前项目以名称“实例4　迎接新的一天.vsp”保存在“绘声绘影”文件夹内。

（2）单击“步骤”栏内的“编辑”按钮，再单击“媒体”按钮，选中“视频”文件夹。选择“文件”→“将媒体文件插入到素材库”→“插入视频”命令，调出“浏览视频”对话框，利用该对话框将“绘声绘影”文件夹内的“帆船.avi”和“袋鼠生活.wmv”视频文件导入到素材库的“视频”文件夹中。

（3）将素材库内“视频”文件夹中的“帆船.avi”和“袋鼠生活.wmv”视频图案拖曳到“时间轴”面板的“视频”轨道中。将“音频”文件夹中“清晨的声音.wav”音频文件拖曳到“时间轴”面板的“音乐”轨道中，如图9-4-2所示（还没有调整音频播放时间的长度，也没有添加场景切换）。

图9-4-2　“时间轴”面板

（4）单击“滤镜”按钮FX，素材库内显示系统自带的滤镜效果图案，在“画廊”下拉列表框中选中“全部”选项，滤镜素材库如图 9-4-3 所示。将素材库中的“亮度和对比度”滤镜图案拖曳到“时间轴”面板中“视频”轨道的“帆船.avi”视频图案上，此时“帆船.avi”视频图案的左上角会显示一个滤镜图标，表示该视频素材添加了滤镜。

（5）选中“帆船.avi”视频图案，单击“选项”按钮，切换到“帆船.avi”视频的“亮度和对比度”滤镜的“选项”面板中，单击“属性”标签，切换到“属性”选项卡，如图 9-4-4 所示。此时，“选项”面板中的“已用滤镜”列表框内会显示出“亮度和对比度”选项，表示该视频添加了“亮度和对比度”滤镜。一个视频文件可以添加多个滤镜。

（6）单击“预设值”按钮，调出“预设值”显示框，其内会显示几种“亮度和对比度”的预设图案，选中其中的一个图案，即可给视频添加相应的亮度和对比度。

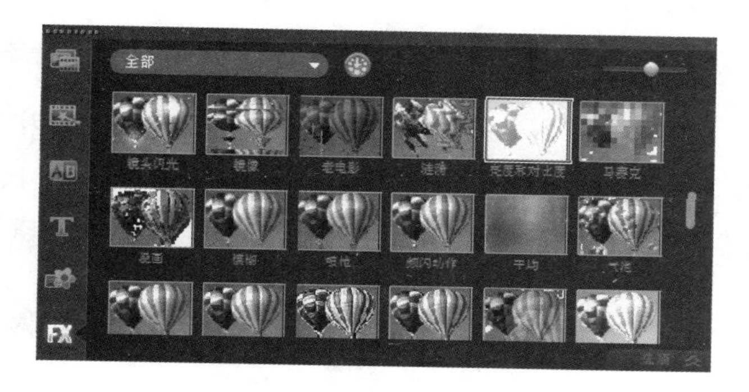

图 9-4-3　滤镜素材库

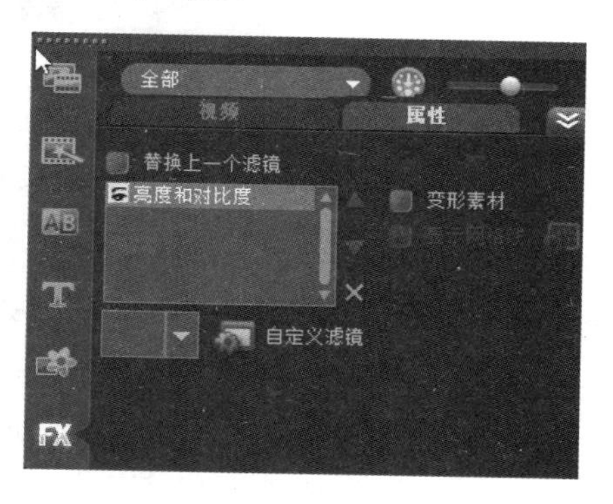

图 9-4-4　滤镜“选项”面板中的“属性”选项卡

（7）单击“自定义滤镜”按钮，调出“亮度和对比度”对话框，如图 9-4-5 所示。

图 9-4-5　“亮度和对比度”对话框

单击第 1 帧的菱形标记（选中的菱形标记会变为红色），再在该对话框内左下角调整该帧图像的亮度等，使图像变亮。单击第 2 帧的菱形标记，再调整该帧图像的亮度等，使图像变暗，此时“亮度和对比度”对话框参数的设置如图 9-4-5 所示，然后单击“确定”按钮，完成亮度变化动画的设置，并退出该对话框。

2．制作视频切换

（1）单击素材库左侧的“转场”按钮，将素材库切换到转场效果的素材库，再在“画廊”下拉列表框中选择“全部”选项，并在素材库内显示全部转场效果的动态图案，选中“棋盘”图案，如图 9-4-6 所示。

图 9-4-6　“转场”的“媒体素材”面板

（2）将素材库内的“棋盘”转场图案拖曳到“时间轴”面板中“视频”轨道内的“帆船.avi”和“袋鼠生活.wmv”视频图案之间，如图 9-4-2 所示。

（3）选中“时间轴”面板中“视频”轨道内的“棋盘”转场图案，单击“选项”按钮，切换到“棋盘”转场的“选项”面板，如图 9-4-7 所示。

（4）在“棋盘”转场中的“选项”面板内，可以调整棋盘格的边框大小、棋盘格的颜色、棋盘格的柔化程度，以及棋盘格的变化方向。

（5）选中“时间轴”面板中的“音乐”轨道中导入的“清晨的声音.wav”音频图案，并在“预览”面板内播放选中的音频文件。根据播放情况，在“预览”面板内拖曳和滑块，调整剪裁一段音乐，如图 9-4-8 所示。在“时间轴”面板内，将鼠标指针移到音频图案的右边，当出现一个黑色大箭头时水平拖曳，使该音频图案右边缘与“视频”轨道中右边视频图案的右边缘对齐。

调出音频的“选项”面板，单击“淡入”按钮和“淡出”按钮。

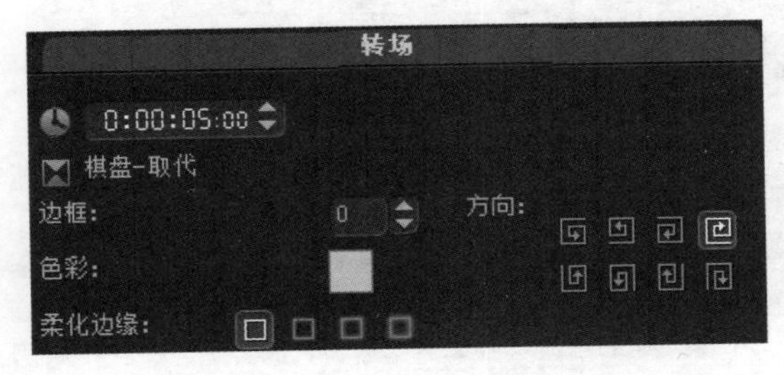

图 9-4-7　“棋盘”转场的“选项”面板中的“转场”选项卡

图 9-4-8　剪裁一段音乐

（6）单击“步骤”栏内的“分享”按钮，切换到“分享”状态，单击“创建视频文件”按钮，调出其快捷菜单，单击该菜单内的“自定义”命令，调出“创建视频文件”对话框，利用该对话框将当前加工的项目文件以名称“实例 4　迎接新的一天.avi”保存在“绘声绘影”文件夹中。

实例 5　多视频同时播放

“多视频同时播放”视频分为两段，第 1 段视频播放后，显示第 1 幅风景图像，其上边有 2 个视频在播放，左边的视频实际上是 3 个视频依次显示；右边的视频水平从右向左移入画面，播放结束后，再水平从左向右移出画面。同时，在风景图像的下边从左到右依次逐字显示“同时播放多个视频”文字。该段视频播放时的 3 幅画面如图 9-5-1 所示。

图 9-5-1 第 1 段视频播放时的 3 幅画面

第 2 段视频播放后，显示第 2 幅风景图像以单向卷动方式展示出来，其上边有 3 个视频从不同方向移入画面，一个在上边，另一个在左下方，还有一个在右下方。3 个视频的播放画面都呈透视状。该段视频播放后的 3 幅画面如图 9-5-2 所示。该视频的制作方法如下。

图 9-5-2 第 2 段视频播放时的 3 幅画面

1．制作第 1 段视频

（1）启动中文“绘声绘影”软件，新建一个项目，将当前项目以名称“实例 5　多视频同时播放.vsp”保存在“绘声绘影”文件夹内。

（2）单击“步骤”栏内的“编辑”按钮，再单击“媒体”按钮，添加一个“风景”文件夹，单击该文件夹。选择“文件”→“将媒体文件插入到素材库”→“插入照片”命令，弹出“浏览照片”对话框，利用该对话框将“素材”文件夹内的“风景 2.jpg”和“梦幻风景 12.jpg”图像文件导入到素材库的“风景”文件夹中。

（3）单击“视频”文件夹。选择“文件”→“将媒体文件插入到素材库”→“插入视频”命令，弹出“浏览视频”对话框，利用该对话框将“绘声绘影”文件夹内的“殿堂.wmv”“小老鼠动画.avi”“鲜花.wmv”“兔子的魔法.avi”“节日小熊 1.avi”“动物世界.wmv”和“帆船.avi”视频文件导入到素材库的“视频”文件夹中。

（4）单击“轨道管理器”按钮，弹出“轨道管理器”对话框，利用该对话框设置“覆叠”轨道为 3 个。

将“风景”文件夹内的“风景 2.jpg”和“梦幻风景 12.jpg”图像文件依次拖曳到“时间轴”面板的“视频”轨道中。将“绘声绘影”文件夹内的“殿堂.wmv”视频文件拖曳到“时间轴”面板的“覆叠 1”轨道中；将“绘声绘影”文件夹内的“小老鼠动画.avi”“鲜花.wmv”和“兔子的魔法.avi”视频文件依次拖曳到“时间轴”面板的“覆叠 2”轨道中。然后，调整这些素材图案的宽度，如图 9-5-3

所示（其他 3 个视频文件还没有添加）。

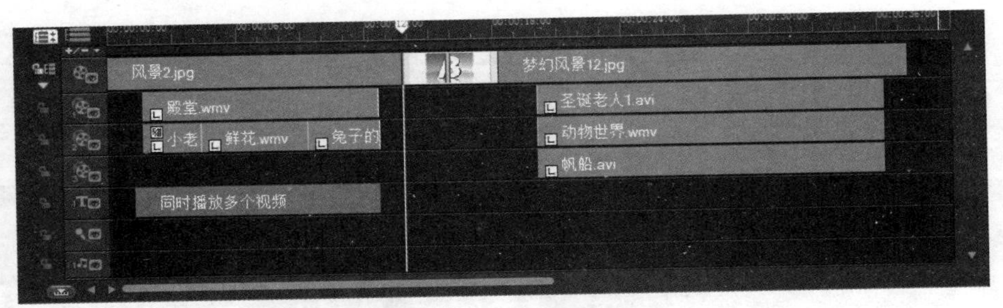

图 9-5-3　“时间轴”面板

（5）选中“殿堂.wmv”视频图案，单击“选项”按钮，弹出“选项”面板中的“属性”选项卡，单击“方向/样式”栏内“进入”栏中的按钮和“退出”栏中的按钮，两个按钮变亮，如图 9-5-4 所示。表示选中的视频从右向左水平移入画面，播放一段时间后再从左向右水平移出画面。

（6）在“预览”窗口内，“殿堂.wmv”视频被选中，拖曳调整其四周的黄色控制柄，可以调整它的大小，拖曳整个视频画面，可以调整该视频画面的位置，如图 9-5-4 所示。

按照相同的方法，调整其他 3 个视频画面的大小和位置。

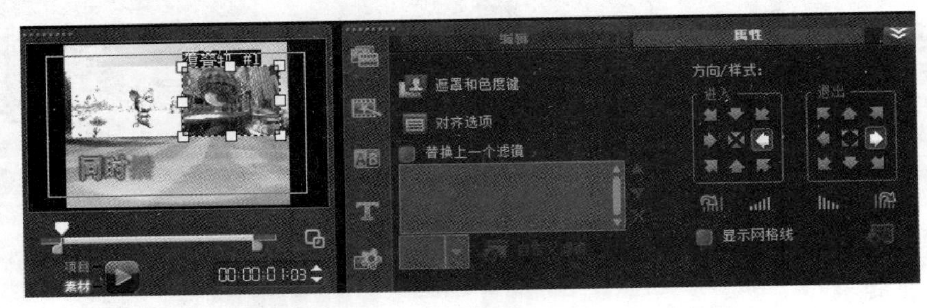

图 9-5-4　视频的“预览”窗口和“选项”面板中的“属性”选项卡

2．制作第 2 段视频

（1）将“绘声绘影”文件夹内的“节日小熊 1.avi”“动物世界.wmv”和“帆船.avi”视频文件依次拖曳到“时间轴”面板的“覆叠 1”“覆叠 2”和“覆叠 3”轨道中。然后，调整这三个视频图案的位置和宽度，使它们的起始位置和终止位置一样，效果如图 9-5-3 所示。

（2）单击素材库左侧的“转场”按钮，将素材库切换到转场效果的素材库，在“画廊”下拉列表框中选择“全部”选项，在素材库内显示全部转场效果的动态图案。将素材库内的“单向”转场图案拖曳到“时间轴”面板中“视频”轨道内的第 1、2 幅图像之间，如图 9-5-3 所示。

（3）单击“时间轴”空白处，再选中“单向”转场图案，单击“选项”按钮，调出“选项”面板中的“属性”选项卡，如图 9-5-5 所示。利用该选项卡，可以设置转场时间、边框大小、“单向-卷动”的背景颜色和“单向-卷动”的转场方向。

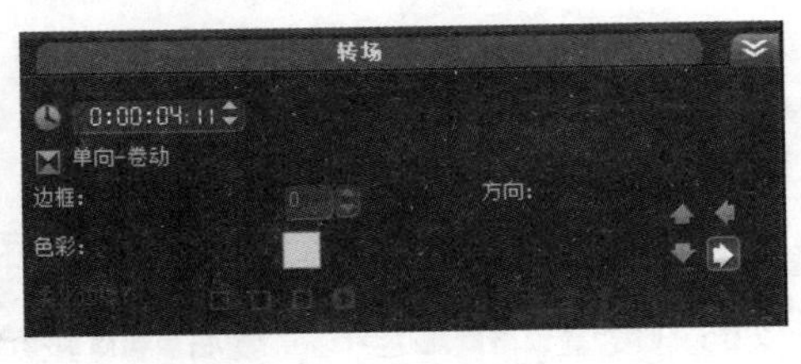

图 9-5-5　“单向”转场的“选项”面板中的“属性”选项卡

（4）在“时间轴”面板中的“覆叠 1”轨道内，选中“节日小熊 1.avi”视频图案，切换到“选项”面板中的“属性”选项卡，“方向/样式”栏设置如图 9-5-6（a）所示；选中“动物世界.wmv”视频图案，切换到“选项”面板中的“属性”选项卡，“方向/样式”栏设置如图 9-5-6（b）所示；选中“帆船.avi”视频图案，切换到“选项”面板中的“属性”选项卡，“方向/样式”栏设置如图 9-5-6（c）所示。

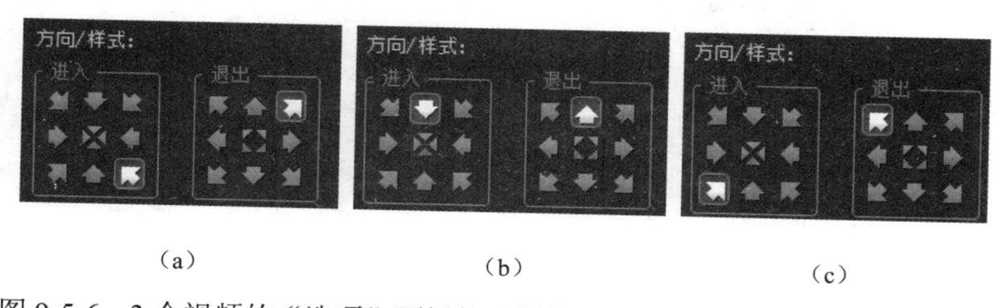

（a）　（b）　（c）

图 9-5-6　3 个视频的“选项”面板的“属性”选项卡的“方向/样式”栏设置

（5）在“预览”面板中选中“节日小熊 1.avi”视频图案，调整视频画面的大小和位置，垂直向下拖曳左上角的绿色控制柄，垂直向上拖曳左下角的绿色控制柄，将视频画面调整为透视状，如图 9-5-7（a）所示；选中“动物世界.wmv”视频图案，调整视频画面的大小和位置，水平向右拖曳左下角的绿色控制柄，水平向左拖曳右下角的绿色控制柄，将视频画面调整为透视状，如图 9-5-7（b）所示；选中“帆船.avi”视频图案，调整视频画面的大小和位置，垂直向下拖曳右上角的绿色控制柄，垂直向上拖曳右下角的绿色控制柄，将视频画面调整为透视状，如图 9-5-7（c）所示。

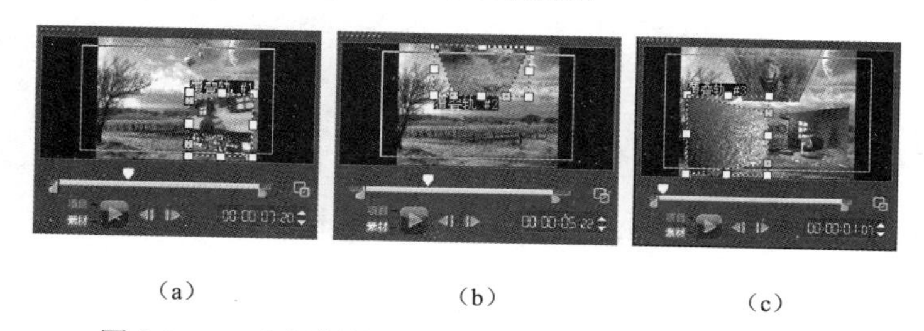

（a）　（b）　（c）

图 9-5-7　3 个视频的“选项”面板的“预览”窗口调整

（6）切换到“分享”状态，单击“创建视频文件”按钮，调出其快捷菜单，选择该菜单内的“自定义”命令，调出“创建视频文件”对话框，利用该对话框将当前加工的项目文件以名称“实例 6　多视频同时播放”保存在“绘声绘影”文件夹中。

思考与练习 9

1. 使用中文“绘声绘影”软件，制作一个“世界风景奇观”视频，该视频播放后，会依次展示几幅世界风景奇观图像，展示各幅图像的切换使用不同的切换方式。

2. 使用中文“绘声绘影”软件，制作一个“宝宝照片”视频，该视频播放后，会依次展示 10 幅宝宝照片图像，展示各幅图像的切换使用不同的切换方式。其中的几幅图像使用不同的滤镜，以及摇动和缩放动画。

3. 使用中文“绘声绘影”软件，制作一个“气泡变化”视频，该视频播放时的 3 个画面如下图所示。

“气泡变化”视频播放时的 3 幅画面

4. 使用中文“绘声绘影”软件，制作一个“地球和蓝天”视频，该视频播放时，一幅透明的蓝天白云图像从上向下移动，逐渐将下边的地球图案遮挡住。同时还在播放背景音乐，播放的时间为 8 秒。该视频播放时的画面如下图所示。

“地球和蓝天”视频播放时的画面

5. 使用中文“绘声绘影”软件，制作一个“视频和图像混合播放”视频，该视频播放时，先播放一个视频，再以马赛克形式切换到另一个视频，以后又以缩小左移出方式切换到一幅图像，最后以中间燃烧方式切换到最后的视频。视频播放中的 3 幅画面如下图所示。

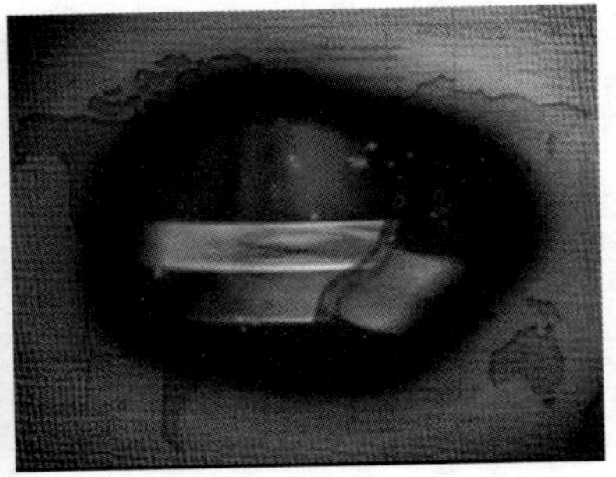

“视频和图像混合播放”视频播放时的 3 幅画面

6. 使用中文“绘声绘影”软件，制作一个“多视频同时播放”视频，该视频在播放时，会显示一幅图像，图像上显示不同透明度的 4 个视频，大小一样。隔一定时间后，4 个视频的位置移动，透明度发生变化，接着再移动变化 3 次，回到原始状态。

反侵权盗版声明